科学の参謀本部

ロシア／ソ連邦
科学アカデミーに関する国際共同研究

市川　浩

★

［編著］

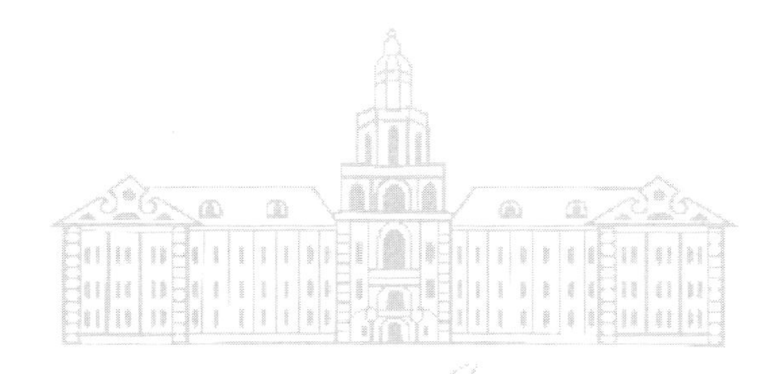

北海道大学出版会

扉：
ヴァシーリー・プロコフィエヴィチ・イェファーノフ「ソ連邦科学アカデミー幹部会の会議」(1951年)；ロシア美術館(サンクト=ペテルブルク)所蔵.

ロシア科学アカデミーのエンブレム(http://www.ras.ru/index.aspx より)

The General Staff of Science:
An International Joint Study on Russian/ Soviet Academy of Sciences

Hokkaido University Press, Sapporo, Japan
ISBN978-4-8329-8224-6
Printed in Japan

目　次

凡　例

1. 注記に掲げたロシア語文献・資料については，ロシアにおける慣例に従い，著者名，編者名をイタリックにしておいた。ただし，文書館資料については，報告作成者名，執筆者名をイタリックで示すことはしていない。書名，雑誌名などの引用については必ずしも定まった形式がないので，読者の便宜を考え，書名・雑誌名は«　»で括り，論文名は“　”で括っておいた。その他の表記については，各章著者に任せた。
2. ロシアにおける文書館文書は，一般に，「フォンド(Фонд: Ф.：ストック)」，「オーピシ(Опись: Оп.：目録)」，「ヂェーロ(Дело: Д.：ファイル)」という3層の区分に従って整理されている。本書ではロシア科学アカデミー文書館(Архив Российской Академии наук)など種々の文書館所蔵の資料を活用しているが，引用した文書館資料がこの文書館のどのフォンド，どのオーピシ，どのヂェーロに整理されているかをそれぞれの引用注に示しておく。その際，л. ないし，лл. はシート番号を示す。
3. ロシア・旧ソ連邦の科学者や政治家などのうち，重要なものの名前については末尾の「人名索引」に掲げ，姓名の原綴り・生没年などを記しておいた。伝記的情報がほぼ不明の人物，あまり重要でない人物についてはその限りではない。名・父称のイニシャルはローマ字で示した。本文中に引用された文献だけでなく，「ロシアの科学者・百科事典(Энциклопедия: Учёные России：http://www.famous-scientists.ru/)」，「アカデミー会員辞典・百科事典(Словари и энциклопедии на Академике：http://dic.academic.ru/)」などのサイトも利用した。
4. 引用者および訳者による補足は[　　]を付した。

はじめに

市川　浩

「ほら，アメリカにはアカデミーなどない。でも，あそこでは，なんと科学機関，科学研究機関の仕事が発展していることか。ご覧なさい。アメリカではどれほど嵐のように急速に科学が発展していることか。」(1946年12月12日，モスクワ国立大学物理学部党員報告・選挙集会での同志セルゲーエフの発言／ЦАОПИМ―モスクワ市中央社会=政治史文書館―，Ф.478, Оп.1, Д.114, л.169)。

気鋭の歴史家，アレクサンドル・リフシンとイーゴリ・オルロフは「明らかに管理可能性の視点から見れば，ソヴィエト国家のまとまりは，深部において，もし，さまざまなレベルで，複雑化する社会全体に対する管理の空白を埋める，補償的な下位システムが形成されていなければ，これほど長くは保持されなかっただろう」と述べている[1]。“アナール派”の影響を強く受けた彼ら自身は，「集団心性(Mentalité collective)」をこのような「補償的な下位システム」と位置づけ，民衆の権力への訴願状を手がかりにこれを掴もうとするのであるが，1992年以降新たに公開されるようになった文書館文書を駆使した，新しいソ連邦史研究20年間の歩み全体も，この「補償的な下位システム」の探求に捧げられてきたと言っても過言ではなかろう。アレク・ノーヴは既に1977年の段階で，「大規模で，しかも近代的な工業が発達した経済で意志決定が集権的な形で行われる場合には，管理ができないほど多数の，ミクロ経済レベルの相互関係[他の官庁との組織的重複や産業連関などによる経済官庁の自己未完結性による諸関係のこと：引用者]が生み出される」として，建前上，「中央の計画官」が決定すべき細部について，「不可避的な委任(権限の委譲や分権化)」が生じる必然性を明らかにし，これをめぐる官庁間の暗闘と上級における“調整”，有利な“調整”を求める官庁の行動＝「省[という]帝国やそれに源がある上方への圧力など」[2]が旧ソ連邦経済の真実であるとした。文書館文書の研究が進むにつれて，急速に旧ソ連社会にたいする“全体主義的モデル”が支持を失い，それにかわって，ノーヴの表現を借りれば，“集権的多元主義”とも呼びうるソヴィエト社会の理解が支持を集めつつあることをまずは確認しておきたい[3]。

科学史の分野においても，ルィセンコ事件など，ソヴィエト科学史を彩るさまざまな事件をかつてのように“全体主義モデル”によって説明するのではなく，より科学者の側の主体性に重きを置いた見方が支持を集めてきた。そのような見方を切り開いた論者のひとり，ニコライ・クレメンツォフは「その全体主義的な性格にもかかわらず，ソヴィエト国家はきわめて複雑な内的構成をもっており，それぞれ独自の，しばしば対立する目的をもった数多くのエージェントと機関が国家の科学政策機関に包摂されていた。……このような状況下では，さまざまなソヴィエトの科学分野の発展が，特定の学問のスポークスマンと権力をもつ党のパトロンとの間の個人的な関係に大きく左右されていたことは驚くに値しない。……科学と国家の共生(Symbiosis)はその文化的なユニフィケーションにも結果した」[4]と述べている。

他方，旧ソ連邦における科学発展の制度的枠組みであり，ソヴィエト科学史全般にわたる重要な特徴，いわば“個性”ともなっているのが，現代史においてさえ“科学アカデミー”が実践機関として長期にわたり存続したことであることは論を俟たない。イギリス，フランスなど西欧近代社会において“科学アカデミー”は，科学者という社会的集団の形成，その社会層としてのアイデンティティーの確立に大きな役割を果たしながらも，庇護者たる絶対王政の衰退とともに学術研究の中心としての実体を失い，急速に名誉職機関と化していった[5]。しかしながら，近現代史におけるロシア，そして旧ソ連邦時代において科学アカデミー(Академия наук)は，国の学術研究機能を総括する，実践的な機関として科学者の上に君臨し続け，ごく最近に至るまで，ほとんどが教育義務から解放された数万単位の研究者・職員を擁していた[6]。他方，1992年の科学技術政策省設置に至るまで，ロシアは国家機構に独立した科学技術官庁を欠いていた。科学アカデミーがそのかわりを果たしていたのである。近現代ロシアの大学・高等教育機関がほぼ教育機能に特化していたのにたいして，科学アカデミーは傘下に多くの先端的な学術研究機関を集めることで，一国の研究活動全般の展開に圧倒的な影響力を発揮する，他の国にはない特有の組織となった。旧ソ連邦／ロシアが核開発など，いくつかの分野で世界に卓越する科学力と技術を誇っていたことを考えあわせるとき，科学アカデミーのロシア近現代史上における役割，組織，社会的・政治的なありようを分析することは科学史，科学社会学の重要な研究課題である。

この面では，グレーアム[7]，ヴチニッチ[8]の包括的な研究が知られているが，通史的叙述に傾き，掘り下げが浅い他，依拠している資料が今日的な意味で既に古くなっているという制約がある。わが国においては，ロシア科学アカデミーに関する体系的な研究はほとんど営まれてこなかった。ロシア国内におけるロシア／旧ソ連邦／ロシア科学アカデミーの研究については，ソ連時代の，顕彰目的のものが多く，史実の解釈の客観性・公正性に問題がある場合が多い[9]。また，科学アカデミー創立275周年を記念して編纂された浩瀚な年譜[10]は貴重な情報源ではあるが，その年譜としての性格上，それ自身研究上の関心を満たすものではない。その他，ロシア国内では，科学アカデミーに在籍した有力な科学者たちの日記・伝記類の出版があいついでいるが，その多くが顕彰目的のものである。このような問題意識から，ソヴィエト科学史に取り組む研究者数名で，2010(平成22)-2012(平成24)年度日本学術振興会科学研究費補助金[基盤研究B]を得て現地のロシア人研究者たちとも共同で研究を進めてきた(課題名:「“科学の参謀本部”―ロシア／ソ連邦／ロシア科学アカデミーの総合的研究―」【課題番号:22500858】)[11]。本書は3年間にわたる当該科研費に基づく国際共同研究の成果である。

では，研究の焦点はどこにあったのであろうか。ロシア／ソ連邦科学アカデミーが西洋世界の一般的傾向とも言える“名誉職機関化”に抵抗し，ついに今日に至るまで実践的機関としての性格を保持できたのはなぜなのであろうか。単純な“ソ連邦＝全体主義的国家モデル”，科学(者)にたいする“国家的統制の単純貫徹論”が通じなくなった今日，それはどのようなものとして理解出来るのであろうか。

われわれは，海外のロシア／ソヴィエト科学史家との討議もへて，いくつかの歴史的な契機，それぞれの歴史的局面における偶然を含む，客観的な，あるいは主体的な政治的・社会的要因の作用によって，科学アカデミーは維持され，ある意味では絶対王政期そのままの姿を保ち続けてきたと仮定した。また，そうした歴史的契機は，多くの場合，同時に，ロシア／ソヴィエト科学史を彩る数々の“突飛な出来事(bizarre events:クレメンツォフの表現)”と深く関係している。その意味で，本書の課題は，直接的にはロシア／ソ連邦における科学アカデミーの実践機関としての存続の謎解きにあるが，その広がりにおいては帝政ロシア，およびソ連邦，なかんずく後者において現代科学が歩んだ，“西側諸国”には見られなかった個性的な道，あるいは，その受難の歴史の主要な諸環に関する，科学史研究の最新の成果を明らかにすることになると言えよう。

本書は，まず西欧近代史における“科学アカデミー”という歴史的経験を総括し，その「啓蒙の時代」，絶対王政期の産物としての歴史的性格を確認するところから始まっている（第Ⅰ部第1章：隠岐さや香）。続いて，それら西欧諸国の経験との比較で，サンクト=ペテルブルク帝室科学アカデミー設立時に既に帝権の相対的な強力さが見られたことを明らかにする（第Ⅰ部第2章：ガリーナ・スマーギナ）。しかし，その科学アカデミーも，西欧諸国といくぶん歩調をそろえて，19世紀には顕彰機関化しつつあった（第Ⅰ部第3章：エカチェリーナ・バサルギーナ）が，20世紀初頭-第1次世界大戦期に，ドイツの「カイザー・ヴィルヘルム協会」をモデルに科学アカデミーの復権・強化を目指した有力な科学者，ヴラジーミル・ヴェルナツキー（第Ⅱ部第1章：梶雅範）らの戦略的行動が功を奏し，ボリシェヴィキ政権に引き継がれてゆく（第Ⅱ部第2章＋補論：ゲンナジー・アクショーノフ）。ボリシェヴィキ政権は科学を重視し，科学者との間に時に緊張を生み出しつつも，その包摂を目指してゆくことになった（第Ⅲ部第1章：アレクセイ・コジェフニコフ）。この過程には，セルゲイ・ヴァヴィーロフら，権力と科学（者）を媒介する有力な科学者＝科学行政家の登場とその活躍が大きな役割を果たしていた（第Ⅲ部第2章：金山浩司，第Ⅲ部第3章：コンスタンチン・トミーリン）。また，科学の包摂を目指すスターリン権力の側からは，大テロル期の性急でカオス的でもあるが科学者たちとの新たな調和関係の確立という方向性も看取できる方策（第Ⅲ部第4章：金山浩司）と共に，科学者層内部における“内通者”を通じた統制が試みられるようになった（第Ⅲ部第5章：ユーリー・クリヴォノーソフ）。こうして，科学アカデミーは，スターリン体制下での科学者とイデオローグ，および，科学者相互間の対抗と協調の，ひとつの枠組みとなったのである。

ソヴィエト科学史に数多い“突飛な出来事（bizarre events）”の中でももっとも顕著なものは，広義・狭義の，いわゆる「ルィセンコ事件」であろう。ルィセンコを一躍“英雄”にした歴史的な文脈はいかなるものであったのであろうか（第Ⅳ部第1章：エドゥアルド・コルチンスキー）。ルィセンコはいかにして，科学者の自治組織＝科学アカデミーに地歩を占めたのであろうか（第Ⅳ部第2章：藤岡毅）。ルィセンコの覇権確立の前段階において，どのような境遇にあった，どのような人物により，どのような社会的文脈でなされていったのか（第Ⅳ部第3章：齋藤宏文）。スターリンはなぜルィセンコを支持したのか（第Ⅳ部第4章：キリル・ロシヤーノフ）。核軍拡の時代，原子力の時代を迎え，放射線の生体への影響が問題となる中，ルィセンコ覇権を研究発展の障害と見た科学者たちはどのようにその覇権に挑戦していったのか（第Ⅳ部第5章：市川　浩）。本書ではこうした諸問題が俎上に載せられる。

第2次世界大戦期の戦時研究，および冷戦初期における核開発などへの科学者動員を通じて，科学アカデミーは組織維持に留まらず，大学・高等教育機関との研究条件面での格差が拡大したことを通じて一層の強化・権威上昇を果たした（第Ⅴ部第1章：市川　浩）。冷戦期，直接国家による科学者動員のために科学アカデミーが蚕食されることを危惧した指導的科学者によって，熱核兵器（水爆）の開発，ソ連版“平和のための原子”の研究開発は科学アカデミーの枠組みを壊さないかたちで進められることになった（第Ⅴ部第2，3章：ヴラジーミル・ヴィズギン）。

こうした権力との協調にもかかわらず，スターリン死後，科学アカデミーは，“脱スターリン化”を慎重に，しかし，主体的に進め，事態の積極的打開に成功した科学者たちの，いわば“砦”ともなった（第Ⅵ部第1章：市川　浩）。しかしながら，科学アカデミーは1960年代以降，急速に肥大化し，硬直化していくことになる（第Ⅵ部第2章：ボリス・イヴァノーフ）。最後に，数々の受難にもかかわらず，ソヴィエト科学が高い活性を維持しえた秘密の一旦を探りに，1960年代以降のソヴィエト社会の「停滞期」におけるソヴィエト数学を例として，科学者，研究者のしたたかな戦術を明らかにして本書は終わっている（第Ⅵ部第3章：スラヴァ・ゲローヴィチ）。

研究に当たっては，現地で収集した文書記録類（公文書，ドキュメントなど），および文献（書籍，論文，その他）を資料として，それらを読むことを通じて史実を再構成する，いわゆる文献実証の方法を採用した。本書の各章には，ふんだんに一次史料が利用され，新しい，客観的な史実の発掘が試みられ，現段階で最高度の実証研究となっていると考える。もちろん，紙幅の制約から本書では取り上げられなかった諸問題や今後の研究に俟つ点も多いが，全体として，ロシア／ソヴィエト科学の個性的な発展に関する主要な論点について，科学史研究の今日的な到達に立脚した分析を提供しているものと信じる。自信を持って読者諸氏のご高覧に附したい。本書が出版される2016年はロシア革命100周年の前年に当たる。恐らく，ロシア・ソヴィエト史に関する記念的行事や出版物の刊行が行われるものと思われる。そのような中で，本書が，科学史という特殊な領域からではあれ，新しいロシア／ソヴィエト史観の形成と普及にいささかでも貢献出来るとすれば，執筆者一同，これにすぐる喜びはない。

執筆者を代表して

1　*А. Лившин, И. Орлов*, «Власть и общество: диалог в письмах» Москва; РОССПЭН, 2002. С. 3.

2　A. ノーヴ『ソ連の経済システム』大野喜久之輔訳，晃洋書房，1986年(オリジナルは1977年)，56，64頁。

3　この点で，最近，横手慎二の『スターリン―「非道の独裁者」の実像』(中公新書，2014)，松戸清裕の『ソ連史』(ちくま新書，2014)の2冊の新書が刊行されたことはモニュメンタルであると言えよう。新書という広範な読者への知識の提供を旨とする出版物で，このような“全体主義モデル”を乗り越えた，新しいソヴィエト社会の理解が取り上げられたことは，このような見方が研究者の間で広く，深く定着していることを意味していると考えられるからである。

4　Nikolai Krementsov, *Stalinist Science*. Princeton University Press. 1997. p. 5；他にこうした潮流の科学史研究として，Alexei B. Kojevnikov, *Stalin's Great Science: The Time and Adventures of Soviet Physic*. Imperial College Press, 2004; Slava Gerovitch, *From Newspeark to Cyberspeark: A History of Soviet Cybernetics*. The MIT Press, 2002. が参照されるべきである。

5　さし当たり，隠岐さや香「科学者はいつから存在していたのか」，中根美知代他著『科学の真理は永遠に不変なのだろうか―サプライズの科学史』(ベレ出版，2009，103-128頁)参照。

6　2013年9月27日，ロシア連邦の議会で通称「科学アカデミー再編法」が採択され，農業科学アカデミーと医科学アカデミーが科学アカデミーに統合され，科学アカデミーに対する連邦政府の権限が著しく強化された。同日公布された大統領令「連邦科学機関庁について」によりロシア科学アカデミーの資産は連邦政府の管理に移され，実態の上でも科学アカデミーは事実上一定有していた財政自主権を失うようになり，厳しい予算削減措置にさらされることとなった(さし当たり，小泉悠「ロシア―科学アカデミーの改革に関する法令」国立国会図書館および立法考査局『外国の立法』―2013.11：http://dl.ndl.go.jp/view/download/digidepo_8347716_po_02570207.pdf?contentNo=1&itemId=info:ndljp/pid/8347716&__lang=ja 参照のこと)。この改革は，モスクワ，サンクト=ペテルブルクの両国立大学を別格としつつ，新たに連邦各地に「連邦大学(Федеральный университет)」と「国家研究大学(Национальный исследовательский университет：「国家」は誤訳である)」を指定し，大学の教育・研究機能を抜本的に高めようとする施策と抱き合わせの改革である。300年近く続いたロシアの研究・高等教育のあり方を抜本的に変えるものとなるかどうか注目されている(さし当たり，科学技術振興機構研究開発戦略センター[林幸秀編著]『ロシア科学技術情勢—模索続くソ連からの脱皮』丸善プラネット，2014年を参照のこと)。

7　L. R. Graham, *Science in Russia and Soviet Union: A Short History,* Cambridge U/P, 1993.

8　A. Vucinich, *Empire of Knowledge: the Academy of Sciences of the USSR (1917-1970).* University of California Press, 1984.

9　たとえば，Под ответ. ред. *В.А. Виноградова*, «Академия наук СССР: краткий очерк истории и деятельности»(Наука, 1968)を参照のこと。

10　Под глав. ред. *Ю.С. Осипова*, «Летопись Российской Академии наук» В 4-х т. СПб.: Наука, 2005-2007.

11　ここでこの科研費プロジェクトの研究組織について紹介しておこう。市川浩は戦時期のソ連邦科学アカデミーの動向について研究してきた(市川浩『平成17年度，(財)三菱財団人文科学助成・研究成果報告書：第2次大戦期における旧ソ連邦科学アカデミーと科学者集団の動向に関する歴史的実証研究』，2006.11，31頁。／市川浩「ソ連邦科学アカデミー・物理学研究所のカザンへの疎開(1941-1943年)—物理学者内部の確執の風景・2」『イル・サジアトーレ—*IL SAGGIATORE*—』第35号(2006.5)，18-26頁。／市川浩「【調査研究報告】戦時下のソ連邦科学アカデミー—その戦時疎開について(続報)」，広島大学大学院総合科学研究科紀要Ⅲ『文明科学研究』第3巻(2008)，31-50頁。／市川浩「【調査研究報告】戦時下のソ連邦科学アカデミー—その戦時疎開について(Ⅲ報)」，広島大学大学院総合科学研究科紀要Ⅲ『文明科学研究』第4巻(2009)，33-51頁。／市川浩「ソ連邦科学アカデミーの戦時疎開に関する一考察」広島大学大学院総合科学研究科社会文化論集編集委員会『社会文化論集』第11巻(2010年3月)，1-28頁)。梶雅範は，近著に，主に帝政期におけるロシア科学アカデミーの位置づけに関する論稿をよせていた(梶雅範「科学都市としてのサンクト・ペテルブルグ」，望月哲男編『創像都市ペテルブルグ—歴史・科学・文化』北海道大学出版会，2007。63-100頁)。藤岡毅は"ルィセンコ学説"史を中心とするソヴィエト生物学史・遺伝学史に取り組んできた(藤岡毅『ルィセンコ主義はなぜ出現したか—生物学の弁証法化の成果と挫折』学術出版会，2010)。金山浩司は1920-1930年代のソヴィエト物理学を対象に物理学と哲学の，時に激しい緊張をはらんだ"交流"の歴史に迫っている(金山浩司「ソヴィエトの語法を身につけた物理学者—1930年代哲学論争とその帰結」日本科学史学会『科学史研究』239号，2006年9月，145-156頁。／金山浩司「1930年代前半期ソ連における物理学に対する反形式主義的議論—空間概念・エネルギー概念をめぐって」『科学史研究』248号，2008年12月，193-205頁。／金山浩司「同床異夢の反動家たち—1930年代ソ連での物理学をめぐる哲学・イデオロギー論争における『現代物理学への反対者』同士の関係について」『科学史研究』256号，2010年12月，193-205頁)。また，齋藤宏文はソヴィエト遺伝学の国際交流史・国際比較研究に取り組んだ(齋藤宏文「旧ソ連の遺伝学をめぐる学術情報の入手過程—第二次大戦直後における日本生物学界の文献環境の再検討」『ロシア東欧研究』第36号(2008)，72-83頁)。以上のようなロシア／ソ連邦科学史の専門家の他に，比較研究やより広い社会的コンテクストにおける研究の展開を期待して，17-18世紀フランスにおける科学アカデミーの展開を研究している隠岐さや香（隠岐さや香『科学アカデミーと「有用な科学」―フォントネルの夢からコンドルセのユートピアへ』名古屋大学出版会，2011）にも参加を要請した。2010年9月，ロシア科学アカデミー・S.I. ヴァヴィーロフ名称自然科学史=技術史研究所サンクト=ペテルブルク支部と，11月には研究所本体との間に協力協定を締結したことを契機に本研究は本格的な国際共同研究に発展した。これらの協定に沿って，当該研究所の研究員，ガリーナ・スマーギナ，ゲンナジー・アクショーノフ，コンスタンチン・トミーリン，ユーリー・クリヴォノーソフ，エドゥアルド・コルチンスキー，キリル・ロシヤーノフ，ヴラジーミル・ヴィズギン，ボリス・イヴァノーフ各氏に本書のための寄稿を要請することとなった。別途，科学アカデミー文書館サンクト=ペテルブルグ支部のエカチェチーナ・バサルギーナ氏にも原稿をお願いした。また，ソヴィエト科学史に新しい視点をもたらしたスラヴァ・ゲローヴィチ，アレクセイ・コジェフニコフ両氏に来日を乞い，本書にも寄稿していただいた。

第 I 部

帝国と科学アカデミー

第1章
科学アカデミーとは何か
「アカデミーと学協会の時代」の起源とその終焉について

隠岐さや香

「この害悪に対しては，自由で，公衆を教育する義務から解放されている人々の団体を設立するということ以上に適切で誠実な解決法はありません[……]。／イタリアの王族こそが最初にアカデミーと呼ばれるこの学者の会合を打ち立てることに専心しました。」(François Hédelin, *Discours au Roy sur l'establissement d'une seconde académie dans la ville de Paris*, Paris, 1664, p. 33.)

諸国にさまざまなアカデミーや協会がかたち作られ科学研究活動の拠点となった18世紀は「アカデミーと協会の時代」と呼ばれ，科学の専門職業化の前段階として位置づけられている。当時の大学は，数学や天文学，医学など古代ギリシアから存在していた一部の分野を除き，17世紀以降に発展した実験科学（現代でいう物理，化学はそこから生じている）や動植物の分類・観察などを含む「新しい」諸分野の研究のための場としては想定されていなかった。ゆえに当然ながら，専門職業として科学の研究を行うという進路も確立してはいなかった。そこでアカデミー（academy）や協会（society）といった組織が自然科学を愛好する人々のための研究発表や交流の場を提供していたのである[1]。

このようなアカデミーおよび協会設立の嚆矢となったのは，先立つ1660年代におけるイギリス・ロンドンのロイヤル・ソサエティ（Royal Society of London）とフランスのパリ王立科学アカデミー（Académie royale des sciences de Paris）であるとされる。その後18世紀の間に，国家や地方自治体が認定した公的なもので70あまり，各地の貴族や富裕層が支援した私的なものもあわせれば200近いアカデミーや協会が設立された。「アカデミーと協会の時代」についてもっとも総合的な著作を残したJ. マックレランによれば，そのいずれもがほぼロイヤル・ソサエティを範とした「協会型」か，パリ王立科学アカデミーをモデルとした「アカデミー型」の構造を持っているという。両者の大まかな違いであるが，「協会型」が基本的には愛好者の互助的な共同体という性質を持つ水平的な構造の組織であるのにたいし，「アカデミー型」の組織は選抜された精鋭の会員からなり，垂直型のヒエラルキー構造を有している。後者は会則や執行部の役割規定も明確であり，頂点に王侯貴族のパトロンを有することが多かった。

無論，実際には個々の組織の形態は非常に多様だったのであるが，大まかに言えば，商業文化の発展したイギリスおよび北米大陸の植民地およびオランダなどには「協会」型が，封建的諸制度の残る欧州大陸諸国には「アカデミー型」が多かったようである。そしてこれらアカデミーおよび協会は，小規模なものを含めるならば，西欧や北欧，南欧，東欧のみならず西洋世界の植民地であったバタヴィアや北米フィラデルフィア，カリブ海のハイチ，そして南米リオ・デジャネイロまで文字通り世界的な規模で広がっていた[2]。

以上の点を踏まえつつ，本章が目的とするのは，それら「アカデミーと協会」のうち，とくにロシア科学アカデミーともかかわりの深い「アカデミー型」の組織について考察することである。そのため，まず原型となったパリ王立科学アカデミーの成立前史，およびその設立の経緯について紹介し，次にロシア科学アカデミーをはじめとする他の「アカデミー」型組織の主なものについて，それぞれがいかなる背景で創設され，各々どのような特徴を有していたのかを比較的視点から概観する。そして最後に，アカデミーおよび協会の大半が科学研究の中心地としての使命を終えていった19世紀以降において，例外的に発展し続けたロシア科学アカデミーの特徴を確認したい。

1. 文化的起源としての「ルネサンス型」アカデミー

「アカデミー」の伝統は紀元前4世紀頃，古代ギリシアの哲学者プラトンの「学校」として記憶される「アカデメイア(ἀκαδήμεια)」まで遡る。しかしながら古代に存在していた実際の「アカデメイア」は現代のあらゆる教育機関とも趣を異にする自由な形式のものであった。物理的に存在していたのは一部をプラトンが私有する広い庭園と邸宅であり，そこで十数人の弟子たちが散歩し自由な議論を楽しんだということの他，多くはわかっていない[3]。したがって初期近代以降の「アカデミー」はこの遠い伝統を核としつつも，その内実はルネサンス期以降の宮廷文化を背景とする社交実践により構築されていったものであると理解せねばならない。

事実，後述するパリ王立科学アカデミーの設立に直接影響を与えたのは，のちの時代，人文主義の伝統が生んだ諸活動である。ルネサンス期の15世紀中頃から16世紀にかけて，新しい文芸復興の潮流を受けた人々が，影響力のある人物を中心として，既存の大学の外に私的な会合を開催するようになった。たとえば15世紀にコジモ・デ・メディチが支援し，プラトンの著作翻訳事業を担ったマルシリオ・フィチーノを中心とした「プラトン・アカデミー」はその初期の例としてよく知られている[4]。後世の歴史家に「私的アカデミー(private academy)」とも呼ばれることになるこのような会合は，その内実は実に多様であり，イタリアを中心に16世紀だけでも700ほどを数えたと言われる。

これらの「ルネサンス型」アカデミーはその理念としては身分や宗教を問わない自由な集まりであり，当初はとくに百科全書的な博識を志向する傾向があった。対象も芸術，音楽，数学，文芸，言語，建築，歴史，考古学，宗教，演劇，狩猟，武術など，幅広い関心にわたっていたという。また，開催に当たって秘密のパスワードや儀式など，独特な秘密結社的要素を有するものが多く，演奏会や晩餐会など社交的要素とも切り離せなかった。運営形態も有力な王族や貴族，聖職者の私的な支援が基本であり，一代限りのものとなる傾向があった。なお，ここでは詳細を論じないが，身分や宗教，時には国境を越えたこのような知的活動が，宗教対立や戦乱の続く現実世界とは別に存在する知的共同体としての「学問の共和国(respublica literaria)」の理念を普及させるに至ったとも言われる。それは前述の私的アカデミー活動参加者と，文通と諸国遍歴により各地の学者と交流を試みた博識の巨人エラスムスのような人物の生き様とをつなぐ通底音となっていたのである[5]。

自然哲学，すなわち当時の自然科学的な知識も，「学問の共和国」ならびに私的アカデミー的会合の守備範囲内にあった。それは16世紀中頃には秘教的な魔術の伝統や錬金術と不可分に溶けあっていたが，17世紀前半になると，秘密主義的な態度を廃した新しい実験科学や，古代の水準を超える数学研究などへの関心を主眼とする会合が目立つようになる。イタリアを見れば，1603年にローマで設立されガリレオ・ガリレイもかかわったアカデミア・デイ・リンチェイ(山猫アカデミー)や，1657年にフィレンツェでメディチ家により創設された実験科学のためのアカデミア・デル・チメントなど，科学史上に名を残す会合が生まれている。これらはいずれも宮廷の有力者による私的パトロネージという，「ルネサンス型」アカデミーの特徴を残した過渡期的な存在であったが，出版や科学愛好者の交流網構築，政治的な問題とのかかわりをさけて立場を越えた対話を指向する運営など，のちのモデルとなる活動を残した[6]。

人文系や芸術の分野では，国家による諸アカデミーの制度化がこの時期に始まっている。とくに，フランス国王が文人を統制下に置きつつ庇護したことで1635年に始まったアカデミー・フランセーズは，「ルネサンス型」のアカデミーとは異なる伝統の始まりを告げるものと見なされている。その断絶を顕著にしていたのは，同アカデミーが人文主義者たちの重んじた普遍主義をとらず，文芸という一分野に捧げられた専門主義的な方向性を有していたこと，および国家の一部となることで永続的運営が可能な組織となっていたという点であった。フランスにおけるこのようなアカデミー制度化の流れは，1648年に同国で絵画・彫刻王立アカデミーが誕生したことでも強化された。そして，従来は同業者組合に属する職人層であった画家や彫刻家たちはアカデミーにより集団として庇護を受け，貴族的な存在へと社会上昇を遂げたのであった[7]。

2. 制度化される自然科学のアカデミー

1660年代に誕生することとなるフランスのパリ王立科学アカデミーは，「ルネサンス型」アカデミーの伝統と，自然科学への関心，および国家による制度化の機運というこれら3つの要素がまさに遭遇した地点に誕生することとなる。

フランスでは1620年代以降，デカルトやガッサンディ，メルセンヌといった人物の周辺で，科学に関係の深い私的な会合が活発化していた。1617年におけるデュピュイ兄弟のキャビネット，1632年頃始まったテオフラスト・ルノドー主催の情報提供局(bureau d'adresse)，そしてメルセンヌ神父のアカデミー(1635年)，ブールドゥロのアカデミー(1640年頃から)，モンモール・アカデミー(1657年以前から)，そして短期間だがメルシセデク・テヴノのアカデミーなどはよく知られている[8]。1660年代に入ると，これらのうち実験科学も含めた自然科学の領域を広く扱うモンモール・アカデミー，およびメルセンヌ神父亡きあとも会合を続けていた数学者たちなど，科学愛好家たちが王権の保護を求めるようになっていった。これが1666年のパリ王立科学アカデミー設立へとつながったのである。

では，何故1660年代なのか。まず，この頃はメルセンヌやデカルトなど求心力を持っていた世代が死去してから10年以上が経ち，次の指導的な人物および財源を見つける困難など，世代を超えて私的な会合を継続することの難しさが顕著になり始めた時期に当たる[9]。また，フロンドの乱という政治混乱が終わり，若い君主ルイ14世が親政を開始するなど，新しい時代の到来が予感されるタイミングでもあった。それに加えて，イギリスの状況も大きな刺激となっていた。イギリスでは自然科学愛好者を多く集めた会合が王の勅許を得て，ロイヤル・ソサエティとして公的な活動を開始していたのである[10]。

しかし当時のイギリスに目を転じれば，同国の文化政策が一方的にフランスに先んじていたと言うわけでもない。むしろその逆で，イギリスには実験科学と技術革新の支援が国家にとって重要であると説いたフランシス・ベーコンのような先駆者はいたものの，全体としてはイタリアやフランスに遅れをとっていた。自然科学に関しても私的会合を通じた関心の高まりが見られるのはピューリタン革命期の1640年代頃からである。そして，オックスフォードやケンブリッジといった大学と国教会の双方に基盤を持つエリート層が，イタリアやフランスの文化に通じた結果，これらの知的な集会活動を主催するという状況が見られた。他方，同時期のイタリアやフランスでは中世以来の文化を保持する大学と新興勢力であるアカデミーとの間に役割分担がなされる傾向があった。結果として，イギリスでは文化的活動の発展が後れたがゆえに他国より大学関係者とアカデミー的活動参加者の間の文化的乖離が少ないという特徴が生まれたのである。

ロイヤル・ソサエティは，オックスフォードで会合を行っていたジョン・ウィルキンズ，ロバート・ボイル，クリストファー・レンらが王政復古を機にロンドンに戻り，1660年に実験科学のための協会設立を宣言したことに端を発している。背景にあったのはベーコンの思想であるとされるが，それだけではない。イタリアやフランスで展開していた各種の私的なアカデミーもモデルとして意識されていたようである。だが，1662年に王が勅許によりロイヤル・ソサエティを認定し，さらに1663年には永続性を持つ特許法人としたことで，それは科学の愛好者団体としては他に類を見ない安定した地位を持つことになった。著作の出版許可もこの時与えられている。宗教改革と議会主権により，一定の言論の自由が成立していたイギリスならではの展開であった[11]。17世紀の文人フランソワ・エドランによれば，この組織は「欧州のあらゆる君主に羨望を与えた」[12]という。

3. 黎明期のロイヤル・ソサエティとパリ王立科学アカデミー

科学アカデミーの歴史においては「遅れをとっている」ことへの切迫感を持った集団が，むしろその後進性の自覚故，時代に先駆けた組織モデルを作り上げるという現象がしばしば見られる。前述のようにロイヤル・ソサエティの誕生自体がその類であるし，彼らに遅れをとったフランスで1666年に，王権から当時としては比較的手厚い庇護を受けたパリ王立科学アカデミーが設立される経緯もその例と見なすことができる。

フランスでは王権による文芸や芸術の囲い込みが先に進む一方，自然科学の庇護はなかなか進まなかった。前述の通り，パリ王立科学アカデミーの設立は，1630-1640年代のアカデミー・フランセーズおよび絵画・彫刻アカデミー，そして1663年に誕生した古典文献学研究のための碑文・文芸アカデミーのあとに位置している。しかし一方で，パリ王立科学アカデミーの構成員たちは成立当初から，年金収入と実験器具購入のための金銭的基盤，そして王室図書館(Bibliothèque du Roi)という集会場所を得ることとなった。1667年には王立天文台の建設も決定している。この状況が今度はイギリスのロイヤル・ソサエティ関係者を羨ましがらせることともなった。何故ならそれは彼らが望んで得られなかった待遇だからである[13]。

ロイヤル・ソサエティ関係者たちは当初，研究で生計を立てていける有給会員の地位や大がかりな実験を可能にする資金援助を王権と貴族たちから得たいと考えていた。また，専門の実験施設を備えた集会場所のカレッジ建設計画もあったようだが，このすべてが1660年代末には頓挫してしまう。その結果，ロイヤル・ソサエティは入会に制限条件を設けず，同じ待遇の会員が維持のための年会費を払って所属するという専門性の低い科学愛好家の社

図Ⅰ-1-1　「王に捧げられた科学と芸術のアカデミー」。実在のアカデミーではなく，諸学と技芸の全分野を扱う理想のアカデミーを描いた版画。修辞学，幾何学，音楽，天文学，神学，力学，解剖学，自然学，化学，それから音楽，絵画，建築などの諸分野が見てとれる。フランス国王ルイ14世を称える意図で作成された。出典：S. Leclérc 画，1698年，版画（Metropolitan Museum of Art, online database: entry 387878［public domain］）

交クラブのようなものとなったのである。そして，ロバート・ボイルやアイザック・ニュートンのような優れた会員が個人として参加し続けてはいたものの，ロイヤル・ソサエティ自体の活動は17世紀のうちに全体として不活発な状態に陥った[14]。

他方，パリ王立科学アカデミーの側も17世紀を通じて大きな困難を抱え続けた。会員たちは給与や財政支援を得はしたものの，彼らの社会的地位や収入額を保証する公文書の類は一切発行されず，大変不安定な立場に留まり続けたのである[15]。設立前には，発明特許審査や公共事業などに関して専門家団体としての特権と役割を持つ組織となることも目指されていたのだが，実現していなかった[16]。何より国王ルイ14世自身が各種中間団体に権利を与えることすべてに慎重であり，科学アカデミーに長期の存続基盤となるような役割や財政投資を約束する意向を持っていなかったのである[17]。

研究の自由も定かではなかった。まず，当時のフランスにおける検閲制度の厳しさもあり，科学アカデミーには研究や議論の内容を出版する自由がこの時点では付与されていなかった。そして17世紀の間は，科学アカデミーを監督する宰相コルベールおよび，その後継者である大臣たちの干渉を受け続けたのである。とくにコルベールは潤沢な資金を投じ，フランスの全土地図作成や全国の職人技芸など，後世に残る巨大プロジェクトを命じたが，その振る舞いには会員たちを翻弄する部分があった。さらにコルベールの後継者たちとなると，財政難から資金を削減した上で一方的に集団研究プロジェクトを課したため，評判が悪かった[18]。それでも同アカデミーは，自然科学 — より正確には「幾何学」，「天文学」，「力学」，「植物学」，「化学」，「解剖学」の6分野 — において，手厚い給付金により少数精鋭メンバーを集めた史上初の組織であったため，専門性の確立において一定の成功を収めていくことになる。とくに代数解析や力学などの分野での成果は著しかった[19]。

4. 18世紀のパリ王立科学アカデミーに見る「アカデミー型」組織の確立

大臣たちの介入を受け続けた半世紀ののち，パリ王立科学アカデミーが一定の自律性を獲得し，冒頭で触れたような「アカデミー型」の雄としての体裁を整えるようになるのは18世紀初頭のことである。1699年に科学アカデミーには会則が制定され，運営のための事務局や役職，会員の義務と権利などが明確化していった。本章の冒頭でも言及したように，それは国王を頂点に置き，次に政府との連絡役の大臣，政府高官などを構成員とした名誉会員，その下に学者である正会員たちが位置するというヒエラルキー構造をとっていた。また，正会員の中でも，報酬の額や集会における投票や発言の権利によって，さらに年金会員，準会員など複数の階層に別れていた。名誉会員を実質上の庇護者とするこのような構造は，半数以上の構成員が平民出身者である科学アカデミーに相応の「重み」を与えるため必要であったと理解されている（たとえば貴族階層の多かったアカデミー・フランセーズは全構成員が平等な待遇となっていた）[20]。正会員の選抜は，基本的には業績に基づくものの，正会員と名誉会員の双方が投票する選挙で行われていた。しかも最終結果を王が認可することが必要であり，選挙結果がくつがえされることもあった。1749年までには15回の選挙のうち6回が否認されている。多くは選挙が僅差だった場合，政府高官の意向で2位が繰り上がり当選するという例であったが，まれに新教徒であることを理由とする拒否の例なども存在した。ただし，18世紀後半になると基本的に科学アカデミー側の意向が通るようになり，王による取り消しは一例のみしか記録されていない[21]。

研究活動においては1720年代までの間に大きな改善が見られた。ルイ14世の崩御と続く摂政時代の間に王立科学アカデミーは法的に正式な地位を与えられ，自然科学の内容に限ってではあるが，外部からの検閲を受けずに済む出版の権利をも獲得したのである。また，技術的な発明審査や王立官営手工業への人材派遣など，特定の技術的任務に関する組織としての役割が明確化された。その一方で，17世紀の反省を踏まえ，政府は科学アカデミーで行われる研究や会員選挙の結果にはなるべく干渉しないことがよしとされるなど，一定の「自由」も尊重されるようになった[22]。この「自由」は，しかしながら，政治や生産活動とは隔絶した場所で公正無私に学問を探求出来る自由，すなわち才ある者に与えられた特権の一種として理解されねばならない[23]。それは外部の社会に対して自由に発言や提言を行う権利とは別のものであった。

場所もルーヴル宮殿の一角に移り，実験施設などを持つことはなかったが，専用の図書室と若干の機器コレクションを備えるようになった。また，科学アカデミーとしての制度的なルーティーンもこの時期に確立したようである。研究能力を持つ正会員たちは定期的な会合への参加と研究報告が義務づけられ，論文発表とその査読，会誌の出版が行われた。そして年に2回ほどは公開集会として会合が一般公開され，王侯貴族の参加もあった。国内外の学者との研究交流も奨励され，広く科学の愛好者に向けて懸賞問題を発表したり，外部から論文の投稿を受けつけて優秀な者には科学アカデミーの会員になる道を開いたりなど，さまざまなかたちで科学の振興が行われた。そして各地にアカデミーや協会が設立されていくにつれて，学者は著名であればあるほど複数の組織に同時に所属するようになる。その中でもパリ王立科学アカデミーの正会員は高い威信を得ており，他国の科学アカデミーの外国人会員としても所属することになった者が多かった[24]。

権威を確立していくに当たり，パリ王立科学アカデミーの出版物を通じて，偉大なフランス国王のもとで永続的に支援され，自然諸科学の追求と技芸(les arts)の完成のために存在するアカデミーとしての確固たるイメージも定着していく。しかしながらその存在意義に挑戦するものがなかったわけではない。とくに同アカデミーは機械技芸や実学の領域とのかかわりには課題を抱えており，17世紀末より技芸研究を指向する集団が外部に現れては消えるということがくりかえされていた。また，18世紀前半には王権の側も科学アカデミーとは別の場所に軍事技術や土木技術の技師団体と，そのための人材養成機関を発足させていた。1741年に海兵学校が，1747年に土木学校，1748年にはメジエールに王立工兵学校が相次いで設立されている。これらの学校の一部では高度な理論教育を行っており，卒業した人材が科学アカデミーに入会することもあったが全体としては少数事例に留まっていた。むしろ学校とそれを擁する技師団は学術探究の場である科学アカデミーとは異なる技術の実務，実学の世界をかたち作っていたのである。このような背景や，先に述べた特権としての学者の「自由」という価値観もあり，科学アカデミー自体の組織としての産業技術や軍事技術とのかかわりは限定的なものとなっていた[25]。

5. プロイセン，ロシア，スウェーデンの科学アカデミーと「後進的先進性」

18世紀前半は欧州の各国にアカデミーや協会が誕生する時代でもある。そこで科学的にトップレベルの業績が見られたのはどちらかというと「アカデミー型」の組織であった。とくに18世紀前半に生まれたプロイセン，ロシア，スウェーデンの各王立アカデミーは欧州でトップクラスの科学研究業績を生むに至った組織として知られており，その誕生の経緯において互いに密接なかかわりを持っている[26]。以下，その歴史を概説したい。

5.1　プロイセン科学アカデミー

18世紀初頭から数十年の試行錯誤期間を経て1744年に成立するプロイセンの科学アカデミーは，いわゆる文化輸入型，すなわち文化的には後進地として自らを捉えていた地域が外国のモデルを取り入れた場合に典型的な特徴を備えている。まず，この地にアカデミーが創設される契機となったのは，パリとロンドンの状況に通じ，かつパリ王立科学アカデミー会員でもあったライプニッツのアカデミー構想であった。彼の熱心な働きかけにより，フリードリヒ一世時代の1700年には王立の組織，王立科学協会(Societas Regia Scientiarum)が創設されている。同協会は，ドイツ言語による文化の振興と科学研究，そして宗教的統一など，ルネサンス的な「学問の共和国」の理念とプロイセン固有の状況とが独特なかたちで結びついた組織であった[27]。また，ライプニッツの巧みであるのは，当時プロイセンで問題になっていたユリアヌス暦からグレゴリオ暦への改暦作業をこの協会設立の意義として主張したことである。結果，同協会は正確な暦を作成することを請け負うかわりに，その出版と製造販売独占権を確保したのであった[28]。しかしこの王立科学協会は，次に即位した王フリードリヒ=ヴィルヘルム1世の学術・文化への無関心など，プロイセン側の政治的変化により軌道に乗らず一旦は弱体化してしまう。

だが，フランス文化を愛好する新王フリードリヒ2世が即位すると状況は一転した。1744年に王立科学協会を前身として，「アカデミー型」の構造を持つプロイセン科学文芸アカデミー(Académie royale des sciences et belles-lettres de Prusse)[29]が誕生したのである。1746年にはパリ王立科学アカデミーの数学者モーペルテュイが会長として招聘され，「アカデミー型」のヒエラルキー構造が導入されている。ただしパリの科学アカデミーとは違い，自然科学部門の他に文芸，文献学，そして思弁哲学といった分野が保持されていた。ライプニッツが関心を注いだドイツ語による学術的探求という理念は二次的なものとなり，学術言語としてのフランス語の導入が進んでいる。とはいえ，外国から定着した会員は少なく，彼とロシアから移住したスイス人のレオンハルト・オイラーくらいであった。当時のベルリンにはフランスにおける宗教非寛容政策を嫌って住み着いたユグノー（フランス語話者の新教徒）たちの共同体があり，彼らがフランス語の普及と同国の知的交流の中心となったのである。たとえば同アカデミー終身書記サミュエル・フォルメもユグノー出身のフランス語話者であった。こうして1750年代に入ると同アカデミーは国際的な才能を集める知的な中心地のひとつとして認識されるようになっていた[30]。

5.2　ロシア科学アカデミー

ロシア科学アカデミーは，前述のプロイセン科学アカデミー関係者の協力を得るかたちで成立した。当時，西欧の外部に位置していたロシアにとっては，やはり周縁的な地域にあることを自覚していたプロイセン科学アカデミーがモデルとなりやすかったようである。事実，ベルリンとサンクト=ペテルブルクにおいては，好待遇で招致された外国人会員の存在や，構成員の選定に関する国王や皇帝および政府の介入といった特徴が共通している。

1724年におけるペテルブルクのロシア科学アカデミー（正式名は「ペテルブルク帝室科学アカデミー」を意味するラテン語のAcademia Scientiarum Imperialis Petropolitanae）の設立経緯については基本的に本書のスマーギナ氏による論稿をご覧頂きたいが，英仏独のアカデミー組織をモデルとして取り込んでいく上で，やはりユグノー共同体がかかわっていたことは簡単に指摘しておきたい。彼らは独仏のみならず，サンクト=ペテルブルクとベルリンの知的風土を結ぶ役割も果たしていた。たとえば，ロシア科学アカデミーの名声を高めることに貢献したベルヌーイ一家はユグノーの家系であり，ベルリンに移住する前はこの地にいたオイラーも上述のフォルメと姻戚関係にある。また，彼らを含めドイツ語圏出身の学者の多さは初期のロシア科学アカデミーの特徴ともなり，公用語はラテン語，ドイツ語，そして学問の共通語の地位を占めたフランス語という3言語の間を揺れ動いたようである[31]。

外国にモデルを求めた一方で，ロシア科学アカデミーは帝国の「西欧化」そのものを推進する機関として，他のアカデミーにはない多様な公共的使命を有していた。それは招聘された一流の学者による研究成果が発表されるアカデミーであると同時に，西欧の学術と技術そのものをロシアに導入する機関としても設計されていたのである[32]。ロシアにはそもそも，西欧では中世以来定着した大学ネットワークおよび中等教育に相当するラテン語文法学校が浸透していなかったため，ギムナジウムや大学がアカデミーに併設された。招聘された学者は研究のみならずそこでの授業も求められたのである。出版業も育っていなかったため，情報発信と交流のため仏語，独語，ギリシア語，ラテン語など多言語による出版局と翻訳局を備えていた。また，シベリアや樺太にまで至る未踏の極東地域の調査探検など，ロシアの帝国統治政策と密接にかかわる任務を請け負い，地図の出版も行った。施設としても図書館，天文台の他，化学実験室，植物園，解剖学室などの研究施設，そして前述の出版局や地図作成局が揃っていた上に，自前の軍隊までも備えていた。

このようにロシア科学アカデミーは比類なく明確な政治的存在意義を持ったアカデミーであり，実体としてはほとんどひとつの省庁に等しい重みを持つ官僚機構であった。ただし，その代償として同アカデミーは，皇帝と宮廷貴族，外国人学者とロシア人学者など，異なる立場の人々が複雑な力学を織りなす場となり，そこで学問の自律性は常に危機に晒されることとなったのである[33]。

5.3　スウェーデン科学アカデミー

ストックホルムのスウェーデン科学アカデミーは，実際のところ，その文化的起源において英仏との時差はさほど抱えていない。1650年代におけるデカルトの同国訪問で知られるように，17世紀からスウェーデンは自然科学への関心を共有しており，ウプサラ大学医学部が新しい実験科学に前向きな姿勢を示していた上に，他にもさまざまな知的会合の伝統があった。また，イギリスのロイヤル・ソサエティとの交流も活発であり，イギリス由来の「協会」型組織を作ることへの関心も早くからあった。だが実際にスウェーデン王立科学アカデミー（Kungl. Vetenskapsakademie）[34]が正式に発足したのは1739年のことであり，その設立にはロンドンだけでなくパリ，そして後述するベルリンやサンクト=ペテルブルクの状況までも影響することとなる。

背景には，時間をかけて自国にあうアカデミーのかたちを模索していたスウェーデンの状況があった。

まず，1710年代から20年代までの間は，ウプサラ大学の関係者が多くかかわる私的な団体，知的探求コレギウム（Collegium Curiosorum）が結成され，中断期間を交えつつも活動を続けていた。これはライプニッツが構想した普遍的な学を追求する「学問の共和国」的団体を指向しており，北欧の地理や自然現象に関する独自の研究に力を入れる一方，文芸や文献学など広い分野が扱われていた。また，公用語もラテン語であった。1728年になると同団体はスウェーデン王権の認可を得てウプサラ王立科学協会（Societatis Regiae Scientiarum Upsalansi）と改名され，20数名ほどの会員を有する組織となる。だが，王権による財政支援の少なさもあり，国内外に確固たる存在感を示すことは出来なかった。

しかし1730年代に入ると，ニュートン主義と啓蒙思想がスウェーデンにも影響を与えるようになり，若い世代の学者を中心に，スウェーデン社会の国益や産業により資する実学的分野，たとえば技術や農学，政治算術などに関心をよせる動きが生じた。植物学者カール・フォン・リンネや天文学者アンデルス・セルシウスはその代表的な例である。彼らの一部はロンドンやパリ，ベルリンを訪問し，そこから大いに刺激を得て，スウェーデン独自の科学的探究を活性化させるべきとの結論に達した。そして1739年，ウプサラではなく首都のストックホルムに，スウェーデン語を公用語とする科学アカデミーが設立されたのである。初代総裁はリンネであった。

小規模ながら，国益の重視と言語文化保護の意識を明確に掲げたこのアカデミーは，スウェーデン語による論文集の出版を行い，政治経済や農業など，他の科学アカデミーでは取り上げない「実利的」な分野を探求することで王権の手厚い庇護を取りつけた。1747年には暦の販売における独占権を得て，財政基盤を確固たるものにもしている。また，小国であるがゆえの意思決定の迅速さを活かし，学術の成果を行政の現場に取り入れる体制をいち早く整えたのもこのアカデミーであった。たとえば18世紀半ばには科学アカデミー終身書記となった天文学者のペール・ワルゲンティンを中心に全数調査による国家の人口統計が行われており，これは世界でもっとも早い国家による人口調査の事例である[35]。

もうひとつ特筆すべきは，同アカデミーが「アカデミー型」と「協会型」を折衷した独自の構造を持っていたことである。それは，百名を上限とする定員制という点で「アカデミー型」に近かったが，会員間のヒエラルキーがないなど，「協会型」に近い水平的な構造の組織であった。さらに言えば，外部からの干渉のない選挙を行ったり事務局員をくじ引きで決めたりなど，イギリスよりも徹底した合議制文化を持つ同国らしい民主的な運営がなされていた。また，「王立」組織として行政の諮問を受けたり特権を付与されたりしていながらも，法的な地位としてはロイヤル・ソサエティ同様政府から自律しているという二重性を有してもいた(マックレランはこれを「分裂的」な存在様態と評している)[36]。こうしてスウェーデン科学アカデミーは，小規模ながらも独自の強みを持つ組織として成長し，他のアカデミーに比較すれば驚くべき短期間で国際的な研究組織としての地位を築いたのであった。

6. 啓蒙思想とパリ王立科学アカデミーの「焦り」

先に言及したように，アカデミーと協会の歴史においては後発組が「後進性」や先行例とは違う歴史的，地域的条件を強みにかえていく様子が見られる。プロイセン，ロシア，スウェーデンの各アカデミー組織はまさにその例であった。とくに18世紀後半の知的状況から注目に値するのは，啓蒙思想の展開と歩調をあわせるかのように発展したこれらのアカデミーが，当時社会的関心を呼んだ実学的な領域，たとえば産業技術や農業，政治算術といった対象を迅速に研究活動に取り込んでいったことである。そのすべてがすぐに効果を上げたわけではないが，たとえば人口調査(スウェーデン)，暦の独占的販売(スウェーデンとプロイセン)や地図作成や書籍の出版(ロシア)など，各国家，地域レベルで社会に貢献する活動成果を生み出していた。

他方，パリ王立科学アカデミーは，18世紀中頃になると欧州でも随一の理論研究成果を発信するようになっていたが，新しく生じた実学的な領域とのかかわりにおいては慎重さが目立ち，そのことについて関係者の一部が憂慮するといった事態が見られた。たとえば，各種社会統計(政治算術)や農業技術などの分野は1770年代まで正式な研究対象として認知されておらず，終身書記のコンドルセらがこの状況をかえるべく奮闘していた。公共事業とのかかわりも，ルイ14世時代以降発展した官僚機構や，特権を持つ諸団体の権益が複雑に絡みあうフランスにおいては容易ではなかった。公共事業は主に土木技師団などの別組織や，各地域社会に根ざす技術者集団により担われており，科学アカデミーはそれらの関係者が会員として所属している場合にのみ，間接的かつ散発的なかかわりを持つに留まっていたからである。たいして，西欧化という課題を抱え，かつ官僚機構も未発達であったロシアのような場所では，当初からアカデミーが近代的な技術者育成と技術移転を一手に担ったため，必然的に公共事業に関しても強い権限を持つに至った。

パリ王立科学アカデミーにこのような「遅れ」が生じた明確な要因は定かではないが，ルイ14世の時代に想定された制度的な規定や，カトリック教会と行政機構の双方に存在した言論統制の伝統が障害になっていたとの解釈は可能である。また，特筆すべきは，学者の「自由」に関する価値観の変化であろう。王権により財政援助を受け，現実社会から隔絶した場で学問に邁進出来る身分としての学者のあり方は，啓蒙思想が深化を遂げ，発言の自由や行動する知性が称揚されるようになった1750年代以降，むしろ否定的な眼差しに晒されることが多くなった。一方にはアカデミーを貴族的特権団体と見なし外部から激しく批判する立場が，他方にはそれが知性を飼い殺しにする足枷であるとして，内部から改革を目指す立場が現れたのである[37]。

紆余曲折の末，1770年代後半から80年代における政治の転換期を捉えて，パリ王立科学アカデミーは漸進的な改革の時代に入る。理性と科学による社会改良という啓蒙期の理念を意識したかたちで，もっとも洗練された理論研究を社会の問題とつなげる努力がなされたのである。1785年には研究分野もそれまで守備範囲としていた6部門が8部門に拡張され，冶金学や農学，鉱物学といった応用的な分野を入れることが明記されている。同時に，公共事業への組織的な接近も見られた。病院の改革や屠畜場移転，河川整備など大規模な公共工事の助言に科学アカデミーが組織として動員され，専門家としての最終決定を下す場面が増えていったのである。また，コンドルセの周辺では政治経済学としての人口推計や生命保険に関する論文を審査，出版することも行われた[38]。革命期に入ると，科学アカデミーは国民公会のもとで，新たな国家制度の構築にかかわる重要任務を請け負い，税制改革のための土地台帳作りや，今日のメートル法の基礎となる度量衡改訂などに取り組むこととなる。それは革命の過激化によりアカデミー自体が貴族文化に属するものと見なされ，すべてのアカデミーが廃止される1793年まで続いた。

7. アカデミーの衰退と19世紀における科学の近代的な諸制度の展開——例外としてのロシア

18世紀末から19世紀初頭の時期に，全欧州のアカデミーや協会のうち半数近くが消滅し，制度としての科学アカデミーは衰退の道を辿ることとなる。一番劇的な変化を見たのはフランスであった。フランス革命によるパリ王立科学アカデミーの閉鎖はその象徴的な出来事であったが，それ以上に，革命でもたらされた旧特権層の亡命や処刑，戦争や内戦といった社会動乱が多くの地方アカデミーを閉鎖に追いやったのである[39]。

革命後の1795年，パリ王立科学アカデミーは「フランス国立学士院」(Institut national de France)と名をかえ復興した。しかも革命期に提唱された改革構想の一部を活かすかたちで分野を拡大し，物理諸科学と数理諸科学などの自然科学部門，文学と芸術のための部門に加え，道徳政治科学部門として政治経済など社会科学的な領域が加わっていた。だが，それにもかかわらず学士院は，19世紀の前半のうちに研究活動の場としての性格を失い，科学の振興を後援する組織としての立場に後退していくことになる。その主な理由として指摘されているのは，アカデミーという17世紀に由来する制度自体の構造的な限界である。ロジャー・ハーンも指摘しているように，19世紀初頭の発達，成熟した諸科学の分野は，もはやアカデミー型の組織で扱われることが困難であった。それでも学士院は，すべての分野の会員が一同に介していたかつての科学アカデミーとは違い，非数学的な自然諸科学と数理諸科学に部門を分けるなどの配慮はあったのだが，最先端の潮流はさらなる細分化を求めていた。そしてかわりに発展を見せたのが独自のジャーナルを持つ小規模の専門学会組織であった。

フランスでは1795年に，もうひとつ，新しい時代を象徴する組織が生まれている。それは専門技師育成のため，旧科学アカデミー関係者のフルクロワ，モンジュらにより設立された学校，エコール・ポリテクニーク(Ecole polytechnique)である。土木技師，鉱山技師，陸軍工兵技師の基礎教育段階を提供するため設立された同校では，高度な科学の専門教育が施され，教員たちや卒業生による最先端の科学研究も同時に行われた。同校は近代的な科学教育を受けたテクノクラートを国家に提供すると共に，コーシー，ポワソン，アラゴ，ゲイ=リュサックなど，19世紀前半のフランスを代表する科学者をも輩出することになる[40]。

興味深いことに，フランス以外の国でも18世紀末からアカデミー型組織の衰退が起こった。まずスウェーデンでは1770年代に科学アカデミーへの政治的関与が強まり，農業や商業など実学が重視されすぎた結果，自然科学の研究組織としての活動は停滞した。プロイセン科学アカデミーは革命に先立つ時期，1780年代半ばからやはり活動が低調になる。主な要因は，1786年にフリードリヒ２世が死去した後，フランス化を推進してきたアカデミーの方針が変化を迫られたことにあった。その後，ナポレオンによる侵略戦争という事態もあったため，19世紀初頭まではアカデミーの運営方針をめぐり試行錯誤と改革が続いた。最終的な改革が完了するのは1812年であり，名称もドイツ語化した「科学アカデミー」(Akademie der Wissenschaften)となる。その立場であるが，1810年に新しく誕生したベルリン大学と提携した一研究所という位置づけとされていた。そしてこのベルリン大学こそが，いわゆるフンボルト理念を掲げた近代型大学の祖型となったのであり，ここでもアカデミー組織が新しい制度に場を譲るという構図が見てとれる。

近代大学をいち早く誕生させたドイツは，留学して前述のエコール・ポリテクニークで学んだ化学者ユストゥス・フォン・リービヒのような人材を活かし，専門主義に基づく今日の理工系学部教育の原型を発展させていった。イギリスやスウェーデンをはじめ，アカデミーや協会の存続した諸国でも大半がこのモデルに習った大学の近代化を行い，この近代大学において自然科学研究者の専門職業化が完成することとなる。

もうひとつ，アカデミー組織を前時代のものとして位置づける潮流をかたち作ったのが19世紀初頭にかたちを取り始めたナショナリズムの意識である。とくにナポレオン戦争による危機を体験したドイツ語圏では，領邦国家に分断されていたドイツ民族をまとめようとする動きに学者たちが共鳴し，1822年にドイツ自然研究者=医師協会（GDNA）が結成された。このGDNAは，従来のアカデミーが地域ごとにばらばらであったことの反省から，国内における科学研究者の統合と「諸科学の統一」を目指したのである。そして，国内各地で巡回しながら研究大会を開催し，来たるべき国家統一を見据えた国民国家単位での連帯と科学の社会的認知を訴えた。同様の動きはイギリスにも現れ，1831年にはイギリス科学振興協会（BAAS）が設立されている[41]。

ロシアもこれら一連の流れからまったく隔絶していたわけではなかった。実際のところ，ロシア科学アカデミーも18世紀末から19世紀にかけて研究活動が停滞し，存続の危機を迎えている。1780年代におけるオイラーの死，1790年代における皇帝の交代とフランス・モデルの消失という事態のすぐ後，同国でもナポレオンによる欧州の政治的混乱の影響があったからである。また，ドイツ系人脈が豊富であったため，19世紀になって間もないアレクサンドル1世による学制改革の中では，ドイツの近代大学を意識した改革もなされている。このような潮流の中で，ロシア科学アカデミーも諸外国におけるのと同様に役割の再定義を迫られていたのである。事実，前述のマックレランはこの時期をもって，18世紀的なアカデミーはロシアでも終焉したと解釈している[42]。

だが，西欧諸地域と大きく異なるのはその後の経緯である。ロシア科学アカデミーは結果として主導的地位を失うことがなく，学術研究の中心もそこから近代大学に移ることがなかった。18世紀末の変革は確かにパリおよびベルリンのモデルを意識した旧来的なアカデミーのモデルが失われることを意味したが，同時にそれは，ロシア科学アカデミーが独自の組織形態へと脱皮する契機ともなったのである。紙幅の問題もあり，その経緯についてここで詳細に考察することは出来ないが，これまで論じたことを踏まえれば，少なくともそうなることを可能にした要因として次の二点を指摘することが出来る。それは第一に，他国と異なりロシアではアカデミーより伝統のある学術組織が存在しなかったこと，第二にロシアの科学アカデミーが，少なくとも官僚組織として捉える限り，他に追随を許さない盤石な組織的基盤を有していたことである。他国にないこのような条件は，同国で科学アカデミーが大学にその役割を奪われることも，廃止の憂き目を見ることもなく，研究の場として求心力を保ち続けることに一定度以上貢献したことであろう。

事実，激動の時代であった19世紀前半を通じ，同アカデミーは「ロシア帝国における科学の第一身分」としての立場を固めていった。構成員のロシア化を図りつつも，外国人留学生や外国人研究者を採用することで研究の質を維持し，1818年から科学アカデミー総裁であり国民教育大臣ともなったセルゲイ・ウヴァーロフの時代には，アジア博物館や考古博物館，天文台，各種実験所施設など次世代を見越したアカデミーの関連施設が次々と開設されている。こうして19世紀中頃になると，ロシア科学アカデミーは欧州における科学研究組織のひとつとして独自の存在感を確立したのであった[43]。

1　Academyとsocietyの意味の違いであるが，academyのほうがプラトンのアカデメイアから派生しているため哲学的傾向を持った学派集団という含意が強い。それに対し，societyは単純に人の集まりを意味する。また，プラトン主義者の小集団がキリスト教化したローマで異端とされた歴史的経緯や，その後，1460年代のローマでacademiaの語を用いた集団が快楽主義や不信心を理由に処罰されたことなどがあったため，academiaが異端者の集団を想起する語として受け取られた時代もあった[James Hankins, *Plato in the Italian Renaissance*, Leiden, New York, Brill 1990, pp. 212-214.]。

2　James. E. McClellan III, *Science Reorganized. Scientific Societies in the Eighteenth Century*, New York, Columbia University Press, 1985, pp. 1-13.

3　John Dillon, *The Heir of Plato. A Study of the Old Academy (347-274 BC)*, Oxford, Oxford University Press, 2003, pp. 2-16.

4　ただし近年，Hankinsの関連著作のように，フィチーノの「アカデミー」の重要性を疑問視する見解もある。Hankinsは15世紀におけるacademiaの語が多義的であり，時には大学寮のことや学生の集団を示す程度の意味しか持たなかったことを指摘した上で，フィチーノの活動が実態以上の解釈をされた可能性を主張している。フィチーノ自身の書籍収集や書簡交流と，それとは別に学生に修辞学を教える教育活動が，あたかもプラトンの哲学を広めるための結社的な「プラトン・アカデミー」の活動であったかのように解釈されていたというのである。James Hankins, Forthcoming. "Humanist academies and the 'Platonic Academy of Florence'", 2009 In *Proceedings of the conference, From the Roman Academy to the Danish Academy in Rome*, ed. H. Ragn Jensen and M. Pade. Analecta Romana Instituti Danici Supplementum. Copenhagen: Odense University Press. URL: http://dash.harvard.edu/handle/1/2936369; Consulted on May 21, 2015.

5 H. ボーツ，F. ヴァケ『学問の共和国』[Françoise Waquet, Hans Bots. *La République des lettres*]; 田村滋男，池端次郎訳，知泉書舘，2015，第2-3章。

6 McClellan, op.cit., pp. 42-47; D.S. Chambers and F. Quiviger ed., *Italian Academy of the Sixteenth Century*, Warburg Institute, University of London, 1995, ch. 1. イェイツ『十六世紀フランスのアカデミー』高田勇訳，平凡社，1996。

7 イェイツ，上掲書，第12章。ジャン=マリー・アポストリデス『機械の王』水林章訳，みすず書房，1996，第2章。

8 Simone Mazauric, «Des académies de l'âge baroque à l'Académie royale des sciences», in *Règlement, usages et science dans la France de l'absolutisme*, Actes de colloque, Paris, Editions Tec & Doc, 2002, p. 17; René Taton, *Les Origines de l'Académie royale des sciences*, Conférence donnée au Palais de la Découverte le 15 mai 1965, Paris, 1966.

9 メルセンヌ・アカデミーは特に世代交代の困難を抱えた。盛時にはルネ・デカルト，ピエール・フェルマ，ジラール・デザルグなど数学史上名の残る人々を含め，欧州全域で200名ほどの人々がネットワークを構成していたが，メルセンヌ神父自身が1648年に死去したあとは2回まとめ役がかわり，かつてのような求心力は取り戻せなかった。Colin Fletcher, "Mersenne: sa correspondance et *l'academia parisiensis*", in *L'Europe mathématique*, C. Goldstein, J. Gray & J. Ritter ed., Paris, MSH, 1996, p. 147; René Taton, "L'œuvre de Pascal en géométrie projective", *L'œuvre scientifique de Pascal*, Paris, PUF, 1964, p. 19; 隠岐さや香「パスカルの生きた時代と科学のアカデミー」『数学文化』18号，2012年9月，44-57頁。

10 とくにモンモール・アカデミーの関係者はロイヤル・ソサエティ関係者との密接な交流があり，実際に相互い訪問して会合に参加したこともあったため影響を受けていた。次を参照。Harcourt Brown, *Scientific Organizations in Seventeenth Century France (1620-1680)*, New York, Russell & Russell, 1934, ch. 5-6.

11 McClellan, *op.cit.*, p. 46; マイケル・ハンター『イギリス科学革命　王政復古の科学と社会』大野誠訳，南窓社，1999，37-41，47-48頁。

12 Hédelin, *op.cit.*, p. 34.

13 コルベールは自らの邸宅に近接したrue Vivienneの建物に王室図書館を移転させ，ルイ14世の許諾と共にそこをアカデミーに割り当てた。その後，18世紀初頭にはルーヴル宮殿が集会場所となり，革命期までそこが本拠地となる。他方，ロイヤル・ソサエティは専用のカレッジ建設に失敗し，ロンドンでエリザベス朝期に建てられた教育機関，グレシャム・カレッジの協力を得てそこに会議室を借りた。その後も必要に応じて本拠地を移し続けることとなる。Ernest Maindron, *L'Académie des sciences. Histoire de l'Académie, fondation de l'Institut National Bonaparte*, Paris, 1888, pp. 2-4; ハンター，上掲書，50-52頁。

14 McClellan, op.cit., pp. 32-34; ハンター，上掲書，第2章。

15 M.-J. Tits-Dieuaide, «Une institution sans statuts: l'Académie royale des sciences de 1666 à 1699», in *Histoire et mémoire de l'Académie des sciences. Guide de recherches*, E. Brian et C. Demeulenaere-Douyère, C. dir., Londres, New York, Lavoisier Tec & Doc, 1996, p. 7. 隠岐さや香『科学アカデミーと「有用な科学」 フォントネルの夢からコンドルセのユートピアへ』名古屋大学出版会，2011，第１章。

16 初期の科学アカデミー会員ともなったオランダ人学者クリスチャン・ホイヘンスは設立前にアカデミー構想を政府に提出し，発明特許や公共事業などの技術的な問題にたいし政府の諮問に答えるコンサルタント的な存在としてのアカデミー像を描き出している。次を参照。Christian Huygens, *Œuvres complètes de Christiaan Huygens*, The Hague, Société hollandaise des sciences, 1888–1950, t. V., pp. 325–327.

17 同待遇を受けていた碑文・文芸アカデミーの議事録に王が特権を与える王令を拒んでいたことが記されているため，科学アカデミーも同様であったと推測されている。次を参照。Tits-Dieuaide, «L''affection' de Louis XIV», in *Règlement*, p. 39.

18 Alice Stroup, *A Compagny of Scientist: Botany, Patronage and Community at the Seventeenth-Century Parisian Royal Academy of Sciences*, Berkeley, Univ. of California Press, 1990, p. 59.

19 科学アカデミーが自然科学のみの組織となったこと自体は歴史の偶然が作用している。王権の側には「ルネサンス型」アカデミーの理念に基づいた普遍主義への志向があり，当初は自然科学以外の分野を取り込むことも検討されていた。新アカデミーは文学（文法学，雄弁術，詩学），歴史（一般の歴史，年代学，地理学）など幅広い領域を扱う大アカデミーとなる予定であった。だが，既に存在していて関連する分野を扱うアカデミー・フランセーズやソルボンヌ大学の神学部，医学部，イエズス会をはじめとする修道会の一部による反発があったため，従来の諸組織と領域の重ならない自然科学や数学のみを扱うアカデミーとして出発した。次を参照。隠岐『科学アカデミーと「有用な科学」』第１章。

20 Charles Coulston Gillispie, *Science and Polity: in France: The End of the Old Regime*, Princeton, Princeton University Press, 1980, p. 82. 身分の構成については McClellan, "The Académie royale des sciences, 1699–1793", *ISIS*, 1981, 72(264), p. 556.

21 Rhoda Rappaport, "The liberties of the Paris Academy of Sciences, 1716–1785", in *The analytic spirit: Essays in the history of science in honor of Henry Guerlac*, Harry Woolf, ed., Ithaca NY, Cornell University Press, 1981, pp. 232–233; David Sturdy, *Science and Social Status: The Member of the Académie des Sciences, 1666–1750*, Woodbridge, The Boydell Press, 1995, p. 396.

22 Rappaport, op.cit., pp. 225–226.

23 「学問の共和国」の理念自体にそのような学問への沈潜を肯定する傾向があり，それと宮廷社会によるパトロネージの文化が接合していた。ヴァケ，上掲書，50頁。Nicolas le Roux, *La faveur du roi: mignons et courtisans au temps des derniers Valois (vers 1547–vers 1589)*, Paris, Epoques Champ Vallon, 2000.

24 McClellan, op.cit., pp. 178–182. 隠岐『科学アカデミーと「有用な科学」』第１章。

25 隠岐『科学アカデミーと「有用な科学」』第三章および次を参照。Robin Briggs, "The Académie Royale des Sciences and the Pursuit of Utility," *Past and Present*, 131, 1991, pp. 38–88.

26 McClellan, op.cit., pp. 34–36. なお，プロイセン，ロシア，スウェーデン各国の科学アカデミーは通例では「ベルリン科学文芸アカデミー」，「サンクト=ペテルブルク帝室科学アカデミー」，「ストックホルム科学アカデミー」などと都市名で呼ばれることが多いが，以下ではわかりやすさのためプロイセン，ロシア，スウェーデンなどの国名で表記することとする。なお，原語での正式名称も参考のため，以下の部分での初出時に表記する。

27　ヴァケ，前掲書，pp.119-121。McClellan, *op.cit.*, pp. 68-70.

28　グレゴリオ暦はカトリック諸国では既に浸透しており，たとえばフランスでは天文・気象情報を載せた暦である年鑑(almanach)や暦(calendrier)が複数作成されていた。

29　正式名がフランス語であった。

30　McClellan, op.cit., pp. 68-74. 有賀暢迪「言語からみたベルリン科学・文芸アカデミー―十八世紀ヨーロッパにおける共通言語と地域語についての一考察」『日本18世紀学会年報』第25号，2010年6月，18-30頁。プロイセンのユグノーについては次を参照。斉藤渉「『知識人共和国』は何語で話すか：プロイセンの啓蒙主義とフランス系入植者」『ドイツ啓蒙主義歴史学研究5』2005年，17-21頁および『同6』2006年，29-35頁。

31　オイラーの長男，ヨハン・アルブレヒトがフォルメの妻の親戚と結婚している。妻はフランス語が母語であったようである。Georges Dulac, “La vie académique à Saint-Pétersbourg vers 1770 d'après la correspondence entre J.A. Euler et Formey”, in *Académies et societies savants en Europe (1650-1800)*, textes réunis par Daniel-Odon Hurel et Gérard Laudin, Paris, 2000, p. 225, n.6; 橋本伸也『帝国・身分・学校―帝政期ロシアにおける教育の社会文化史―』名古屋大学出版会，2010，87-90頁。

32　一方的な国内の「教化」ではなく，国内，とくにモスクワを中心とする保守派に対するピョートル一世自身の政治的・文化的闘争という意味あいもあった。Cf. Irina and Dmitri Gouzevitch, “The Academy of Science of Saint-Petersbourg in the Early 18th century or How to Organize a European-like Research in an Illiterate Country”, *Science in the European Periphery. From the Enlightenment to the 20th Century*, Barcelona, 31 de maigi de juny 1999, Societat Catalana d'Història de la Ciència i de la Tècnica, 1999, pp. 16-17.

33　Dmitri Gouzevitch et Irina Gouzevitch, “L'Académie des Sciences de Saint-Petersbourg: le tournant du XIXe siècle”, *Les Académies en Europe XIXe - XXe siècles: Actes du Colloque tenu le 20 octobre 2007 à la Fondation Singer-Polignac sous la Présidence de Monsieur Michel Zink, Membre de l'Académie des Inscriptions et Belles Lettres*, Dir. J.-P. Chaline, Université de Paris-Sorbonne, Centre de recherches en histoire du XIXe siècle, Paris, Ed. SHN, 2008, p. 41; McClellan, op.cit., pp. 76-77; 橋本，上掲書，90-92頁。

34　ただし正式に「王立」(Kungliga)となるのは1741年である。Cf. McClellan, op.cit., p. 86.

35　石原俊時「スウェーデンにおける人口統計の生成―教区簿冊と人口表」『近代統計書制度の国際比較』所収，安元稔編著，日本経済評論社，2007，第1章。

36　McClellan, op.cit., pp. 83-89.

37　Eric Brian, *La mesure de l'Etat. Administrateurs et géomètres au XVIIIe siècle*, Paris, Albin Michel, 1994, ch. III; Eric Brian & Marie Jaisson, *Le sexism de la première heure. Hasard et sociologie*, Paris, Raison d'agir editions, 2007, pp. 46-47; 隠岐『科学アカデミーと「有用な科学」』第6-7章。

38　実際にはもともとの6分野(幾何学，天文学，力学，化学，植物学，解剖学)以外の研究発表も行われていた。新しい8部門は幾何学，天文学，力学，一般物理学，解剖学，化学と冶金学，植物学と農学，自然誌と鉱物学である。

39 McClellan, op.cit., p. 67, fig.4, 253-259.

40 Roger Hahn, *The Anatomy of Scientifique Institution: The Paris Academy of Sciences, 1666-1803*, Berkeley, Univ. of California Press, 1971, ch9, 10; Maurice Crosland, *Science under Control: The French Academy of Sciences 1795-1914*, Cambridge, Cambridge Univ. P., 1992.

41 ただしイギリスの場合は，科学に対する国家の援助を推進させるべきだとするチャールズ・バベッジのような立場と，国家に頼らず自発的な研究者の力で自由に科学研究を振興するべきだとする立場とが対立し，ドイツのような顕著な変革へとつながることはなかった。また，既にロイヤル・ソサエティは求心力を失い，各地に設立された愛好者の協会や学会，私人の設立した王立研究所(Royal Institution)といった組織が活発に研究活動を展開していた。次を参照。河本英夫「社会的行為としての科学」佐々木力編『科学史』所収，弘文堂，1987年，第6章。柏木肇「和しつ諍う知の司祭—ヴィクトリア科学　序曲」吉本秀之編『科学と国家と宗教』所収，平凡社，1995, 112-158頁。

42 McClellan, *op.cit.*, p. 255.

43 Gouzevitch et Gouzevitch, "L'Académie des Sciences de Saint-Petersbourg", pp. 49-58; 橋本，上掲書，101-102頁。

第2章
18世紀における ペテルブルク科学アカデミーの歴史から

ガリーナ・イヴァノヴナ・スマーギナ（市川　浩訳）

「ロシアの人民にとって，大きな利益となるのみならず，その名誉にも奉仕することであろう……」（「科学アカデミー設立に関するピョートルの草案」（1724年）から／«Уставы Академии наук СССР». М., 1974. С. 35）

ヨーロッパにおける最初の科学アカデミーは15〜16世紀ルネサンス時代のイタリアで生まれた。17世紀の後半にはイギリスとフランスで創設され，17世紀から18世紀に至る境界期にはドイツ，やや遅れてロシアとスウェーデンでも創設された[1]。

「アカデミー」という語はプラトンの弟子たちが会話するために集まったアテネの小さな林，アカデメイアに由来している。「新時代」の始まりと共に，科学アカデミーはあれこれの国の学者たちの共同（統一体，連合，共同体）と理解されるようになり，学問のあれこれの諸分野における研究の主要なセンターとなった。通常，アカデミーの規約に謳われる課題はまったく多様ではあったが，自らの国家のための，あるいは全人類の福利のための科学研究の発達が，基本的な課題，すべてのアカデミーに共通した課題として強調されていた。

あれこれの科学アカデミーの具体的な特徴は当該国家の経済生活，学術生活，社会生活の諸条件，国の政治システム，そして，文化的・歴史的伝統と関連している。初期に創設されたアカデミーのいくつかのタイプが何百年も安定して続いたことは，見かけ上では，伝統の力によって主に説明されるが，しかし，深刻な政治的変動や国家生活における転換は時に科学アカデミーの運命に急変や変動をもたらした。アカデミーの設立の歴史は，その枠内において，ある種のアカデミーは政治家のイニシャティヴにより，あるいは他の種類のアカデミーは大学教授たちの努力で，そして，さらに別のアカデミーは科学者の関与の下に工業家，金融家の骨折りの結果設立されたのであるが，そのことはこれら統一体のさまざまなタイプを理解する上で鍵となるものである。ある種の科学アカデミーでは，自然科学，精密科学，人文科学の研究が行われ，別のある種のアカデミーでは人文科学だけが，またさらに別のアカデミーでは，自然科学だけが，そしてまたまた別のアカデミーでは技術科学だけが研究された。

近代科学の幕開けの時期に，イギリスの哲学者フランシス・ベーコンは，自身の国家の中で高い地位を占め，実験家，理論家，実践家の間における合理的で，調和のとれた分業をともないつつ，研究に必要なものすべてを見事に備えた科学者集団の理想像を描いた。こうした集団は哲学者の想像の中にのみ存在した。17世紀から18世紀にかけて形成された，本当の科学者集団は，急速に成長するマニュファクチュア生産，航海と海上交易，資本関係の誕生という状況の中で，一方では，その時代の科学の動向の一般的法則性を反映し，他方では極めて多様な姿を呈したのである。

現代に至るまで引き継がれている最初のアカデミーは，1635年にフランス政府によって，つまり「上から」創設されたフランス科学アカデミーである。それは多くの特権を享受し，科学者の研究もルーヴル宮殿の敷地の中で行われたし，科学者は王の図書館や植物園も利用した。そのメンバーのおよそ3分の1がアカデミー会員としての俸給を手にした。しかし，その額は少なく，科学者とその家族を養うことを保障するものではなかったし，むしろ奨学金にすぎなかった。それ故，パリ科学アカデミー会員は，自身貴族か財産を持つブルジョアでない限り，決まって，教師，エンジニア，医師といった職務についていた。

1660年に設立されたロンドン王立協会は教師，医師，官吏，財産を持つ貴族やブルジョアといったさまざまな社会的身分の人々からなるボランティアの統一体であり，事情は違っていた。科学研究は物質的な報酬を与えられるものではなかったし，むしろ支出と結びついていた。協会は形式上は国王の庇護のもとにあったが，国家の補助は与えられていなかったし，会員が払う会費，個人の献金からなる資金のみを配分していたのである。

帝権の保護のもとにあるが，ボランティアの科学者の統一体としての性格は，1662年設立の，当時ドイツが分裂していた時にいろいろな都市の自然科学者からなりたっていたシュヴァインフルト・アカデミー「レオポルディーナ」も有していた(現在,「レオポルディーナ」はドイツ連邦共和国の主要なアカデミーとして，ハレに置かれている)。

偉大なドイツの数学者・哲学者ゴットフリード・ヴィルヘルム・ライプニッツのイニシャティヴと企画で1700年に設立されたベルリンのブランデンブルグ科学協会は中間的な性格を有していた。それはプロイセン王からの財政支出は少なかったものの，カレンダーの印刷と販売にたいして王が与えた特権のおかげで存立していた。

1. “完全なる国家機関”としてのサンクト=ペテルブルク帝室科学アカデミー

ここでは初期の科学者の統一体のうち，規模の大きいものの名前のみを挙げた。リストをさらに拡大することもできるが，一般的な結論はかわらない。すなわち，ヨーロッパの，生活手段を供与された科学者の統一体のどれひとつとして，国家権力の支持なしでは絶対に存立しえなかったが，同時にどれひとつとして完全に国家機関とはならなかった。国家機関となったのはペテルブルク科学アカデミーだけであった。

ヨーロッパにおける科学者による組織的活動のさまざまな側面にわたって，それらの形成に大きな影響を与えたのはライプニッツであった。ライプニッツは1668年からその死に至るまでヨーロッパにおけるアカデミーの創設に関する仕事を進めた。彼は，アカデミーは大きな領邦の中心や大きな都市には必ず開設されなければならないと考えた。ライプニッツはプロイセン，サクソニア，オーストリア，そしてロシアのためにアカデミーの構想を立てた。アカデミーを開設しようとしていた都市には，ベルリン，ドレースデン，サンクト=ペテルブルク，および，ウィーンがあった。ライプニッツのアカデミー計画においては，その第一の位置づけのひとつにアカデミーの啓蒙的使命が当てられていた。ライプニッツの考えでは，アカデミーは科学研究の他に，出版事業，監修する雑誌の発行，百科事典の作成，もしくは翻訳，図書館・文書館・博物館事業の組織，ドイツ語(母国語と読みかえてよい)の学習などに取り組まなければならなかった。その他，彼はアカデミーは諸邦の学校事業にも配慮しなければならないと考えていた。ベルリン・アカデミー設立の基礎となった「総則」の中で，彼は青年が数学や物理学や語学に取り組むように，アカデミーは彼らに訓練と「励まし」を与えるよう献身しなければならないと強調した[2]。

国家改造の遂行に常に厳しく，熱心であったロシア皇帝ピョートル1世が，アカデミーの問題に慎重さ，用心深さを示したことは特筆されるべきである。

図Ⅰ-2-1　ピョートル１世(1672-1725)。出典：«Академия наук СССР. 1724-1974. Краткий исторический очерк». М., 1974

外国の学協会については，彼は自分と志を同じくする側近を通じて，また自身の印象に基づいて充分に知っていた。２回にわたるヨーロッパ旅行で，ピョートル皇帝は「新時代」の科学とその組織形成について一般的な知識を得ていた。彼はロンドン王立協会とパリ科学アカデミーを訪問した。何年もの間，彼は偉大なライプニッツと共にロシアにおける科学の組織化の問題を検討していた。ライプニッツは，一連のピョートル１世とその側近宛て書簡・覚書の中で，ロシアにおける文化建設の壮大な計画を提案し，科学・文化・教育の組織化について助言と勧告を与えていた[3]。

しかし，そのおかげでピョートルは当時存在したモデルを直接ロシアに借用することの不可欠性をはっきり理解するようになった。ある者は，ロシアに中等・初等教育システムがまだないので，恐らく不可能であったろうが，大きな大学を開設することを進言した。教育を受けた人はまだ少なく，科学研究に取り組む者もいなかったので，ロンドンやパリのような学協会を設立することは期待できなかった。そして，偉大なロシアの改革者，ピョートル

図Ｉ-2-2　初代総裁ラブレンティー・ブリューメントロスト。出典：«Материалы для истории Академии наук». Т. 1. СПб., 1885

1世は他のヨーロッパの国にはまったくなかった機関をつくった。彼はひとつの機関に科学研究と教育・啓蒙機能を統合し，大学とギムナジウムと一体になった科学アカデミーを設立したのである[4]。

ロシアにおける科学アカデミー設立の宣布からまもなく，初代総裁ラヴレンチー・ブリュメントロストはライプニッツの教え子，クリスチャン・ヴォルフに宛てた書簡の中でペテルブルクに設置された機関の性格を詳しく定義している。「これは大学でも，また科学アカデミー（academie des sciences）でもありません。むしろ，このふたつのある種のコンポジションなのです」[5]と。

ペテルブルクの科学アカデミーは国家権力の発案で創設され，国家的保護を受け，その会員の科学研究はある種の国家事業であった。科学機関にとって不可欠な研究対象と方法の選択における自由を享受しつつも，科学アカデミーは当時，国家が提起した直接的な実践的諸課題を実現し，科学に関連した諸問題での相談役として国家に奉仕していた。このようにして，ロシアにおける科学研究組織化システムの基礎には国家原理が置かれた。これがロシアにおける科学アカデミーと，当時存在した科学アカデミーや学協会との原理的な相違であり，このことは，たぶんに，ロシアにおける国家と科学の関係性にも影響を与えた。

2.「科学アカデミー設置に関する布告草案」——科学アカデミーの運営

ロシア帝国の若々しい首都，サンクト=ペテルブルクにおける「科学アカデミー設置に関する布告草案」は宮廷付医学者(個人医)であったラヴレンチー・ブリュメントロストがピョートル1世の指示，もしくは下書きに従って書いたものであった。1724年1月22日，国の最高国家機関であったセナート(元老院)の会議で確認された[6]。そのテキストは，ピョートルによる書き込みと一緒に，ペテルブルクの科学アカデミー文書館に保存されている。

何よりもこの文書の任務についてであるが，他のアカデミーや学協会では，通常，設立時に規約や取り決めが作られることはなく，のちに事実上の規約や経験が斟酌されるようになって作成されるものであった。しかし，その創設時にはなんらかの綱領的文書，王の「羊皮紙文書」，「指示」が発給された。ピョートルの「科学アカデミー設立に関する草案」はこうした文書に似ているが，しかし，未だかつてなかった機関の本質や課題を説明しなければならなかったために，はるかに浩瀚なものになった。そこには科学の使命に関する宣告はなかったが，ロシアに特殊な需要についてはより多く語られており，科学の発達によってロシアに栄光をもたらし，若い人々の教育によって人民に利益をもたらす機関をロシアが必要としていることが書かれていた。利益と栄光のこのような解釈は「草案」全体に通底している。なぜひとつの機関の中にアカデミーと大学とギムナジウムが一体化されているのかという，起こるべくして起こる疑問にたいする答えは，「草案」の条項の一節が与えてくれる。「かくのごとく，わずかな損失はあるものの，大きな利益をもたらすことに，他の国では3つの異なった組織が実現しているものとして，ひとつの建物が設立されるであろう」。このようにして，このことは財政の節約をももたらしたのであるが，それはピョートルにとっても重要なことであった。

「草案」の中ではアカデミーを，数学，物理学，人文科学の３つの部類(クラス)に分割することが指示されていた。最初の部類には４名のアカデミー会員，つまり理論数学１名，天文学・地理学・航海術１名，そして力学に２名 ― 理論力学と実践力学 ― が属した。

第２の部類には，やはり４つの専門，すなわち，理論・実験物理学，解剖学，化学，植物学が属した。

第３の部類，人文科学部類には決まって４名に満たない人数が記載されていた。ここには雄弁術，考古学，古代史・現代史，法律学が分類されていた。アカデミーは 11 名の科学者＝アカデミー会員から構成されなければならなかった。最初のアカデミー会員は全員外国人科学者で，最初の 100 年間でもアカデミー会員の 76％が外国人であったが，その多くがドイツ人であった[7]。最初のロシア人会員は設立から 10 年を経て初めて登場した。ロシア人初のアカデミー会員となったのは，数学者ヴァシーリー・アドドゥーロフであった。

さらに，「草案」が予見していなかったような，さまざまな状況，たとえば，大きな探検事業への参加などの場合，事実上はかなりの程度増員されていたものの，18 世紀全体を通じて 11 名という数は規範として掲げられ続けたことは特筆されるべきである。

アカデミーの構成員，あるいはアカデミー会員は国家に奉仕した分だけ，国家から報償を受け取った。「草案」には彼らの義務が詳細に記載されていた。これらの条項は欧州における科学者の選定や彼らと締結する契約の根拠となるものでなければならなかった。アカデミー会員は科学の任意の分野で科学研究に取り組まなければならず，その成果はアカデミーが出版を約束した論文や単著としてかたちにされなければならなかった。彼らは毎週開催されるアカデミー構成員による学術会議に参加し，部外者の発見や発明を「それは真実であるか」，どの程度新しく役に立つか判定しつつ，さまざまな専門的鑑定をしなければならなかった。アカデミー会員の側では，自分たちがその発明によって国の工業，手工業の発展に寄与することを，そして政府の

図Ⅰ-2-3　最初のロシア人科学アカデミー会員・ヴァシーリー・アドドゥーロフ（1709-1780）。出典：«Летопись Российской Академии наук». Т.1. СПб., 2000

委任により専門的な研究を実施することを望んでいた。この最後の項目は，ピョートルの「草案」に特徴的で，そこでは国家に奉仕する立場にいる人間としてのアカデミー会員の義務が強調されていた。その上，アカデミー会員ひとりひとりが自らの専門に関する教科書を大学，もしくはギムナジウムのために執筆しなければならなかったし，アカデミーの教育施設で授業をする義務もあった。アカデミー構成員の義務に関するこれほど詳しい説明には必然性があった。問題は，アカデミーの報酬で暮らす科学者というのが，ロシアにとってのみ新しかったわけではなく，他の国でも当たり前にはなっていなかったという点にある。ヨーロッパの学協会では科学者は，決まって，報酬なしに働き，財産のある貴族やブルジョアでない限り，その物質的な保障の源泉となったのは，常にあれこれのサーヴィス業務であった。このようにして，ロシアでは初めて広範に解釈されているような，つまり，研究活動が生活と家族の維持のための資金を保障する，科学者という職業が形成されたのである。

科学アカデミーに附属した大学について見ると，「草案」で提案されたような，法学部，医学部，哲学部を持つ構造は西ヨーロッパの通常の型を踏襲したものであった。ロシアの大学のきわだった特殊性は神学部を欠いていたことである[8]。

ピョートルは，アカデミーは独立した機関となり，その総裁を1年，あるいは半年毎に自分で選ぶようになることを前提としていた。しかし，実際は，アカデミーにまだ規則がなく，状況に応じて「科学アカデミー設立に関する草案」が規則のかわりとなっていた初期，そして1725年1月のピョートルの突然の死によってまだ組織化途上だったアカデミーがその庇護者を失ったとき，アカデミー総裁はまったく選出されなくなり，皇帝，女帝が任命・解任するようになった。

「草案」について，もうひとつ。「草案」はアカデミー会員の任命について，その報償とその他の支出のために毎年の総額2万4,912ルーブリ支払うように，とのピョートル手書きの書き足しで終っている。その上に，科学者に住居，薪，ろうそく，器具，必要な書籍を保障することも前提とされていたのである。

その下書きのひとつで，ライプニッツはアカデミーの仕事内容にたいする金額として1万ターレルを想定していたが，それは1万4,000ルーブリを少し上回る額であった[9]。それゆえ，ピョートルが定めた金額は決して少ない額ではなかったが，それでも充分ではなかった。教授たちは長い間報酬を受け取ることが出来ず，たえず年間予算の増額と負債の支払いを求めた。予算は増額されることはなかったが，そのかわり政府は時には負債を支払う決定を出し，たとえば，探検事業の組織の追加的な資金を支出するなど，時には臨時の奨学金を提供した。

比較のために言えば，パリのアカデミーは王から約4万2,000リーヴル，つまり1万4,000ルーブリを受け取っていた[10]。ロンドン王立協会は会員の会費と個人の献金によって存立していたが，その年額は通常600ポンド=スターリング，約3,700ルーブリを超えなかった。ベルリン科学協会はカレンダー出版の収入のみを手にしていた。それは約3,000ターレル，つまり4,300ルーブリになった[11]。1747年，ペテルブルク・アカデミーの業務内容にたいして5万3,238ルーブリが支出されることが決定された。18世紀における文化的・社会的必要(科学アカデミー，芸術アカデミー，モスクワ大学，種々の学校，国民学校，医療施設，および，宗教施設)についてのわれわれの見積もりでは，ロシア帝国政府はその予算資金の1%もこれらに支出していなかったことになる。

アカデミー設立において何よりも重要であった問題は，もとより，アカデミー会員職への科学者の選定と招聘の問題であった。ピョートル1世とその側近は，まず外国人だけがそうなりうるだろうと理解していた。というのは，科学研究と教育の経験を持つ人物が必要だったからである。人選の範囲にはドイツ，フランス，オランダ，そしてスイスの科学者が含まれていたが，極めて短い期間に必要な人数の科学者を招聘することに成功した。国家の支援のおかげで，アカデミーは旅行費用の全額を支払った。新たに到着した者には住居，薪，ろうそくが支給された。彼らのひとりひとりがみな，規定通り

図Ⅰ-2-4　サンクト=ペテルブルク帝室科学アカデミーの2棟(ヴァシーリー島)。出典：«План столичного города Санкт-Петербурга с изображением знатнейших онаго проспектов». СПб., 1753

5年間の契約を結んだが，その契約には義務と報酬のことが詳しく書かれていた。

サンクト=ペテルブルクでは，研究に都合のよい，恵まれた条件づくりに尽力していた。ネヴァ河沿いに2棟の並んだ大きな建物が与えられた。第一の建物は，ピョートル1世の弟の婦人の宮殿であった。この建物にはアカデミーの諸施設の多くが配置された。1階中央には書肆，左に印刷所，右に旋盤・器具職場が配置されていた。2階は，地理部，製図・エッチング職場，アカデミー附属ギムナジウムが占めていた。中央には学術会議が開催される大きなコンファレンス・ホールがあった。隣には，科学の必要のために特別に立てられた第二の建物が建っていた。これこそがロシア初の博物館＝クンストカーメラであった。この建物には，巨大な図書館，解剖学センターと天文観測所が配置され，建物は，すなわち，ユニークな科学の宮殿となっていた。こうした計画はオリジナルなもので，他国に類例を見ないことは念頭に置かれるべきである。ロンドン王立協会は協会自身の資金で買い取った個人用の邸宅に置かれていた。パリ科学アカデミーの建物は王宮＝ルーヴルの一角に置かれていて，天文台だけが別の場所に建てられていた。ベルリンの科学協会は，王宮の厩舎を建てかえて天文台用の塔を建てた建物に置かれていた。

科学的創造活動のたいへん重要な刺激となったのは，国家の支援のおかげで科学アカデミーにつくられた著作刊行の大きな可能性であった。学術的著作の刊行，ヨーロッパの諸アカデミー，学協会との著作交換のおかげで，ペテルブルグ科学アカデミーの権威がかたち作られた。

最初のアカデミーの出版物，『第1回祝賀総会における演説集』(1726)に，ひとりが穀粒をふるいわけ，ふたり目が耕作地にそれを撒き，3人目が集められた収穫物を入れた袋を水車小屋に運んでいる，3人の農民を描き出した唐草飾りがついていたことを指摘するのもおもしろかろう。その唐草飾りには“Secernit falsum, verum auget et usibus aptat”，つまり「偽ものを遠ざけ，真なるものを育て，実践に招き入れる」と書かれていた。栽培者，言い換えると，科学と啓蒙の普及者のシンボルが科学アカデミーの全活動のシンボルとなった。

1725年8月15日，ロシアにやってきた最初の7名の科学者が冬宮で女帝エカチェリーナ1世の謁見を受けた。アカデミー会員=ヤコヴ・ゲルマンとゲオルグ・ビルフィンガーは，前者はフランス語で，後者はドイツ語で，女帝の前で演説した。女帝は彼らに寛大に接した[12]。

1725年12月27日，アカデミーの第1回公開総会が開催された。女帝エカチェリーナ1世は出席出来なかった。というのは，冬で，寒く，総会が行われた建物は暖房が施されていなかったからである。ピョートルの娘，アンナ・ペトローヴナとその配偶者，ゴリシュチンスキー公爵，外国の外交官，廷臣，高官，全員で400名が出席した。アカデミー会員ビルフィンガーはその優雅な演説の中で，科学アカデミーとは何か，どんな目的で設立されたのかを語った。

1726年8月1日，アカデミーの第2回公開総会が開催された。この総会は第1回のそれよりさらに盛大なものであった。女帝はふたりの娘，ゴリシュチンスキー公爵と共に列席した。高貴な廷臣，セナートの議員，高僧，高位の軍官・文官が客となった。この総会をもってアカデミーはその組織化の時代を終えた。

ドイツの歴史家，クラウス・シャルフは，ベルリンとペテルブルクの科学アカデミーの創設とそれらの18世紀における関係について考察し，ヨーロッパの視点から，「プロイセンの歴史はベルリン・アカデミーがなかったとしても，18世紀においてはほぼ同じように進んだことであろうが，同時期にペテルブルクのアカデミーは多くの点で18世紀におけるロシア帝国の歴史的発展の道筋を規定した」[13]との結論に至っている。

このようにして，ペテルブルク科学アカデミーは「上から」，君主の指令によって，その設立の時点で大学も初等・中等教育制度もなかった国に設立された。当時のヨーロッパの科学者統一体が多くの場合，私的な，あるいは社会的な組織で，基本的には会費や献金のおかげで存立していたのと違い，それは国家の財政支出を受けていた。ヨーロッパの科学アカデミーでは，多くの大学で実施された科学研究の成果が優先して引き入れられただけであるのにたいして，ロシアにおける科学アカデミーはその中で科学的創造がなされなければならない機関として設立された。ひとつの機関の中に科学と教育機能を統一したことは，科学アカデミーの中に大学とギムナジウムを設立することにつながった。しかし，大切なのは，ロシアの科学アカデミーが，国家の側から強力な支援を受けて，極めて短い期間に重要な科学的成果を獲得し，ヨーロッパのみならず，世界の科学と文化の空間に堂々と入ることが出来るように，自らの仕事を組織することが出来たということであろう。

1　ヨーロッパにおける諸科学アカデミーの歴史に関する文献は無数にある。See,: *Akademien im 18. Jahrhundert* (Academies in the eighteenth century)/ zsgest. von Hans Adler.// Das achtzehnte Jahrhundert. 2001. Bd. 25. H. 1; *Académies et sociétés savantes en Europe*: (1650–1800) / textes réunis par Daniel-Odon Hurel et Gérard Laudin. Paris: Champion, 2000; Black J. *Müller and the Imperial Russian Academy*. Kingston.: Univ.Press,1986; *Europäische Sozietätsbewegung und demokratische Tradition*: *die europäischen Akademien der Frühen Neuzeit zwischen Frührenaissance und Spätaufklärung* / hrsg. von K.Garber und H. Wismann. Tübingen: Niemeyer, 1996; Grau C. *Berühmte Wissenschaftsakademien*: *von ihrem Entstehen und ihrem weltweiten* Erfolg.-Leipzig: Ed.Leipzig, 1988; Graham L. *Science in Russia and Soviet Union. A Short History*.: N.Y. 1993; MacClellan James E. *Science Reorganized*: *Scientific Societies in the Eighteenth Century*.– New York.: Univ. Press., 1985; *Science and Technology in World History*: *An Introduction*. Baltimore.: Univ. Press., 1999; Raeff M. *Imperial Russia. 1700–1917: State, Society, Opposition*. Dekalb.: Norhhern Illinous, 1988; Vucinich A. *Science in Russian Culture*. Vol. 1–2. Stanford.: Univ. Press., 1963–1970; *Wissenschaftspolitik in Mittel-und Osteuropa*: *wissenschaftliche Gesellschaften, Akademien und Hochschulen im 18. und beginnenden 19. Jahrhundert* / hrsg. von E. Amburger. Berlin: Camen, 1976; *Копелевич Ю.Х.* «Возникновение научных академий (середина XVII-середина XVIII в.)». Л.: Наука, 1974; *Копелевич Ю.Х.*, *Ожигова Е.П.*, «Научные академии стран Западной Европы и Северной Америки». Л.: Наука, 1989.

2　Boeger I. „Ein seculum ... da man zu Societaeten Lust hat“: Darstellung und Analyse der Leibnizschen Sozietaetspläne vor dem Hintergrund der europaeischen Akademiebewegung im 17. und fruehen 18. Jahrhundert. München: Utz, 1997. S. 198–206.

3　Leibniz in seinen Beziehungen zu Rußland und Peter dem Großen: eine geschichtliche Darstellung dieses Verhaeltnisses nebst den darauf bezueglichen Briefen und Dankschriften / von W. Guerrier. St. Petersburg und Leipzig: Eggers.1873; Richter L. Leibniz und sein Russlandbild. Berlin: Akademie-Verlag. 1946; Keller M. Wegbereiter der Aufklaerung: Gottfried Willheil Leibniz Wirken fuer Peter den Grossen und sein Reich // Russen und Russland aus deutscher Sicht 9.–17. Jahrhundert (West-oestliche

Spiegelungen / hrsg. von Mechthild Keller unter der Leitung von Lew Kopelew; Reihe A. Bd. 1). Muenchen: Fink.1985. S. 391-413; Hirsch E. Der berühmte Herr Leibniz: eine Biographie. Muenchen: Beck. 2000.

4 *Копелевич Ю.Х.*, «Основание Петербургской Академии наук». Л.: Наука. 1977. *Смагина Г.И.*, «Академия наук и российская школа. Вторая половина XVIII в.». СПб.:Наука.1996. *Смагина Г.И.*, "Публичные лекции Петербургской Академии наук", «Вопросы истории естествознания и техники». 1996. № 2. С. 16-26.

5 Wolff Ch. Briefe aus den Jahren 1719-1753. Petersburg. 1860. S. 173.

6 "Проект положения об учреждении Академии наук", опубликован. См.: «Уставы Академии наук СССР». М.: Наука, 1999. С. 31-38.

7 *Смагина Г.И.*, "Немцы в Академии наук", «Природа». 2003. № 9. С. 83-88.

8 *Смагина Г.И.*, "Академия наук и зарождение университетского образования в России", «Академия наук в истории культуры России XVIII-XX веков». СПб.: Наука, 2010. С. 39-80.

9 1 ターレルは 18 世紀の前半，ほぼロシアの 70 コペイカに相当していた。

10 1 リーヴルは 25 コペイカに近かった。

11 *Копелевич Ю.Х.*, «Возникновение научных академий». С. 87, 108, 155.

12 «Летопись Российской Академии наук». Т. 1. 1724-1802. СПб.: Наука. 2001. С. 41.

13 *Шарф К.*, "Основание Берлинской и Петербургской академий наук и их отношения в XVIII в в европейской перспективе", «Немцы в России. Три века научного сотрудничества». СПб., 2003. С. 23.

第3章
19-20世紀初頭における帝室科学アカデミーの賞与金制度

エカチェリーナ・ユリエヴナ・バサルギーナ（市川　浩訳）

「学術活動の活性化にとって賞が果たす有益な作用は，その授与がアカデミーにゆだねられる場合にはより一層大きくなる。蓋し，このような賞の作用は物質的な援助のみならず，賞に表わされる励ましにあるからである。種々の賞は，帝国で首位を占める学術機関によって授与される場合，その真の意義を獲得する。」（「帝室科学アカデミー定款，および定員・職務規定の草案に対する説明覚書」より）

1. 科学アカデミーの伝統的な機能としての顕彰

傑出した学術上の成果にたいして賞を授与することは科学アカデミーの伝統的な機能である。論文の著者にたいして帝室(ペテルブルク)科学アカデミーが賞を授与する伝統は18世紀の後半に始まる。それは，通常，祝賀の集いで公にされる“課題”を与える，というかたちをとっていた[1]。

帝室科学アカデミーにおける金銭による賞は1831年に初めて設立された。それを創始し，資金を与えたのは偉大な工業家のパーヴェル・デミドフであった。この賞は学問のあらゆる分野における優れた論文にたいしてロシア人科学者に与えられ，受賞者の選考は科学アカデミーに委ねられた。1832年から1865年にかけて，選考委員会は900件以上の論文を審査し，約300の賞を授与した。デミドフ賞が廃止されたのは，設立者の死後，ただ25年間にわたってのみ賞の基金に資金を与える，というその遺言の条件によるものであった[2]。

国の学術活動の活性化にたいする賞の有益な作用をデミドフ賞の例で確信

図Ⅰ-3-1　パーヴェル・デミドフ。出典：http://www.calend.ru/person/995/

した科学アカデミーは，国民教育省にたいして科学の諸分野における国家賞の制度化を陳情した。この企画は政府の支持するところとなり，1865年3月皇帝アレクサンドル2世によって認可された。賞の授与は，国の科学問題における最高の専門家としての科学アカデミーに委任された。この目的のために，科学アカデミーは，毎年，国庫から1,000ルーブリを受け取った。

科学アカデミーの創意により，ロシア最初の国家賞は，最初のロシア人科学アカデミー会員ミハイル・ロモノーソフの祖国の啓蒙に果たした功績を記念して，「ロモノーソフ賞」と名づけられた。「ロモノーソフ賞」は，本質的に科学を豊富化し，物理学，化学，鉱物学，およびロシア・スラブ文献学に重要な寄与をなした研究にたいして授与された。受賞者の中には，アレクサンドル・ブートレロフ，フィヨードル・ベイリシュテイン，ニコライ・ベケトフ，ニコライ・メンシュトキン，アレクサンドル・ロドィギン，ニコライ・ルィカチョフ，ヴラジーミル・ダーリ，エヴフィミー・カルスキー，ヴラジーミル・ペレッツ，その他多くの傑出した科学者，発明家がいた。

2. 寄金による学術賞の創設

国家賞の制定は多くの機関，個人に，科学アカデミーの枠組の中に賞基金を設けたいという気持ちを目覚めさせた。まさにこの時点から，科学アカデミーにおける賞は系統的なものとなった。19世紀前半にはたったふたつの賞の基金が生れただけで，しかもその中で現実に機能していたのはたったひとつ，つまりデミドフ賞だけだったのにたいして，19世紀の後半には35の名称つきの賞が加わった。20世紀の初めには，科学アカデミーに入ってくる賞の原資はさらに豊富になった。しかし，遺言者の要求が実現不能であったために原資の受け入れを科学アカデミーが拒否した事例もあった。

第1次世界大戦によっても原資の流入は留まらず，1915年12月1日から1917年12月1日にかけて，賞のリストには6つの賞の名前が加わった。1917年12月1日付で科学アカデミーの管理下にあった名前つきの賞の基金は59件であった[3]。

科学アカデミーに賞のための原資が入ると，それは国立銀行に有価証券

(5%銀行券)のかたちで預金された。最初の原資は賞の授与に必要なパーセンテージで利子を生み，基本となる原資の額そのものには変化はなかった。科学アカデミーには，原資を提供した人物の意志に照応した授賞規則を準備する委員会が設置された。こうした規則のうち，立法府が確認したものもあったし，国民教育省の管理下に置かれたものもあったが，残りは科学アカデミーによって，その総会の決定によって定められた。

諸規則は，賞の種類と規模，さらにその他の奨励策，たとえば，名前つきの金メダル，顕彰の種類を規定していた。顕彰は，研究が疑いなく優れた価値を有していても，資金の不足から金銭による奨励が出来ない場合に贈られた。賞の受賞者，顕彰を授与された者は，毎年12月29日の科学アカデミーの祝賀集会で発表された。

最初から賞の規模は厳格に決められていたが，現実には修正が行われることもあった。賞の金銭面での反映は変化することもありえた。というのは，賞の原資が減額，ないし増額したからである。状況が進むと，額面通りの賞を与えるためには基本的な原資をも利用する必要が出る場合もありえたが，そうなると賞の将来における存続を危機に陥れることになる。それ故，科学アカデミーの賞のすべてについて，実効規則は再検討されていた。

賞の金額は全額でも，通常，1,000ルーブリを超えることはなかったし，小さな賞，奨励賞などは200～500ルーブリ程度であり，これに金メダルの原価も評価されていた。賞金は，慎ましい科学の働き手にとっては数カ月から1年間生きて行くことができる金額であった。

賞の原資のなりたち，構成と使命はまちまちであった。その多くは，科学の擁護者たる個人の，生存中の，あるいは死に際しての寄付によるものであった。

1867年には，このような賞として，マカリー(俗名，ミハイル・ブルガーコフ)府主教記念賞の基礎が据えられた。この，科学アカデミー会員にして，12巻からなる『ロシア教会史』という基礎となる書物の著者は，この賞の設立のために，自分の出版物の販売によって蓄積した12万ルーブリを寄付した。この寄付者の死後，この金額の利子で祖国の有能な学者に金銭のかたちでの

図Ⅰ-3-2　マカリー府主教。出典：http://www.hrono.ru/biograf/bio _m/makary_bulgakov.php

賞が与えられた。この科学アカデミーの賞の最初の受賞者は1885年に登場した。

1885年，M.N. アフマトフとかいう人物が遺言を作り，それによって自らの資金のかなりの部分を科学アカデミーに賞の創設のために遺贈した。1891年，アフマトフは自殺によって人生に終りを告げたが，その遺言には彼の姉妹から異議が申し立てられた。アフマトフが遺贈した資金に関する民事訴訟の法廷が終結し，M.N. アフマトフ記念賞が最初に授賞されたのは1909年になってのことであった。

いくつかの賞は寄付申し込みによる募金からなりたっていたし，あるものは社会グループによって創設されていた。たとえば，1880年，シムビルスク市貴族会の寄付による資金によって，アレクサンドル2世皇帝陛下記念賞が制定された。1881年にはA.S. プーシキン賞が生まれたが，その原資は，市民の寄金を基礎としてモスクワに建立されたこの詩人の記念像建設資金の余剰であった。1905 年，ポルトヴァ県自治会(ゼムストヴォ)によって偉大な同胞で作家のニコライ・ゴーゴリの名を冠した賞が創設された。

科学アカデミーにとって特別の意義を持っていたのは，そのふたりの総裁を記念した賞であった。1856 年，親族からの寄金による資金で，帝室科学アカデミー総裁にして，国民教育大臣であったセルゲイ・ウヴァーロフ伯爵を記念する賞が創設された。ウヴァーロフのあと四半世紀を経てそのポストに就いたのがドミートリー・トルストイ伯爵であった。1880 年，トルストイが国民教育相のポストを離れる時，彼のかつての同僚たちが寄付を申し出，1 万ルーブリを超える資金を D.A. トルストイ伯記念学術賞のために集めた。トルストイはこれに自分の資金を加え，その額を 3 倍にして，1884 年に始まるこの賞の授与を毎年行えるようにした。

科学アカデミー自身も自分たちのメンバーの名を冠した，一連の賞を創設した。たとえば，1864 年には K.M. ベル記念賞が，1875 年には V.Ya. ブニャコフスキー記念賞が創設された。この両賞は同じ由来を持っていて，これら両科学者の博士論文公開審査 50 周年の祝賀のために創設されたものであった。記念となる日に科学者の友人や同僚が寄付を申し出，科学アカデミーが賞に活用する原資を集めたのである。このふたりの，記念日を迎えた人物は自分たちの名前を冠した賞の授賞規則草案作りに積極的にかかわり，生涯にわたり選考委員会の長をつとめた。

1905 年，科学アカデミー会員 L.N. マイコフ記念賞が創設されたが，それは『エリ・エヌ・マイコフを記念して』と題する論集の販売によって得られた 1,000 ルーブリから生まれる利子から与えられるものであった。1906 年，法学者にして名誉科学アカデミー会員のアナトリー・コーニの崇拝者で，かつての同僚のひとりが，彼の国家的・社会的活動 40 周年を記念して多額の原資を彼の名を冠する賞の授与のために差し出した。

それぞれの寄付者は，自らの貯蓄を科学アカデミーの管理下に渡すことで，ロシアの啓蒙に応分の役割を果たすことを夢見ていたことには疑いはないが，同時に彼らは，ロシアの学界という視点で見た場合，科学アカデミーの権威の強化をも助けていたのである。

すべてがそうだとは言えないとしても，賞の授与によってその科学的研究が促進された問題領域は極めて広範に及んでいた。賞の獲得競争にはアカデミーの研究室が代表する，すべての学問分野にわたる研究を行う科学者が参加していたのである。デミドフ賞，M.N. アフマトフ記念賞，D.A. トルストイ記念賞，マカリー府主教記念賞は学問分野の指定がなく，いずれも，すべての学問分野における，新しい事実，観察，見解を科学に持ち込んで，本質的な意味でそれを豊富化した，独立した研究にたいして与えられた。ロモノーソフ賞は自然科学・人文科学の多くの分野を包含していた。

傑出した科学者，作家，教育者(動物学者のフリードリッヒ・ブラント，数学者のブニャコフスキー，生物学者のベル，文献学者にしてスラヴ学者のマイコフ，詩人のプーシキン，歴史家のウヴァーロフ，教育学者のコンスタンチン・ウシンスキー)を記念して創設された賞の選考は，その選考に携わる者が持つ関心の範囲にある学問分野に属する研究者だけを奨励した。

その他，創設者自身が選考作業のテーマを制限していた場合もあった。一般的な意義を持つテーマと並んで，特殊な課題にたいしても賞が設けられた。歴史のある一定の時代，ある地方，ある言語，ある国家的活動家の研究にたいして，である。

賞の多くが年に1度，2年に1度，あるいはそれ以上の間隔で定期的に授与された。「与えられたテーマに関する」論文にたいして1度だけ授与される賞は特殊な位置を有している。たとえば，A.A. アラクチェーエフ伯記念賞はアレクサンドル1世皇帝崩御100年(つまり，1925年)を経て，その治世の歴史をもっともよく叙述したロシアの作家に与えられることになっていた[革命のため，実現しなかった：訳者]。この種の賞には，ロモノーソフの良質な学術的伝記にたいする賞も含まれよう。

各賞の規則により，科学アカデミー会員は選考の対象になる権利を有してはいなかった。このような条項のおかげで，大学やその他の学術機関の有能な研究者が活発に競争に参加することが出来，科学アカデミーとアカデミー以外の科学者の仲間との接触を広げ，さまざまな学問分野における研究の状況を広範に知ることを助けた。

主要都市や地方の科学者を支持することで全体としての科学の発達を促進した他，非常にしばしば科学者の運命そのものに影響を与えた。受賞者リストは，偉大なロシアの科学者の多くがアカデミーによってしばしば複数回授賞されていることを示している。科学アカデミーの賞の受賞者がその後科学アカデミー会員になっている例も珍しくない。

3. 顕彰事業の実際

学術共同体の視点から見れば，ロモノーソフ賞は単に特別本質的な物質的な援助と言うだけでなく，学術的な論争において科学アカデミーが「首位に立つ学術的な職業団体」として仲裁人の役割を担うという状況のおかげで，大きな道徳的な意義をも持っていたのである。学術研究の選考における最高の専門家としての地位が学術共同体における科学アカデミーの権威を強化したことには疑いの余地がない。

学術的選考は査読と研究連絡という文化の形成を促進した。賞の獲得を目指して提出された論文は入念で厳格な審査に附された。自分の専門に関係した無報酬の査読は，科学アカデミー正会員の義務のひとつとなった。科学アカデミーにおいては，賞を与えられなかった論文については，印刷される報告にはまったく記載しないという一般的規則が遵守された。印刷された報告の中には，著者名も論文題名も記載のない，選考の対象となった研究の数に関する資料だけが含まれていた。著者名などを示す資料はただ文書館資料の中にのみ見出すことが出来る。

査読批評の作成には多くの時間を要し，時には追試をしなければならなかったが，それでも査読批評の作成は3カ月を越えることはなかった。賞の選考がまだ終っていない状況で仕事をするのがどれほど難しかったかを確認するためには，どのような年次のものでもよいので，科学アカデミーの報告書を開いて見るだけで充分であろう。たとえば，1915年，ロシア語=ロシア文学部のアカデミー会員たちは5つの賞の選考に関する査読批評作成に参加しなければならなかったが，その年の始めの段階でこの部に属していたアカデミー会員は9名だけだったのである。

科学の発達は研究のテーマを広げたが，科学アカデミーの中に常に論文選考の全面的検討に必要な専門家がいたとは限らず，そのため外部の科学者に助けを求めることもあった。一方では，このことが科学アカデミーと専門家が招かれることとなった高等学術機関との連携を強化したのであるが，他方では，潜在的な査読者の探求と査読の組織化に関連した行政的な仕事を増加させた。

多くの偉大なロシアの科学者が選考作業において裁定者としての役割を果たした。時として，査読批評の科学的水準が査読を受けている研究そのものを凌駕していることもあった。このような場合，外部査読者の仕事は記念メダルで表彰された。賞を与えられた科学研究の論文著者として，あるいは選考対象論文の査読者として選考に関与することは，一連の科学者にとって科学アカデミーの名誉会員，通信会員，正会員への選出のプロローグとなった。

アカデミーの賞のすべてが，同じように内容濃く扱われたわけではなかった。一連の賞の選考では何年にもわたってひとつの論文も授賞対象とならなかった。賞が授与されないということは，原資が蓄積され，何も利益を生まずに，死重のまま横たわることを意味する。科学アカデミーはこのような状況を完全に異常なものと見なして，賞の規則を再検討する決定を下したり，これらの資金を，他の，科学アカデミーにとって有益な用途に渡したりした。しかしながら，1905年に企画された諸規則の再検討によってわかったことは，多くの場合，賞の創設の条件により科学アカデミーが原資の利子を流用することさえ出来なくなっていたために，極めて僅かな額が再利用出来るだけであるということであった。たとえば，1850年に創設された，「万物の創造主の聡明さ，計り知れなさを示す論文にたいする賞」は1度も授与されたことがなかったにもかかわらず，その規則を再検討する試みはまったく実を結ばなかったのである。科学アカデミーは自身の科学活動拡大のための資金を必要としていたが，賞のための資金は蓄積されてゆく一方であった。

科学の真の要求にもっとも鋭敏であったのは，科学アカデミーの会員たち自身であった。たとえば，1915年に科学アカデミー総裁コンスタンチン・

図Ⅰ-3-3　コンスタンチン大公。出典：Санкт-Петербургский Филиал Архива РАН (СПФ АРАН). Р. Х. Оп. 1-К. Д. 118. Л. 1

コンスタンチノヴィチ大公がアカデミーに寄付した原資は「コンスタンチン基金」と名づけられ，アカデミーの科学的事業を支えるために制定された。1916年，副総裁P.V.ニキーチン記念寄付金，アカデミー会員B.B.ゴリツィン記念寄付金が科学アカデミーの科学的事業のために寄付された。

このように，アカデミーの賞を目指す競争は，国の科学の全般的な状況と，帝室科学アカデミーをその不可欠の一部とするロシアの科学共同体に起こった諸過程を反映していたのである。もうひとつ，このことが反映していた側面が，科学アカデミーの掌中に集まった賞のための基金の抑制出来ない成長であった。

全体として，さまざまな学問分野において国の科学的潜在力を明らかにする上で賞が果たした重要な役割について，そしてまた，科学アカデミー諸研究室の次世代要員の候補となるにふさわしい者を，受賞者や選考対象研究の

図Ⅰ-3-4　マカリー府主教記念賞メダル(本章筆者・バサルギーナ撮影)

査読者の中に見出した科学アカデミーそのものにとっての意義について，語ることができるであろう。

4. 十月革命による顕彰事業の中断と再開

1917年10月の大転換とそれに引き続く銀行国有化は科学アカデミーが独自に賞の基金を管理する可能性を喪失せしめた。1917年12月1日から1918年12月1日に至る時期，科学アカデミーには，賞に関する原資からの収入はまったく入ってこなかった[4]。

二月革命には多くのアカデミーの科学者たちは肯定的にかかわり，省の中で新政府に積極的に協力したが，十月革命にはこのような態度をとらなかった。にもかかわらず，革命と内戦の重苦しい時期でも，科学アカデミーの科学活動は継続された。科学者の生活と活動の条件は破局を迎えていたが，彼らは科学の継承のために闘いを繰り広げた。全般的な危機は直接に賞に影響し，応募される論文がなかったために選考の数は激減した。

科学アカデミーによる賞選考結果が最後に公表されたのは，1919年12月

29日の科学アカデミーの公開祝賀集会においてであった。常任書記セルゲイ・オリデンブルグの申し立てによって，総会は，追って新しい布告が出るまで，1920年におけるすべての賞の選考を取り止めた。そして，このような「新しい布告」が出されることは長い間なかった[5]。

科学研究にたいする賞を目指す選考がふたたび行われるようになるのは1930年代のことである。1934年，ソ連邦人民委員会議の布告によってI.P.パヴロフ記念賞が制定された。第2次世界大戦終結までに，科学アカデミーの金メダルや名称つきの賞を目指す選考が行われるようになった[6]。1990年代になるとふたつの革命以前の賞が復活した。1993年にはデミドフ賞が授与された。選考方法は，申請書の提出を前提とせず，ロシア科学アカデミー会員の最良の研究を専門委員会が決定することになった。1997年，マカリー府主教記念賞が復活した。新しい賞の創設者はロシア正教会，モスクワ市政府，ロシア科学アカデミーであった。

傑出した科学的成果にたいして賞を授与するという伝統への回帰は，科学アカデミーにとって賞の分配が常に科学者の活動振興の重要な手段であったこと，昔も今もその科学に外部から支えが必要とされるロシアにとってとくに重要であることを物語っているのである。

1　«Указатель конкурсов Императорской Академии наук и художеств. 1751-1796». Сост. *М.Ш. Файнштейн*. СПб., 2003.

2　*Мезенин Н.А.*, «Лауреаты Демидовских премий Петербургской Академии наук (1832-1865)». Л., 1987.

3　«Академия наук в пространстве поощрения ученых (XIX — начало XX века): Препринт». Сост. *Е.Ю. Басаргина, Н.В. Бекжанова, И.В. Черказьянова*. СПб., 2007; *Барыкина И.Е.* “Благотворительные премии Императорской Академии наук.” «Вопросы истории». 2007. № 7. С. 105-112; *Рязанцева Е.В.*, “Академические награды в исторической ретроспективе XVIII-XXI вв.”, «Академический архив в прошлом и настоящем: Сборник научных статей к 280-летию Архива Российской академии наук». отв. ред. *И.В. Тункина*. СПб., 2008. С. 236-249.

4　«Отчет о деятельности Российской Академии наук по отделениям физико-математических наук и исторических наук и филологии за 1918 год, составленный непременным секретарем академиком С.Ф. Ольденбургом и читанный в публичном заседании 29 декабря 1918 года». Пг., 1919. С. 372.

5 «Протоколы Общего собрания Российской Академии наук». [Пг.], 1919. § 246. С. 164.

6 *Тютюник В.М., Федотова Т.А.*, «Золотые медали и именные премии АН СССР». Тамбов, 1988.

第 II 部

ヴラジーミル・ヴェルナツキー

第1章
ロシアの第4世代の化学者，科学アカデミー会員としてのヴェルナツキー
地球化学から叡知圏へ，ロシアでの評価

梶　雅範

「私は，総会決議に従わないことで，ペテルブルク（現ロシア）科学アカデミーの学術業績と偉大な伝統の基本原理にかえって忠実であると考えます。」（科学アカデミー総会の帰国決議にたいする1924年8月22日付けのヴェルナツキーの科学アカデミー宛手紙 / В.И. Вернадский «О Науке» Том II. СПб: РХГИ. 2002. С.366）

1. ロシアの第 4 世代の化学者

ロシアにおける化学の歴史をその担い手である化学者を中心に考えてみると，1725 年に設立されたサンクト=ペテルブルク帝室科学アカデミーによって養成された最初のロシア人会員のひとりミハイル・ロモノーソフがロシア人化学者の嚆矢と言えよう。彼は，現存するロシア最初の大学であるモスクワ大学の創設にもかかわっている[1]。しかし，ロモノーソフらは，あくまでも「先駆」に留まってその後のロシアにおける化学の歴史に大きな影響を与えることはなかった。

化学者集団のロシアでの形成は，19 世紀初頭のアレクサンドル 1 世による学制改革の中で設立された 6 校の帝国大学に設置された化学講座に始まる。それらの講座を担当したのは，一部の例外を除いて，ドイツ出身の教授たちであった。大学の施設の貧弱さから研究もままならず，化学教育の水準も低かった。彼ら（言わば，ロシアの化学者の第 1 世代）が行った研究は，ロシア国内の産業や生活にとって直接に必要で有益な事物にかかわる分析化学的ないし応用化学的研究が大部分であった[2]。

それが，1830～40 年代になって，こうした状況にも変化が見られるようになった。その頃ようやく，地元の実践的な課題解決に迫られての実用的研究から離れた，当時の化学の先端的な問題にかかわる実験的研究が見られるようになったのである。その担い手となったのは，ロシアで第 1 世代の化学者たちから教育を受けた後，西ヨーロッパに留学してユストゥス・リービヒなどの大学研究室で本格的な実験研究を体験してきた化学者たちであった。その代表として，ゲルマン・ゲス，アレクサンドル・ヴォスクレセンスキー，ニコライ・ジーニン，アレクセイ・ホドネフなどを挙げることができる。彼ら第 2 世代の化学者たちに，化学の当時の先端的な研究テーマにかかわる自立的な研究の始まりを見ることができる。しかし，彼らの研究能力は，十二分には開花させられなかった。当時のロシアが彼らに求めたのは先端的な研究活動ではなく，国家に必要な専門家の養成，つまり教育活動であったからだ。過重な講義負担と貧しい実験施設が，第 2 世代の化学者たちの研究活動を阻害した。とくにそのことが顕著だったのは，大学と共に多くの高等専門学校が集中していた首都サンクト=ペテルブルクの化学者たちであった。

彼ら第2世代の化学者に学び，19世紀半ばのロシアの「大改革(Великая реформа)」と呼ばれる内政の諸改革下に研究者として出発したロシアの化学者(言わば，第3世代の化学者)は，実験研究と共に理論的研究にも目を向けるようになった。その代表は，ドミートリー・メンデレーエフとアレクサンドル・ブートレロフだろう。師の世代と違い，彼らには理論を含めた学術研究が第一に求められるようになったのだろうか。残念ながらそうではない。相かわらず彼らにたいして第一に求められていたのは，専門職業人の養成という教育であった。化学者自身が求めたものと，社会から求められたものの間にはずれがあった。しかし，第3世代の化学者たちは重要な点で前の世代と違っていた。それは，絶対数は確かにまだまだ少なかったが，化学者が集団的な存在になったことである。「大改革」による高等教育機関での研究・教育環境の改善が，第3世代の化学者たちに研究者の道をより多く開いたのである。その端的な表れは，1863年に公布された新大学令であった。講座数，教官定員，給与ともに引き上げられ，研究・教育の補助施設に対する予算も2〜4倍になった。新大学令では，実験室，教授室，資料室，診療室の新増設を定めており，学生の実習の比重を増すことができるようになった。大学評議会(教授会)は，教授要目，学位，奨学生決定の最終的権限を持ち，予算配分，監査などの財務権も与えられた。もちろん最終的な裁可権は学区監督官や教育大臣が握っており，上からの統制が外されたわけではなかったが，学内人事の具体的な執行は大学評議会の権限となった。以上のような大学の研究・教育条件の一定の改善によって，大学を通じての諸事業も多様で活気あるものとなった。

こうした時代背景に第3世代の化学者を中心に，彼らの私的サークルが形成されていった。サンクト=ペテルブルクには，大学・専門学校の実験室や自宅の私設実験室に非公式に集まって化学上の種々の話題について議論したり，施設を使って実験したりする化学者サークルが生まれていた。当時，サンクト=ペテルブルク大学化学技術学教授であったパーヴェル・イリエンコフの住居(そこには小さいが設備の整った私設実験室があった)に集まったグループや，医学アカデミーのジーニンの研究室に集まった若手化学者グループなどがその例である。

1857年には，ニコライ・ソコローフとアレクサンドル・エンゲリガルドが，会費を取って私設実験室を一般に公開し，そこに実験の機会を求める若い化学者の卵たちが集まった。ソコローフらは，リービヒ方式の実験室運営を目指した。公開実験室は，サンクト=ペテルブルク大学に職を得たソコローフが，大学の実験設備が劣悪なのを見て，私設実験室の備品を大学に寄付する1860年まで続いた。

1860年代に入り，留学先から帰国した若い化学者を中心に私的サークル活動はさらに活発化した。たとえば，メンデレーエフの当時の日記を見ると[3]，1861年の10月，メンデレーエフをはじめとするサンクト=ペテルブルクの若手化学者の間で，「化学の夕べ(химический вечер)」と呼ばれる，サークル活動が始まった。彼らは，毎週木曜日，交代で各人の家に集り，最低ひとりが化学に関するテーマで発表し懇談した。メンデレーエフの日記で見る限り，翌年3月末までに18回の集会が持たれている。

こうした私的なサークル段階から公的な学会へ進もうという化学者内部の動きを決定的に助けたのは，学術集会を開催しようというロシアの自然科学者全体の運動であった。そうした運動は，地方レベルでは，1850年代末から見られた。学術集会の「政治利用」を恐れた支配層は，この種の集会をなかなか許可しなかったが，ようやく1867年になって，サンクト=ペテルブルクにおける自然科学者会議の全国大会開催の請願に対して許可がおりた。1867年12月28日，サンクト=ペテルブルクで，第1回ロシア自然科学者会議(Съезд русских естествоиспытателей)が開かれた[4]。会議は，数学，天文学，植物学=動物学，解剖学=生理学，物理学，化学の6部会に分かれ，465人の参加者を集め，153の報告があった。このうち，化学部会に集まったのは，80人である。1868年1月4日までの会期中，化学部会では3回の集会があり，全部で33の報告があった。当時のロシアの化学者のほとんどを集めて，学術報告会を開き得た事実は，化学会を設立して運営をして行く自信を化学者たちに与えたと言えた。会議最終日の閉会全体集会において，会議に対してロシア化学会設立請願を求めた化学部会の宣言が読み上げられ，全会一致で採択された。ロシアの化学者たちは，ロシア化学会を活動の拠点とし，その学会は19世紀にあってはもっとも活動的な専門学会となった[5]。

本章筆者が注目したいのは，化学会を設立した「第3世代」の次の世代の化学者たち，つまり学会創設の頃の1860年代生まれの化学者たち，言わば第4世代の化学者たちである。彼らは，その後半生，ほぼ40代から60代にかけて，1905年の第1次ロシア革命に始まり，第1次世界大戦，二月革命と十月革命，内戦，ソ連邦の成立というように祖国の大変動を経験した。こうした体制変革の中で，各人はどのように生きるべきかの厳しい選択を余儀なくされた。

この世代の化学者のひとりとして，ヴェルナツキーの生涯と業績をここでは検討したい。後半生の代表的な研究分野「生物地球化学」故に彼を化学者と考え，その代表作『地球化学概論』と『惑星的現象としての科学的思考』をとくに検討する。最後にロシア社会におけるヴェルナツキーの位置づけについて考察する。

2. ヴェルナツキーの生涯

ヴラジーミル・イヴァーノヴィチ・ヴェルナツキーは，1863年2月28日[6]にサンクト=ペテルブルクに生まれた[7]。父のイヴァン・ヴェルナツキーはウクライナ出身で，キエフ大学卒業後，ヨーロッパで政治経済学をさらに深めた。1851年からモスクワ大学で政治経済学と統計学の教授を務めていたが，「大改革」が始まると，1856年に大学を辞めてサンクト=ペテルブルクに出て，内務省に勤務する傍ら，雑誌の発行を通じて新しい政治・社会状況に影響を与えようとした。イヴァンは1860年に病で最初の妻を亡くしたあとに，1862年に再婚したが，その2番目の妻アンナがヴラジーミルの母であった。

1868年にイヴァンは，発作で体に麻痺が生じたので静養ののち，一家はウクライナのハリコフに移ることになった。回復したイヴァンは，ハリコフで国立銀行監査官を務めた。ふたたび一家がサンクト=ペテルブルクに戻るまでの1876年まで，ヴラジーミルが5歳から13歳までの少年時代はハリコ

図Ⅱ-1-1　学生時代のヴラジーミル・ヴェルナツキー（1884年以前）。出典：АРАН. Ф. 518. оп. 2. д. 110 л. 3

フで過ごした。

1876年にサンクト=ペテルブルクに戻るとヴラジーミルは，中等学校第1男子ギムナジウムの2年に編入された。彼は窮屈で陰鬱なカリキュラムになじめなかったが，のちに有名な植物学者になるアンドレイ・クラスノーフが同級生で，彼と昆虫採集や植物採集に出かけ自然科学に興味を持つようになった。そのため1881年，ヴラジーミルはクラスノーフと一緒にサンクト=ペテルブルク大学理学部博物学科に入学した。この年，父は2度目の発作に遭い，1884年に亡くなった。

大学では，とくに土壌学の創始者ヴァシーリー・ドクチャーエフの指導を受け，土壌学・鉱物学・結晶学を学んだ。1884年には，ドクチャーエフについて最初の野外踏査に参加した。ヴラジーミル（以下は姓のヴェルナツキーを使う）の総合的で学際的なアプローチは，間違いなくドクチャーエフの土壌学から学んだものであろう。学生時代，博物学科の学生として鉱物分析の論文と齧歯類のすみかの記述をしている。クラスノーフのように専門の生物学者にはならなかったが，博物学科にいてその幅広い教育を受けたことは，のちに地球に対する生命物質の作用に関心を持つ基礎となったと考えられる[8]。

図Ⅱ-1-2　ヴェルナツキーの師，土壌学者ヴァシーリー・ドクチャーエフ（年代不明）。
出典：АРАН. Ф. 518. оп. 2. д. 144 (1)

大学は，のちに政治的な同志となる仲間たちとの出会いの場にもなった。当時の学生は，貴族的な少数の右派と貧しい学生たちの多数の左派に分かれていたが，ヴェルナツキーは，フョードル・オリデンブルグとセルゲイ・オリデンブルグの兄弟が指導するリベラルな中道派のサークルに属した。のちにフョードルは教育者・社会活動家となり，弟セルゲイは高名な東洋学者となって科学アカデミーの常任書記（1904-1929）を務めることになる。オリデンブルグのサークルのメンバーには，他にドミートリー・シャホフスコイ公爵（のちに社会運動家・政治家），イヴァン・グレヴス（のちに歴史家），アレクサンドル・コルニーロフ（のちに歴史家）らが属していた。

1885年秋，大学を卒業したヴェルナツキーは，鉱物学教室の助手として大学に残ることになった。この頃彼は，社会活動を通じて，将来の伴侶になるナターリヤ・スタリツカヤに出会い，翌年9月3日にふたりは結婚した。ナターリヤの父エゴール・スタリツキーは，1860年代の司法改革を指導した司法官で，当時はロシア皇帝下の最高輔弼機関である国家評議会に席を占

図Ⅱ-1-3　学生時代から親友セルゲイ・オリデンブルグとフョードル・オリデンブルグ兄弟（年代不明）。出典：АРАН. Ф. 518. оп. 2. д. 148 (1)

める政府高官であった。1887年3月1日に発覚した皇帝アレクサンドル三世暗殺未遂事件でサンクト=ペテルブルク大学理学部学生のアレクサンドル・ウリヤーノフ（レーニンの兄）が逮捕・刑死した事件に関連して，ヴェルナツキーに辞職の要求が当時の教育大臣から非公式に出された。この要求は岳父の尽力で取り下げられ，かわって2年間のヨーロッパ留学のかたちで首都を離れることになった[9]。その年の8月にナターリヤが長男のゲオルギーを出産したので出国は翌年春となった。ヴェルナツキーは，1888年3月から1890年6月までの2年余り，前半はミュンヘン，後半はパリに滞在して在外研究を行った。ここで，ロシアでは充分とは言えなかった結晶学と鉱物学に関する実験研究と野外踏査の経験を積んだ。

帰国後，ヴェルナツキーは，1890年秋にモスクワ大学の結晶学と鉱物学の私講師に着任した。1891年9月に母校のサンクト=ペテルブルク大学で修士論文「シリマナイト(珪線石)族とケイ酸塩における酸化アルミニウムの役割について」を提出して修士号を，1897年には博士論文「結晶物質の滑動現象」で博士号を取得した。修士論文では，ケイ素がアルミニウム原子を囲む四面体構造(ヴェルナツキーはカオリン核—каолиновое ядро—と呼んだ)の粘土における存在を提唱した。これは1930年代に実験的に証明された。ヴェルナツキーは，博士号を取ったのち，1898年1月末にモスクワ大学員外教授に就任し，1902年12月に正教授に昇進した。モスクワ大学時代は結晶学と鉱物学の研究に集中し，1903年には『結晶学の原理(Основы кристаллографии)』，1908年からはロシア帝国で産するあらゆる既知の鉱物を記載する『記載鉱物学の試み(Опыт описательной минералогии)』を出版し始めた。後者は1922年までに6冊が刊行されている。

ヴェルナツキーは科学研究だけでなく，既に述べた大学時代の友人の影響もあって意識の高い知識人(インテリゲンツィア)として社会運動にもかかわった。彼らは，教養ある社会層による文化的な進歩が社会に秩序ある望ましい政治的変化をもたらすと信じ，ロシアの自由主義運動の中心となった。ヴェルナツキーは，大学時代のオリデンブルグ・サークルのメンバーと共に1905年の第1次ロシア革命後に開設された第1国会で第1党になる自由主義政党「カデット(立憲民主党)」の設立に参加し，1908-1918年にはその中央委員を務めた。この時期，とくに第1次ロシア革命前後1904年から1907年頃，ヴェルナツキーは生涯の中でもっとも積極的に政治活動にかかわった。

1905年以来，大学の教授会は，非合法の学生集会を取り締まるために警察を呼ぶ権利を与えられていたが，1907年に首相になったピョートル・ストルィピンは，これを逆手にとって，1911年初めに，大学当局に学術目的以外の学生集会をすべて禁止するように指示し，それが果たされない時には，県知事が独断で大学構内に警察を派遣して違法学生を逮捕出来るとした。こうした措置は，学生の規律をかえって悪化させ，モスクワ大学の学長・副学長らは学生を抑えきれないと管理職の辞任を申し出た。当時の教育大臣レフ・カッソーは，首相ストルィピンと皇帝ニコライ2世と相談の上，学長らを職からの辞任を認めただけでなく教授職からも罷免してしまった。1911

年2月，こうした政府の強権的な措置に抗議して，モスクワ大学の教官の多くが職を辞した。モスクワ大学の全教官の28%が辞任し，とくに自然科学系では実に44%が辞任したと言われている[10]。その中には，ヴェルナツキーも含まれていた。大学教授を辞任したヴェルナツキーは，科学アカデミーの会員(1908年以来，鉱物学部門の通信会員で，1912年12月に正会員になった)として1911年9月にサンクト=ペテルブルクに移った。

ヴェルナツキーは，1910年代頃から鉱物の起源を地球での進化における化学的・物理的な過程としてとらえようと考えて，鉱物学・結晶学というそれまでの研究領域を超え始めた。そこから，同時期のアメリカ地質調査所(United States Geological Survey)のフランク・クラークやノルウェーのオスロ大学鉱物学教授のヴィクトル・ゴールトシュミットらと共に，化学的手段によって地球全体を対象に研究することを目指す「地球化学(геохимия, geochemistry)」という新しい科学分野を切り拓くことになった。

1914年7月末から8月初めに始まった第1次世界大戦は，軍人の作戦行動よりも銃後の生産力が決定的な意義を持つ総力戦という新しい形態の戦争であり，各国で全国民が動員された。その中には化学者を含む科学者たちも含まれた。ヴェルナツキーらは，開戦の翌1915年，大戦による輸入途絶からくる原料枯渇に対処するために国内自然生産力調査委員会を科学アカデミーのもとに結成し，国家の戦争遂行に協力した。この戦時下に，1916年頃からヴェルナツキーは，地球環境下での化学的・物理的な諸過程だけでなく，生物が関与する過程に注目し，生物が関与する「生命物質」と関与しない非生命物質との相互作用に注目するようになる。それはやがて，「生物地球化学(биогеохимия, biogeochemistry)」の構想へと発展していく[11]。

ロシア帝国は，総力戦の負担に耐えきれず，1917年2月に崩壊してしまった。かわって設立されたブルジョワ的な臨時政府を科学者を含む多くの知識人たちは歓迎した。臨時政府に参加したカデットの中央委員であったヴェルナツキーも，この政府のもとで教育次官を務めた。

しかし，そのあとの同じ年のボリシェヴィキによる十月革命には，ヴェルナツキーを含め知識人の多くが反対した。ヴェルナツキーは，翌1918年6

図Ⅱ-1-4　ヴェルナツキーの息子ゲオルギー・ヴェルナツキー(1928年プラハ時代)。出典：АРАН. Ф. 518. оп. 2. д. 139. л. 16

月には親族も多いウクライナに移り，ウクライナ科学アカデミーの創設にかかわり，11月27日のその最初の総会で初代総裁に選出された。1919年になるとボリシェヴィキに占領されたキエフを逃れ，1920年初めまでに，ロシアの最南端に当たる黒海に突き出たヤルタ半島に移った。同年3月，ヤルタ半島の中央にあるシンフェローポリにキエフ大学の分校として設立されたタヴリーダ大学(Таврический университет，のちに独立の大学になった)の学長に選出された。彼は，当初，南ロシアにいたピョートル・ヴラーンゲリ将軍率いる白軍(ヴラーンゲリ軍)の撤退と共にヨーロッパに亡命するつもりだった。歴史学者になった息子ゲオルギーは夫妻で亡命するが[12]，ヴェルナツキーはタヴリーダ大学の学生たちの要望もあって妻と共にロシアの地に留まることになった。

最終的に1921年1月に学長を退いたのち，妻や娘と共にモスクワを経由して4月初めにペトログラード(第1次世界大戦開始時に，敵国のドイツ語風の名前を嫌って，サンクト=ペテルブルクから改称)に戻り，科学アカデミーでの活動に復帰する。7月14日夜にペトログラードの秘密警察(正式には反革命=サボタージュ=投機取締非常委員会)に逮捕されて勾留されたが，オリデンブルグを初めとする科学アカデミーの友人の尽力で翌15日の夜には釈放された[13]。

1921年の暮，パリ大学学長から地球化学の講義のための招待状が届くと，ヴェルナツキーは四方八方に手を尽くして出国許可を取った。1922年6月に妻と娘と共に出国し，亡命していた息子夫婦のいるプラハにしばらく滞在したのち，7月8日にパリに到着した。12月13日にはソルボンヌでの講義を開始している。このソルボンヌでの講義が，フランス語の『地球化学(*La Géochimie*)』となった。同書は，ロシア語だけでなく，ドイツ語や日本語にも翻訳されて，新分野，地球化学の各国での立ち上がりに大きな役割を果たした[14]。さらにパリ滞在中，ヴェルナツキーは，地質学者・古生物学者で思想家のピエール・テイヤール=ド=シャルダンや数学者で哲学者のエドゥアール・ル=ロワとの交流を通じて，地球進化の新段階である「叡知圏(noosphere, ноосфера)」の考え方を得たと言われている。

欧米の同僚は，このヴェルナツキーのパリ滞在のための出国を亡命と見たが，ヴェルナツキーは，「生物地球化学」という新構想に対して国外の機関が基金や研究場所を提供しないか探りながら，派遣元であるソ連邦科学アカデミーにたびたび滞在延長申請をしていた。3回にわたる滞在延長の末，1924年春までは滞在延長許可を得た。ヴェルナツキーが完全な亡命に踏み切らず，科学アカデミーに対してたびたび延長申請をして許可を得ていた理由として，この時代のヴェルナツキーを分析したロシアの科学史家コルチンスキーは，(1)老年なので新しい土地で新たにやり直すだけの時間がないとヴェルナツキーが感じていたことと，(2)既に60代になろうとしていたヴェルナツキーの新しい研究プロジェクトに援助しようという外国の研究機関や財団がなかなか見つからなかったことを挙げている[15]。

たびたびの外国滞在延長にしびれを切らした科学アカデミーは，1924年9月3日に，ヴェルナツキーをアカデミー正会員から除名し，アカデミーの給与と官舎を没収した。さらにラジウム研究所所長職から解任し，ヴェルナツキーの作った知識史委員会を解散する決定を下した。ただし，帰国すれば，科学アカデミー会員に選挙なしに復帰できる余地は残した。結局，有名な研究者を祖国に引き留めておくことにメリットを感じていた当時のソ連邦政府が，彼に研究の場を提供したのでヴェルナツキーは1926年3月に帰国した[16]。

1929年には，独立性の強かった科学アカデミーに対して新会員の選挙を通じて党員ないし党に近い専門家たちのアカデミーへの浸透を図り，また多くの科学アカデミー研究所職員が逮捕・解雇され，科学アカデミーの「ボリシェヴィキ化」が図られた。ヴェルナツキーはこうした動きに対して批判的態度を貫いたが，研究グループの中から粛清の犠牲者を出したにもかかわらず，彼自身は学問的功績と国際的名声，老齢ゆえに粛清されることはなかった。こうした状況下で，彼の思索はますます哲学的傾向を強めていった。

1941年6月22日，ナチス・ドイツのソ連侵攻によって独ソ戦が始まると，ヴェルナツキーは科学アカデミーの疎開に従いカザフスタンのボロヴォーエ(Боровое)に移った。同地で1943年2月3日，長年の伴侶のナターリヤを失ったことは彼にはたいへんなショックだった。戦局の好転と共に同年8月にヴェルナツキーはふたたびモスクワに戻った。妻を失ったヴェルナツキーは，息子や娘のいる米国に移って最期を過ごそうと考え始めた。息子のゲオルギーが，父を米国に招待しようと準備している最中の1944年12月24日，モスクワの自宅で脳出血に倒れた。ヴェルナツキーは意識が戻らぬまま，2週間後，1945年1月6日に帰らぬ人となった。

3. ヴェルナツキーの科学的・思想的業績

ヴェルナツキーの出発点となった鉱物学・結晶学でも，既に前節で触れたように優れた業績を挙げているが，画期的な業績とまでは言えない。彼の業績として重要なのは，後半生の地球化学という新分野の開拓とその発展としての生物地球化学的アプローチならびに生物圏概念の定式化だろう。ここでは，ヴェルナツキーの後半生の業績を，ふたつの代表的な著作『地球化学概論(Очерки геохимии)』と『惑星現象としての科学的思考(Научная мысль как планетное явление)』の分析を通じて検討することにする。

3.1　ヴェルナツキーの地球化学

ヴェルナツキーは，既に述べたその履歴からも，科学アカデミーの鉱物学部門の会員であったことからもわかるように，地質学・鉱物学・結晶学がもともとの専門であった。しかし，その後半生には，地球全体を化学的な観点からアプローチする「地球化学」という新分野の創設者のひとりとなった。その点において，化学という分野に貢献した。したがって，ヴェルナツキーは化学者，本章の言い方をすれば，第4世代の化学者のひとりと見ることが出来る。ここでは，このヴェルナツキーの地球化学への貢献を，同分野での初期の代表作である『地球化学概論』の分析を通して考えてみよう。

1912年に，ヴェルナツキーの弟子のアレクサンドル・フェルスマンが「地球化学(геохимия)」とのタイトルを掲げた最初の講義を行っている。ヴェルナツキーによる「地球化学」の最初期の講義は，ウクライナ滞在中にキエフ大学(1918-1919)，ペトログラードに戻ってから科学アカデミー(1921)，また同市の農業高等専門学校(1921-1922)でそれぞれ行われている。1920年代のパリ滞在中にもソルボンヌで地球化学(géochimie)と題する講義を行っており(そのためにパリ大学から招聘された)，パリから帰国後もレニングラードの科学アカデミーでふたたび地球化学を講義している[17]。

それらの講義は，いずれも記録が残されている。とくに，キエフ大学の講義録とペトログラードの科学アカデミーでの講義録は，印刷用に整理されてヴェルナツキーのパリ出張前に印刷所に入れられていたが，なぜか印刷されずに科学アカデミーの文書館に保管されたままになってしまった[18]。17回にわたる農業高等専門学校での講義は，速記録が残っているだけで出版はされなかった。したがって，生前に出版された彼の地球化学の講義は，ソルボンヌでの講義だけである[19]。その講義録こそが，当時の日本の化学者を含む外国の化学者・地質学者たちが読んだものだ。

フランスで1924年に出版されたこの講義録は，この本の序文によれば1922年から翌1923年にかけてなされた講義に基づく[20]。ただソルボンヌでの2年目の講義は出版されなかった[21]。

ヴェルナツキーが帰国してまもなく出された『地球化学概論(Очерки

геохимии)』(1927)[22] は，このフランス語版を全面的に改定して発行されたロシア語版の初版である。とくに生命現象(「生物圏」)や放射性元素に関する部分が完全に書き直されたと，その序文にある。このロシア語版から翻訳して増補改訂したドイツ語版が，1930年に出版された(序文の日付は1929年7月)[23]。1934年に出版されたヴェルナツキーの『地球化学』のロシア語第2版[24] は，その序文で，ロシア語初版よりはドイツ語版を改訂増補したもので，フランス語版から通算して「第4版」に当たると述べている。じつは，ヴェルナツキーの数えた「4つの版」には入っていないが，上記のドイツ語版とロシア語第2版との間に，日本語版とも呼べる日本語への翻訳があり，日本への地球化学の受容に大きな役割を果たした[25]。

3.2　生物地球化学――生物圏から叡知圏へ

ヴェルナツキーの地球化学研究は，その生涯の節で触れたように第1次世界大戦中の1916年頃から，地質学現象への生物の影響を重視するようになり，地球化学から生物地球化学的な研究へ「生物学的転換」に進んで行く。さらに20世紀初頭には，彼がヨーロッパで目にした物理学革命に始まる科学自体の大きな変革とロシア社会自体の大転換の中で，ヴェルナツキーはその哲学的な思考を深めていった。その集大成と言えるのが，未完の著『惑星現象としての科学的思考(Научная мысль как планетное явление)』である。1938年末まで書き続けられた原稿は，推敲途中の草稿のまま科学アカデミー文書館に保管された[26]。原稿は，戦後，解読されソ連時代でも3回公刊された。その3回目の1991年，ソ連崩壊の直前に，その全文が初めて完全なかたちで刊行された[27]。

筆者は，その刊行のしばらくのちにこの1991年版の翻訳を依頼された。印刷物になっているとはいえ，もとはまだ推敲の終わっていない草稿であり，ロシア語としても必ずしもよく練られていない，場合によっては文法的にも破格な部分を含む，しかも，内容的にもよく理解できないロシア語の翻訳は困難を極めた[28]。今，ようやく，ほぼ翻訳を完成し，その推敲段階に入っている。以下では，この未完の内容を検討して，ヴェルナツキーの研究上・思想上の到達点を明らかにしよう。

3.3 『惑星現象としての科学的思考』の成立と出版の経緯

『惑星現象としての科学的思考』の出版自体，長い紆余曲折があった。それについてまず見てみよう。

ヴェルナツキーは，1940 年に出版された『生物地球化学概論(Биогеохимические очерки)』の序文で，生物地球化学という分野に既に 1916 年から関心を持ち，それ以来ずっとこのテーマで研究してきたと述べている。実際，1920〜1930 年代に既に述べた『地球化学概論(Очерки геохимии)』(1927 年以降)をはじめとして，『生物圏(Биосфера)』(1926)，『天然水博物誌(История природных вод)』，『生物地球化学の諸問題(Проблемы биогеохимии)』(1934 年以降)などの著作でこのテーマを扱ってきた。それに関連して，既に 70 歳になっていたヴェルナツキーは，1933 年 10 月 28 日付の旧友セルゲイ・オリデンブルグ宛の手紙に，これまでの著作を総括する科学と哲学や人類の将来についての哲学的な著作を死ぬ前に書きたいという希望を述べている[29]。

ヴェルナツキーが実際にそうした著作の執筆を始めたのは，1936 年春のことであった[30]。しかし，書き始めたものは，生物地球化学の基礎の考察から，科学や科学的思考そのものの根本的検討へと発展した。彼の最後の外国滞在になったこの年のヨーロッパ滞在でも，執筆構想に再検討が重ねられていった。1937 年の前半は，その年の 7 月 21-29 日にモスクワで開かれた国際地質学会の準備に費やされ，8 月には脳溢血の最初の発作があり，後半にはその療養に努めて知的な作業が出来なかった。本格的な執筆作業に入ったのは，1937 年から 1938 年にかけての冬のことであった。1938 年 1 月 4 日の日記の記事に，「本に関する系統的な仕事を始めた」[31] という記述が見える。日記を追っていくとその後の執筆過程のおおよそがつかめる。1938 年 5 月初めには初稿はほぼ完成し，推敲に入ったと考えられる[32]。推敲は 1938 年秋までは続けられたが，完成はされなかった。1941 年 6 月に独ソ戦が始まると，疎開先のカザフスタンのボロヴォーエでは，『地球の生物圏とその周囲の化学的構造(Химическое строение биосферы Земли и её окружения)』の執筆に集中した。最晩年には，生物圏から叡知圏への転換について独立の論稿を書いた。それを，「叡知圏に関する若干の話」[33]と米国にいる息子ゲオルギーに送付し，英訳されたのち発表された「生物圏と叡知圏」[34]である。

結局，『惑星現象としての科学的思考』は，草稿のまま科学アカデミー文書館のヴェルナツキーの個人文書ファイルの中に保管されて生前公表されることはなかった。草稿はタイプ原稿で，そこに手書きで訂正や補足が入っている。そのため，句や文章が破格になったままの部分もあり，主述関係が不対応であったりして，編集途中の文章と感じられる部分が見られる[35]。また，代名詞も多く，その代名詞がなにを指すのかわかりにくい。引用も一部は記憶のみに頼っているようで確認するまでには至っておらず，間違いもある。論著のタイトルや著者名も不完全なところが多い。これらを訂正した完成稿をヴェルナツキーは作ることが出来なかった。筆者が翻訳し始めた時には，こうした言わば「悪文」の頻出に苦しめられた。部分的にはロシア人にさえ，文意不明なところもあり，当初，筆者はヴェルナツキーが二流の文章家，悪文家と思っていた時期さえあった。そんなこともあって，正直どうしてロシア人がヴェルナツキーを高く評価するのかわからなかった。これは，未完成の草稿を見ていたからのことで，完成した彼の他の文章はもちろんそんなことはない。

こうした草稿からの出版は，ソ連時代には3回行われている。それぞれの出版事情は，出版されたそれぞれの時代を反映している[36]。最初の出版の企画は，スターリン死後のフルシチョフ政権下の「雪解け」時代に，科学アカデミー地球化学=分析化学研究所附属ヴェルナツキー書斎展示室の室長のヴァレンチーナ・ネアポリタンスカヤの発案で始まった。彼女に科学アカデミー文書館の所員のマイヤ・バストラコーヴァとN.V.フィリーポヴァ，それにのちに有名なヴェルナツキー研究者になるイナール・モチャーロフ[37]が加わって，ヴェルナツキーの草稿の解読が始まった。可能な限り判読困難な語は復元し，略号は元に戻し，文意不明瞭や文法的に破格の部分は，ヴェルナツキーのスタイルや語彙などを保存できる範囲で訂正した。1960年代の末に，出来上がった原稿は，学術的な監修と注釈のために科学史家・科学哲学者で科学アカデミー会員でもあったボニファチー・ケドロフのもとに回された。ケドロフの好意的な扱いにもかかわらず，失脚したフルシチョフのあとを継いだブレジネフ政権によるソ連体制の保守的な揺り戻しの中で，出版にはなかなか許可が下りなかった。しかし，ついに1977年に原稿は，2巻本のヴェルナツキーの哲学的な論著を集めた論集『博物学者の随想録』の中に収録するかたちで出版することが出来た[38]。ただ，辛うじて出版されたものの，多くの省略があり，検閲でずたずたにされての出版であった。たとえば，中華国家と儒教の関係を扱った第73節や，弁証法的唯物論を批判的に扱い同時代のソ連の哲学者たちを批判した第150–156節は完全に削除された。全体として印刷全紙3枚分(48頁分)が削除されているという[39]。さらに，ヴェルナツキーの思想と当時のソ連の官製イデオロギーとの折りあいをつけるための多くの注解が付されていた。

1980年代末，ソ連末期のペレストロイカ期に1977年版から削除された節が個別に雑誌に掲載された。とくに，公式イデオロギーを正面から批判した第150–156節は，1988年にソ連科学アカデミー・自然科学史=技術史研究所の機関誌『自然科学史・技術史の諸問題』に初めて掲載された[40]。

1988年には，ソ連科学アカデミーのヴェルナツキー科学遺産研究委員会の後援のもとに『博物学者の哲学的思索』が発刊され，ここに『惑星現象としての科学的思考』がふたたび収録された[41]。今回は，1977年版であったような削除はほとんどなくなった。当時，ペレストロイカ期の末期で，いわゆるグラースノスチ(公開性)の最盛期で言論の自由が進んでいたはずだが，それでも最後の第151–156節は収録されず(第150節は収録された)，また1977年版の注解もそのまま残された。

1991年，ソ連崩壊の年に発刊されたソ連時代に発刊された最後の版では，ついに『惑星現象としての科学的思考』は独立した一書として発刊された。しかし，ここでも最後の第151–156節は，本文とは一緒にされず，「初期の草稿の結論部断章(заключительные фрагменты раннего варианта рукописи)」と称して付録の一部として収録された。注の中には，ヴェルナツキーの思想をソ連の官製イデオロギーと折りあいをつけるための注解がまだいくつか残っていた。しかし，それでもヴェルナツキーの草稿の全体が初めて完全に印刷された[42]。

ソ連崩壊後も，管見の限り少なくとも3回，該書は刊行されている。まず，1997年にヴェルナツキーの科学について論著を集めた2巻本の論集の第1巻に収録された[43]。この1997年版のテキストは，1960年代末に作られた印刷用の原稿の全文を採用しただけでなく，ヴェルナツキー研究者のグループ(モチャーロフ，ネアポリタンスカヤ，M.Yu. ソローキナ，A.A. ヤロシェーフスキー)が元原稿と照合して本文を訂正した。原稿末尾の第151-156節は元原稿の通りに他の本文の末尾につけられ，注解も新たにつけ直した。このため，『惑星現象としての科学的思考』のテキストとしては1997年版テキストが最良だと一般には言われている[44]。さらに1992年から発行の始まったヴェルナツキーの著作集『ヴェルナツキー著作叢書』の科学哲学関係の論著を集めた巻(2000年)にふたたび掲載された[45]。ただし，2000年版は，1991年度版のテキストを採用している。1991年版のテキストと1997年版のテキストとどちらがよいかについては，ロシア人の中にも意見が分かれるようで，1997年度版のテキストはヴェルナツキーの考え方はよく伝えているが，1991年版のテキストの方がヴェルナツキーの用語法をより忠実に再現しているという意見もある[46]。そして，今回の24巻本(2013)の全集にも，第10巻に同書が収録されているが，これも2000年版をテキストとして採用しており，したがって1991年版のテキストが基本だと言える。

3.4 『惑星現象としての科学的思考』の内容

最晩年に書かれた『惑星現象としての科学的思考』は，以上のように完成に至っていないが，ヴェルナツキーの思想的な到達点を示す貴重な著作である。地質学者・鉱物学者として出発したヴェルナツキーは，地球全体を対象にして化学的にアプローチする新分野「地球化学」の開拓者のひとりとなった。その後半生，地球全体の進化における生物の役割に注目して，生物を地質学的な力のひとつとして考える「生物地球化学」を提唱し，地球上でも生物が大きな役割を果たす「生物圏(биосфера, biosphere)」の研究を提唱した。

『惑星現象としての科学的思考』は，1895年のX線の発見に始まる「物理学革命」とも言われる自然科学の大きな変化を背景に，生物地球化学的な立場から，地球の未来，とくに地質学的時代として転換を考え，それを「生物圏」から人間の関与，とくにその頭脳的な関与を強調した「叡知圏(ноосфера, noosphere)」への転換と捉えた。この著作には，科学と哲学の関係，科学史の検討も含まれる。その意味で，科学史的な観点からも興味深い著作になっている。

この書は156節からなり，それが10章に分けられており，生物圏，叡知圏，科学の役割，科学史の問題がさまざまな角度から論じられている。各節はある程度の独立性を保っており，しかもさまざまなことを汲み取ることができる箴言のような形式で書かれている。そのため簡単にまとめることは困難だが，各章毎に内容をなんとかまとめてみると以下のようになる[47]。

第1章では，生命物質と非生命物質の複合体として「生物圏」を定義する。ここで早くも生物圏から，人間の労働と科学的思考が重要な役割を果たす叡知圏への移行が論じられている。また，生命物質と非生命物質の違いについても論じられている。第2章では，20世紀が地質時代の新時代を画するような特別な時代であることが論じられている。第3章では，20世紀の特異性が科学史的に論じられている。第4章では，国家と科学の関係が論じられている。科学にとって国家的な投資が必要だが，それを超える国際的な科学者組織についても言及している。第5章では，科学と他の知識領域とくに哲学との違いが論じられている。ここで，生物圏から叡知圏への移行において科学研究の自由の重要性が強調される。第6章では，生物圏の地球化学として新分野「生物地球化学」が論じられている。「生物圏」や「叡知圏」という言葉の起源についても触れている。第7章では，人間による(ヴェルナツキーは人間の「文化的生物地球化学的エネルギー」と呼ぶ)叡知圏の創造について論じている。人類史的な考察もある。第8章では，生命について改めて考察している。第9章では，彼の提唱する生物地球化学のアプローチを強調するために生物学との違いについて論じている。とくに自然物でも生命起源の自然物と非生命起源の自然物の違いについて取り上げている。最後の第10章では，生物と非生物の関係，とくに生命自然物と非生命自然物の超えがたい溝について論じている。最後の第151-156節では，ソ連における官製の弁証法的唯物論にたいする批判を展開しており，この節がソ連時代には最後まで特別扱いを免れなかった理由がよくわかる。

このようにヴェルナツキーが，60歳を越えて研究を行った「生物地球化学」の基礎概念の哲学的な考察を展開した書物だと捉えることも出来るし，そこには生物圏から叡知圏への移行を論じるような未来を見据えた現代問題の考察がなされていると見ることも出来る。

4. ヴェルナツキーのロシアでの評価――「人気」の理由

ヴェルナツキーは，科学アカデミー会員になるにふさわしい一流の地質学者・鉱物学者であり（鉱物学・地質学部門の会員），地球化学や生物地球化学という新分野を展開した第一級の化学者と言えよう。しかし，その名が冠されるような歴史に残る具体的な発見をしたわけではないし，画期的な新理論を構築したわけもない。生物地球化学や生物圏の構想は新しく，画期的となり得る業績であるが，しかし完成に至らず，まだ萌芽段階に留まっていた。ヴェルナツキーは確かに，環境をキーワードに科学技術に対して見直しがなされた1980年代以降，西側で一定の再評価がなされた。しかしヴェルナツキーの生前には，彼の新構想は先駆的なものに留まり，同時代の科学の転換を導くことは出来なかった。彼の意図を汲み取り展開する後継者が必要だったが，ソ連でも欧米でもそうした人々はすぐには現れなかった。

彼の思想的な哲学的な論考も，興味深いものだ。ヴェルナツキーは，20世紀初頭にあって，人類史・地球史上の大きな転換点にいると自覚していた。その転換を理解するキーが，自然科学にあると考え，思索を彼なりに展開した。そこには，時代を超える洞察も含まれる。しかし，その博識ぶりには驚かされるが，やはり基本は自然科学者であって哲学者ではない。その哲学的な議論を詳細に見ると詰めは甘く，荒削りな素描の域を出ていない。

このように，自然科学者として同時代的には一流で，その後半生には，科学研究でも新分野を開拓しようと一歩踏み出し，思想的にも新境地を開こうとしているかに見えるが，その新たな一歩を踏み出したとき，ヴェルナツキーは既に60代になっていた。当時の政治的社会的環境は科学研究でも思想でもその充分な展開を許さず，その第一歩を踏みだしただけで未完に終わった。このようにヴェルナツキーの業績を評価することができる。

ヴェルナツキーは，ロシアの国境を越えると，鉱物学・結晶学・地球化学といったその専門分野の外では無名に等しい。読者のどれだけが，本章を読む前にヴェルナツキーをご存じだったろうか。

一方，ロシア国内ではもっともよく知られている自然科学者のひとりであり，ロシア人には人気がある。ヴェルナツキーの自然科学者としての業績は，ロシア人にとってもわかりやすいものではない。それにもかかわらず，その知名度の高さはどこからくるのだろうか。これは，ヴェルナツキーについて調べてきた筆者にとっても当初，謎であった。

ロシアにとって，ヴェルナツキーはどんな人物なのか，なぜ人気があるのか。そうした素朴な疑問を機会があるごとに，ロシアの科学史家，とくにヴェルナツキー研究者にぶつけてみた。そこで聞いたロシア人研究者の見解も踏まえて，この問いにたいする答えを筆者なりに与えてみよう。ヴェルナツキーがとくにロシアで人気を得た第一の理由は，彼がソヴィエト政権に批判的でありながら，彼がさまざまな偶然からロシアに残り，科学アカデミーの中で，革命前の知識人のある種の典型としてソヴィエト体制に対して批判的な態度を貫いたことにあるだろう。彼は国外の科学界で知名度があり，組織力にも優れた尊敬される老科学者故に，スターリンに粛清されることはなく，その生涯をロシアで全うした。晩年，息子を頼って米国に渡ってそこで亡くなる可能性もあったが，幸か不幸かその直前に倒れ，モスクワで亡くなった。もし晩年米国に移住していたら，ヴェルナツキーのロシアでの評価がどうなったかはわからない。しかし，結果的にソ連で亡くなったヴェルナツキーの評価は下がることはなかった。

第二に，自然科学者であると共に，その専門に留まらず，その博識ゆえに思想的な著作を残したことも重要である。その思想的な著作は，必ずしも哲学的には洗練された議論とは言えず，ところどころに光るものが見られるものの全体としては断片的で荒削りなものだった。しかし，その断片性がかえって，ソ連体制下での官製の哲学のオータナティヴを求めていた人々には便利であったのだろう。つまりヴェルナツキーの言葉から，個人の関心にあうものを取り出してくることが出来ることが，ロシアの知識人たちにはかえってよかった。

ヴェルナツキーは，「第4世代」のロシアの化学者に関心のある筆者にとっても，ロシアに残ることになったその世代の化学者のひとつの典型として，興味は尽きない。そして多くの著作・手紙・日記が汲み尽くせない情報を与えてくれる。筆者のヴェルナツキー研究はまだ続く。

1　ロシアにおける大学の起源を，科学アカデミーの附属の大学相当の組織に求める立場もあるが，ここでは大学の起源についての論争は検討しない。そのあたりについては，浩瀚な橋本伸也『帝国・身分・学校　帝政期ロシアにおける教育の社会文化史』名古屋大学出版会，2010年を参照のこと。この書の拙評が，日本学術振興会科学研究費補助金[基盤研究(B)](課題番号22500858)：「“科学の参謀本部”―ロシア／ソ連邦／ロシア科学アカデミーの総合的研究(研究代表者：市川浩)」の報告書『“科学の参謀本部”第1論集』(2011年3月)72-76頁に掲載されている。

2　ロシアにおける化学者集団の形成については，梶雅範『メンデレーエフの周期律発見』，北海道大学図書刊行会，1997，30-56頁を参照。

3　«Научное наследство». т.2, М.: Изд-во АН СССР, 1951, С. 111-238.

4　会議の定例化の要望に対しては許可が下りず，その後も会議を開催しようとするたびに個別に請願しなければならなかった。それでも会議は，ロシア各地をめぐって第1次世界大戦が始まるまでに13回開かれた。第3回からはロシア自然科学者=医師会議(Съезд русских естествоиспытателей и врачей)と呼ばれるようになり，医師も含まれるようになった。第2回目以降の開催年と開催地は以下の通り(*В. В. Козлов*, «Очерки истории химических обществ СССР», М.: Изд-во АН СССР, 1958, С. 279)。第2回(モスクワ，1869)，第3回(キエフ，1871)，第4回(カザン，1873)，第5回(ワルシャワ，1876)，第6回(サンクト=ペテルブルク，1879)，第7回(オデッサ，1883)，第8回(サンクト=ペテルブルク，1889/90)，第9回(モスクワ，1895)，第10回(キエフ，1898)，第11回(サンクト=ペテルブルク，1901)，第12回(モスクワ，1909/10)，第13回(チフリス，1913)。なお，第8回と第12回は第1回と同じく年末から新年にかけて開催された。

5　ロシア化学会については，Nathan M. Brooks, Masanori Kaji and Elena Zaitseva, “RUSSIA: The Formation of the Russian Chemical Society and Its History until 1914” in *Creating Networks in Chemistry: The Founding and Early History of Chemical Societies in Europe*, ed. by Anita Kildebæk Nielsen and Soňa Štrbáňová, Cambridge, England: RSC Publishing, 2008, pp.281-327を参照のこと。

6　日付は，いわゆるロシア暦(露暦)による。これはユリウス暦のため，西暦(グレゴリオ暦)より，19世紀では12日，20世紀では13日遅れる。したがって，ヴェルナツキーの誕生日，1863年2月28日は，グレゴリオ暦では1863年3月12日となる。ロシアでグレゴリオ暦(ロシアでは新暦とも言う)に移行したのは，1918年1月31日(この翌日が新暦2月14日となった)なので，それまでの日付は露暦で示す。

7　ヴェルナツキーは，日本ではあまり知られていないが，ロシアでは知らぬ人はいないほど有名で，彼の著作や伝記を含め，彼に関する著作は多数出版されている。しかし，国外の知名度は低いために，日本語の伝記は存在しないし，英語でも次の書が唯一のものである。

・Kendall E. Bailes, *Science and Russian Culture in an Age of Revolutions: V.I. Vernadsky and His Scientific School, 1863-1945.*, Bloomington & Indianapolis: Indiana University Press, 1990.

ロシア語では，以下のものを挙げておく。

・*И.И. Мочалов*, «Владимир Иванович Вернадский (1863-1945)». М.: Изд-во Наука, 1982.

・«Владимир Вернадский: Жизнеописание. Избранные труды. Воспоминания современников. Суждения потомков». М.: Современник, 1993 (Открытия и судьбы. Летопись естественнонаучной мысли России в лицах, документах, иллюстрациях) から“Жизнеописание”, С. 16-202. これは，次に示す伝記と同じ著者アクショーノフ(Г. Аксёнов)が執筆しているが，簡明で読みやすいロシア語で書かれている。

・*Г.П. Аксёнов*, «Вернадский». 2-е инд., М.: Молодая Гвардия, 2010.

1985年にソ連邦科学アカデミーの中にヴェルナツキーの全集刊行のための学術遺産検討委員会が組織された。しかし，未刊行で草稿のままの著作も多く，すぐには全集は刊行されなかった。1992年には，委員会によってシリーズ『ヴェルナツキー著作叢書(Библиотека трудов В.И. Вернадского)』の刊行が始まり，それらがまとめられて2013年に，ヴェルナツキー生誕150年を記念して，全24巻のヴェルナツキー全集が刊行された。全集には著作だけでなく，解読された書簡や日記も収められている。

・*Вернадский В.И.*, «Собрание сочинений в 24 томах». Редактор: Эрик Галимов. М.: Наука, 2013.

8　Bailes(注7), pp. 20-21.

9　*Аксёнов*(注7), С. 59-60.

10　Bailes(注7), pp. 117-118.

11　*Аксёнов*(注7), С. 59-60; *Аксёнов*, “Жизнеописание”(注7), С. 105-107.

12　ゲオルギー・ヴェルナツキーは，プラハを経由して1927年に米国に渡った。紆余曲折の末，1946年にイェール大学教授になった。*Н.Н. Болховитинов*, “Жизнь и деятельность Г.В. Вернадского (1887-1973) и его архив”, *Slavic Research Center Occasional Papers No.83*. Sapporo: Slavic Research Center, Hokkaido University, 2002.

13　Аксёнов(注7), С. 310-311.

14　同書の日本への影響に関しては，梶雅範「ヴェルナツキーと地球化学の日本への導入—高橋純一の果たした役割」『地質学史懇話会会報』(22)(2004)：21-30；Masanori Kaji, “V.I. Vernadskii and the Introduction of Geochemistry into Japan”, *JAHIGEO* (Japanese Association for the History of Geology) *Newsletter* (10) (2008): 2-9を参照のこと。

15 *Э.И. Колчинский, А.В. Козулина*, “Бремя выбора: Почему В.И. Вернадский вернулся в Советскую Россию?”, «Вопросы истории естествознания и техники». № 3, 3-25 (1998).

16 *В.И. Вернадский*, “Письмо в Российскую Академию наук”, «О Науке». Том II. СПб: РХГИ. 2002. С.364-368.

17 *А.А. Ярошевский*, “Предисловие” к «Вернадский В.И. Труды по геохимии». М.: Наука, 1994, С. 5.

18 同上。1921年の科学アカデミーでの講義録は，1994年に初めて公刊された。«Вернадский В.И. Труды по геохимии, М».: Наука, 1994, С. 7-158.

19 W. Vernadsky, *La Géochimie*. Paris: Librairie Felix Alcan, 1924.

20 前掲書，p.1。序文の日付は1923年10月になっている。

21 ロシア語版初版 *В.И. Вернадский*, «Очерки геохимии». М.-Л.: Гос. изд-во, 1927の序文によれば，フランスでは出版されなかった2年目(1924年)の講義は，地球の核における鉄，銅，鉛，稀元素の歴史に関するものであった。

22 同上書。

23 W.J. Vernadsky, *Geochemie in ausgewählten Kapiteln*; autorisierte übersetzung aus dem Russischen von E. Koredes. Leipzig: Akademische Verlags-gesellschaft, 1930.

24 *В.И. Вернадский*, «Очерки геохимии». 4-е изд. (2-е рус.), М.: Гос. науч.-техн. горно-геол.-нефт. изд-во, 1934. ヴェルナツキーの死後，1954年，1983年，1994年にロシア語の再版が出されているが，いずれもこの最終のロシア語第2版のテキストを用いている。

25 ヴェルナドスキー『地球化學』高橋純一訂譯，内田老鶴圃(東京)，1933年10月，523＋26p。また，前掲注14も参照。

26 ロシア科学アカデミー文書館には，ヴェルナツキーの校正の手が入ったタイプ草稿が保管されている(Архив РАН, Ф. 518, Оп. 1, Д. 149, 150, 151)。

27 *В.И. Вернадский* (Ответственный редактор- *А.Л. Яншин*), «Научная мысль как планетное явление». М.: Наука, 1991.

28 その草稿ゆえの破格なロシア語部分は確かに難しいと，草稿を解読した研究グループも認めている。また，完成稿であってもそもそもヴェルナツキーのロシア語は，さまざまな背景的知識が必要とされるので，一般のロシア人にもやはり難しいと『惑星現象としての科学的思考』の解読者のひとりマイヤ・バストラコーヴァ女史は，筆者がインタヴューした際に話していた。

29 *В.И. Вернадский* (Ответственный редактор- *Б.С. Соколов*), «О науке. Том I. Научное знание. Научное творчество. Научная мысль». Дубна: Изд. Центр «Феникс», 1997, С. 529に引用されている。

30 1936年5月13日付の弟子のアレクサンドル・フェルスマン宛の手紙(«Письма В.И. Вернадского А.Е. Ферсману». М., 1985, С. 178)。

31 *В.И. Вернадский* (Ответственный редактор- *В.П. Волков*), «Дневники 1935-1941, Книга 1 1935-1938». М.: Наука, 2006, С. 179.

32 *Вернадский*(注29), С. 531.

33 *В.И. Вернадский*, “Несколько слов о ноосфере”, «Успехи современной биологии». т.18, вып.2, С. 113-120, 1991.

34 V.I. Vernadsky, “The biosphere and the noösphere”, *American Scientist*. 33, 1-12., 1945.

35　*Вернадский*(注 29), С. 532.

36　*Вернадский*(注 29), С. 533.

37　モチャーロフは，博士号(доктор наук ソ連・ロシアでは欧米での Ph.D. に当たる кандидат наук よりさらに上級の学位)請求論文(1971)で「ヴェルナツキーの世界観の自然科学的・哲学的基礎」について書いている。また最初のヴェルナツキーの本格的な学術的伝記(*И.И. Мочалов*(注 7))の著者でもある。

38　*В.И. Вернадский*, «Размышления натуралиста»: В 2 кн., М.: Наука, 1977: Кн. 2. «Научная мысль как планетное явление». Сост.: *Бастракова М.С., В.С. Неаполитанская, Н.В. Филиппова*; Редкол.: *Б.М. Кедров* (пред.) и др. 正確には『博物学者の随想録』の第 1 巻が 1975 年に出版され，その第 2 巻として 1977 年に出版されたものに『惑星現象としての科学的思考』が収録された。

39　*Вернадский*(注 29), С. 533.

40　«Вопросы истории естествознания и техники». 1988 № 1, С. 71-79.

41　*Вернадский В.И.*, «Философские мысли натуралиста». М.: Наука, 1988, С. 19-195.

42　*Вернадский*(注 27).

43　*Вернадский*(注 29), С. 303-538.

44　私は，ヴェルナツキー研究者のひとりで最新のヴェルナツキー伝の著者でもあるゲンナジー・アクショーノフ氏に，1997 年版のテキストがよいと薦められたことがある。また，マイヤ・バストラコーヴァ女史も同様に，1997 年版が最良のテキストだと言っていた。

45　*В.И. Вернадский* (Ответственный редакторы- *К.В. Симаков, С.Н. Жидовинов, Ф.Т. Яншин*), «Труды по философии естествознания». Москва: Наука, 2000, С. 316-451.

46　インターネット上にヴェルナツキーのテキストデータが掲載されるサイトがあり(http://vernadsky.lib.ru)，そこには『惑星現象としての科学的思考』も掲載されている(http://vernadsky.lib.ru/e-texts/archive/thought.html　2015 年 6 月 6 日閲覧)。このサイトを作成し，同書の入力もしたセルゲイ・ミンガレーエフ氏は，1991 年版と 1997 年版のテキストを比較して，このように評価している。なお，このサイトによれば，ミンガレーエフ氏は，光を使った集積回路の研究をしているウクライナ出身の物理学者である。氏は，非平衡系に関心があり，そのひとつとしてヴェルナツキーの生物圏と叡知圏の問題にも関心を持ったと述べている(http://mingaleev.nanoscience.by/research/　2015 年 6 月 6 日閲覧)。

47　本文の目次は以下の通り。
第 1 部　生物圏における地質学的力としての科学的思考と科学研究
第 1 章(第 1-13 節)：その生命物質の合法則的な部分，その組織化の一部としての生物圏における人間，人類。生物圏の物理・化学的および幾何学的な多様性。生物圏の生命物質と不活性物質の根本的な組織化上の(物質的・エネルギー的・時間的)違い。種の進化と生物圏の進化。生物圏における新たな地質学的な力である社会的人類の科学的思考の出現。その現れは，われわれが生きている氷河時代，すなわち理由があって地殻のわくを越えて地球史で繰り返される地質学的発現のひとつとつながりがある。
第 2 章(第 14-46 節)体験されていく歴史的瞬間が地質学的作用として現れること。生命物質の種の進化と生物圏の叡知圏への進化。この進化は，人類の世界史の作用によっては止められない。科学的思考とその現れとしての人類の生活様式。
第 3 章(第 47-65 節)：20 世紀の科学的思考の運動と生物圏の地質学史における意義。

科学史的思考の運動の基本的な特徴：科学的創造の爆発，現実世界の基礎についての理解の変化，科学の普遍性と科学の作用の現れおよび科学の社会的な現れ。
第2部　科学的真理について
第4章(第66-74節)：現在の国家体制下での科学の状態。
第5章(第75-93節)：正しく導かれた科学的な真理は，あらゆる人間個人にとって，あらゆる哲学にとって，あらゆる宗教にとって揺るぎなく不可避であること。科学が管理下にある領域においては科学が達成した成果は，誰にも適用される普遍的なものであることが，科学が哲学や宗教とは違う基本的な特質である。哲学や宗教の結論というものは，そのように誰でもそうあらねばならないということはない。
第3部　新たな科学的知識と生物圏から叡知圏への移行
第6章(第94-99節)：20世紀の新たな問題すなわち新科学。生物地球化学，その生物圏との切れ目ないつながり。
第7章(第100-119節)：叡知圏の現れとしての科学的知識の構造，科学的知識によって引き起こされた生物圏の知識学的に新しい状態，Homo sapiens の地球での出現の歴史的過程(それは，Homo sapiens による生物地球化学的エネルギーの新しい形態とそれにかかわる叡知圏の創造による)。
第4部　科学知識体系における生命科学
第8章(第120-127節)：生命は現実世界の永続的な現象なのかあるいは一時的な現象なのか。生物圏の自然物は，生命物質と不活性物質である。生物圏の複合自然物は，生命物質と不活性物質の複合体である。そこでは生命物質と不活性物質との境界は侵されていない。
第9章(第128-142節)：生物圏の生命自然物質と非生命自然物質との間の越えがたい境界の生物地球化学的現れ。
第10章(第143-156節)：生物学は，叡知圏を把握する諸科学の中で物理学や化学と同等となるべきである。

第2章
ロシア科学アカデミーにおける科学研究組織化に果たしたヴラジーミル・ヴェルナツキーの役割

ゲンナジー・ペトローヴィチ・アクショーノフ(市川　浩訳)

「何よりも学術活動をおこなうことによって，ロシア国家の歴史における，さまざまな，一再ならず困難な時期を，全体としては順調に，自由な学術的探究のうちに生き抜いてきたロシア科学アカデミーは，それゆえにこそますますその会員全員にたいして，各自の学術活動において，もっぱら科学の利益だけを考慮に入れることを義務として負わせているのである。」(「ヴラジーミル・ヴェルナツキーのロシア科学アカデミー宛書簡．1924年8月22日付」より)

1. 科学のオーガナイザーとしてのヴェルナツキー

ヴラジーミル・ヴェルナツキーは1906年から1944年にかけて38年間にわたりロシア科学アカデミーで活発に活躍し，大きな成果を残した人物である。世界的に認められた，生物圏に関する研究者であり，放射化学研究所(1912)，国内自然生産力調査委員会(1915)，ラジウム研究所(1922)，生物地球化学研究室(1927。現在はロシア科学アカデミー・V.I. ヴェルナツキー名称地球化学=分析化学研究所)，知識史委員会(1921)，隕石研究委員会(1921)などたくさんの組織の組織者，指導者でもある。

ヴェルナツキーは自らの組織者としてのイニシァティヴを科学の理論と歴史の深い考察に基礎づけた。ヴェルナツキーは社会における科学の主導的な文明上の役割に関する理念，ノースフェラ(叡知圏)の理念を創り出した[1]。革命前の時代，ひとりの政治家として，国会議員，そして政府の一員として，彼は国家と科学，権力とアカデミーの関係性について研究をした。現在，彼の科学史と組織に関する研究は2巻本のかたちで出版されている[2]。ヴェル

図Ⅱ-2-1　ペトログラード帰還直後のヴラジーミル・ヴェルナツキー(1921年)。
出典：*Г.П. Аксёнов*, «Вернадский».Москва; Молодая Гвардия, 2015

ナツキーは科学者の人格を知識の発展の基本的で，創造的な単位として捉えていた。そのため，彼の研究の参考文献の中には1巻だけでも86名もの名前が入っているものもある[3]。

ロシア内戦の頃，ヴェルナツキーは独立ウクライナにおいて科学アカデミー創設のまとめ役を務めた[4]。6カ月の間に目標を達成し，1918年11月27日に開催されたウクライナ科学アカデミーの最初の会議で総裁に選ばれた。

ヴェルナツキーの科学組織化のための活動は，ロシアやウクライナにおいて詳細で，多様な研究の対象となった。この点は，マイヤ・バストラコーヴァが多くの研究をものしている。彼女は多数の資料を整理，公表しており，かつ，この問題に関連したヴェルナツキーの研究論文の出版にも携わっている[5]。

ここでは，ヴェルナツキーの科学アカデミーにおける研究の組織化に関する理論的主張や実践について論じることとする。

2. 研究機関と国家のスポンサーシップへの期待

ヴェルナツキーはロシアの科学史研究に関して，まずロシアの科学者であるロモノーソフの伝記や活動の研究から取り組んだ。1900年から1911年の間，それに関連した論文5本を公表している[6]。1912年3月の最初のロシア人科学アカデミー会員200周年記念日には，アカデミーの総会の依頼で皇帝に申し出，ロモノーソフの名前にちなんだ研究所創設を願い出た。「設備の整った大きな研究所がないと，天才を最大限に発揮する場がなくなる。米国，フランス，イギリス，オーストリア=ハンガリー帝国にはそのような組織が既に創設されていた。ドイツでは何百万マルクも投資し，基金を創設したヴィルヘルム皇帝が先頭に立っている」[7]とヴェルナツキーは書いていた。しかし，ロモノーソフの名前にちなんだ研究所が最終的に創設されることはなかった。

当時のヴェルナツキーはロモノーソフの頃の科学アカデミーの歴史的形成の研究に携わるようになっていた。1914年にはペテルブルク大学では18世紀のロシアにおける自然科学の歴史に関する講義を行った。現在では，当時の講義内容と原稿に残されたロシア科学アカデミーの100周年記念にちなんだ概説が一緒に出版されている[8]。

知識史の深い基礎研究によって，科学の発展の中心的諸問題を明らかにすることのみならず，自らの理念を実践的に組織として実現する基本原則を定式化することが可能となった。彼は科学アカデミーの歴史の中に，科学的創造の個人的性格と学問の組織化の集団的形態との間の矛盾を見出していた。その矛盾を克服する方法として学術的活動の基礎を破壊しない正当な国家の介入を考えた。

ヴェルナツキーの提案で1915年に国内自然生産力調査委員会が設立され，それが研究の組織化のための国家と科学アカデミーの共同を利用した最初の成功した事例となった。ヴェルナツキーはその議長となった。設立の直接的なきっかけは1914年に始まった第一次世界大戦により欠乏に苦しんだ戦略物資の調査と利用の必要性だった。すぐに国の領土の目的意識的調査のために科学アカデミーや他の研究拠点の科学者，国立機関，企業家，民間部門，金融界の人を取りまとめる組織が出来上がった。

ヴェルナツキーは新しい組織に大きな展望を見出していた。普通の自然科学の研究とは違い，国内自然生産力調査委員会には生産力として利用可能な資源の観察と報告をすることと同時に，諸資源の新しい性質の発見といった二重の目標が設定されていた。1916年12月16日付の国内自然生産力調査委員会の報告書「諸研究所の国家的ネットワークについて」の中にある次のような文章から問題意識がうかがえる。「研究所創設のような難しい仕事にあたり，われわれは自由な科学的創造とともに，すでに試され済みの，より力強い，科学者の努力を安定した，全体的で統一的なものとする組織化という方向に進み出さなければならない。とくにできるだけ早く，そしてできるだけ安く，より大きな結果の出せるような形の組織化が必要である」[9]。地方におけるそのような研究所は複合化し，地方の生産力を研究しなければならない。ヴェルナツキーの意見では，一次資料は中央の，科学アカデミーの専門研究所で研究されなければならない。このような理念を発展させ，ヴェルナツキーは1917年1月，歴史上初めての課題，すなわち，13カ所の物理や化学系，さらには鉱物学，セラミックスや生物学などの研究所を創設するべきだとの勧告を作成した[10]。

本来，ヴェルナツキーは国内自然生産力調査委員会を通して，これまで政府の機関の目に留まらず国家予算の枠外にあった研究や科学技術の発展を全国民の目標として掲げようとした。科学は贅沢でもなく，一部の人物の趣味でもない。研究は国家の事業である。戦争を経験することで，みなは，国家の課題を解決してくれるものは科学だけだと理解した。それは軍事や工学分野で有利な立場に立つためだけではない。「国家からの援助の課題は，応用科学的な技術の発展のみならず，自由な科学的創造や未知なることの人間による開拓にもある。…(中略)…国家において，現段階で人類が到達したレベルの知識の蓄えを持つ科学者が養成され，科学的組織が設立されれば，科学の応用は単純で，簡単に可能となる。国家による科学的課題の解決の順序は，もちろん，国家から独立した自由な個人的な科学的創造活動が存在しているという条件のもとでは，政治家や社会活動家の関心を惹く，もっとも基本的な問題になるであろう」とヴェルナツキーは書いている[11]。

この論文は1917年6月に発表され，8月にはヴェルナツキーの親友で，科学アカデミーの常任書記を務めたアカデミー会員で東洋学者のセルゲイ・オリデンブルグが教育大臣に任命され，ヴェルナツキーを次官として迎えた。彼ら，そして彼らの政治仲間は国民教育や高等教育と学問の発展のために革新的なアイディアを実現しようと努力し，望んだ。

3. ボリシェヴィキ政権下の科学アカデミー“改革”とヴェルナツキー

しかし，政治的な争いに彼らは負けた。彼らの国家の民主化計画は実現することはなかった。しかし，アイディアが持つエネルギーが相当に強力だったため，帝国崩壊のあとに起こったボリシェヴィキ国家特有の課題とも結びついて国民の精神生活発展の必然的な流れとして，タイミングが悪いはずの科学アカデミーの研究所が創設され続けていった。国内自然生産力調査委員会は新しい政府と科学アカデミーを仲介する機関となった。ボリシェヴィキのリーダー，ヴラジーミル・レーニンは自らの科学政策を国内自然生産力調査委員会の課題の延長線上に方向づけた。それは科学アカデミー常任書記のオリデンブルグとの接触の手段であった。これについては新しい政権が出来た頃，オリデンブルグが自分の報告書の中にもそのレーニンとのやりとりについて記している[12]。

そのような理由で内戦の頃には科学アカデミーの中に新しい研究所が設立された。それらは国内自然生産力調査委員会の部局から発展したものであった。1917 年にはプラチナ=希少金属研究所の創設が決定され，翌年には活動を開始し，1918 年 4 月には物理・化学分析研究所，12 月には光学研究所，そしてセラミックス実験研究所，その翌年には水文学研究所が設立された。

ヴェルナツキーがラジウムに関する研究活動のとりまとめに努力をしてきた結果は印象的なものである。ヴェルナツキーがペテルブルク市を離れてい

図Ⅱ-2-2　セルゲイ・オリデンブルグ。出典：*Г.П. Аксёнов*, «Вернадский».Москва; Молодая Гвардия, 2015. Из фотографийческих страниц

た頃，内戦がもっとも深刻だった条件下，その同僚ヴィタリー・フローピンが放射性鉱石の中から初めて，ミリグラム単位のラジウムを採ることに成功した。そして1921年になって，ようやく国内自然生産力調査委員会の指導者がペテログラードに帰還したのちに，ラジウム研究所の設立の準備が開始された。研究所は1922年に設立された。かたちの上では科学アカデミーには管轄されていなかったが，研究方針や課題について科学アカデミーの指導部と相互に連絡しあっていた。最初のラジウム研究所長にはヴェルナツキーが就任し，そして彼の同僚の多くがその研究員となった。

研究者の地道な努力により，ゆっくりだが確実に科学アカデミーの構造はかわっていった。自由な科学の共同体から科学認識と国による科学組織管理の国家的システムとなっていった。そして1925年には政府の特別布告によって，科学アカデミーは国の高等学術機関と位置づけられ，(1836年以降不変であった)規約が更新され，名称も変更され，ソ連邦科学アカデミーとなった[13]。そして，全国民的行事としてその200周年が祝賀された。ボリシェヴィキには，科学アカデミーがその権威でもって，人民の目に「労働者=農民国家」建設の理論と実践を輝かせるように思われた。それゆえ，そういう意味あいでは，彼らの意図と科学を発展させたいと思う科学者の努力は当初の10年間は一致していた。

ヴェルナツキーは1922年から1926年の間，研究出張でフランスに滞在していたが，科学アカデミーとは密にやりとりを続けていた。ヴェルナツキーがいない間は常任書記のオリデンブルグが過去の，とりわけ国内自然生産力調査委員会の活動経験を総括した成果である諸原則を科学アカデミーで実行しようとした。1927年付の未発表の論文の中でもこの常任書記は，純粋科学と応用科学の関係を権力が正しく理解することを望んでいた。「それがないと応用科学も技術もありえないので，純粋な理論科学を侵害することは誰もしようとしないが，科学を実践から切り離すことは，かなりの程度，実りのなさを覚悟することを意味する。でも，設立後10年経った今では，それを恐れることもなかろう」[14]。しかし，国家イデオロギーの優越という新しい条件のもとでは創造活動の自由の制限にたいして危機感を持たないといけなかったかもしれない。ヴェルナツキーは誰よりもわかっていた。ヴェルナツキーの科学アカデミー宛の手紙の中では，ソ連邦への帰国の条件について，科学者の独立という原則を挙げていた。「個々の人間の人格の価値が充分に尊重されない環境の中では，人格とその自由な，何ものにも左右されない決断の尊重が，生きる条件として私には必要である。私はこの個々の人格の向上という点において，また，行動を構想するに当たって，わが祖国新生の基本的な条件がその認識に一致するとのみ見なしている」[15]。

自由な人格としての科学者の要求と，決して合理的な原則の上に組み立てられていない国家の要求との間の矛盾は，他でもないヴェルナツキーが感じ取っていたものであるが，彼にとっては純粋科学と応用科学の間の矛盾に反映されていた。科学者は本性上純粋科学を求め，国家は応用を求めるのである。だからこそ，ヴェルナツキーは政府諸機関に科学のそもそものなりたちを伝えようと努力した。純粋科学を支援することによってのみ，自然の生産力の利用も他の知識の導出も可能となり，利益を手にすることが出来る，と。1927年にヴェルナツキーは「ソ連邦科学アカデミーの応用科学研究の課題と指針について」という，原則を示した論文を公表した。その中では，国中で展開されている大きな建設事業の実践と課題によって必要とされた応用分野における研究組織化の基礎が取り上げられていた。このとても重要な論文の中で，ヴェルナツキーは，国内自然生産力調査委員会の10年間の経験を総括した。ヴェルナツキーは科学アカデミー会員にとっては新しい，純粋科学も応用科学も科学アカデミー内に集中させるという提案をした。厳密に言えば，科学アカデミーはこのふたつの方向を科学アカデミー内部においてのみならず，国中で統一した，単一の機関となることが出来る。純粋科学は個人の，独立した，自由な科学者の創造によって発達し，応用科学は周囲や生活の要求の研究を源泉としている。

応用分野における科学的創造が現われる形式は，現代においては，国家や工業から財政的裏づけを得た強力な研究所である。ここからのみ，純粋科学も支援と財政援助を受けることが出来る，と彼は言う。成功した事例の中では，ラザフォードの研究所がわれわれのお手本になる，とヴェルナツキーは言う。しかし，応用的方向性の発展は，為政者の意志にあわせた狡猾な形式ではない。こうした応用は時として実際に科学者の思考を目覚めさせる。「われわれの前には，応用科学の現代的発展にともなって，周囲の科学的認識の枠内で個人的な創造活動が提起するものに比して，現実が提起する科学上の問題に特有の特徴を持った科学研究を本質的に新しく受け入れることが求められている。…（中略）…私は，応用研究が視野から抜けると，アカデミーの純粋な科学研究は質的にもその力強さも低下してゆくと予想している」[16]。これまでのレベルを維持するために，社会主義国家は財政支出の唯一の源として，民間基金が存在している資本主義の国の政府が行う何倍もの費用が必要となろう。

その論文の中では，形式的な，つまり学問分野別ではなく，正確に明確にされた狭いテーマ別に研究所を設立するという主要原則が初めて記されていた。研究所は物理学や地学の雑多な塊である必要はない。ヴェルナツキーは，研究所に改組された国内自然生産力調査委員会や科学問題の狭いテーマを持つ全連邦規模の学術会議がこの目的に従事し，国家機関でなく，科学アカデミーにより管轄されるようになることを期待していた。このようなアプローチの例をヴェルナツキーの1940年夏の報告に応じて設立された科学アカデミーのウラニウム問題委員会に見ることが出来る。その中で彼は，課題の解決のために多数の研究所の専門家の活動を総括しようとした。1930年代末にはヴェルナツキーは科学アカデミーの要職者に新しく設立される研究所の構造と性質について一連の呼びかけを行った。研究所は具体的な問題に基づいて設立され，方法の面では統一されていないといけない[17]。

ソ連時代には，とくに1927年には新しい規約が更新されて以降，科学アカデミーは絶えず改革され続けた。応用科学研究分野におけるヴェルナツキーの理念と完全に一致するかたちで，研究所は基本的な統一体となった。政府は新規約により，科学アカデミーの組織の中に研究所8カ所，博物館など8カ所などを所属させた[18]。1930年代の始めから国中で，そして中央でその数は急速に増えていった。しかし，ヴェルナツキー自身はイデオロギー的理由で国内自然生産力調査委員会の指導部から外されることになった。彼のアイディアは異なる目標やイデオロギーから実行されることとなった。1935年には科学アカデミーの中に哲学，歴史学，経済学など社会科学系の専門分野を中心とする共産主義アカデミーが追加された。権力の観点からは，科学アカデミーは自然と社会の管理，および科学的に綿密に計算されたプログラムによる「明るい未来」と呼ばれるものの建設の管理手段に変化したのであった。

1934年に政府の指令で，科学アカデミーはモスクワに移転されることとなった。この事実をめぐって，ヴェルナツキーとその他の科学アカデミー会員は激しく対立した。ヴェルナツキーは科学アカデミーの常任書記宛てに特別な覚書を書き，研究者全員に知らせてもらうよう頼んだ。そのメッセージは，広い歴史的な視野に基づいて，国家の科学に求めるものの真実を深く理解した上で，何世代にもわたって築かれてきた，人類最大の研究機関のひとつの新しい水準，その先進的な技術水準の確保，そして，これまでに研究所や博物館で蓄えてきた科学研究材料の，かつてなかった規模のコレクションといった諸問題を思い起こさせた。科学者の前には極めて重要で大きな責任がある課題，つまり，「レニングラードからのアカデミー諸機関をそのまま移転する課題のみならず，将来それらに必要な建物を建設する課題，モスクワに現代の一切の完全な科学力を持つ科学アカデミーを設立する課題」がある[19]。

しかし，今度は，管理部門の増加によりヴェルナツキーは管理の官僚主義化と闘わなければならなくなった。ほとんどすべての覚書の中で，彼は，監視を行う書記や技術職の増加とその危険性について書いており，科学の問題に関する決定や財政配分にたいする科学アカデミー会員や他の科学的創造に従事するものの決定権の確保をめぐって闘争していた。彼が非難した問題のひとつは，絶えず強化された検閲であった。

彼は彼に残された活動可能な時間のすべてにわたり，戦後における科学研究の復興計画に関して科学アカデミー幹部会にその最後の依頼を届けるに至るまで，アカデミーの組織について検討し続けた。ヴェルナツキーはモスクワ南西部に科学都市を造る夢を持っていて，その中に，生物地球化学研究室を母体に1947年に設立される予定の自らの研究所も構想していたのである。

科学アカデミーのモスクワ移転にともなって，アカデミーは全世界に知られるような，他に比べるもののないものとしての様相を呈するようになった。1917年の時点では科学アカデミーの正会員45名，研究員150名だったのにたいし，1970年代の終わりにはアカデミー正会員・通信会員は850名，これに加えて研究員は5万2,100名もいた。科学アカデミー幹部会は各部や支部，250カ所の研究所を管轄していた[20]。それと同時に1950-1960年代以降の科学アカデミーの科学的生産性は絶えず下がっていった。この複雑な現象の多様な原因は，ヴェルナツキーとその仲間がロシア科学の発展を関連づけていた国家とは異なるものとなった国家そのものの性格と結びついているのである[21]。

このようにヴェルナツキーの科学アカデミーとその諸研究所の活動と構造に関する理論的成果と実践の経験は研究上大いに注目される。

ヴェルナツキーの科学的創造の自由の確保をめぐる努力は，しかしロシア科学アカデミー，そしてソ連邦科学アカデミー傘下の諸研究所数の前例のない増加に結果した応用研究発展の理念と結びついていたのである。

1　*Вернадский В.И.*, «Избранные труды». (Составление, вступительная статья и комментарии *Г.П. Аксенова*). Библиотека отечественной общественной мысли с древнейших времен до начала XX века. М. 2010. 744 с.

2　*Вернадский В.И.*, «О науке». Т. Ⅰ. Дубна. 1997. 576 с.; Т. II. Часть 3. Академия наук. СПб. 2002. 600 с.

3　*Вернадский В.И.*, «Статьи об ученых и их творчестве». М. 1997. 364 с.

4　*Вернадский*, «О науке». Т. II. С. 309-342.

5　*Бастракова М.С.*, "Академия наук и создание исследовательских институтов: Две записки В.И. Вернадского", «Вопросы истории естествознания и техники». 1999, № 1. С. 157-159; *Бастракова М.С.*, "В.И. Вернадский и проблемы организации науки", «В.И. Вернадский и современность». М. 1986. С. 77-91; *Бастракова М.С.*, "Организационные уроки Вернадского", «Природа». 1988, № 2. С. 28-32; *Бастракова М.С.*, "Академия наук и власть. Второе столетие. От Академии Императорской к Российской", «Российская Академия наук: 275 лет служения России». М. 1999. С. 111-199.

6　*Вернадский В.И.*, «Труды по истории науки в России». М. 1988. С. 13-62.

7 *Вернадский*, «О науке». Т. II. С. 298.

8 *Вернадский*, «Труды по истории науки в России». С. 63–260.

9 *Вернадский*, «О науке». Т. II. С. 52–53.

10 *Вернадский В.И.*, "О задачах Комиссии по изучению естественных производительных сил в деле организации специализированных исследовательских институтов", «О науке». Т. II. С. 301–308.

11 Там же. С. 60.

12 "Отчет С.Ф. Ольденбурга за 1917–1919 гг.", «Документы по истории Академии наук СССР. 1917–1925 гг.». Л. 1986. С. 147–153.

13 Там же. С. 323.

14 *С.Ф. Ольденбург*, "Наша наука в последнем десятилетии", Санкт-Петербургский филиал Архива РАН (СПб АРАН). Ф. 208. Оп. 1. Д. 249. Л. 2.

15 *Вернадский*, «О науке». Т. II. С. 365.

16 Там же. С. 409.

17 *Вернадский В.И.*, «О науке». Т. II. С. 510–533.

18 «Организация советский науки в 1926–1932 гг.: Сборник документов». Л. 1974. С. 166.

19 *Вернадский*, «О науке». Т. II. С. 479.

20 «Организация науки в социалистических странах». Ответ. ред. Ю.В. *Бромлей*. М. 1986.

21 *Аксенов Г.П.*, "Академия наук и власть: третье столетие. Между истиной и пользой", «Российская Академия наук: 275 лет служения России». М.: «Янус-К». 1999. С. 200–238.

補論

学問分野別か，課題別か？

科学アカデミー会員
ヴラジーミル・イヴァーノヴィチ・ヴェルナツキー
ゲンナジー・ペトローヴィチ・アクショーノフ（梶　雅範訳）

「200年の長きにわたり，サンクト=ペテルブルク（現在はロシア）科学アカデミーは，何よりも学術活動の利益のみを絶えず提示し，可能な場合は，アカデミー自身の命令によってのみ，その組織と活動を決めてきた。」（「ヴラジーミル・ヴェルナツキーのロシア科学アカデミー宛書簡．1924年8月22日付」より）

1. 研究所をどのように作るべきか？——ヴェルナツキーの理念

研究所はそもそもいかにして作るべきか。豊富な個人的経験とヨーロッパでの科学研究の新たな形態についての深い知識を持ちあわせていたヴラジーミル・ヴェルナツキーは，科学の研究集団が，非常に具体的な研究課題や学際的な科学に集中すべきだと結論した。彼が，モスクワ大学の自分の化学研究室を研究所と呼んだのも理由があってのことだった。地球化学が生まれたのも才能ある院生集団がかたち作られたのも，ここでであった。その中から科学アカデミーの未来の会員であるアレクサンドル・フェルスマンやコンスタンチン・ネナドケーヴィチ，ならびにヤーコヴ・サモイロフ教授などといった大学者が生まれた。

だからこそ既に1911年に論文「ラジウム研究所」で，ヴェルナツキーは，知識の問題(すなわちラジウムに関係する物理学や化学の分野の問題)以外に事業の実践的な側面が重要な意義を持っていることを示したのである。第一にラジウムは，未来の新しいエネルギー源であり，第二にラジウムはあるやり方で生体に作用するので，ヴェルナツキーは，ラジウムに病気と闘う手段を求めようとした。第三にラジウムは[そもそも]入手せねばならず，研究者以外にはラジウムに関係する多数の地質学的な問題や鉱物学的・技術的な問題などを解決出来ない。たとえば，ラジウムの濃縮のごくありきたりの方法をとってみてもよい。ヴェルナツキーは次のように書いている。「それゆえに，ラジウム研究所は，化学実験室や物理学研究所とは大いに異なる特色を持つことになる」[1]。したがって，ラジウム研究所は，まもなく科学的な課題や技術的な課題を完結するための総合的な施設として立ち現れてくることになった。

そもそもヴェルナツキーは，1911年にロシアで最初にラジウム鉱探索を大々的に行った。そのために科学アカデミーの物理学=数学部に対して，ラジウム鉱探索のための資金支出に関する覚え書きを提出した。ヴェルナツキーは，[中央アジアの]フェルガナ地方やカフカース，ウラル，オレンブルク州[ウラル山脈南麓でカザフとの境界地域]に探検隊を派遣することを計画し，ラジウム研究の必要性を訴える特別なメモを執筆し，関心を持ちそうな部局に送付した。さらにメモは，出版されて2版を重ねた[2]。上で引用した論文は，ヴェルナツキーが教養層にもっともよく読まれている雑誌『ロシア思想（Русская мысль）』のために書いたものだが，1911年の終りには科学アカデミーの総会で彼は，深く洞察力に溢れた演説「ラジウム分野での今日の課題」[3]を行った。

ヴェルナツキーの努力の結果，科学アカデミーは政府に対して4回にわたる大規模な探検とさらなる研究の実施にたいする助成金を申請した。1912年には国会は，そうした目的のための資金支出を許可した。このように構想にたいする強力で多面的な広報活動のおかげで，ロシアで最初の具体的な科学的問題に，国家予算が出された。2年間にわたる探検は，成功裏に終わった。放射性鉱物の採掘に有望だと認められたのは，希少元素の鉱石の採掘が行われていたフェルガナ地方の鉱山であった。得られた資料に基づいて，1911年末にはヴェルナツキーは，科学アカデミーの地質・鉱物博物館に附属してロシアで最初の総合放射化学研究室を開設した。

1919年にヴェルナツキーの弟子のヴィタリー・フロービンは，ラジウムの濃縮の問題を創造的に解決して，いわゆるフェルガナ鉱石の残渣からラジウムを取り出した。ヴェルナツキーは，1921年にペトログラードに戻るや，すぐに科学アカデミーにラジウム研究所創設の請願を提出した。研究所の設立は，当初から組織的な性格を持っており，その組織に鉱物研究と放射能研究，化学研究を結合していた[4]。こうした創意に富んだ事業は，ヴェルナツキー自身にとっても貴重な経験だった。彼は，科学研究の発展の論理を見出して，その論理に相応した科学組織の形態を明らかにした。

一方1916年からは生命物質と生物圏の学説を発展させ，これに3つの科学の境界［生物地球化学のこと］に，非常に独創的な科学研究所を創設することになった。この新分野の理論的な知識を得てから，フランスへの在外研究にいた1923年にヴェルナツキーは，イギリスの海洋生物学協会（Marine Biological Association of UK）に生物地球化学研究室設立の提案をした。ヴェルナツキーは次のように書いた。「未来の科学（と人類）は，集団的な科学研究に依存している。確かに各人の思考は，その個人的な創造の産物として発現する。いかなる集団も単純には個人にとってかわることは出来ない。とは言っても個々人の研究者は，技術的な装備があっても科学的な直観の才能に恵まれていても，帰納科学の諸問題をひとりで解決することは出来ない。研究者は，それも制限された時間内に，特定の具体的な分野で確立される充分な量の吟味された要因を持っていなければならない」[5]。

互いに遠く離れた科学研究方向を結合するような施設の設立に，ヴェルナツキーは高度の新規性を示した。地質学的な探検や生物学的な探検，農業的な探検においてのように，種々の方法を用い，かつ種々の互いに一致しない目的で得られたデータを用いなければならない。データは，指導者によって練られた新概念の領域の中で共に結合される必要があり，新概念の実現を目指すことに特化した組織なしには，その種の結合は実現不可能である。

生物地球化学という三位一体的な新規性と共に，科学的な組織の新しさもあって(そこにヴェルナツキーは未来を見ていたが)，そのことが恐らく当時のイギリス海洋生物学協会の指導部が[ヴェルナツキーの提案を]受け入れなかった理由だろう。[外国で研究資金獲得に成功せず]1926年に帰国するとヴェルナツキーは，すぐに科学アカデミーにその種の[生物地球化学のような新規性に富んだ]研究室の設立を提案した。1年後に，決定が下された。その初めから，組織者[ヴェルナツキー]によって明確な性格づけがなされた新組織の基礎がつくられた。ヴェルナツキーが同僚に報告したように，研究が始まると，形式的な組織の立ち上げよりも前に，生物地球化学研究室の総合的な性格が明らかになった。ラジウム研究所や国内自然生産力調査委員会，総合大学の個々の研究室，さらに7つの科学研究所や[総合大学以外の]高等教育機関，3カ所の生物試験場といった諸機関のデータと援助を求めなければならなかった。そのように広い範囲が示唆したのは，科学アカデミーの研究所がかかわるべきは，ある伝統的な科学分野ではなく，多数の科学分野や多くの境界領域を横断する(しかも)的が絞られたテーマであることである。新研究室の組織に関する1927年の覚え書きをヴェルナツキーは，次のような言葉で結んでいる。

「そうした研究室を創設する事業はまったく新規なことで，そうした科学研究センターは前例がない。それゆえ，独自の道を取らざるを得ず，出来合いの図式を取ることは出来ない。現実は徐々に新型の[施設の]形成に導かれている。それは，初めて系統的な組織研究の対象となる新しい問題の性格によって引き起こされたものだ」[6]。

同年にヴェルナツキーは，「ソ連邦科学アカデミーの応用科学研究の課題と組織化について」という論文で，この種の［新規な］施設とその建設の原理について詳細に分析した。ヴェルナツキーは，科学アカデミーのすべての業績が全面的に変化するだろうと予言して，［提案のような］新組織を受け入れるように提起した。科学アカデミーは，イタリアの国立アカデミア・デイ・リンチェイの創立(1603)と共に始まった[7]。しかし，新たな条件下で科学研究を遂行するためには，アカデミーは真理の自由な探求だけでなく，その開発，つまり今日，応用科学研究と呼ばれているものにもかかわる必要がある。ヴェルナツキーは以下のように［説明を］続ける。たとえば，国内自然生産力調査委員会の経験から，さまざまな自然生産力(それぞれは個別の科学分野で研究されるが)のための単一のエネルギー単位の問題設定が導かれた。その表現の単一の基準を見出すことは，たいへん大きな応用上の課題である。「課題は，宇宙の科学的構築(純粋知識の究極的な科学的課題)に比肩しうる。応用科学においては，人間によって国富となり得て，人間が実際，多年にわたる現実生活によって国富に変えてきた自然の部分の科学的な描像が与えられなければならない［原文イタリック］」[8]。

しかし，どのような形態で，どのようにして科学的な諸問題は定式化されるのか。そして誰が定式化するのか。たいへんに難しい問題だ。一見，課題は生活の要求が決めるように見える。つまり，政府の仕事の課題である。国家が一国社会主義経済であるという条件下では，政府プランによって決まる。しかし，既に存在している機関に頼ると，そこにそうした要求が送られ，研究所は膨れあがって嵩張り，収拾がつかなくなる。結局，応用研究だけでなく基礎研究(ヴェルナツキーの時代の用語を使えば純粋科学)も停滞することになる。

ヴェルナツキーは言う。「科学組織の不可避の大拡張の害については，いくらか説明が必要だろう。20 世紀においては，科学研究機関を研究分野別に建てることはできない。概して化学研究室や物理学研究所を設立することは，実りある研究のためにはできない(より正確に言えば，割にあわない)。ある一定の絞り込まれた問題群のために，物理学や化学の厳密に特定化された領域のために化学研究所や物理学研究所を設立すべきだ。そうした時に初めて，科学研究の持てる資源の中で最大限の力が獲得され，研究所の長となる創造的な個人が[その力を]完全に発揮できる」[9]。最後の文は，誰が一体科学研究所の研究の内容として科学的な課題を定式化して言語化するのかという問題に答えるものだ。この研究者こそが，研究の主要な創造単位であり，「生活の要求」の必要から指示される政府ではない。研究者自身だけが，研究課題を正しく定式化できる。計画機関がやるべきことは，そうした個人を探してその研究に資金援助をすることだ。研究の新分野は，個人の創造性によってのみ科学になる。それが公理である。「そうした境界の中で新たな問題を提起し，その問題を宇宙の科学的に構築された枠に入れる才能は，匠の偉大なる技芸であり，それが人間の思索を前に進める」[10]。そうした匠が，最初に生活の要求を認識し，純粋知識の論理から出発して応用的な公共的課題をつくり上げることができる。社会的需要は，科学分野の言語の助けを借りて改変されて自覚されるべきで，[需要の自覚は]決して月並な課題ではない。

その時には，科学的創造の自由が保証され，科学の国家による財政支援という条件下で最大限の柔軟性が可能になる。科学的な課題が絞られていればいるほど，科学研究は強力なものになる。課題に沿って個別の研究所を設立しなければならない。

2. 政権への期待と衝突

ヴェルナツキーは，1934-1935年の科学アカデミーのレニングラードからモスクワへの移転を，アカデミーを科学研究の世界的なセンターにするために利用することを提案した。彼は，何回かアカデミーの幹部会や政府にたいして特別な覚え書きを提出して訴えた。そのための3つの重要な条件は[既に]ある。すなわち，(1)出来上がった研究者集団の存在，(2)研究基盤，(3) 200年にわたって集められた学術研究材料。新しい場所での建設に当たって，何よりも研究所の各建物は，単なる収容場所ではなく，科学的な道具として研究の手段として建設されなければならない。建てるべきは，巨大な建物ではない。陳列館のようなもので，必要な設備を中で組み立てることが出来，新たな課題の遂行に応じて容易に組みかえが出来なければならない。そうした建物群から研究都市をまるまる作ることが出来よう。こうしたことが，課題毎にアカデミーの機構を発展させる戦略となるべきだろう[11]。

ヴェルナツキーの覚え書きは，アカデミー幹部会会議で検討された。幹部会には，アカデミーの機構をどのように移転させ配置するかのあらゆる問題に関して政府と交渉するための特別委員会が創設された。続く数十年のうちに科学アカデミーは，まさにヴェルナツキーが望んだような強力な組織に生まれかわったことは，言っておく必要があろう。科学アカデミー組織の大部分が配置された地区もまた，ヴェルナツキーが提案した場所(モスクワの南西部)にまさにある。

しかし，科学研究所の性格を狭くかつ総合的なものにするというヴェルナツキーの要求は，政府の科学政策と衝突した。すなわち，科学アカデミーの組織がアカデミー会員や研究所長の地位を独立したものにするべくヴェルナツキーは考えていたが，それが問題になった。そのうえ，定期的な同僚の学術的交流が科学研究の課題の正しい方向づけや新しい課題の定式化の目的に適うとされていた[これも問題になった]。そうした問題の発生は故のないことではなかった。なぜなら国内の主要な研究機関を共産主義化で再編しようとしていた政権の前に，それに相反する課題が持ち上がったからだ。科学アカデミーに党官僚が引き入れられた1929年1月の有名な事件以後，科学アカデミーは共産党の支配に置かれ，アカデミー内に党員が現れ，政府は「社会主義建設」の課題に合致した新しい会則を採択するように強要するようになった。ヴェルナツキーを含む22名のアカデミー会員からなる組織委員会が設立された。委員会は，ふたつの伝統的な部門(自然科学と社会科学)を維持する会則案を提案した。しかし，会則案は，イデオロギー的な新政権によって否決された。新政権は，科学アカデミーの機構をかえて，政権による科学アカデミー支配を保証しようとした。そうした課題は，科学アカデミーが分野別に組織されているほうがもっともよく遂行されることはすぐにわかった。これは，ヴェルナツキーが実現したいと望んだ組織とは正反対のものにほかならない。

まもなくフェルスマンの新会則案が現れた。そこでは新機軸として部門を群（物理学=数学，化学，地質学，生物学，社会経済学と歴史学，東洋学，言語学と文学）に分けることが提案されていた。群の中で「学術的・組織的な問題の準備，当該分野での科学アカデミーの活動計画の策定，計画実行の規制，他の機関との調整，ソ連邦科学アカデミーの群に含まれる分野ごとの機関の業績の監督，機関の所長候補の事前決定など」[12]が行われることになっていた。群がアカデミー会員や研究所長を従属的な地位につけたことは明らかだ。官僚機構（この場合，目付役である群の書記）の権力を増大させた。以前の細分化していない状態の時の方が，行動の自由と思想の自由があった。

1930年2月28日の会則の検討では，次のような警告をしているヴェルナツキーの覚え書きが焦点になった。ヴェルナツキー曰く「『根本的変革』の問題は，科学アカデミー会員を不意打ちしたもので，現実生活に裏打ちされたものでも会員の間で熟考されたものでもないために，その機構として提案された形態では，長い準備なしには多数の会員を統合することはまずできないだろう」[13]。研究者が新条件下での最大限の科学研究の自由に賛成していると，ヴェルナツキーは主張した。科学アカデミーは，自律していなければならない。科学アカデミーには，研究に使うことの出来る独自の予算が振り分けられなければならない。一方，管理は，科学アカデミーの総会に委ねられねばならない。（ヴェルナツキーは次のように書いている）したがって，「科学問題の組織の基礎には，科学［の分野］ではなく，諸アカデミーによって提起された科学の［具体的な］諸問題が持ち出されなければならない。つまり，アカデミー会員やアカデミーの諸機関によって，自らの管理の問題として持ち出されなければならない。それ故，出来る限り広範で全面的な問題の検討が保証されなければならない。すなわち，部門や総会，特別委員会の役割を強化しなければならない。検討の基盤は，広げなければならず，狭めるべきではない。アカデミー会員の群への細分化を科学アカデミーの基本の単位形態とすることは，こうした観点から私には誤りだと思われる」[14]。

ヴェルナツキーが，科学アカデミーの経験ある古参の会員たちの意見を，これほどよくかつ統一的に表現したことはない。チャプルィーギンが，ヴェルナツキーを擁護した。しかし，科学アカデミーの新会員は，自由な科学研究に反旗を翻した。そこには，ブハーリン，ルナチャルスキー，イヴァン・グープキン，アンドレイ・アルハンゲリスキーなどがいた。彼らは，ヴェルナツキーを「素朴すぎる」，「プロレタリアートとブルジョアジーとの闘争が行われている世間から乖離している」などと批判した。学術的やりとりを通して，新会員の立場は党のイデオロギー指導部の要求に合わせさせられた[15]。

したがって，「共産党動員」の科学アカデミーの新会員[党員会員]の圧力のもと，[科学アカデミーの]群についての決定は強行突破された。その決定は，1935年の会則でも維持された。

しかし，間もなくヴェルナツキーの正しさは，実地の上で表れるようになった。活動の中央管理は，群の官僚機構のおかげで極端に困難であることが明らかになってきた。ヴェルナツキーが，ふたたび変更の発案者として表舞台に現れた。彼は，自分の意見をフェルスマンに送った。そこで数学=物理科学部門の研究を「極めて不満足なもの」と呼んだ。ヴェルナツキーは次のように書いている。「私が思うに，アカデミーは，そこに集中している巨大な知的な力をまったくうまく使えていない。その理由は，何よりもアカデミーの構造にある。構造は，アカデミーの媒体の中にある科学的な交流を増大させていず，調整も出来ていないし，[いくつかの点では単に妨げになっている]。知的な力の利用の第一の条件は，出来る限り広範で出来る限り自由な科学アカデミーの会員同士の交流である。もちろん，ある程度の専門分化は避けられない。しかし，それが交流を狭めるまで進むのを許してはならない。われわれは，科学研究における専門分化の性格が急速に変化している時代に生きている。専門分化はますます研究課題に沿ったものになっており，分野の枠組みを考慮しないものになっている」[16]。

その間にも科学アカデミーでは，[特定の]科学問題を取り上げた総会が開かれなくなった。一方ヴェルナツキーは，1911年以来ほとんど毎年，科学アカデミーの総会で報告や展望を含む演説をしていた。ヴェルナツキーが書いているところによれば，諸部門の会議は同一日の同一時間にしばしば設定されているために(官僚には便利なことだが)，アカデミー会員は自分が関心ある[他の部門の]集会に出席することが出来ない。会員には，隣の部門の会議日程さえも送られていない。

実践が示したのは，分野に沿った群において，つまり(ヴェルナツキーの呼び方に従うなら)そうした死せる機構において，大きな意義を持ったのは書記局でアカデミー会員ではないことである。ヴェルナツキーは書く。「財務のために機関にとって群を維持するとしても，重要なのは，部門の別によらない，部門集会や総会が提起した課題に関する科学アカデミーの会員の交流を作り出すことだろう。私が考えるに，月2回の部門会議(問題や報告の提起において，科学アカデミー会員のイニシャティヴの発現をできる限り図りつつの)という古いやり方の方が，科学アカデミーの会員を群に分割してしまうよりも，より科学の現代のテンポにあっている」[17]。

正しい交流の目的に対して，そして最終的には課題の(すなわち科学研究の)正しい提起や定式化の目的に対して，科学アカデミーにおいて定期的に行われることになっているシンポジウムもふさわしいものになり得る。雑誌に世界の科学の状態に関する展望を発表することもよいだろう。分野横断的な問題の検討は，常に思索を刺激する。

ヴェルナツキーのこうした努力は，最終的には成功したことを述べておかなければなるまい。1938年にアカデミーの群は廃止されたのである。しかし，このことは，彼が問題提起した原理の勝利には結びつかなかった。なぜなら，部門が8つになり，それは分野に従っていたからだ。ヴェルナツキーは，科学アカデミー総裁ヴラジーミル・コマローフへの短いしかし重要な手紙で，研究所が部門に従属することの決定的な不都合について指摘している。部門もまた群と同じく死せるものになると，ヴェルナツキーは予言した。研究所の狭い専門分化は，研究所をどれかの部門に帰属させるのに多大の困難を引き起こす。研究所は分野でまとめるのではなく，方法論や研究の機器によってまとめ，所長会議のもとに帰属させるのがよい[18]。彼の提案は採用されなかった。

ヴェルナツキーの重要な原理である，科学アカデミーの自律と自由な研究所設立は聞き届けられることはなかった。それ故，科学アカデミーが量的には拡大しながら，その研究の効率はソヴィエト時代の末期には絶えず低下した[19]。ヴェルナツキー自身は，その活動的な研究人生の最後まで，アカデミーの内部の活動のよりよい組織を目指して倦むことなく闘ったのである。

凡　例
[　]は翻訳者による訳注である。

1 *В.И. Вернадский*, «Очерки и речи». I. M. 1922. C. 46.
2 *В.И. Вернадский*, «О необходимости исследования радиоактивных минералов Российской империи». СПб. 1910. 54 с.; 2-е изд., исправленное и дополненное: СПб. 1911 58 с.
3 *В.И. Вернадский*, "Задача дня в области радия", «Известия АН». 6 сер. 1911. Т. 5 № 1. С. 61-72.
4 *В.И. Вернадский*, "Об организации при Российской Академии наук государственного Радиевого института", *В.И. Вернадский*. «О науке». Т. II. СПб. 2002. С. 347-356.
5 同上 . С. 358.
6 同上 . С. 379.
7 [訳注]このヴェルナツキーの説明は，歴史的には不正確な記述である。1603年にチェージ公(Federico Angelo Cesi, 1585-1630)が私的な自然科学サークル Accademia dei Lincei(山猫アカデミー，山猫―正確にはオオヤマネコ―はチェージ家の紋章)を設立したが，組織はチェージ公が没すると消滅した。1847年に法王ピウス9世が由緒ある名前を取って，新リンチェイ法王アカデミーを設立した。ただ，これは，1609年創設のアカデミーの精神的な後継者というだけで，実際のつながりはない。これが現在の国立アカデミア・デイ・リンチェイ(Accademia Nazionale dei Lincei)の起源である。
8 前掲注(4). C. 403.
9 同上 . С. 417.
10 同上 . С. 400.
11 *В.И. Вернадский*, "О переходе Всесоюзной Академии наук из Ленинграда в Москву", «О науке». Т. II. СПб.: РХГИ. 2002. С. 478-498; *Вернадский В.И.*, [Записка об условиях, обеспечивающих развертывание работы Академии наук в Москве] Там же. С. 499-502.
12 «Уставы Академии наук СССР. 1724-1999». М.: Наука. 1999. С. 152.
13 *В.И. Вернадский*, "Замечания на проект реорганизации Академии наук, представленный А.Е. Ферсманом", «О науке». Т. II. С. 444.
14 同上 . С. 446.
15 *В.М. Орел*, "Битва со здравым смыслом. Как принимался Устав Академии 1930 г.", «Вестник РАН». 1994. Т. 64. № 4. С. 366-375.

[16] «Письма В.И. Вернадского А.Е. Ферсману». М.: Наука. 1985. С. 186–187.

[17] 同上 . С. 187.

[18] 前掲注(11)«О науке». Т. II. С. 516–517.

[19] GDP(国内総生産)に対する科学研究費の割合は，1966 年の 2.2%から 1978 年の 0.8%に低下した。*Грэхем Л.*, «Очерки истории Российской и Советской науки». М.: 1998. С. 192 [Loren Graham, *Science in Russia and the Soviet Union: A Short History*. Cambridge University Press, 1993, p.186].

第III部

スターリンと科学アカデミー

第1章
ソヴィエト政体を共同制作した科学

アレクセイ・コジェフニコフ(金山浩司訳)

「共産主義とは，ソヴィエト権力プラス全国の電化である。(……)わが国は国際情勢の中にあって資本主義よりもはるかに弱いだけでなく，国内にあっても弱い。(……)国が電化され，工業・農業・運輸が現代大工業の技術的基盤のもとに築かれる時，その時初めて，われわれは最終的な勝利を収めるだろう。」(レーニン，1920 年，第 8 回全ロシア・ソヴィエト大会において)

「われわれの居住環境を救うためには，分裂と，一時期一地域の利害による圧力を克服することが必要である。でなければ，ソ連の廃棄物がアメリカを毒し，あるいはアメリカの廃棄物がソ連を毒することになろう。」(サハロフ，1968 年，『進歩，平和共存および知的自由』より)

1. ソ連の科学者たちの「文化権威」

1936年，物理学者にして発明家でもあったピョートル・カピッツァは，デンマークの同学の士であるニールス・ボーアに宛た手紙の中で，ソヴィエト連邦における科学と政治家との関係についての比喩的記述を行っている。カピッツァによれば，ソ連は科学を最愛のペットないし植物のごとく扱っており，社会の他の部門にたいしてであればほとんどありえないほど注目し，精力を傾け，資源をつぎ込んでいる。と同時に，同国の官僚どもたるや彼らの大好きなものを扱うための適切な方法というものを心得ていないことがしばしばで，時としてひどく傷つけてさえいる[1]。カピッツァが，誤った扱いに対してこのように苦言を呈したのには個人的な理由があった。彼はその瞠目すべき学術上のキャリアを1934年に至るまでイギリスで（ソ連市民権は保ったまま）築き上げてきたのだが，この1934年，ソ連政府は，カピッツァが13年間にわたって享受してきた国外で働く許可を，突然予期せぬかたちで取り下げたのである。ケンブリッジにあった設備のよく整った新設の自らの研究室から切り離されてしまったカピッツァは，ソヴィエト連邦内に留まるように強要され，もはや外国旅行も出来ず，実験研究を一からやり直さねばならなくなった。

ただカピッツァは，自身が不公正に扱われているからといって，体制が科学およびその代表者たち（彼自身も含めた）にたいして保証している異例の恩恵から目をそらしてしまってはいけない，とも感じていた。なんといっても，近代的な装いをともなった新しい研究室が彼のためにモスクワで建設中であり，それは，イギリスから輸入された〔かの国と〕まったく同等の高価な機器を擁していたのである。また，彼は力ある政府高官たちに直接交渉して聞き入れてもらうといったことを始めており，この関係を，ソ連の同僚たちにとってすら通常はありえないような程度にまで発展させていくことになる。そういった関係の中には，スターリンその他の最高位の政治指導者たちとの個人的な書簡のやり取り（これはまれな特権と言ってよい）が含まれている[2]。

高度な特権と乱暴な扱いとは，ソ連の文化と政体が科学と科学者たちに付したひとかたならぬ重要性というひとつのコインが有する裏表であったと言える。ソヴィエト文明が持っていたこの明白な特徴は，国内外の人々に一般的に知られており，当たり前のこととされていた。部分的にはこの自明さのため，そして部分的には適切な概念的カテゴリーがなかったがため，歴史学の文脈の中では，このことにたいしてしかるべき省察や分析が加えられてこなかった。近代社会において知識人が果たした特別な役割とひとかたならぬ影響力とを説明するために，フランスの社会学者ピエール・ブルデューは，教育を受けた階級の成員が物質的資源 — 彼らに割り当てられるこれは比較的貧弱である — に比べて不釣り合いなほどたくさん用いることのできる余剰社会資源，そして上方向への移動性とを特徴づけるために，「文化資本(le capital culturel)」というカテゴリーを措定した[3]。まったく同じカテゴリーをソ連の事例に適用したくなる誘惑にかられるが，ブルデューがここで前提としている社会は —「資本」という言葉それ自体に表れているように — 個人に与えられる影響力と特権の基準が金銭的資産によって決定されるような社会である。ソ連社会はこうした前提条件をきれいさっぱり否定した上で成立したそれであり，知識人たちが持っていた相対的に高い権威と特権に比肩するような基本的な道具だてとして金銭上の富が用いられるようなことはなかった[4]。

それとは異なる基準が，ソ連の科学者たち自身によってしばしば用いられてきた。欧州および北米の主要国において同業者たちが持っている地位と彼らが持っている地位との比較である。研究にたいしてもひとりひとりにたいしても，ソ連国家は物質的資源を，西欧の同業者たちが一般に享受しているそれよりも絶対的な意味では(相対的な意味ではともかく)はるかに少なくしか与えていないこと，このことを彼らは通常，わかっていた。同時に彼ら — とりわけカピッツァのように外国の実情を生身で経験していた者たち — は，ソ連社会においては科学者たちがより高い公的権威を持っていること，注目され認められてもいること，そして重要な決定事項にたいしてはずっと大きな影響力を持っていることに気づいてもいたのである。適切な語がないため，よりよい語が見つかるまでは，こうした特徴を「文化権威(cultural authority)」と呼ばせていただきたい。権威は，ソ連の状況下にあっては，「資本」よりもはるかに広く，一般に行使されていたものだったのだ。

2. ソ連における科学の重要性

文化権威は，主に，独特の文化資源たる「科学的知識」に知識人が特権的にかかわっておりこれを振りかざしうるということから，またこの知識に対して，本来付与されるに足るのかどうかわからないほど真理性と客観性とが付与されているということから，出現してくる — これはブルデューが述べているような状況と同様である。ソ連の状況下では，複数の歴史的潮流が組み合わさったために，この「科学的知識」という資源が他のどの現代社会・文化におけるよりも大きな力を得ることとなった。ソヴィエト・マルクス主義はその主要な知的先達 — 啓蒙主義，古典的マルクス主義，19 世紀ロシア・インテリゲンツィアの伝統 — から，進歩（それも経済的・技術的進歩のみに留まらず，社会的進歩）の主だった推進力としての科学，という観点を受け継いできた。19 世紀には比較的常識とされてきた，進歩への信仰そしてそれに関連した科学・技術への楽観主義は，多くのヨーロッパ諸国では第 1 次世界大戦による破壊を経て大打撃をこうむったのだが，ロシアの公衆は，20 世紀初頭の破滅的な諸経験からまったく逆の教訓を引き出したのである。そこでは，戦禍が起きたのは技術の発達の過剰のせいではなくむしろ不足のせいであるとされた。技術の発達は，科学が持っている価値および進歩にたいする既にあった傾倒を，もっぱら後押ししたわけである。

ロシア革命の帰結として国を覆うようになった共産主義運動もまた，こうした気風を持っていたし，20 世紀の他のどの政治的権力よりも熱心なかたちで持っていたといえる。内戦を経て権力を樹立するやいなや，ソ連の新たな指導者たちは，彼らが最優先としていた経済上の目標である工業化と国の近代化 — これらは社会主義建設とほとんど同一視されがちであった — にとって科学と技術は比肩スベキモノアラズ（sine qua non）とみなしていた。研究開発のためにソ連政府は，発達した学術研究の伝統を持っている他の国々にとって当時常識とされた程度を超えて，国家予算および資源の多くの部分を割り当てている[5]。ボリシェヴィキはまた，人々，とりわけ「遅れた」農民大衆の精神をとらえていた宗教と迷信の力を取り払うべく，合理的・科学的世界観に期待をかけた。科学が持つ社会的な力によせる彼らの際限なき信仰心は，しばしば，非合理的でなかば宗教的な程度にまで高まった。科学技術信仰，としてそれを特徴づけることが出来るだろう。

ソ連の共産主義者たちにとって科学は，経済上の近代化にとって欠かせない駆動力を象徴していただけでなく，政治的・イデオロギー的にも重要な同盟者であった。ロシア語の「科学」という語(наука)には通常，ドイツ語のそれ(Wissenschaft)と同様，人文学と社会諸科学などあらゆる学術の領域が含まれる。ボリシェヴィキの言説の中にあってはマルクス主義もまた広い意味での「科学」に含まれるのであって，これは「科学的イデオロギー」であると銘打たれている。共産主義者たちは，マルクス主義は方法論的に言って自然科学にならって作られたもの，自然主義的な説明のスタイルを人間の社会と歴史に適用したものだとみなしており，それ故，自然に関する科学的な真理と同様に確からしく，信頼に足るものだとみなしていた。マルクス主義と科学とがこのように言葉の上でしっかり結びついているということが，両者は密接な同盟関係にあるという理念 — 共産主義世界ではこれはどこでも明らかに共有されていた — を強めたのだった。

共産主義運動に協力した，あるいはそれに啓発された者たちは，科学に関する独特の見解をかたち作っていたが，これは当時にあっても強力なイデオロギー的反発をこうむっており，そうした反対意見のうちのあるものは幾度もくりかえし言われたこともあって，今日では常識として受け入れられているかもしれない。かつて，危険で破壊的でもっぱらイデオロギー的なものだとして反共主義者たちによって貶められたこうした諸理念とは，科学的思考たるものもっとも抽象的なかたちをとった場合ですらも人々の実践的・経済的行動にその端を発している，というマルクス主義の基本的見解から発展してきたものであった。それとも関連しているのだが，科学研究は社会の受容を意識しこれと関係しつつ発展するべきであるという議論は，より盛んに喧伝されていた。それというのも，19世紀末から20世紀初頭の人々を魅了した「純粋研究」の究極的価値，「応用的」な興味関心による堕落的影響から一線を画するとされた究極的価値を言い立てるイデオロギーに，こうした議論が対立させられていたからだ。共産主義者たちにしてみれば，もっとも基礎的な科学ですら，実用的応用をなしうる（少なくとも将来の見通しにおいては）からこそ，科学と呼ばれるに値するのである。彼らによれば，科学にたいしての公の支援が目立って拡大しているのは，「計画化」の原理に従っているから，もしくは国家が想定するような社会・経済上の目標に沿うよう方向づけられた探究（あるいは，今日の言い方で言えば「目的がはっきりした研究」）を行っているからこそだというのである。

こうした理念に導かれてきた共産主義者たちは，閉じた，自らを自ら統治する共同体としてのアカデミックな専門家集団の自立性，という原則にはたいした価値を置いていない。それよりも彼らは，公に尽くす専門性としての科学，という理念のほうに支持を与えた。公的な資金を投入して支援しよう。しかるべき国家機関群が「合理的」に計画して運用する研究の主だった方向性にもろもろの資源を振り分けよう。それにより，社会的な必要性に意識的に応えた有用な知識生産をなすべく仕向けよう — こうした理念のほうを支持したわけである。彼らはまた，個々の「偉大なる精神」と独立した自由な思考者たちが純粋に知的な興味と好奇心に促されることによって行う特権的な活動としての科学，というエリート主義的な概念も否定した。そのかわり，共産主義者たちが先導する政府は科学活動の場や職を非エリートたちに開いてゆき，高等教育も無料にし，かつて権勢を持たなかった女性や民族的なマイノリティも含めた諸階級や諸グループの多くの代表者たちも教育を受けることが出来るようにしたのだった[6]。

筆者はかつて，今注釈で挙げた論考の中で，ソ連の科学観が20世紀を通じて実際の研究の場にもたらした帰結について詳述したことがある。国際的にも広まっていった新たな展開としては，科学の研究が大衆的な職業，フルタイムの職務にかわっていったこと，そうした仕事が大学での教育から切り離されていったこと，国家が資金を供給するような「ビッグ・サイエンス」の研究開発のための諸機構が発達したこと，今日「アファーマティヴ・アクション」として知られているものとよく似た教育昇進システムを作ること，科学的知識の本質は社会的に構成されているとみなす哲学的見解，などを挙げることが出来る。本章では私は，これらを指摘するかわり，コインのもう片面に重点を置いていきたい。すなわち，科学に与えられた並々ならぬ高い文化的威信がソ連の政体と社会全体の発展にインパクトをもたらしていったさまに重点を置いていきたい。この問題に接近するための手がかりとして，複数の重要な遭遇地点を見ていくこととしよう。科学そしてその代表者たちが，ソ連史にとって根本的だった社会政治上の展開のうちいくつかを先鋭化させた張本人であったとみなすことの出来る，そのような遭遇地点である。ソ連の科学概念は応用部門の研究開発も含んでいたので，技術者たちもまた，そうした「科学」を代表していたと主張してもかまわないだろう。実際彼らは，このような役割をしばしば担っていた（とりわけ第2次世界大戦以前には）し，後述するような議論の中においても関係者として姿を現している。

3. 初期のソ連における旧専門家と政権

リストの中から最初に取り上げる遭遇地点は，なかば象徴的に表象され，なかば事実がそのまま表象されている，1930年代の社会主義リアリズム絵画である[7]。「リアリズム」というジャンルにありがちの誇張が部分的には含まれているとはいえ，この絵画には実在した諸人物および1921年1月に実際に執り行われた会合が描かれている。レーニンが著名な作家マキシム・ゴーリキーを仲介者としてクレムリンに自然科学の代表者たちを招いている。それぞれ科学アカデミー副総裁と常任書記であったヴラジーミル・ステクロフとセルゲイ・オリデンブルク，そして軍医アカデミーの総裁であったヴラジーミル・トンコフ。画家は，この遭遇地点の重大な側面をひとつ，故意に省いている――アカデミー会員たちは苦情を申し立てにきたのであり，ペトログラードにおける彼らの同僚たちの行為を擁護するためやってきたのだ。大学教授たちが，内戦末期の都市におけるみじめな経済状況にたいしての，そして大学教育の急速な改革を推進しようとする強圧的な政府高官たちにたいしての抗議のストライキを打っていたのである。革命政府は大学の教授たちを重んじてはいたものの，同情心はさほど持っておらず，彼らを「ブルジョワ教授連」としてしばしば侮蔑的に扱っており，彼らの要求に対しては小さな譲歩しかしてこなかった。対照的に，同一人物でもある ― ただし異なる役割を担っており，大学教授としてというより科学を代表する研究者として訪問してきた ― アカデミー会員を受け入れた時には，ボリシェヴィキの政府高官たちは要望や提案にたいしてたいへんな同情心を持って接した。次のようなことを驚きをもって回想している学者も少数ながら存在する。すなわち，旧体制のもとでは何年にもわたる官僚主義的手続きと書類による要求を経た挙句についぞ採用されることがなかった研究計画やアイデアにたいして，新しいソヴィエト政府からは，「迅速なる革命的やり方で」もってすぐさま熱烈な支援が与えられたという[8]。研究面以外の側面についてはボリシェヴィキの一般的な政治的綱領をほとんど尊重していなかった科学者たちも，研究に対する新政府の態度については，印象的なものだったことを認めざるを得なかった。先ほどのプロパガンダ的な絵画は話のこの側面こそを描いているのであり，共産主義的な科学観というものを根本から再確認するものとなっている。すなわち，科学と，シンボル的な指導者たちによって表象されている革命政治とが，対等なもの同士として会って会話しており，互いを味方として，共通の価値観・世界観を持って連合できる味方として認識しているのだ。

既に1918年，ロシア科学アカデミーは同様の会談を行って，こうした主題についてのひとつの結論を得ていた。両者間ですぐさま合意をみた新たなるプロジェクトである国内自然生産力調査委員会(KEPS)は，純粋科学からの注目すべき転換，すなわち主として経済的見地に基づく重点研究への転換を反映させている。アカデミーからすれば，この転換は第1次世界大戦中の経済危機に対処することに端を発していた。一方ボリシェヴィキは，同じことを彼らのイデオロギーによる科学観に基づいて欲していた。科学者たちの活動領域を政府が出資して承認したプロジェクトに定めるようにしていくこういった過程でカギを握っていたのが，もっとも著名な，あるいは高い地位を有しているわけではないにしてもアカデミックな集団と政治家集団との間を取り持つことが出来た，ファシリテーターたちだったのである。国内自然

図Ⅲ-1-1　レーニンのもとに集うゴーリキー，ステクロフ，トンコフ，オリデンブルグ。出典：«Горький и наука. Статьи, речи, письма». Москва: Наука, 1964, с. 116

生産力調査委員会の場合，この役割を担っていたのは，当時比較的若かった地球化学者アレクサンドル・フェルスマンである。

20世紀最初の10年間，フェルスマンはモスクワ大学においてヴラジーミル・ヴェルナツキーのもとで鉱物学を研究していた。彼は，伝統的な鉱物学を地球化学という新たなる分野に変転させていった ― 現代物理学の諸概念（原子，結晶におけるその空間的配列や次元）を導入することによって，また地表の諸部分におけるさまざまな化学元素の相対的な存在比を調査することによって ― 世代に属している。フェルスマンの関心は戦争によって応用研究へとぐっと傾いた。師であるヴェルナツキーと同様，彼は，ロシアの経済的な近代化のカギを握っているのはこの国が持つ巨大かつその多くが未開拓の土地，そしてその土地が持っている「発見されるのを待っている」豊富な天然資源である，と見なしていた。ヴェルナツキーが音頭を取り，ロシア科学アカデミーはささやかなかたちであるが国内自然生産力調査委員会を1915年に立ち上げ，その活動のための発足用資金を計上している。ボリシェヴィキにたいしては政治的に反対していたヴェルナツキーは，1917年に臨時政府が崩壊してのちペトログラードを去り，1921年の内戦終結まで戻ってこなかった。彼が不在の間，フェルスマンは国内自然生産力調査委員会の書記としてこれの運営に当たり，同委員会がボリシェヴィキ新政府によって従来想像出来なかったほどの規模の支援を受けることにより巨大な組織になっていくのを目の当たりにした。フェルスマンは共産主義者ではなく，ついぞ入党しなかった。当時の政治的用語で言うところの典型的な「ブルジョア専門家」であったわけだが，革命政権の持つエネルギーと諸資源とを，彼およびアカデミック世界での彼の同僚たちが科学上・経済上必要だと見なしたもろもろのプロジェクトにたいして，他のほとんど誰もやらなかったほど，差し向けようとしたのであった[9]。

革命時までに，帝国鉱業局の地理委員会に属していた科学者たちは，ロシアのヨーロッパ部 — 国の人口動態・運輸・経済的活動のほとんどがここに集中していた — の包括的な地質学的地図をほぼ完成させていた。シベリアおよび北極圏 — 巨大でほとんど人が住んでおらず到達困難ですらある領域，気候条件の苛烈な領域 — を探検して地図を製作するという，一筋縄ではいかない仕事については，彼らはまだ検討を開始したばかりであった[10]。フェルスマンが初めてボリシェヴィキによる資金供出を受けて行った1920年の探検は，ペトログラードから白海沿岸のムルマンスク港に達する当時開通したばかりの鉄道路線に沿って北上していったものである。北極圏のヒビン山において，フェルスマン隊は銅，ニッケル，世界最大の燐灰石の鉱床を発見している。フェルスマンはのちにも，ウラル，シベリア，中央アジアでの主だった探検ルートを開拓していった。

われわれは，こうしたソ連政体形成期において地質学者がなした決定・選択・提案から，1920年代から少なくともスターリン時代の終わりまでの，そして場合によってはその後に至るまでの，ソ連経済の拡張における地質学上の基本的ヴェクトルを説明することが出来る。この時期の空前の大変革と工業化のもとでは，極北と北東部に着目した大胆かつコスト高のプロジェクト群のために，多大な労力が費やされた。これは帝政末期のロシア工業化の，もっぱら南部および南西部に向いていたヴェクトルとは対照をなしている。遠隔地かつ生き延びるのだけでも困難なこうした地域で資源を探すことを，近隣の開発の容易な地域においてそれをやることよりも優先したわけだが，こういうことにたいしては，慎重な批判者たちから疑念を投げかけられても仕方がなかったろうし，実際疑念は投げかけられていた。しかしボリシェヴィキはその徳目の中に慎重さという項目を持ってはおらず，計画は，科学者たちが提示してきた，リスクをともない当時としては経済的に見合ったものになるかどうかすらわからないが，そうはいっても英雄的で啓発的な提案に沿って進められることになったのである。

同様に野心的すぎたロシアの電化計画は，ほぼ同時期の1920年に開始されている。この計画については既にさんざん論じられてきたところではあるが，それでもなおここでそれをどう解釈するかという点から手短には述べておく必要があろう。国家のプロパガンダは，この目立った大事業の誉れをレーニンおよびボリシェヴィキに帰すべく多大なる労力を費やしてきたのだが，しかし同プロジェクトの初期段階でこうした宣伝に大きな力が振り向けられたのは，ボリシェヴィキ内部からも多数寄せられていた疑念を払拭するために宣伝が必要だったからなのだ。その疑念とは，電化というのは，ほとんど「ブルジョア的」と言える専門家たちが，既に存在はしていたものの内戦の進展にともなって動かなくなった破壊されたインフラを再開させるという，より喫緊の必要性に目を配らないまま，党を巻き込みながら行おうとしている冒険主義的プログラムなのではあるまいか，というものだった。少なくとも部分的にでも戦前の経済生産の水準および種目を復活させようとする，地味ではあるが間違いなく必要とされていた事業に比べれば，ゴエルロ計画（ロシア社会主義連邦ソヴィエト共和国電化計画）というのはコストもかかるし，長期にわたる投資を必要とするもので，資源を浅慮により誤ったかたちで配分

図Ⅲ-1-2　ヒビン山脈探検隊員。出典：Минералогический музей имени А.Е. Ферсмана РАН, Архив（http://www.fmm.ru/index.html）

しているように見えたのである。

しかしレーニンはこのプロジェクトを支持することに決めた。彼はそのユートピア的・未来派的な訴求力と科学専門家たちの権威に動かされ，彼自身の党内からも反対があったにもかかわらず，専門家たちの側についた。この事例において鍵を握っていたファシリテーターであったのがグレブ・クルジジャノフスキーである。彼は，革命前からの古い党歴を持つボリシェヴィキ党員ではあったのだが，1905 年の第 1 次革命が失敗して以降，陰謀渦巻く政治活動からは身を引いていた。鉄道技術者として教育を受けた，瞠目すべき詩人でもあった彼は，新興の私企業において電気技術者として合法的な職についていたのだが，これは「破壊活動分子」として彼が有名になってしまったために国営鉄道では雇われなかったためである。1917年までに彼は，同企業内で最高経営者の地位にまで登りつめ，資本家の一員ともなっていた一方で，ボリシェヴィキを政治的・財政的に支援していた[11]。

「エレクトロペレダーチャ」社と同社の技術者たちは，豊富で安価な（ただし質は悪い）燃料のある地域から動力をモスクワに供給するという構想をめぐらせていた。交流で高圧の発電機を用いて長距離の電線網を作ろうとする彼らの計画は，商売敵 ― 電力供給地からそう遠くない場所に直流の多数の小型発電機を置くことに依拠する，より簡素で安全な低圧の電力供給のほうに惹かれていた ― との競争に晒されることになる。高圧の交流網をともなった大規模な電力供給センターか，あるいは，小さくて独立した，各地域で発電される直流の供給ラインか。こうした技術上の根本的な選択肢は実際のところ，電力の使用が広まっていく国であればどこでも，電化の際の主だった難題となっていた。結局，トマス・ヒューズがその古典的な研究において示したように，どこでも勝利したのは大規模な発電所同士をつなぐ長距離の国際ネットワークのほうであった[12]。ソ連では，こうした技術上の選択がなされたのは，新しい革命政府に対して電気技術者たちがロビー活動を成功させたからである。クルジジャノフスキーがロシア・マルクス主義の活動初期の陰謀渦巻く時期以来レーニンと個人的に親しかったことも，間違いなくこれに与って力があっただろう。彼が1919年に出した電化ネットワークに関する提案を含んだ論文はレーニンの注意を惹き，レーニンは1920年12月の第8回全ロシア・ソヴィエト大会の席上でこれにたいする政治的称賛・推挙を与えている。

クルジジャノフスキーと彼のチームは，ヨーロッパ・ロシアを網羅する高圧の送電ネットワークにともなわれた，27の各地域に配備された発電所の計画を立案した。彼らは，このような技術的構想は経済的に言って効果的であるというだけでなくそれ自体が（intrinsically）「社会主義的」である，すなわちより調和がとれていると主張し，そして国家財産と資源の集中化を基盤としたほうが私的利益と地方の財源をめぐる利害関係に影響されてしまうより

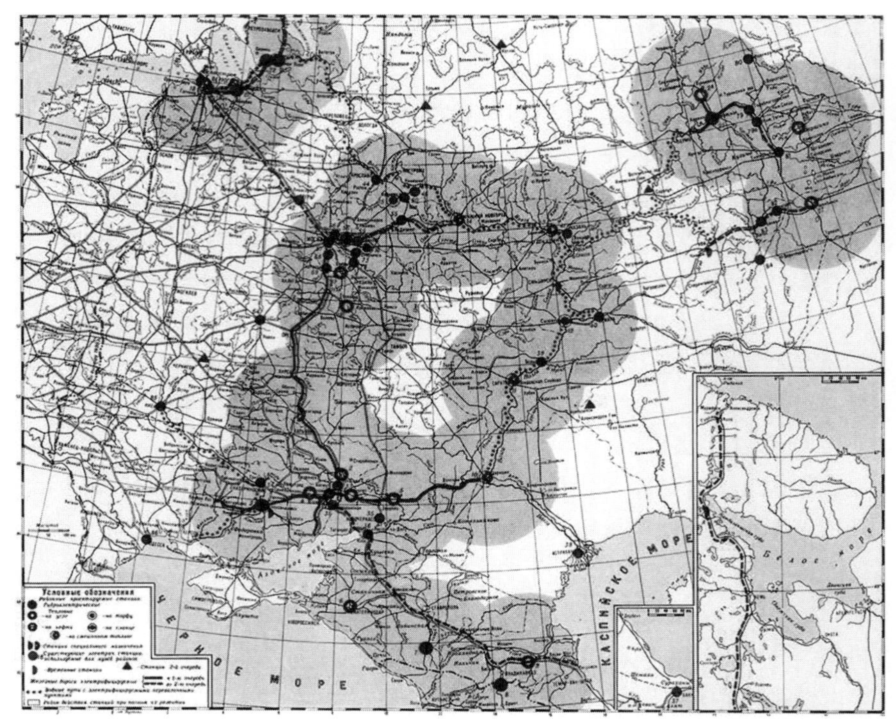

図Ⅲ-1-3　ヨーロッパ・ロシア部の高圧送電網。出典：“ГОЭЛРО,” в «Большая Советская Энциклопедия» (М: Советская Энциклопедия), т. 7 (1972)

も把握するのがたやすいであろう，と主張した — 確かにもっともなところもあるが — のだった。全ロシア電化国家委員会(ゴエルロ委員会)はクルジジャノフスキー本人を除いて「ブルジョア専門家」から構成されていたのであるが，それでもそれはソ連式スタイルの「計画化」の真髄とすらなったものの先駆け・モデルとなっている。この計画化とは，漸進主義と懐疑とを排した，過激なほどの未来志向だった。また，活用できる資源が不足していることも考慮に入れず，慎重な経済上の計算を怠りがちで，そしてしばしば実現のために計画当初よりも長い時間を要するような，野心的かつプロパガンダ的な目的をともなっていたものだった。ゴエルロ計画から出てきたものはこうしたスタイルだけに限らない。ソ連の計画化のための中央集権的政治組織であるゴスプラン（国家計画委員会）もまた，同計画から出てきたものだった。というのは，これはクルジジャノフスキーの委員会がその最初の計画であった電化をなし遂げたあとに改名して存続した，まさにその組織であったからだ。のちの展開から言っても，ソ連の精髄とでも言うべき政治機関として，社会主義的な計画経済をまさに象徴しているゴスプラン以上のものを挙げるのは難しかろう。しかしゴスプランは発足当初は非党員の科学者・技術者たちの仕事場であり，ソヴィエト政府本体との結びつきたるや，人民委員たちを通じてのいくぶんよそよそしい，人為的なものであったのだ。

4. 熱狂的なアマチュアたちの宇宙開発

内戦の開始から1928年のネップの終結に至るまで，「ブルジョア」科学者と技術者はボリシェヴィキ政府に対して，革命以前の帝政下で彼らが持っていたよりも強力な影響力を有していた。非党員専門家たちは実際に効力ある助言を与えただけでなく，統治に関する日常的業務にも個人的にかかわっていた。彼らは責任ある公的地位についており，ソ連の軍事・工業・農業・教育の各種委員会において目立った人物であり，政治的に重要な諸決定にも直接的にかかわっている。そうした諸決定には，メートル法，暦法，正字法の改定や，財政改革，電化および建設の巨大プロジェクト，その他多数の，国家運営についてのそれが含まれていた。

戦闘的な共産主義者の中には，当初から，このような妥協をすれば専門家たちの政治的影響力が — 必要とされるべき共産主義者たちの政治的影響力がではなく — 科学的専門性の装いのもとに振るわれることになってしまうのではないかと疑っていた者たちもいた。こうした懸念は，1928年に表出した。炭鉱小都市であるシャフトゥイにおいて，「ブルジョア専門家」とのそれまでの妥協が，技術者たちの反ソ的陰謀なるもののために失敗に終わったとされたのである。この事件はいわゆる文化革命の勃発の兆しとなり，この革命は2年の間に「ブルジョア専門家」を死語としてしまった。非党員で革命前に教育を受けた科学者や技術者は彼らの職業的専門領域において活用され続けたものの，もはや彼らは単に知識があるというだけで責任ある政府機関の地位を占めるということはなくなった — 彼らが，その政治的な態度において完全に信頼に足るソヴィエト人であると自ら証明することが出来ないかぎり。そして彼らの多くは，その高い行政的な地位を，若い世代の代表者たちによって取ってかわられた。若い世代の代表者たちとは，いわゆる「赤い専門家たち」，すなわち革命後に専門教育を受けており職業的・科学的訓練としかるべきソ連の政治的鍛錬と価値観との双方を結合させることを期待されていた者たちである。われわれはこうしたグループの中に，科学の権威を文化資本として用いることのできた政治的に重要なアクターの新しい型を見出すことが出来よう。アマチュアの熱狂的な人物（典型的には学生）で，時として過激な振る舞いが目立った，人気を博し社会を動かしていった文化革命の寵児たち — 彼らがこのような型の代表格である。

ソ連宇宙開発史に関する近年の研究，とくにアシフ・シディキのそれは，こういったタイプの人物のうち驚くほどの割合が草の根的なアマチュアであったこと，そして大衆向けポピュラー科学メディアによる刺激を受けていたことを明らかにしている[13]。1920 年代のソ連文化は，惑星間飛行に魅了された多くの人々を生み出した。他のいくつかの国においても当時は同様の態度というものは見受けられたのだが，ソヴィエト連邦においてはこうした態度は，当時存在した他の政治的・社会的・技術的ユートピアが持つ魅惑とも共鳴しつつ，とりわけ力強い訴求力を持っていた[14]。ポピュラー科学文芸というのは，こうした理念を広めるための，また理念に対する支持を得る方法として，それまでもっとも大きな影響力と効力を持っていたのだ。科学的な知識を大衆の間に広めることは，科学についてのソ連のイデオロギー的見解の中でも特別な地位を占めていたことであり，出版社はこうした書物を出すことにたいして非常に高い優先度を与えていた[15]。このジャンルにおいてはヤーコヴ・ペレリマンに匹敵する作家はいなかったと，それなりの証拠と共に言うことが出来る。彼は 1913 年に『娯楽のための物理学』で初めて大々的な成功を収め，以降 60 年間に彼の本は 1,300 万部売れたといわれる。ペレリマンは早い段階から宇宙開発の夢を抱いており，1923 年には既にこの主題に関する本を出版していた。恐らくより重要なこととしては，彼はこうした発想を他の書物(『娯楽のための物理学』の再版も含めた)の中でも，若い人々の想像力にたいして訴えかけようとしていた。彼は自分の主要な読者層である10代の人々に対して，数学と物理学とは楽しいものだと信じ込ませ，その上で，スペクタクル性をともなわせたのだ。これは今日の教育者がほとんどとりこぼしてしまっているところである。さらに，宇宙時代が正式に始まる少なくとも40年前に，若い何百万人という読者が，科学の持つスリルを学び，地球を脱出する宇宙船に必要とされる速度を自ら進んで計算することを学んだのであった。

図Ⅲ-1-4　ペレリマンの『惑星間旅行』。出典：*Я.И. Перельман*, «Межпланетные путешествия». Издание 4-е. (Петроград: Академическое книгоиздательство, 1923)

学生とアマチュアたちは，宇宙旅行推進のための初の自主的な協会を，メディアで熱狂的に取り上げられた先駆的なSF映画である『アリエータ』— 火星に飛行し惑星外文明と接触する — が成功を収めたのを受けて，モスクワで1924年に結成した。5年後の文化革命の時期に，こうした学生たちのうち何人かは，夢想して議論するだけでなく，原始的なロケットの設計を木や金属をいじりつつ具現化していった。ソ連の教育領域でのエスタブリッシュメントがアマチュアの若い活動家にたいして技術的創造という領域において提供することが出来たインフラや諸資源は僅かなものでしかなかったが，ともあれ彼らはこうした努力をするにあたっての支援は受けていた。技術に熱中する者たちの地方グループのうちいくつかは，通常の授業のなかでの課題 — より実践的で責任をともなうトピックに関する — に追われた放課後の時間の趣味として，小型ロケットの作製に参加している。30年が経過したのち，これらアマチュアの開拓者たちのうち何人かは，公的なソ連宇宙開発プロジェクトの指導的設計者となっていた。こうした設計者のうちにはヴァレンチン・グルシコ，セルゲイ・コロリョフ，ミハイル・チホンラーヴォフが含まれる。

その一方で彼らは，30年代なかばの苛烈な政治的環境のために，宇宙への夢を長く厳しい数十年の間さし控えることを学ばねばならなかった。1930年代にはアマチュアのロケット製作者たちは，ソ連軍部の高官たちに，プロとして真面目に取り扱ってもらって特別な設計局において支援してもらうべく，自らを印象づけようと試みている。むろん赤軍は宇宙旅行にはまったく関心を抱いていなかったが，既に脅威となっていた大戦争への備えは急いでいた。ロケット技術者たちは未来志向の野心的なプロジェクトを断念し，第2次世界大戦において（ひいては冷戦下において）の即効性を持たせるべく，より実際的な地表に落とすロケットの設計に集中している。その間，彼らはまた，軍を襲ったスターリンの粛清を生き延びようともしている。彼らにとっての輝かしい時代が訪れたのは，ようやく1956年1月，コロリョフが率いるチームが世界初の大陸間弾道ミサイルの発射実験を行った際にであった。

こうした一連の事情のもとでも，技術者たちの少なくとも一部は，数十年前に彼らをアマチュアなりのロケット設計の道に引き入れた宇宙旅行の若々しい夢を完全に忘れ去ったわけではなかった。彼らとて，自分たちの主要任務はソ連という母国の戦略的防衛にあるのであり，宇宙飛行士たちを守ることにあるのではないことはその時点でも理解していた。しかしながら，彼らが設計したばかりの7,000 kmの射程を持った熱核爆弾弾頭を運ぶミサイルはまた，宇宙軌道上にも乗り，多少の機器であれば問題なく搭載することが出来るようなものでもあった。コロリョフは，新たなるソ連の指導者ニキータ・フルシチョフが彼らのことを調べてその仕事の進展ぶりにたいへん喜んだという好機を捉え，将来のミサイル実験のうちのひとつを衛星の打ち上げとすることの許可を求めた。フルシチョフは，こうした気晴らしめいたことによって防衛関係の主たる優先事項に遅延が生じるようなことが決してないという確証を求めた上で，科学者・技術者たちをその望み(それはなんだか子供っぽく見えたようでもあるが)通りにさせてやることにした[16]。事後(post factum)になってから，すなわち技術者たちのチームが1957年10月4日に最初の人工衛星を軌道上に乗せ，愛嬌ある断続音を届ける電波を発生させることによって勝利を収めた朝以降になってから，ようやく宇宙開発競争は冷戦での主たる優先事項となり，政治指導者たちの主たる懸案事項ともなったのである。

宇宙開発のためのロケットは，しかし，文化革命時に草の根的な動きを糾合していった数多くあった科学技術的ユートピアのうちのひとつにすぎない。こうしたユートピアのすべてが，スプートニクのように無害なものであったわけではない。北部開発によせられたロマンティックな熱狂は，シベリア出身の活動家たちのロビー活動によせられた努力とあわさって，自発的結社たる北方大運輸公社を結成させた。この団体は1930年にはモスクワのクレムリン近辺にその本部を設置している。同結社は，当時推進されていた北方海路プロジェクト ― 砕氷船と貨物船とを北極海沿岸に派遣し，ひとつの航海シーズン内に北東部で往復航行が出来ることを示そうとしたものだが，後述するプロジェクトと混同してはならない ― と並んで，野心的な提案故に政府高官を驚かせた。北方大運輸公社は海路プロジェクトのかわりに，バルト海沿岸のレニングラードから北太平洋沿岸のマガダンに至る10,000 kmを走る鉄道を構想していたのである。それは，北緯60度線に沿うかたちで，ツンドラ，タイガ，湿原，永久凍土を通過し，シベリアの大河川群を渡河し，食料供給には適さない数千kmにわたる地域によって隔てられている僅かな定住者しかいない広大な北極圏を横断するというものだった。この鉄道をもっとも熱心に推したヴィクトル・ヴォブリ教授は，未発見の諸資源が手に入ることと，極北の工業化が加速されるであろうことを受けあったが，このような開発にどれほどの諸資源や労働力が必要とされるのかについてははっきりさせなかった。幸いなことに，この野心的なプロジェクトは政府の支持を勝ち取ることはなかった[17]。

一方，シベリア地質委員会は極北のあらゆる方面に探検隊を送っていた。ニコライ・ウルヴァンツェフが率いて1920-1921年に行われた探検，そしてゲオルギー・ウシャーコフが率いて1930-1932年に行われた探検によって，今はノリリスク — 北緯69度に位置し，現在北極圏第二の都市である — となっている場所からほど近いところに石炭の豊富な鉱脈を発見した。地質学者たちは，かくの如き高緯度地域で延々と続く冬を生き延びようと奮闘し，その結果，この場所が人間の生存に適するものであることを実証したと，熱を込めて報告している[18]。彼らおよび他の北東地域探検隊員たちは，この時点では，地質学者の小集団が科学的な熱狂と探検の持つスリルに突き動かされて踏破した道のりを，収容所群島(グラーグ)の囚人たち・護送兵たちがたどることになるなどと予想もしなかったであろう。スターリンの粛清の結果，1930年代末までに，地質学者が発見した土地に何千人もが自らの意に反して居を移すことを余儀なくされた。彼らは何年もの間，地球上でもとりわけ苛烈な地域における貴重資源の産業開発と引き換えに，重労働や寒さや飢え，そして生命の危機に晒されることとなった。コルィマの金鉱とノリリスクのニッケル・コンビナート近辺で1950年までに数万の凍死体が焼かれたが，これもまた，科学と技術の進歩によせた無際限の信頼のために払われた代価の一部だったのだ。スターリン時代の恐るべき人命損耗こそが，今日もなおロシア経済を潤している天然資源を開発したのである。ノリリスクの合弁企

図Ⅲ-1-5　シベリア地質委員会による探検。出典："Урванцев, Николай Николаевич" *Wikipedia https://ru.wikipedia.org/wiki/%D0%A3%D1%80%D0%B2%D0%B0%D0%BD%D1%86%D0%B5%D0%B2,_%D0%9D%D0%B8%D0%BA%D0%BE%D0%BB%D0%B0%D0%B9_%D0%9D%D0%B8%D0%BA%D0%BE%D0%BB%D0%B0%D0%B5%D0%B2%D0%B8%D1%87*

業は，世界最大のニッケルおよび希少金属の鉱脈源から，多大なる利益を生み出し続けている。

5. 技術教育を受けた指導者たち

文化革命の時期には普通に見受けられた科学に(あるいは他のことに)熱狂した者たちは，しばしば，自身スターリンの粛清の犠牲者となるか，上述したロケット技術者のように控えめになり，より見通しがつかずより覚醒した時代にたいして自らの振る舞いをあわせねばならなかった。当時のソ連の政体は恐怖によって突き動かされていたのであり，また恐るべき戦争が起こってこれにも対応せねばならず，文化革命の時期とは異なる種類のアクターが求められ，科学や技術の力にたいしても異なるスタイルの信条が好まれたのだった。盛期スターリニズムの文化にあっては，科学と政治との融合が，下層階級の出身で共産主義者として正しく這い上がってきた経歴および，技術教育を受けたこととを兼ね備えた，新世代の職業的な管理者・専門家・政治家たちによってなし遂げられるはずだと想定されたのである。典型的なスターリン時代の党官僚というのは，通常は工業学校の卒業生の中から引き立てられた者たちであり，法律や政治を学んだ者たちの中からは出ていない。1930 年前後に技術教育を受けた者たちの多くが，政治・経済をとりしきる道に進んでいる。かりに，彼らの科学的訓練は技術者・研究者のプロの仕事をするには充分なものとは常には言えなかったにせよ，従来の政治家たちが受けてきた科学的訓練に比べればそれは勝っていた。この理由故に，彼らの政治的手腕・管理者としての手腕は，古参ボリシェヴィキ ― 言うことは流麗だが技術には暗い革命的陰謀家たちや政治的扇動家たち ― のそれよりも工業化の時代にふさわしいものであると喧伝されたのだった。古参共産主義者たちの粛清は，スターリン主義者の新世代の政治家たちに絶好の出世の機会を与えた。彼らのうち何人かは 1930 年代末までに 30 代にして国営企業や国の省庁の首脳にまで上りつめている。1953 年のスターリンの死に際してソ連邦共産党政治局の新しい構成員の候補となりうる要員(カードル)集団をなしていたのは，技術教育を受けたこの世代の政治家たちであり，彼らこそが，ソ連時代の最後の日々に至るまで政治局内の多数派であり続けたのだ。

のちのソ連の指導者たち ― フルシチョフ，ブレジネフ，コスィギン，ポドゴルヌィ，ウスチーノフその他 ― はみな，少なくとも最低限の技術者教育を受けていた。卒業後すぐに管理者としての経歴に飛び入って，実際の設計者としての仕事はほとんどしなかったにしても，彼らは，1930 年代に大学で得た明瞭たるアイデアを温め続けてきた。1980 年代に至るまで，彼らが社会問題に際して好んだ解決法は，大規模なダムや運河また電線網をともなう水力発電所の建設，そして未開発地域を横断する鉄道の敷設，といったものである。同世代の高官のうち何人かは，同様の訓練を受けた上で，政治的に責任ある部署に勤務しつつも，技術の実践と発明のほうにより密接にかかわり続けた。こうした経験が，彼らが政治の上で思考し決断を下すに当たっての重要な洞察，そして独創性を生み出す役目を時として果たすことと

図Ⅲ-1-6　マルィシェフ。出典：*В.А. Чалмаев*, «Малышев».М: Молодая Гвардия. 1978

なっている。この点に関連して取り上げられるべき人物は，まったく無名とは到底言えないにせよ，もっとも過小評価され研究されてこなかった技術者にして政治家，ヴィヤチェスラフ・マルィシェフであろう。

マルィシェフの前半生は，スターリン時代のたたき上げ官僚の教科書的な典型例のそれであった。貧しい学校教師の家に生まれ地方の小都市で育ったマルィシェフは，共産党に入党して鉄道駅で働いていた。文化革命により抜擢され，27 歳の時に工場から工業学校へとその居場所を移している。卒業後，政治的過熱の時期 — スターリンの粛清の波 — がもう一度やってくるまで，工場の技術者として 4 年間働いた。粛清の波は上級管理職の地位の多くを空席にした。逮捕された高官たちとのつながりを（行政上の地位が低かったがために)持っていなかったマルィシェフのような者たちは，取り立てられて閣僚クラスの地位にすぐさま就くことが出来た。マルィシェフは1939年，37歳の若さで，技術者の称号を得てのち数年にして，重工業人民委員となっている。彼がもっとも奮闘したのは1941–1945年の大祖国戦争時であった。この時に彼はソ連の戦車産業の責任者であり，1日に10台以下にすぎなかった戦車の生産量を100台以上にまで向上させている。つまり，ドイツ軍に対するソ連の勝利のための貴重な物的基盤を確保したわけである[19]。

この他にも，1953年9月のラヴレンチー・ベリヤの失脚後には，核兵器開発の監督という工業における閣僚級の職務が降りかかってきた。技術者マルィシェフは，新技術に関連するプロジェクト群を監督する人物として，新しい機械について学び続けねばならなかった — まずは機関車，そして戦車，最後には戦略兵器。一方，1952年には彼の政治的な地位は政治局のビューロー・メンバーにまで上昇したものの，彼がソ連の政策全般に関して特筆するほどの影響力を持ったようには見えない。ただ，政治的に非常に流動的で不確実性があった後続の時期，すなわち1953年にスターリンが死んで以降1957年にフルシチョフが完全に権力を掌握するまで(同年，マルィシェフ自身は白血病により死去した)の空位時代に，彼および彼に直接助言した者たちや専門家たちは，ソ連の核抑止力に関するいくつかの極めて重要な政治的変化を促すことになる。

まず行われた決断は，核弾頭の運搬手段として大陸間弾道ミサイル(ICBM)の開発に重点を置くというものである。戦後すぐの日々において，ソ連におけるロケット開発は，ドイツのV2を模倣する — その特徴をさらに引き出しつつ，かつ対空ミサイルを開発しつつ — ことから始まって徐々に展開していった。ミサイル技術は軍事的に重要なものではあったが，もっとも重きが置かれていたというわけではなく，原子爆弾のほうが優先されていた。その一方，ソ連の航空機設計者たちは，米国が保有するそれと同等程度の航続距離と積載量とを有する戦略爆撃機を開発しつつあった。ただ，冷戦初期にあっては戦略上与える脅威のバランスは対等というにはほど遠いもので，これは原子爆弾の保有数についてもそう言えただけでなく，さらに重要なことには，地政学上もそう言えたのだ。移送力について言うと，米国は世界中 — それもソ連国境にほど近い国々も含む — の 100 を超える航空基地に依拠することが出来，そこからは核兵器を積んだ爆撃機をソ連領内深くにある目標都市群にすばやく到達させることが出来た。ソヴィエト連邦は攻撃用の基地を有しておらず，それ故報復のために米国領土に爆撃機を送り込むことは不可能であって，ソ連の核抑止力なるもの，原子爆弾を持っている状態にあっても，おおむね象徴的なものにすぎなかったのである。

省のトップとして核技術を統率する任に 1953 年についた際，マルィシェフは原子核科学者たちにたいし，熱核爆弾の重さとして許容出来るのはどれだけかを，こうした爆弾がまだ開発の途上にあるさなかに，諮問している。アンドレイ・サハロフの回想録によれば，彼の受け取った返事は，故意に誇張された，3 トンというものだったという[20]。この値が，極秘プロジェクトにはつきものの縦割り組織の壁を越えて他の個別の研究者たちに知らされてしまった際，コロリョフのグループが，R7 と呼ばれた最初の大陸間弾道弾ミサイル(ICBM)を 1956 年に開発するまでのいくつかの進行段階を短縮させることとなる。この装置はアメリカ大陸までミサイルを飛ばしてある程度の報復を行うことを可能にしていた。また，ソ連の諸都市を狙う爆撃機にたいする抑止力 — それも一風変わった非対称的な抑止力 — を可能にしたのだった[21]。

1954 年には，マルィシェフに率いられた核の専門家たちの別の委員会は，相互確証破壊(MAD)として知られるようになるものを結論づけるに至っている。その時までにソ連の核科学者たちは，完全に実用可能な熱核爆弾を開発しており，それは威力を際限なく増大させることが出来ることも認識されていた(これにたいして，原子爆弾の威力は既に達成されているそれを大きく上回ることは出来ない)。マルィシェフの委員会は，このような兵器にたいしては事実上いかなる防衛も不可能であると論じ，大きな水爆が約百回でも爆発すれば，地球上に住む全人類が生きながらえないほどの高い放射線量がもたらされる，としている[22]。彼らの議論はフルシチョフを説得し，彼をして 1956 年の第 20 回党大会の際に大戦争が回避可能と公言せしめ，資本主義との「平和共存」を声明せしめるほどであった。「平和共存」は，ゴルバチョフのもとでソ連型の政体が終焉を遂げるに至るまでのソ連の戦略ドクトリンの礎石となった。

6. ペレストロイカを先取りした科学者

マルィシェフからゴルバチョフに至る知的道のりをたどった人物が，ソ連の科学者・技術者にして政治家にもなったアンドレイ・サハロフである。むろんサハロフは，政治的異論派，ソ連システムに対する反対者としてより知られている。ただ，彼の体制にたいする抵抗というのは，もともとソ連の価値体系に深く感じ入っていたようなところから1960年代末に至るまでに徐々に発達していったものだったのだが，このことはほとんど知られていない。社会主義システムの持つ理想的な目標およびその倫理と目指す価値 ― それには科学と進歩を際限なく称揚することも含まれている ― の信奉者であったサハロフは，ソ連の現実は充分にこれらの理想に近づくところまではいっていない，と見なすようになっていった。「政策・経済・芸術・教育・軍事を方向づけるような科学的な方法というものは未だに現実のものとはなっていない」。彼はこう指摘する。核の安全性についての戦略的問題については，他の何よりも彼自身の科学者としての専門性が，政治的問題に口をきく ― 高官たちの不興を買うほどまでに ― 権利を与えていると，彼は確信していたのだった[23]。

サハロフの1968年の有名な政治的エッセイは，彼が誠心誠意支えてきた，平和共存の原理を展開している。核戦争が一方あるいは双方の陣営を破壊するばかりではなく，地球上の文明を丸ごと破壊するであろうこと（この結論にたいしては，サハロフが見るところでは，共産主義陣営においても毛沢東主義者たちが，また米国においてはいわゆる「限定核戦争」の戦略家たちが，その時点でなお反対しようとしている）が共通の理解となることが重要であると強調している。生涯の最後の日に至るまで，サハロフは，自身のソ連核兵器開発にたいする貢献に重きを置いており，この開発は，より対称的な戦略的均衡を樹立してさらなるヒロシマ・ナガサキを起こさせないための途であったと考えていた。サハロフは1970年代には自身の結論をさらに強調し，自殺的な核の拡大競争を避けるためにふたつの政治システムはそのイデオロギー対立を終わらせるであろう，との議論も行っている。ソ連の公式の平和共存の理解としては，軍事的な側面については適用されるべきであってもイデオロギー上の対立については平和共存は当てはまらないとされていたが，サハロフはこれを超えて，社会主義・資本主義の諸原理，イデオロギー，そして社会の緩やかで平和的な和解，すなわち「収斂」，を唱えるようになっていった。

サハロフによれば，収斂は人権の諸原理に基盤を置いている。1948年に国連が出した「世界人権宣言」は，一方では政治的・知的・宗教的な自由を，他方では人種・民族・ジェンダー間の平等や完全雇用・医療その他の社会的権利を含んでおり，こうした共通の理念のもとに，資本主義・社会主義双方の高邁な目的が接合されている。人権一般が持っている射程について，いずれの社会もその当時はすぐさま完全に認める準備が出来ていたわけではなかったにせよ，双方が共に，国際的にも受け入れられた宣言というかたちをとりつつすべてを包括するような原則面における合意に達したということは，サハロフにとっては，20世紀の中でも顕著なイデオロギー上の分裂を随時取り去っていくような途が開かれたということなのであった。資本主義と社会主義という相反するイデオロギーは，それらが極端なかたちをとっているかぎり，彼にとってはいずれも望ましくなく，有効でもないのである。これらイデオロギーを穏健なものに修正するならば，差異よりも共通性のほうがより多く含まれることになるはずだ[24]。

1970年代を通じてサハロフは，人権を通じての収斂に共感するという点においては西側社会のほうが進んでいるとみなしており，ソ連体制がフルシチョフの限定された脱スターリン化を越えて先へ進むのに失敗していることに対して，たいへん苛立っていた。サハロフが長らく見た夢は，1985年にゴルバチョフのペレストロイカが始まった時に現実のものとなった。この時，ソ連は収斂に向けて目覚ましく急激に動き出している。ゴルバチョフが打ち出した有名な政治的指針 — グラスノスチ，民主化，法による支配，国内の法律よりも国際舞台での言質を（とりわけ人権にかかわることについては）重視す

ること ― の多くは，先行する数十年間にサハロフその他の異論派によって形成されてきたものだったのだ。ただ，狡猾な政治的戦略家でもあったゴルバチョフは，彼らのイニシャティヴについては，彼自身が時が熟したと考えた時そしてこうしたイニシャティヴにたいして支持を与えてよいと充分に思われる時に限って，彼自身が正式に権力を振るいつつ，徐々に許しを与えていった。一方でサハロフの意見表明はより早急に急進化していき，受け入れ可能な政治的言説の変化の限界を超えた諸理念を少数派の立場から論議するようになっていく。1989 年のサハロフの死に至るまで，彼ら同士の対話および意見の不一致とが，変革を推進し続けた。ソ連科学がソ連の政策と政治思考にたいしてなした主たる貢献のうち最後のそれが，この変革であった。

遅かれ早かれ，権力は自らの足元を掘りくずすこととなる。1960 年，ソ連における科学が持つ権威が最高潮に達していたとき，科学者たちはそれを，

図Ⅲ-1-7　ゴルバチョフ(右上)とサハロフ(左下)。出典：РИА Новости. http://visualrian.ru/ru/site gallery/index/id/146892/context/%7B%22lightbox%22%3A%2235306%22%7D/

長い目で見ればまさにこの権威にとってみれば破壊的であることが明らかになったようなとある政治的決定を推進するために，用いたのだった。国の戦略的防衛を発達させるべく大いに尽力した何人かの核の専門家が先導するかたちで，ソ連邦科学アカデミーは次のような決定を下している。それは，核物理学者に限らず科学アカデミー全体がさらなる応用の仕事から解放されてもっぱら「基礎研究」に集中することが出来るようなものであった。アカデミーは工学部を閉鎖する許可と，多くの応用型の研究所を他の国家機関に移管する許可を受け取った[25]。大成功に終わった核プロジェクトと宇宙プロジェクトを経て，科学者たちは今や安心を感じるに至っていた。自分たちが持っている文化権威はもはや当然のものとして受け入れられるであろう。そしてこれ以上自分たちが実践面で重要であることを証拠として示さずとも，社会と国家から高い支持を得られ続けるであろう，と。実際のところは，有用な応用から切り離された科学の権威は，ソ連が存続していた残りの30年の間に，じわじわとではあるが常に減退し続けていったのだが。とはいえ，ソ連史の最後の局面に至っても，科学が持つ社会的権威は同時期の西側の社会におけるそれよりも高いままであり続けていた。何よりも，こうした権威が衰退した他の主だった理由，すなわち1960年代における科学および近代にたいする批判が，ソ連においてはさほど広まっていなかったのである。

ソ連そのものとともに，またその時までに拒絶されるに至っていたソ連の価値体系と共に，科学が持つ文化権威は急速に失墜していった。西側よりも目立って高かった科学の権威は，ほとんど一夜にして西側よりも低いそれに低下してしまった。1990年代にロシアでしばしば口にされた「あなた，そんなに頭がいいなら，どうしてそんなに貧乏なの？」という言い回しは，ブルデューのカテゴリーのもとで生じる問題を，アカデミックな装いをはぎ取った平易な言葉をもってして，よく思い起こさせてくれる。それはブルデューの，文化資本は経済的なそれとは別種の付加価値を持っているというテーゼを否定してしまった。当時のメンタリティーにあっては，石油・金属・エネルギーその他莫大な「リアルな」― すなわち貨幣に転換することになった ― 資本が，ソ連の歴史が歩まれる中でこそ，科学が持っていた文化的な力を通じてこそ，開発され，獲得され，富を生み，建造していったのだという事実が忘れられていた。ソ連の政体がもたらしたこの貴重な経済上の遺産は，同国における枢要なる諸決定や政治的に重要だった諸展開と同様，過大だった科学の権威がもたらしていた効果を考慮に入れずしては，適切なかたちで理解することは出来ない。それではソ連の政体を「テクノクラシー」として特徴づけることが出来るだろうか？　筆者の見解では，ソ連は，この理念型というわけではなかったにせよ，過去・現在にわたって知られている他のどの社会よりも，この理論的可能性に近づいていた。

1　Piotr Kapitza to Niels Bohr, 20 October 1936 (Niels Bohr Archive, Copenhagen).

2　Alexei Kojevnikov, "Scientist under Stalin's Patronage: The Case of Piotr Kapitza", Ch. 5 of *Stalin's Great Science: The Times and Adventures of Soviet Physicists*. London: Imperial College Press, 2004.

3　Pierre Bourdieu and Jean Clause Passeron, *Reproduction in Education, Society and Culture*. London: Sage, 1977.

4　ソ連の経験とブルデューのコンセプトについては，他にもまだ意味がある関連を見出すことが出来よう。すなわち，富と教育水準との結びつきを断ち切ることが近代社会にあって大々的に行われたのは，まずは高等教育を無料にすることによってであった。ソ連ではこれは1918年に行われ，ヨーロッパの他の諸国には第二次世界大戦以降に広まった。これがあったからこそ，1970年代までにブルデューは文化資本についての考察を深めていけたのである。

5　研究開発にたいする政府による大規模な支出がなされるようになりそれに関する統計的データが出るようになってきたのは，ようやく第二次世界大戦以降になって目立ってきた傾向である。戦前の状況に関して，もっとも初期に重要な計上と国際比較を行ったのは，J.D. バナール――イギリスの共産主義者で1930年代なかばにイギリス政府にたいして研究への支援を増大させるべく喧伝した人物――であった。バナールと科学政策における「バナール主義」については，以下を見よ。Brenda Swann and Francis Aprahamian, eds., *J.D. Bernal: A Life in Science and Politics*. London: Verso, 1999.

6　Alexei Kojevnikov, "The Phenomenon of Soviet Science," *Osiris*, Vol. 23 (2008): 115–135.

7　V.A. Serov,「V.I. レーニンに会う A.M. ゴーリキーと科学者たち」。以下の本に所収。«Горький и наука: Статьи, речи, письма, воспоминания». Москва, Наука, 1964.

8　たとえば，ある亡命科学者の特徴ある回想録を見よ。彼は，大学教育の共産主義的改革に反対した教授でもあり，責任ある顧問という立場で政府に協力した研究者でもあったという，双方の役割を演じつつ，ボリシェヴィキ政府とかかわっていた。M.N. Novikov, "Moscow University during the First Years of the Bolshevik Regime", in:

Московский университет, 1755–1930. Paris, 1930. 156–192.

9 *А.И. Перельман*, «Александр Евгеньевич Ферсман (1883–1945)». Москва, Наука, 1983.

10 *И.Л. Клеопов*, «Геологический комитет, 1882–1929 гг. История геологии в России». Москва, Наука, 1964.

11 *В.И. Карцев*, «Кржижановский». Москва, Молодая гвардия, 1980.

12 Thomas Parke Hughes, *Network of Power: Electrification in Western Society,* 1880–1930. Baltimore: The Johns Hopkins University Press, 1993; Jonathan Coopersmith, *The Electrification of Russia, 1880–1926.* Ithaca: Cornell University Press, 1992.

13 Asif A. Siddiqi, *The Red Rockets' Glare: Spaceflight and the Soviet Imaginations, 1857–1957.* New York: Cambridge University Press, 2010.

14 Richard Stites, *Revolutionary Dreams: Utopian Vision and Experimental Life in the Russian Revolution.* New York: Oxford University Press, 1991.

15 James T. Andrews, *Science for the Masses: The Bolshevik State, Public Science, and the Popular Imagination in Soviet Russia, 1917–1934.* College Station: Texas A & M University Press, 2003.

16 *Сергей Хрущёв*, «Никита Хрущёв: Кризисы и ракеты, взгляд изнутри». Москва, Новость, 1994. Вып. 1: 111.

17 РГАЭ (Российский государственный архив экономики), Фонд 4372, Опись 28, Дело 464, 465, 469.

18 *Н.Н. Урванцев*, «Открытие Норильска». Москва, Наука, 1981; *Е.М. Сузюмов*, «Покоритель нехоженых земель». Москва, Мысль, 1967.

19 *В. Чалмаев*, «Малышев». Москва, Молодая гвардия, 1978.

20 Andrei Sakharov, *Memoirs.* New York: Knopf, 1990. 180–181.

21 これはまだ抑止といっても最小限のもので，戦略上の対等性には近づいてもいなかった。ソ連が米国との戦略上の対等性を獲得したのは，さらに15年後，ようやく軍拡競争に追いついた時になってからである。

22 *В. Малышев, И.В. Курчатов, А.И. Алиханов, И.К. Кикоин, и А.П. Виноградов,* "Опасность атомной войны и предложение президента Эйзенхауэра." (апрель 1954). この重要な文書館史料の写しを見せてくれたヴラジスラフ・ズボーク(Владислав Зубок)に感謝する。

23 Andrei Sakharov, *Reflection of Progress, Peaceful Coexistence, and Intellectual Freedom.* 1968.

24 *Андрей Сахаров*, "Движение за права человека в СССР и Восточной Европе — цель, значение, трудность". 1978; "Конвергенция, Мирное сосуществование", (1988) в Собрании сочнений «Тревога и надежда». 2006 1: 487–510 и 2: 221–226.

25 Konstantin Ivanov, "Science after Stalin: Forging a New Image of Soviet Science", *Science in Context,* Vol. 15 (2002): 317–338.

第2章
ソ連を代表する物理学者の交代劇
アブラム・ヨッフェからセルゲイ・ヴァヴィーロフへ

金山浩司

「なぜヴァヴィーロフがアカデミー会員になれたのか，まったくわかりません。わが国の物理学者たちというのはお粗末なものですが，それでも，ヴァヴィーロフの千倍よい，スコベリツィン，フォークその他の人々がいます。謎を解くカギは，ヴァヴィーロフが，非常に洗練されたふるまいができる人で，皆を心地よくさせるために何をいつ言えばよいか，わかっている，ということにあるのだと思います。」（カピッツァのラザフォード宛書簡― 1936 年―）

「セルゲイ・イヴァーノヴィチ［ヴァヴィーロフ］が働いたところではどこでも，彼について，上司としても同僚としても，たいへん優しく気配りのできる人だったという記憶が残っている。ただ自分自身に対しては，彼は本当に容赦なかった。彼は文字通り仕事に燃えていた。自分の身を大事に，といういかなる説得も，上からのそういう命令ですらも，彼の意識をかすめ飛んでいってしまうのだ。」（ヴァヴィーロフと同世代の物理学者，ヴヴェジェンスキーによる回想― 1966 年―）

20世紀の科学・技術の発展経路に見られる大きな特徴のひとつは，それが国家による援助にますます依存してゆくようになったことであろう。研究開発が大規模なものになり大量の人的・物的資源が要求されるようになるにつれ，こうした資源の提供を援助できる単位として，大資本と並んで国家の役割が重要性を増してきた。国家は，科学者・技術者の養成や研究開発の振興にむけての制度的整備と出資を行うようになり，20世紀以降，研究開発を支援する主要な主体のひとつとなってきた。この世紀以降に出現してきたビッグ・サイエンスと呼ばれるような形態を支えられたのは多くの場合，国家をおいて他はない[1]。

研究開発資源の供給を国家が支援する時必要となってきたのは，当該科学分野の専門家でありかつ国家の担当機関あるいは指導者層と科学者集団との間を取り持つことのできる，ファシリテーターとでも言うべき人物である。このような人物は多くの場合，その分野でもっとも顕著な業績を上げた研究者ではなかったかもしれないが，既に長期にわたるキャリアを築き上げている，行政上の責任も負い，その分野の研究開発情勢に精通した，科学者・技術者集団の間で人望厚い研究者だった。国家が特定のイデオロギーを国策として採用し明確に主張したい場合においては，こうした人物は科学者・技術者集団の代表として，また責任ある立場の人間として，国策に沿った発言や行動を行うよう，暗黙のうちに，あるいは強制的に，要求されることもあった。かつ，彼らは単に国策に諾々と従ったばかりでなく，時として国家の指導層や行政官にたいして当該分野の発展の道のりを示し，そこで必要とされる資源の種類や量を説明し，資金の供与あるいは制度の整備を要求している。戦争あるいは近代化の推進策などの目的のために国家にとって科学や技術の力が火急に必要とされた時，国家の指導者たちは彼らに諮問し，政治決定の参考とすることがあった。物理学分野を例として取り上げるならば，米国におけるオッペンハイマー，日本における仁科芳雄などがこうした人物の一例として挙げられよう。ソ連について言えば，本書の諸章で取り上げられている，ヴェルナツキー，フェルスマン，ニコライ・ヴァヴィーロフ，ドゥビーニンらは，国家が唯一のパトロンであったこの国において，また自立した／

閉じた学者集団の形成がその歴史を通じて進んでこなかったこの国において，まさに必要とされていたファシリテーター＝代表者と言うべき科学者であったと言えよう。

本章では，1920年代から30年代にかけてのソヴィエト連邦における物理学の事例を取り扱い，この分野の代表が時期ごとにいかなる政治的情勢に置かれていたかを分析することを通じて，物理学者集団とソヴィエト政権との関係性について考察する。同国において，代表的物理学者と言えるような人物はむろん常に複数存在した ― 優れた理論物理学者であったランダウ，フレンケリ，フォーク，タム。ソ連国防・国民経済と密に結びつくこととなった核物理学という領域を開拓していったクルチャートフやレイプンスキー。異色の実験物理学者で科学技術行政上の提言を指導者への手紙というかたちで多数行ったカピッツァ。多数の弟子を育て，その学術上・モラル上の高邁さで多くの科学者に感銘を与えていたと言われるマンデリシュタム。しかし，もし時期ごとに上述したような意味での代表者＝ファシリテーターたる人物を同分野からひとりだけ挙げるとすれば，1920年代から1930年代半ばまではそれはアブラム・ヨッフェであり，1930年代末以降1951年まではセルゲイ・ヴァヴィーロフであったと言える。両人とも，複数の物理学研究機関を率いていた実験物理学者であり，学術雑誌や事典などの編集を担当し，自身はソ連共産党員ではなかったものの(ただしヨッフェは1940年代に入ってから入党した)，支配権力すなわちソ連共産党指導部のその時々の方針を理解した上でそれに沿った発言を公に行わなければならないことが多く，かつ行うことができ，自身の研究所あるいは科学アカデミーといった研究機関において，党員を中心とする行政官僚たちとの交渉の役に当たった。本書においても第Ⅲ部第5章のうちに，セルゲイ・ヴァヴィーロフが戦後，科学アカデミー総裁として「スパイ」でもあった書記役との複雑な関係に苦心していたことを見てとれるが，そのような役割をこなさねばならず，またこなしていったのが，ソ連における科学の代表者だったのである。

1930年代半ばを境としてソ連の物理学者の代表に交代劇が起こった ― すなわちその役割を担う人物がヨッフェからヴァヴィーロフへと移っていった

図Ⅲ-2-1　ヨッフェ。出典：«Воспоминания об А.Ф. Иоффе » Л.: Наука, 1973

――ということは，これまでの研究では明白に指摘されてこなかったが，以下本稿で述べるような事実によって証拠立てられるように思われる[2]。学者集団の代表者の世代交代は，通常は老齢や病気といった事情や，旧世代の代表者の自発的な引退や，新世代の代表者が力を増大させること，などによるであろう。しかし，1930年代にソ連物理学に起こった交代劇は，そのような理由からは説明できない。そこには，ソヴィエト政権が科学者の代表に要求する姿勢の変化，科学者の代表が政権と密接な関係を保っていたが故の，彼に訪れた政治的危機，こうした危機にたいする対処策の巧拙などが色濃く反映されている。

以下本章において，1930年代ソ連に起こった政治気象の変化を瞥見しつつ，この交代劇がなぜ，いかなる要因に基づいて起こったのか，分析していこう。科学者の代表が経験した盛衰を探ることは，当該科学分野とソヴィエト政権との関係全般を探ること，ひいてはソ連科学のよって立つ基盤について，あるいはもっと一般的に，科学者集団が権力全般(ソ連のような権威主義的なものに限らず)に対峙する仕方について，探ることにつながるであろう。

1. ボリシェヴィキ政権とヨッフェ

アブラム・ヨッフェは十月革命以後，ソ連における物理学研究機関の組織化において主導的な役割を果たした人物であり，しばしば「ソヴィエト物理学の父」と呼ばれる。革命以前から既にヨッフェは同世代の物理学者同士での結束を高めることに尽力し，協会を結成するなどの活動を行っているが，後進の指導と大規模な物理学研究機関の組織に取りかかることができたのは，主として十月革命以後，ボリシェヴィキ政権の豊富な資金援助のもとでで

図Ⅲ-2-2　ヨッフェ(前列中央)とヴァヴィーロフ(後列右)。1933年，レニングラードの第1回全ソ原子核会議において，フレデリック・ジョリオ=キュリー，イレーヌ・ジョリオ=キュリーらと共に。出典：*Л.В. Левшин*. «Сергей Иванович Вавилов». Изд. 2-ое, М. Наука, 2003

あった[3]。彼は1918年に設立されたレニングラード物理工学研究所(Ленинградский физико-технический институт: ЛФТИ)の所長を創立時から1951年に至るまでの長期にわたって務め，ここにおいてカピッツァ，ランダウ，クルチャートフら，のちにソ連物理学を率いることとなる俊英を数多く育成した他，教育人民委員部(Народный комиссариат просвещения: Наркомпрос)，最高国民経済会議(Высший совет народного хозяйства: ВСНХ)，重工業人民委員部(Народный комиссариат тяжелой промышленности: НКТП)といった国家の行政機関から資金を引き出すことにかけて優れた手腕を発揮した。明朗快活かつ忍耐強く部下思いの人柄，視野の広さと壮大なヴィジョン，などのヨッフェの性格・能力も，同研究所の発展を助けた[4]。1920年代から30年代にかけて，レニングラード物理工学研究所は彼の指導のもと，工学上の応用を強く志向しながら，固体物理学(とくに結晶物理学)の分野に重点を置きつつ，教育と研究開発に従事していった。

ヨッフェは他の多くの帝政ロシアで活躍していた知識人と同じく，十月革命まではボリシェヴィキの積極的な支持者ではなかった。彼がなぜ革命後もロシアに留まったばかりか，ソ連経済の発展のために自身および自身の研究所における研究開発の成果を役立てる姿勢をとったのか，理由は明白ではない。彼自身の回想には，十月革命の意義を彼は「すぐにはわからなかった」が，1918 年夏，白軍とドイツ占領軍が支配していたクリミアで，レーニンが銃撃された報と「自由主義者たちのプロレタリアートに対する凶暴な敵意」に接したことが自らの最終的な態度を決めた，ここで，未来がプロレタリアートの側にあることを確信するに至った，と述べられている[5]。しかしこの回想録が 1933 年にソ連国内で出版されるために書かれたものであることを考えれば，全面的にこの記述に信を置く必要はないだろう。ヨッフェもまた他の人々と同様，内戦期（1918–1922）のロシアの混乱状態を受けて，秩序を打ち立てるだけの意志と能力を持っているように見えたボリシェヴィキに期待したのかもしれないし[6]，ボリシェヴィキが明確に掲げた民族間の平等という思想が，ユダヤ系であった彼にとって魅力的に映ったのかもしれない[7]。いずれにせよ，彼は革命後のロシアにおいて科学研究所のリーダーとしての素質を存分に発揮し，文化的・政治的に相対的な自由が見られた 1920 年代にあって，ソヴィエト政権との間で良好な関係を保っていた。こうした関係のためもあり，彼はこの時期数回にわたって西欧や米国に旅行し，当地の物理学者との間で交流を持ち，ソ連における物理学研究の順調な発展ぶりを印象づけた。ヨッフェは後年，アインシュタイン，ローレンツ，ボーア，ランジュヴァンら多数の外国の物理学者たちとの国外での交流の思い出をつづっている[8]。ヨッフェのこの回想は，後述するように外国との自由な交流が制限されるようになったのちの時代における，古きよき時代への挽歌のごとく響く。

2.「上からの革命」の衝撃

1920 年代末から 30 年代初めにかけてソ連に起こった「上からの革命」と呼ばれる政治気象の変化は，十月革命そのものよりもソ連社会に激動をもたらしたとも言える，大規模で抜本的なものであった。支配権力の側の変化について言えば，レーニンが病気により政治生活から退き1924年1月に死去して以後，ボリシェヴィキ内部での権力支配をめぐっての闘争は，1920年代末に至ってスターリン派の勝利というかたちでおおむね終わりを告げた。永続革命論を唱える国際主義者・トロツキーは左派として糾弾・追放され，急激な農業集団化に反対するブハーリン派は右派として非難された。スターリン派が勝利し党内の主要なポストを独占するようになったことによる影響として見逃せないのは，それまでのネップ期に対して農業の急激な集団化と経済構造そのものの急激な工業化が，行政的措置あるいは大衆の熱狂に依拠して行われようとしたことである[9]。

産業構造の転換そして工業化の具体的方策として，1920年代末に本格的に導入されたのが計画化である。計画化それ自体はスターリン主義とは別個に考えられるべき志向性であるが[10]，スターリン体制にあって導入された経済計画はこの体制の特徴を刻印されることになる。すなわち，重工業の分野の発展が第一の課題とされ，他の経済分野の実情とのバランスはしばしば軽視された。このようなバランスを欠いた計画の達成は，技術的合理性に基づくというよりは，労働者の熱意の鼓舞などにより目指されることとなる。生産ノルマを超過するものにたいする報奨などが取り入れられる一方，疑わしい分子や階層にたいする非難と弾圧は苛烈なものになっていった。

1930年代はまた，ソ連の社会構造そのものの大変動の時期であり，あらゆる社会集団における世代交代の必要性が盛んに叫ばれた時期でもあった。むろんこの過程は直線的に進行したわけではなく，時期によって濃淡をともなったが，当初は旧支配階級ないしその協力者と疑われた者たちが，そしてのちにはスターリン派の政策に反対するかそう見なされた者たちが，粛清の嵐にあって，あるいは更迭され，あるいは逮捕・投獄・処刑された。一方で，登用抜擢運動が第1次5カ年計画時に喧伝され，貧しい階層出身の子弟を学術セクターを含めた重要部門に早急に登用しようとする政策が採られた[11]。粛清にともなう人事配置の転換・社会構造の激変は，若い世代にとってはそれまで得られなかった昇進を捉えられる機会とも映った[12]。実際，スターリン死後ソ連の国家権力を掌握したフルシチョフや，本書の第Ⅲ部第１章で扱われている兵器開発責任者，マルィシェフらは，1930年代に抜擢され出世のコースに乗った者たちであった。

こうした世代交代の必要性の認識，旧世代にたいする疑念，あるいは政権にとって信用出来る人材の登用抜擢への志向は，科学者や技術者にたいする政策にも大きく影響した。1928年，ウクライナの炭鉱において数十人の技師（ドイツ人技師を含む）が「妨害活動」故に告発され数名に死刑を含む刑が執行された，いわゆる「シャフトゥイ事件」が起こったが，これはそれまでの「ブルジョワ専門家」にたいする寛容な態度を変化させた転換点であったとみなすことが出来る[13]。同じく1928年から翌年にかけては科学アカデミーを旧体制関係の文書の隠匿，縁故主義，反ソヴィエト活動などの咎で非難する論説が新聞紙上などで大々的に展開され，多数の職員が罷免させられた[14]。1929年，それまで帝政時代の規模と構成員 — その中では非共産党員が大多数を占めていた — を保っていた科学アカデミーにたいし，ボリシェヴィキ政権は直接的な介入の措置に打って出た[15]。同年に行われた会員選挙においてはブハーリンやクルジジャノフスキー，デボーリンといった共産党員が多数当選させられるようになされ，人員構成に激変を起こしている。科学アカデミーは今や，より人民大衆の利益を見据えた，国民経済の再建，あるいは当時しばしば使われた言葉で言うところの「社会主義建設」に奉仕出来る機関に生まれ変わらなければいけなかった。1934年，アカデミーはそれまで200年以上位置していたペテルブルク（当時はレニングラード）から政府機関が集中するモスクワに移転させられた。この移転は共産党中央委員会の承認を得た，人民委員会議の決定によるものであり，アカデミーを政権の監督下に置きたいとするスターリンはじめとする党上層部の意図の表れではなかったかと考えられる[16]。

3. セルゲイ・ヴァヴィーロフの出現

ヨッフェより11歳年下のセルゲイ・ヴァヴィーロフがさまざまな行政的な職につき，物理学者の代表として台頭してくるのは，まさにこのソ連における抜本的な社会変動の時期であった。モスクワ大学で教鞭をとっていた 1920 年代，彼は目立った物理学者ではなかった。主として光学・生理学の分野で業績を積んできた彼は，その温厚で野心を持たない性格からしても，モスクワ大学という，当時のソ連にあっては科学研究の中心地のひとつではあっても行政の中心部から比較的離れた，指導者との密接なつながりを欠いた場所に身を置いていたことからしても，指導的な任務について活躍するような人物には見えなかった。

しかし 1930 年代前半，ごく短期間のうちにヴァヴィーロフはさまざまな学術上の責任ある職務をこなすようになり，大学だけでなく科学アカデミーの組織機構に進出して頭角を現すようになる。1931 年にソ連邦科学アカデミーの通信会員となった彼は，早くも 1932 年には正会員に選出されている。これは人事の偶然によるものであったが[17]，ともかく異例の早い昇進である。1932 年，彼はヨッフェと同世代の光学者であるロジェストヴェンスキーのあとを襲って，レニングラードの国立光学研究所（Государственный оптиче-

図Ⅲ-2-3　セルゲイ・ヴァヴィーロフ。出典：*Сергей Иванович Вавилов*, «Дневники 1909-1951», кн. 2, М. Наука, 2012

ский институт: ГОИ)の科学部門長を務めるようになった[18]。1934年からは，科学アカデミーのモスクワ移転にともなって新設された，アカデミーの物理学研究所(Физический институт Академии Наук: ФИАН)の所長を務めている。この結果，彼は1930年代を通じてモスクワとレニングラードを往復する多忙な生活を送ることとなる。

ふたつの研究所を指導する他，ヴァヴィーロフは1930年代に各種雑誌や百科事典の編集委員，科学アカデミー幹部会をはじめとするアカデミー内部の各種委員会委員など，さまざまな学術上の要職に任命されている[19]。1930年にはまったく目立たない一研究者であったヴァヴィーロフは，こうして1940年にはヨッフェと並ぶ，もしくはヨッフェ以上の影響力を持つ代表的物理学者となっていた。彼のたどった道のりは，1930年代にその権威を相対的に衰退させられることとなる生物学者の兄ニコライ(そして後述するようにヨッフェ)とは対照的なものであった[20]。のち，1945年にはセルゲイ・ヴァヴィーロフは科学アカデミー総裁に選出され，数年間この激務をこなし，おそらく過労がたたったのであろう，在職のまま1951年1月，心臓発作に倒れ，60年足らずの生涯を閉じている。

1930年代にヴァヴィーロフの公的役割が急激に増大したことの理由を，前節で述べたような当時のソ連政権の政策それ自体に帰するのは適当ではない。彼はプロレタリア階級の出身ではなかったし，科学アカデミー内部での人事において彼が昇進したのは，先述したように偶然にポストが空いたことによるところが大きかった。ただここで無視できないのは，ヴァヴィーロフが種々の要職についた時期が，スターリン体制が確立し前述したような科学政策が本格的に推し進められようとしていたそれと重なっていたことである。こうした環境の中で実務をこなしていった経験は，彼をして，科学者の代表としてスターリン体制のもとでいかなる態度を採るのがもっとも有効・適切であるかを見極める能力を身につけさせたと思われる。ここで一旦，そのような能力を身につけにくかった代表者としてのヨッフェに話を戻そう。

4. 国民経済発展への奉仕

先述したように，1920年代末以降は，ソ連において大規模で急激な工業化が推し進められた時期であった。ヨッフェをはじめとする科学者の代表たちは，国家が唯一のパトロンであるこの国にあって，工業化を宣伝し賛同する役割を引き受けざるを得なかった。ただヨッフェは，この情勢にたいして必ずしも受動的に接していたというわけではなく，むしろ，かなり積極的・自発的にこの役割を引き受けたように見える。実際，物理学者たちにとって，工業化推進策は資金獲得と研究開発の拡張の機会を増やすがために，歓迎される政策であった。レニングラード物理工学研究所は第1次5カ年計画時(1928-1932)に資金的にもますます潤い，多数の研究員を抱えるようになった他，ハリコフやドニエプロペトロフスクといった地方に支部的な研究所を設立し，ヨッフェは弟子を各地に多数送り込むこともできた[21]。

このような発展拡張をともなう第1次5カ年計画の時期，ヨッフェは自らの政治的立場の安泰を疑わなかったであろう。ヨッフェがこうした自信をもとに，科学活動の計画化について，また国民経済発展に役立てられるべき科学活動の意義について，各所で盛んに講演し，また論説を著していたのもこの時期であった。彼の論調は基礎科学と応用科学との協働融合を訴え，基本的に計画化政策に対して賛同を示すものであった。ただしその一方，研究開発にかかわるあらゆることを前もって計画立てておこうとする1920年代末-1930年代初頭当時の傾向にたいする疑念など，科学研究者としての実際の経験からきた留保も盛り込まれていた[22]。この立場はソ連政策への協調を演出しようとするヨッフェにとって否定的に働いたかもしれない。というのは，ヨッフェの発言は，ブハーリンがとろうとしていた漸進主義を思い起こさせるものであったからだ。実際，個人的にもヨッフェはブハーリンと交流を持っていたと言われており[23]，スターリン派の席巻という当時の政治状況にあっては，ヨッフェが必ずしも歓迎されない名士のひとりとして浮上してきた可能性は高い。

さて，いくつかの出来事が，1930年代半ばにはソ連におけるヨッフェの立場が安泰とは言えなくなっていたことを示唆している。第一に，1934年にヨッフェはそれまで許可されていた外国旅行の要請を却下されている。この年，ヨッフェは重工業人民委員部を通じて国際会議出席のための（行き先は不明）申請を出していたが，1934年6月28日付の党中央委員会政治局の決定はこれを拒絶した[24]。ちなみに，前年1933年には同じ部局がヨッフェおよび若い物理学者であるガモフのソルヴェー会議行きを許可していたが[25]，ガモフはこれ以降ソ連に帰国することはなかった。翌年のヨッフェ海外出張の拒絶は，もしかすると，弟子筋にあたる若者[26]の「背信」に関する監督責任を問われたためだったかもしれない[27]。

この他，先述したブハーリンや，1930年代半ばを通じてブハーリンにたいして同情的であった重工業人民委員オルジョニキッゼとの関係の深さも，この時期にヨッフェを政治的安寧さから遠ざける要因として働いたであろう。1936年，ブハーリンが編集主幹を務めていた，重工業人民委員部刊行の総合雑誌『社会主義改造と科学（Социалистическая реконструкция и наука: СОРЕНА）』が，後述する哲学論争においてもヨッフェ批判の急先鋒に立つこととなる党イデオローグ，マクシーモフの非難を浴びた上，廃刊に追い込まれた[28]。同誌編集部にはヨッフェも名を連ねており，ガモフやブロンシュテイン，フォークら，物理学者たちの概説や討論などが誌面を飾ることもあり，彼自身論評を掲載したことがある。こうした雑誌の廃刊はヨッフェにとっての痛手ともなったであろう。また，オルジョニキッゼが1937年2月18日に突然自殺したことも，ヨッフェにとっては，貴重な後援者の喪失を意味したことであろう。彼はすぐさま，この「偉大なる叡智」，「傑出した専門家たちの集まりにおいてもその上に立てる将（голова）」を追悼する小文を書いている[29]。

レニングラード物理工学研究所は工業との密接な結びつきを前面に押し出しつつ研究開発を行っており，先述したように第1次5カ年計画時にはその成果には期待がよせられていたようであるが，この点においても，ヨッフェと彼の研究所は1930年代半ばには以前ほどの権威を保てなくなっていった。それがとりわけ明確に表れているのは，1936年3月に1週間にわたって行われた科学アカデミーの総会（сессия）がたどった帰結である。この集会にはソ連各地からのべ800人近い物理学者・工学者・共産党官僚が参加したとされ，多くの一般新聞紙上においてもその経緯が報告された。この衆目を集めた集会の席上において，ヨッフェとレニングラード物理工学研究所は，さまざまな出席者から国民経済への貢献の不足，そのリーダーシップの拙劣さを批判された[30]。

こうなるに至った理由は複雑であり，単一の要因のみをもって説明がつくわけではない。会場からの批判の多くは，1930年代前半に同研究所が行おうとした薄層誘電体の開発が不首尾に終わったことを問題にしていた[31]。またランダウの発言に見られるように，若く野心的な理論物理学者たちがヨッフェら長老格の実験物理学者たちにたいして抱いていた反抗心が表れた場面もあった[32]。物理学者集団内からヨッフェの学術上のリーダーシップに対する疑念がこの機に噴出したという側面は大きい。ただ本章の関心からいって見過ごせないのは，この会合の準備段階において既に，アカデミーに所属す

図Ⅲ-2-4　レニングラード物理工学研究所(1924年)。出典：Paul R. Josephson, *Physics and Politics in Revolutionary Russia*. Berkeley: University of California Press, 1991

る共産党員たちの中で，ヨッフェの研究所に批判的な議論を行おうとする意図があったらしいことである。このことは物理学史家ヴィズギンが文書館史料の調査に基づいて明らかにしている[33]。ヴィズギンの論考によると，3月総会は前年の人民委員会議議長ヴィヤチェスラフ・モロトフの発議に基づいて開催されることが決定され，当初はレニングラード物理工学研究所の報告のみが行われる予定であったが，国立光学研究所やモスクワの物理学者グループの報告と対比させられる形態に変更がなされ，1936年1月に行われた準備会合の中では，科学アカデミー副総裁クルジジャノフスキーの「ヨッフェは自分のなすことが何もかも正しいと思ってはならない」というような発言があったという[34]。モロトフとオルジョニキッゼとが対立関係にあったことを勘案するならば[35]，この総会自体が，重工業人民委員部の庇護のもとにあったレニングラード物理工学研究所の権勢を落とそうとするモロトフの意図に導かれたものであった可能性もあろう。レニングラード物理工学研究所における応用研究の不振は，党官僚のみならず1930年に登用抜擢された若い世代の「プロレタリア学者」にとって格好の攻撃の的となったが，これも，研究所をめぐる上述したような政治的趨勢を若者たちが看取した結果であったかもしれない[36]。

3月総会においては国立光学研究所を代表してヴァヴィーロフとロジェストヴェンスキーも基調講演を行っているが，同研究所に対する批判はレニングラード物理工学研究所にたいするそれに比べれば比較にならないほど緩やかであり，出版された総会結論においても，この傾向は反映されている[37]。

3月総会のあとにも，ヴァヴィーロフの権威をヨッフェに比して引き上げる出来事があった。1937-38年頃には，サイクロトロンの建設場所や，ひいてはソ連での核物理学研究の拠点をどこに置くかが問題とされた。ヴァヴィーロフ率いるモスクワの科学アカデミー物理学研究所と，ヨッフェ率いるレニングラード物理工学研究所を含んだ他の研究機関群との間に，この件の主導権をめぐっての確執が見られたが，ヴァヴィーロフは1938年秋，科学アカデミーに核物理学分野の研究機能を集中させることにより，事態を自らの側に有利に導いている[38]。

5. 弁証法的唯物論への忠誠

工業化と経済発展にたいして物理学が奉仕出来ているかどうかという視点に照らしての批判の他に，1930年代の物理学者集団を襲ったもうひとつの批判は，物理学理論の認識論的・存在論的解釈をめぐってのものであった。20世紀に入って出現した相対性理論や量子力学は時間，空間，物質，因果性といった物理学の基本的諸概念の抜本的な見直しを迫るものであり，ソ連においても西ヨーロッパ諸国以上に，哲学者そして職業的物理学者の間でこれらの解釈をめぐる広範な哲学的議論が巻き起こった。ソ連の公的な言論空間において問題とされた点は，弁証法的唯物論という公認の哲学・イデオロギー体系に照らして物理学理論・物理学史をいかに解釈するかというそれである。

1920年代においては自然哲学をめぐる議論は，主として共産党員である哲学者たちの間で行われており，職業的科学者が参加することはほとんどなかった[39]。しかし1930年代以降，マルクス主義理論分野における「上からの革命」に連動した政策転換にともない，この状況は変化を遂げる[40]。『マルクス主義の旗のもとに』のような党の理論誌において，マクシーモフやコーリマンといったある程度自然科学の素養ある党員たちが，現代物理学の理論やその解釈にたいする批判的な議論を載せ，外国の物理学者たちに見られる「観念論的」傾向や，ソ連の物理学者たちに見られるとされた，そうした傾向への「同調」を非難するようになった[41]。彼らの言論活動は，1931年初頭に共産党中央委員会によって示された哲学論争上の政策 — すなわち，戦闘的態度を奨励し，哲学論争においてそれまで優勢であった諸派にも容赦ない批判を浴びせようとする政策 — に規定されており，これに忠実であろうとするものであった[42]。

代表的物理学者たちは，時として物理学の現状に対する理解を欠いたまま行われていたと見られる哲学・イデオロギー論争の過熱への対応を迫られた。党員たちをたしなめる物理学者たちの発言の初期の例としては，1933年に『マルクス主義の旗のもとに』誌にモスクワの理論物理学者イーゴリ・タムが掲載した論文，また1934年に赤色教授学院（Институт красной профессуры,

ИКП)において行われた集会におけるヨッフェの発言などが挙げられる[43]。ただし，1937年頃までの哲学議論は，指導的科学者たちと共産党イデオローグ，という対立軸においてよりもむしろ，旧世代の電気工学者であり1929年にアカデミー会員に選出されていたミトケーヴィチとその他の人物たちとの間でより頻繁に闘わされていたことは強調しておく必要がある。ミトケーヴィチは，1920年代末から，場の理論において遠隔作用概念を許容するかどうかという問題に関する明確な立場を示していなかった物理学者たちに反対の論陣を張ろうとしていたが，19世紀までの古めかしい物質エーテル概念を対抗して掲げようとした(あるいはそう見なされた)ため，タムやヨッフェといった指導的物理学者の賛同を得られなかった。この電気工学者は1933年頃から共産党イデオローグのマクシーモフとの共闘を模索するようになるが，政治的・哲学的見解の齟齬から，この試みも順調にいってはいない[44]。

1937年までの期間とそれ以降において，専横ぶりや苛烈な手段が用いられた規模，そして政権と国民との緊張関係の度合いに明確な差が見られることは，大テロル研究の示すところであるが[45]，実際のところ，同様の傾向は物理学理論をめぐる哲学論争においても看取できる。1936年3月の科学アカデミー総会においてヨッフェの研究所にたいする大々的な批判が行われたことは先述したが，その一方，この場での議論のほとんどは，工業に対する物理学研究の貢献の度合いをめぐって行われたものであり，物理理論をめぐる哲学的問題の議論はこの会合の準備段階からしてさけられ，そもそも哲学者の参加・発言も少なかった[46]。

この状況は1937年後半，すなわち大テロルが猖獗を極めていく時代に入ると変化する。それまで指導的物理学者にたいする非難を控え，ミトケーヴィチにたいする牽制のほうにむしろ力を割いていた共産党哲学者たるマクシーモフが，今や指導的物理学者，なかんずくヨッフェを，観念論者たちを擁護している(あるいは許容的である)として非難し告発するキャンペーンを行うようになる[47]。『マルクス主義の旗のもとに』誌におけるヨッフェらに対する攻勢が強まった。マクシーモフの非難は，ここではもはや，国内に潜む敵を発見し摘発しなければならないという大テロルの時代に特徴的な動機に突き動かされた，告発調のものとなっていた。ヨッフェはこれにたいして，現代物理学の水準を理解していないが故にマクシーモフやミトケーヴィチは観念論的見解に近づいてしまっているとする論法に訴えた反論を試みた。しかし，ミトケーヴィチおよびマクシーモフは議論の哲学・イデオロギー的側面と科学上の水準とを峻別し，あくまで前者の領域に議論を引きよせようとした[48]。両者からヨッフェはかえって激しい非難を浴び，1938年以降はもはや物理学理論の哲学に関する公的な発言は行わなくなる。1936年3月の科学アカデミー総会席上での批判，『社会主義改造と科学』誌の廃刊に引き続き，この『マルクス主義の旗のもとに』誌上における非難キャンペーンと泥仕合は，大規模な粛清の時代にあってヨッフェの政治的立場をますます悪くしたであろう[49]。

哲学・イデオロギー論争の場において，ヨッフェと対照的な道のりをたどったのがヴァヴィーロフであった。彼は1937年には，ヨッフェと共にマクシーモフやミトケーヴィチから「観念論的な」理論にたいして許容的であるとして名指しで批判されていた。しかしヴァヴィーロフの語法は，物理学理論の発展をたどることが自動的に弁証法的唯物論の確証ともなると考えるヨッフェのそれよりも，哲学者の「顔を立て」，公定イデオロギーの積極的役割を評価するものであり，この姿勢をヴァヴィーロフは出来る限り保とうとしている。1938年11月に科学アカデミー哲学研究所内の会合において行った講演の中でヴァヴィーロフは，共産党哲学者たちに対する批判などは含めず，彼らの主張のうちいくつか(たとえば不確定性関係にたいするコペンハーゲン解釈は観念論的である，また機械論的還元主義を退けるといった)をそのまま踏襲している。ヴァヴィーロフは，20世紀に入ってから物理学がたどった発展の道のりがレーニンが『唯物論と経験批判論』(1909)において示した哲学的予想を完全に裏づけていることを示そうとし，弁証法的唯物論と現代物理学との整合性を示そうとするだけでなく，科学の発展を方向づける前提としての哲学の重要性を強調している。ヴァヴィーロフによれば，「哲学的な前提というのは〔科学上の仕事の〕帰結にとってもさらなる仕事の方向性にとってもどうでもいいものでは決してない。それは科学の進歩にとっての障害ともなりうるし刺激ともなりうる」[50]。

物理学理論の哲学をめぐる発言をもとに，ヨッフェの権威は失墜し，ヴァヴィーロフは物理学者の代表として改めて印象づけられた。この背後に党員哲学者たちひいては党上層部の意図が働いていたかどうかについては，直接的な証拠はまだ発見されていない。とはいえ，状況から判断するに，後者はともかく，前者の意図が存在した可能性は大きい。ヴァヴィーロフの上述した講演が行われたのは，1938 年 11 月 16 日夜，レーニン『唯物論と経験批判論』刊行 30 周年を記念した集会の中においてであり，この日には物理学理論をめぐる哲学的問題が集中的に扱われていた[51]。同会合を組織したのは恐らく，この年より哲学研究所で働いていたマクシーモフであっただろう。ここで講演を行ったのは，ヴァヴィーロフの他にマクシーモフ，ミトケーヴィチという，前年までは折りあいの悪かった 3 者であった[52]。後述するマクシーモフの発言からしても，激しい非難をともなう政治的一元化の時代の終結が予想される 1938 年秋というこの時点で[53]，自然科学分野を扱う共産党イデオローグは，論争を経て党の指導が物理学の専門家集団に充分に浸透したこと，専門家とイデオローグの結合が達成されたことを示す場として科学アカデミーの集会を利用したかったようである。このような「指導の成果」を示すことが出来る物理学者の代表として選ばれたのが，ヴァヴィーロフだったのではないだろうか。

実際，このようなマクシーモフの期待にたいして，ヴァヴィーロフの講演は先述したように哲学それ自体の役割を強調するなど，よく応えており，結果的に「合格」点を与えられたようだ。マクシーモフは今や，「ソヴィエト連邦における物理学者たちはみな，マルクス・レーニン主義の理論をますます深く自分のものにしつつある」と述べるに至った[54]。ヴァヴィーロフの側からしても，先述したように，これがちょうど核物理学の中心地をどこに設置するかをめぐって競争が行われていた時期であったことを考えるなら，こうした期待にこたえ，代表として振る舞うことによる利得は充分にあったであろう。三者の講演の原稿は，『マルクス主義の旗のもとに』誌 1938 年 11 月号および 12 月号に順次掲載された。1939 年中にこれら講演をまとめて掲載した小冊子も刊行された[55]。

先述したようにヨッフェがこの領域における発言を停止したのとは対照的に，1939年以降のヴァヴィーロフは，その豊富な科学史の知識を駆使しつつ，物理学者集団を代表して物理学理論の哲学的含意，とりわけその弁証法的唯物論との整合性を語る役割を担っている[56]。彼の講演や文章は，『マルクス主義の旗のもとに』誌になんら批判的コメントなしに掲載されるようになり[57]，それどころか1942年暮れ以降は，非共産党員であるにもかかわらず，同誌の編集委員として名を連ねてもいる。1939年以降1948年頃まで，あれほど激しかった哲学・イデオロギー論争は鳴りを潜め，時折マクシーモフよりもはるかに洗練された党イデオローグたるコーリマンらによる穏当な論説が現れるだけであった[58]。

6. 危機の時代をくぐりぬけた物理学

ソ連物理学は1930年代を通じて，応用分野にたいしての有効性，および公定イデオロギーへの恭順ぶりを厳しく問われた。転変する政局は，それまでの物理学者集団を支配・代表してきたグループや個人，なかんずくヨッフェの立場に激しい動揺を加えた。

しかしともあれ，ソ連の物理学者集団は量的にも質的にも成長を続けた。革命前の小規模でもっぱら大学に所属していた物理学者グループは，1940年には，各地の研究所に展開した数百人単位の科学者集団に成長していた。いくつかの重要な発見や研究，国際的に見ても遜色のない水準に達している研究はまさにこの1930年代に達成されている(たとえば，チェレンコフとヴァヴィーロフが1934年に発見しタム，フランクらが理論的解明を与えたチェレンコフ効果—ロシア語では通常チェレンコフ=ヴァヴィーロフ効果と呼ばれる—や，1937年にカピッツァが発見した液体ヘリウムの相転移など)[59]。戦争時，そして戦後に大いに活躍する若い世代の物理学者たち — クルチャートフ，アリハーノフ，ポメランチュク，ギンズブルクら — はこの時期，国外に留学することなしに高度な専門的物理教育・訓練を受けることができた。

1930年代における損失は少なくはなかった。何人もの物理学者が大テロルの中で更迭され，逮捕され，銃殺された。外国との交流は制限され，とくにソ連の物理学者が一時的にでも国外に出ることはほとんど認められなくなった[60]。しかし揺さぶりを受けた物理学者集団も，1930年代末には共産党政権との間で安定した関係を築き直している。同時代の生物学分野ではニコライ・ヴァヴィーロフの転落とルィセンコの台頭が見られたが，物理学分野について言えば，ヨッフェにかわって代表の座に座ったのは，ルィセンコのような正統的な学問的実力よりはむしろ政治力と自己宣伝能力を活かして高い地位を得た者ではなく，健全な学識と控えめさとを兼ね備えたセルゲイ・ヴァヴィーロフであった。一方のヨッフェは，1940年代に入るとレーニン賞を授与され（1940年10月），共産党員に選ばれ（1942年5月），科学アカデミーの副総裁に選ばれる（同月）など，ある程度政治的安定さを取り戻したように見えるが，物理学者集団の中での代表者の地位を取り戻すことはついぞなかった。1945年7月，老齢のコマローフにかわって科学アカデミー総裁に選出されたのは，65歳のヨッフェではなく，54歳のヴァヴィーロフである。

1930年代末にスターリンの独裁体制が完成する頃に，科学アカデミーなど，代表的な研究機関にたいする中央集権的な統制は確かに強まった[61]。ソ連共産党の政策に沿わない発言が封じられたという意味では，間違いなく政治的自由は制限された，とみなすことができる。しかし自由の制限は即座に研究開発への負の影響を意味するわけではない[62]。物理学者集団は，権力に信頼される新たなる代表者を掲げ，物理学研究は国防および国民経済の発展に役立てられるという「口実」をもとに，また現代物理学理論は弁証法的唯物論と両立すると主張することで党イデオローグたちの時に激化した攻撃をもかわしつつ，ソ連物理学の人的・物質的成長をスターリン体制のもとでも継続させた。

ヨッフェのヴィジョンと独立心は，1920年代の相対的に自由な雰囲気のもとで，中央集権的な機構からは比較的独立していた研究所を指導する中で，培われた。しかし，「上からの革命」以降，1930年代を通じて，ヨッフェの行動や思想は，共産党員や若い世代の物理学者たちの間で歓迎されなくなっ

図Ⅲ-2-5　科学アカデミー・物理学研究所(時代は不明)。出典：*Г.Е. Горелик*, «Андрей Сахаров» М.: Молодая Гвардия, 2010

ている。かわって台頭してきたのがセルゲイ・ヴァヴィーロフであった。

1930年代に入ってから起こったヨッフェの権威失墜の原因について一元的な説明を与えることは不可能であるにしても，本章で述べてきたことから，次のような点が考えられる。(1)ヨッフェの科学政策思想，および人脈が，1920年代末以降「右派」として糾弾され政治的影響力を失っていったブハーリン，そしてブハーリンに同情的なオルジョニキッゼに近しいものであったこと。(2)1933年，共産党中央委員会政治局の裁可に基づいてヨッフェと共に弟子ガモフがソルヴェー会議出席のため出張したが，ガモフはこれを機に亡命してしまい，ヨッフェの「監督不行き届き」が政権上層部の不興をかったであろうこと。(3)レニングラード物理工学研究所における応用研究プログラムの不首尾。(4)大テロル期に世代交代の必要性が叫ばれる中，より共産党の路線に忠実で，反抗的でない，人脈などの面から見ても「信頼できる」人物が科学者の代表として求められたこと。ヴァヴィーロフはヨッフェよりも，このような要求に適切な方法でこたえることが出来た人物であった。

ヨッフェが上記のような諸理由により権威を失墜させた一方で，ヴァヴィーロフは，上述したようなスターリン体制との折りあいの悪さや疑念を抱かせる経歴を持たない，イデオロギー的にはより「純粋な」物理学者と見なされた。また，1930年代に入ってから，集権化が進む科学アカデミーを中心として要職についていった彼は，スターリンの路線に近い党官僚らが求めることや行動規範を比較的抵抗少なく受け入れられる立場にいた。その他にも，先輩ヨッフェや兄ニコライらの，政権や公定イデオロギーを後ろ盾にしたグループとの確執（そして時には破滅）を見る経験を積む中で，ヴァヴィーロフは，いかなる発言がもっとも安全で建設的な結果をもたらすかを学習し，知悉していったと思われる。

これまでの研究においてはしばしば，カピッツァの果敢な「直訴」のことがソヴィエト物理学をスターリン体制の粗暴さから守った効果的ふるまいとして，語られてきている。カピッツァはモロトフや，時にはスターリン本人にまで直接手紙を書き，逮捕された著名な物理学者たち（ランダウ，フォーク）を弁護し，釈放を求めたほか，ソヴィエト科学の現状にたいし忌憚なく問題点を指摘し，改善を迫った[63]。彼の勇気ある華々しい行動に比べると，セルゲイ・ヴァヴィーロフがソ連における物理学の保護発展に際して果たした役割は地味ではある。スターリン体制のもとで学術エリートとしては最高の地位にまで上りつめ，共産党政権の路線に沿った公式見解を淡々と述べる彼は，一見すると唯々諾々と権力に屈服していた臆病者か，悪くすると野心的な出世主義者にすら見える。

しかし，物理学理論や科学行政に関する彼の発言は「政治的に正しい」，すなわちスターリン体制のもとでのイデオロギー上の正当性を持ったものであり，党員との関係を崩さずにしかも現代物理学理論の持つ妥当性や物理学の有用性を訴えかけるものであった。ヨッフェの豪胆な発言よりも，ヴァヴィーロフの慎重な語法はより当時の公的な場に適したものであり，スターリン時代の政治傾向からして許容されやすかったものだったと思われる。1951年の死亡時にフルシチョフをして「非党員のボリシェヴィキ」と言わしめた[64]ヴァヴィーロフの従順な姿勢は，1930年代にヨッフェにかわって彼が物理学者の代表となることを助けた。ソ連物理学は危機の時代をくぐりぬけ，スターリン体制のもとで量的・質的な発展を続けることができた。

ヨッフェが1920年代，すなわち知識人にたいする融和的な政策をボリシェヴィキ政権が取っていた時代の申し子だとすれば，ヴァヴィーロフは政権が知識人を統制下に置くとともに同社会層との結合ぶりを積極的に訴えようとした社会変動の時代である，1930年代の申し子であった。ヴァヴィーロフがスターリン主義者であったという意味ではなく，ヴァヴィーロフがスターリン主義をよりよく理解して適切な態度をとりえたという意味において，そう結論づけることができる。

1　ビッグ・サイエンスの諸形態については次の論集を参照。Peter Galison and Bruce Hevly (eds.), *Big Science*. Stanford: Stanford UP, 1992. なお本書にも寄稿しているコジェフニコフには，第1次世界大戦期から内戦期にかけてのロシア・ソ連の社会経済状況がソ連型のビッグ・サイエンスとでも言うべき形態を産み出したとする刺激的な論考がある。Alexei Kojevnikov, "The Great War, the Russian Civil War, and the Invention of Big Science," *Science in Context*, 15 (2002): 239-275.

2　ヨッフェとソ連政権との間に生じた緊張関係については，ソーニンの次の研究が論じている。*А.С. Сонин*, "Черные дни академика Иоффе", «Вестник Российской Академии Наук». 1994. Т. 64. № 5. С. 448-452. しかし同研究は，物理学者集団と権力全般の相互関係を明らかにしようとするものではない。

3　Paul R. Josephson, *Physics and Politics in the Revolutionary Russia*. Berkeley: Univ. of California Press, 1991, 72-103.

4　ヨッフェの人となりについて，多数の同時代人の回想を以下に見ることができる。«Воспоминания об А.Ф. Иоффе». Л., Наука, 1972.

5　*А.Ф. Иоффе*, «Моя жизнь и работа». М.-Л., 1933. 20-21.

6　ボリシェヴィキは元来，都市労働者を主要な支持基盤としていた政党であり，知識人の間にはほとんど積極的な支持者はいなかった。それにもかかわらず科学者たちの多くは内戦期に亡命の道を選ばず，国内に留まってボリシェヴィキの一党政権に協力し続けた。彼らは，レーニン率いるボリシェヴィキの中に，科学研究に援助を惜しまない姿勢を見て取った。この点については，さし当たり，本書第Ⅲ部第1章を参照のこと。

7　帝政ロシアにあって，ヨッフェのユダヤ系の出自は経歴を築き上げていく上での大きなハンディキャップとなったと言われている。実際，ヨッフェはペテルブルク工業専門学校を卒業したのちドイツに留学し，1906年に帰国したが，大学には教職を得られず，中等教育機関で教えている。

8 ヨッフェ（玉木英彦訳）『ヨッフェ回想記』（みすず書房，1963年）。

9 2010年代現在，「上からの革命」にたいする知的興味は減衰している。溪内，クロミヤの古典的研究が今なお参照されるべきであろう。溪内謙『上からの革命』（岩波書店，2004年）；H. Kuromiya, *Stalin's Industrial Revolution*, Cambridge: Cambridge UP, 1988.

10 技術的合理性を基にしているという点で，計画化は当時の技術者たちの要請・理念ともよく一致したものであった。中島毅『テクノクラートと革命権力』（岩波書店，1999年），192-193頁。

11 ソヴィエト科学における登用抜擢運動については，たとえばJosephson, *Physics and Politics in Revolutionary Russia*, 190-203, を参照のこと。

12 この点についてはたとえば次の文献を参照のこと。Sheila Fitzpatrick, "Stalin and the Making of a New Elite, 1928-1939", *Slavic Review*, 38(1979): 377-402.

13 シャフトゥイ事件の経過とこの政治史上の意義については中嶋『テクノクラートと革命権力』，277-350頁を参照のこと。また，同事件に関する浩瀚な史料集も公刊されている。Под ред. *С.А. Красильникова* и др. «Шахтинский процесс 1928 г.: подготовка, проведение, итоги: кн. 1». М.: РОССПЭН, 2011.

14 Alexei E. Levin, "Expedient Catastrophe: A Reconsideration of the 1929 Crisis at the Soviet Academy of Science", *Slavic Review*, 47(1988): 261-279.

15 Loren R. Graham, *The Soviet Academy of Sciences and the Communist Party 1927-1932*, Princeton: Princeton UP, 1967.

16 移転にともなうアカデミー内部の混乱と不満を示唆する資料として，次の文献を参照のこと。*Ю.И. Кривоносов*, "О беседе Молотова с академиками в 1934 г.", «Вопросы истории естествознания и техники (ВИЕТ)». 2003. № 1. 94-98.

17 物理学分野の科学アカデミー会員選出は，学派ごとの人員バランスを考慮して行われる慣例であったが，ヴァヴィーロフのモスクワにおける「先輩」格に当たる正会員であり生物物理学研究所を率いていたラザレフが1931年，逮捕され，モスクワの物理学者たちの間でアカデミー正会員たるものが欠員となったため，翌年ヴァヴィーロフが選出されたと言われている。詳細は次の文献を参照のこと。A. Kojevnikov, *Stalin's Great Science*. London: Imperial College Press, 2004, 160-165.

18 ロジェストヴェンスキーはこの年，光学の実践的諸課題にたいする姿勢をめぐって官僚および共産党員と衝突し，国立光学研究所の科学部門長を辞任した。Kojevnikov, *Stalin's Great Science*. 162.

19 ヴァヴィーロフが1930年代についていた公的役職の具体的なリストとしては次の伝記に収められている年表を参照のこと。*Л.В. Лёвшин*. «Сергей Иванович Вавилов». М.: Наука, 2003. 360.

20 1930年代のニコライ・ヴァヴィーロフについては，本書所収の藤岡・齋藤両氏の諸章（第Ⅳ部第2，3章）を参照のこと。

21 第1次5カ年計画時のレニングラード物理工学研究所の発展についてはJosephson, *Physics and Politics in Revolutionary Russia*, 140-183, を参照のこと。

22 金山浩司「A. ヨッフェと科学の計画化」『哲学・科学史論叢』第6号（東京大学教養学部　哲学・科学史部会，2004年），227-249頁。

[23] Roy A. Medvedev (trans. by A.D.P. Briggs), *Nikolai Bukharin: The Last Years*. W.W. Norton & Company, 1980, 46.

[24] Под ред. *В.Д. Есакова*, «Академия наук в решениях политбюро ЦК РКП(б)-ВКП(б) 1922-1952». М.: РОССПЭН, 2000. 148-149.

[25] 1933年8月14日付中央委員会政治局の決定。Там же. 132.

[26] ヨッフェはガモフの留学などに際してそれまでも便宜を図ったことがある。*В.Я. Френкель*, "Георгий Гамов: линия жизни 1904-1933", «Успехи физических наук». 1994. Т. 164. № 8. 845-866; 856.

[27] ガモフはこのとき妻の国外用パスポートを取るために奔走したことを回想している。パスポート発行は何度か拒絶されたがなぜか突然許可されることになり，ガモフは亡命の決意を固め，実行に移した。ガモフにとっても，現代のわれわれにとっても，彼の妻のパスポート発行が裁可されるに至った経緯は謎のままである。ガモフ（鎮目恭夫訳）『わが世界線＝ガモフ自伝』（白揚社，1971年），150-154頁。

[28] *А.А. Максимов*, "О журнале «Социалистическая реконструкция и наука (Сорена)»", «Под знаменем марксизма (ПЗМ)». 1936. № 9. 100-116.

[29] Сост. *Ф.Г. Сейранян*, «О Серго Орджоникидзе: Воспоминания, очерки, статьи современников» (Изд. 2-е), М.: Изд. политической литературы, 1986. 282-283.

[30] «Известия Академии Наук СССР: Серия физическая». 1936. № 1/2.

[31] この批判を盛んに行っていたのは，オーストリア出身で物理工学研究所において実際にこの開発に従事していた，クヴィトネルであった。彼は1932年の時点で，理論面から見て薄層誘電体の開発が不首尾に終わるであろうことを警告していた。*Ф. Квиттнер*, "К дискуссии по теории строения кристаллов", «Сорена». 1932. № 6. 48-53.

[32] ランダウ，ガモフ，ブロンシュテインら1900年代生まれの若く野心的な理論物理学者たちとヨッフェら長老格の実験物理学者との間の確執については，次の諸文献を参照のこと。Karl P. Hall, *Purely Practical Revolutionaries: A History of Stalinist Theoretical Physics*. unpublished dissertation, Harvard Univ., 1999, 285-341; *Г.Е. Горелик и Г.А. Савина*, "Г.А. Гамов... заместитель директора ФИАНа", «Природа». 1993. № 8. 82-90; *О. Фейгин*, «Лев Ландау - Последний гений физики». М.: Эксмо, 2011. 65.

[33] *В.П. Визгин*, "Мартовская (1936 г.) сессия АН СССР: советская физика в фокусе II (архивное приближение)", «ВИЕТ». 1991. № 3. 36-55.

[34] クルジジャノフスキーの経歴や事業については，本書の第Ⅲ部第1章を参照のこと。

[35] この点については次の文献を参照。Oleg V. Khlevniuk (trans. by David J. Nordlander), *In Stalin's Shadow: The Career of "Sergo" Ordzhonikidze*. New York: M.E. Sharpe, 1993, 163-174；富田武『スターリニズムの統治構造』（岩波書店，1996年），138頁。

[36] 旧世代の物理学者で，レニングラード物理工学研究所で働き，ウクライナ物理工学研究所の創設者のひとりでもあったオブレイモフの回想によれば，1930年代に入ってからレニングラード物理工学研究所においてはそれまでなかった「スノビズム」が蔓延し始め，雰囲気の悪化が見られたと言う（«Воспоминания об А.Ф. Иоффе». 58）。オブレイモフが「スノビズム」という語で何を意味しようとしているのかはっきりしないが，多数の若い研究員が抜擢されたことに付加されるかたちでこの部分が記述されているところを見ると，若い世代の1930年代の雰囲気に呼応した出世主義のことが示唆されているのかもしれない。

[37] «Известия АН СССР». 402-409.

38 *В.П. Визгин*, “С.И. Вавилов и предыстория советского атомного проекта”, «Исследования по истории физики и механики». 2001. М.: Наука, 2002. С. 81–103.

39 1920年代の自然科学の哲学をめぐる論争についての詳細な研究としては，ジョラフスキーの古典的研究が現在でも参考になる。David Joravsky, *Soviet Marxism and Natural Science 1917–1932*. Columbia: Columbia UP, 1961.

40 「上からの革命」期にソ連哲学界において言論の一元化が進行した経緯については，次の文献を参照のこと。Yehoshua Yakhot (trans. by Frederick S. Choate), *The Suppression of Philosophy in the USSR (The 1920s & 1930s)*. Michigan: Mehring Books, 2012, ch. 4, “From a Free to an Anti-Democratic Discussion”.

41 とくに問題とされたのは，エディントンらの合理論的宇宙論，量子力学のコペンハーゲン解釈，現象主義的な理論的態度，還元主義的見解などである。さし当たり，次の拙稿を参照いただきたい。金山浩司「ソ連の物理学とイデオロギー」『科学史研究』(日本科学史学会)272号(2015年)，103–110頁。

42 この政策が明確に示されているのが，1月25日付中央委員会決定「雑誌『マルクス主義の旗のもとに』について」である(“Постановление ЦК ВКП(б) от 25 янв. 1931. “О журнале «Под знаменем марксизма»”” «Правда». 1931. 26 Янв. 1)。

43 *И.Е. Тамм*, “О работе философов-марксистов в области физики”, «Под знаменем марксизма (ПЗМ)». 1933. № 2. 220–231; *А.Ф. Иоффе*, “Развитие атомистических воззрений в XX в.”, «ПЗМ». 1934. № 4. 52–68.

44 次の拙稿を参照のこと。金山浩司「同床異夢の反動家たち―1930年代ソ連での物理学をめぐる哲学・イデオロギー論争における『現代物理学への反対者』同士の関係について」『科学史研究』(日本科学史学会)256号(2010年)，193–205頁。

45 O. フレヴニューク(富田武訳)『スターリンの大テロル』(岩波書店，1998年)。

46 *Визгин*. “Мартовская сессия...”

47 詳細は次の諸文献を参照のこと。*Г.Е. Горелик*, “Натурфилософские проблемы физики в 1937 г.”, «Природа». 1990. № 2. 93–102；金山浩司「ソヴィエトの語法を身につけた物理学者―1930年代哲学論争とその帰結」『科学史研究』(日本科学史学会)239号(2006年)，145–156頁。

48 金山「ソヴィエトの語法を身につけた物理学者」。

49 幸いにしてヨッフェは逮捕されなかったが，同様の政治的な転落が逮捕・投獄に結びついた例としてセルゲイ・ヴァヴィーロフの実兄であるニコライの事例が挙げられる。物理学者の中でも，ランダウ，レイプンスキー，シュブニコフ，フォーク，ブロンシュテインなど，大テロルの時代にあって逮捕された(すぐに釈放された者もいれば，銃殺された者もいるなど，その後の運命はさまざまであった)人物は枚挙に暇がないほどである。

50 *С.И. Вавилов*, “Новая физика и диалектический материализм”, «ПЗМ». 1938. № 12. 27–33; 33.

51 この日付は，科学アカデミー文書館の哲学研究所フォンドに収められている招待状による(Архив Российской Академии Наук. Фонд 1922. Опись 1. Дело 68. Лист. 1–2)。

52 *А.А. Максимов*, “«Материализм и эмпириокритицизм» – материалистическое обобщение данных естествознаний”, «ПЗМ». 1938. № 11. 42–68; *В.Ф. Миткевич*, “Значение книги Ленина «Материализм и эмпириокритицизм» в современной борьбе с идеализмом в области физики”, «ПЗМ». 1938. № 12. 18–26; *Вавилов*, “Новая физика и диалектический ...”

53 エジョフを中心とする内務人民委員部指導層の更迭，ひいてはテロルの終結を明白に示しているのは，政治局決定「逮捕，検事監督，取り調べについて」であるが，これが出されたのは，本章で詳述してきた哲学研究所での集会が行われた翌日，11月17日のことである。

54 *Максимов*, «Материализм и эмпириокритицизм». 67.

55 *А.А. Максимов, В.Ф. Миткевич, С.И. Вавилов*, «"Материализм и эмпириокритицизм" Ленина и современная физика». М., 1939.

56 たとえば以下の諸文献。*С. Вавилов*, "Ленин и современная физика", «ПЗМ». 1944. № 2/3. 36–53; *С. Вавилов*, "Развитие идеи вещества", «ПЗМ». 1941. № 2. 95–112：邦訳がある。セルゲイ・И・ヴァヴィーロフ（金山浩司訳）「物質理念の発展」『科学技術史』（日本科学技術史学会）第8号（2005年），133–150頁.；*С. Вавилов*, "Физика Лукреция", «Собрание сочинений». Т. 3. (М., 1956). 646–663.

57 1937年まで，物理哲学論争にかかわる論文のほとんどには，マクシーモフやミトケーヴィチのそれも含め，編集部による「討議用（в порядке обсуждения）」との但し書きがつけられていたが，1938年以降には，そのような留保はつけられていない。このことは，論争が一段落し，『マルクス主義の旗のもとに』誌によせられる論考にたいしてももはや議論の余地なく正統性を認められる段階に至ったと，マクシーモフをはじめとする『マルクス主義の旗のもとに』誌編集部が認めるようになったことを示していよう。大テロルの終結にともなって専門家集団と党イデオローグとの結合が可能となったという本章での推測を，この事実は裏づけているように思われる。

58 コーリマンによる宇宙の熱的死に関する考察などは，こうした高い水準の科学哲学的論考の一例である。*Э. Кольман*, "О так называемой «тепловой смерти» вселенной", «ПЗМ». 1940. № 11. 125–151.：邦訳がある。Э・コーリマン（金山浩司訳）「いわゆる宇宙の『熱的死』について」『技術文化論叢』（東京工業大学大学院技術構造分析講座）14号（2011年），65–100頁。

59 チェレンコフおよびチェレンコフ効果の理論的解明を与えたタムとフランクは，1958年，ソ連初のノーベル物理学賞を授与されている。ヴァヴィーロフの死後7年目のことであった。

60 Paul R. Josephson, "Physics and Soviet-Western Relations in the 1920s and 1930s", *Physics Today*, 41(1988): 54–61.

61 N. Krementsov, *Stalinist Science*. Princeton: Princeton UP, 1997, 53.

62 政治的自由と科学開発の発達ぶりとの間に単純な正の相関関係を見ようとする見解にたいする反駁としては，次の諸文献を参照。Loren R. Graham, *What Have We Learned About Science and Technology from the Russian Experience?* Stanford: Stanford UP, 1998, 52–73; Mark Walker, ed. *Science and Ideology: A Comparative History*. London: Routledge, 2003.

63 *Е.Д. Есаков и П.Е. Рубинин*, «Капица, кремль и наука». М.: Наука, 2003; «Капица, Тамм, Семёнов». М.: ВАГРИУС, 1998; Kojevnikov, *Stalin's Great Science*. ch. 5, "Scientist under Stalin's Patronage".

64 Kojevnikov, *Stalin's Great Science*. 158.

第3章 セルゲイ・ヴァヴィーロフと 1930年代ソ連邦科学アカデミーの組織的転換

コンスタンチン・アレクサンドロヴィッチ・トミーリン（金山浩司訳）

「胡蝶にもならで秋経る菜虫かな」（松尾芭蕉）［編者注：本章著者によれば，ソ連の詩人・翻訳家ヴェラ・マールコヴァ — Вера Николаевна Маркова —（1907-1995）— がロシア語に翻訳した松尾芭蕉の俳句からの引用とのことであるが，その詩句を直訳すると「冬に抗して／芯より育つ／蝶の羽根」となり，松尾芭蕉の句にはぴったり該当するものを見出せなかった。これは本書日本人執筆者による類推的同定である］

ソ連時代には，ソ連邦科学アカデミーの歴史は基本的に，党と国家が自国の科学にたいして恩恵を施してきたという色調のもとで，バラ色に描かれてきた。1980年代末以降に公開された資料と研究とによって，ソ連における科学と権力との相互関係は複雑で矛盾した特徴を持っていたこと，科学と科学アカデミーにかかわる政策はカオス的に変化してきており，敵対的な政策から完全に協力的な政策へ，またはその逆へと，振れ動いていたことが，明らかにされてきている。1930年代に科学の発展が不可欠であるということに関しては国民，科学者，国家の間に利害の一致が出てき，また科学と技術の成果に基づいた国の経済の近代化という戦略が出てきたことがわが国の科学の生き残りと発展のために重要だったこともわかってきた。近代化は，第二次世界大戦が迫っているという事情のもとでは，軍事技術にとってとりわけ焦眉の課題となっていた。

1. 1930年代における科学アカデミーと権力

ソ連邦科学アカデミーは1925年に国の最高の科学研究機関であると認められたが，それにもかかわらず，その存在自体政権の気まぐれに左右されたままであった。1920年代末，国内を反アカデミー「PRキャンペーン」が吹き荒れ，アカデミーは廃止されるべきであるという者も出ており（ヴァレリアン・クィブィシェフなど），また同等のアカデミーあるいは科学研究組織も創設されている（共産主義アカデミー，化学科学アカデミーなど）。1927年からは，アカデミーの完全な統制を目的とした，「科学の砦」に対する包囲が始まった。1929年，政権側からの圧力は頂点に達し，行政的圧力の結果，アカデミー構成員として共産党員である学者たちが「選出され」ている。共産党員であるアカデミー会員たちの地位は，1929年2月，ソ連邦共産党中央委員会政治局宛秘密書簡により確実なものとなった ― 科学アカデミーは最高の科学機関として存続し，数学・自然科学部門は社会主義建設に必要とされる事業に従事することとなり，人文学部門に関しては，それを共産主義アカデミーに明け渡しつつ，段階的に廃止してゆく方向での検討が行われている[1]。共産主義アカデミーの長であるミハイル・ポクロフスキーは科学アカデミーを共産主義アカデミーに完全に吸収させることを望んでいた。1929年，科学アカデミーの「粛清」がユーリー・フィガトネルを長とする政府委員会により開始され，科学アカデミー構成員の大量の解雇が断行されたが，この粛清は構成員の学問的能力とは関係なく，彼らの社会的出自いかんにより行われている。常任書記のセルゲイ・オリデンブルクとふたりのアカデミー副総裁も，そのポストを追われることを余儀なくされた。新たに副総裁となったのはグレブ・クルジジャノフスキーであり，アカデミーにおける実権は彼の手のもとに渡っている（詳細は注2に挙げた文献を見よ。党機関は常任書記の後任人事にまずは圧力をかけ，やがてこの職自体を廃止している）。1929年末，合同国家保安本部は「科学アカデミー事件」を喧伝し，その過程で歴史家であるアカデミー会員4人（セルゲイ・プラトーノフ，エフゲニー・タルレ，ニコライ・リハチョフ，マトヴェイ・リューバフスキー）と通信会員8人が逮捕され，彼らは1年半獄中に繋がれた上，ソ連国内のさまざまな都市に流刑に処せられた。さらに1933年から1934年にかけては「スラヴ主義者事件」により教授たちとふたりの通信会員が逮捕され，アカデミー会員ヴラジーミル・ヴェルナツキー，ニコライ・クルナコフ，ニコライ・デルジャーヴィン，ミハイル・グルシェフスキーらに対する「証言」が行われている。1936年から1938年にかけては大規模弾圧の波が国を襲い，科学アカデミーにもそれは及んだ。構成員の多くと正会員たち，なかんずくソ連邦共産党党員たちが犠牲となった。1939年から1940年にかけて，弾圧が根こそぎの様相を呈していた時期には，何人かのアカデミー会員たち（ゲオルギー・ナドソン，ニコライ・ルーキン，ニコライ・ヴァヴィーロフら）も逮捕され，命を落とした。亡命したか弾圧された構成員たちは審議されることもなく除名され，1938年4月29日には総会において一切の審判を抜きにして科学アカデミーから21人が即刻除名されており，その中には6人のアカデミー会員も含まれていた。共産主義者たちの大量逮捕が始まったのと同時期の1936年，共産主義アカデミーが廃止され，その研究所と構成員はソ連科学アカデミーの中に組み込まれている。ソ連科学アカデミーの研究所のうちいくつかも ― スラヴ学研究所，人口学研究所，科学史=技術史研究所 ― この時期に廃止された。1939年には部局の数およびアカデミー構成員の数は激増し，ソ連邦科学アカデミー幹部会構成員の中にもトロフィム・ルィセンコやアンドレイ・ヴィシンスキーといった愉快ならぬ人物が加わり，同年12月にはスターリンが「学問の大家」と認められソ連邦科学アカデミーの名誉会員に選ばれている。しかしながら同時に，1939年には過去に弾圧された学者たちも何人かアカデミー構成員に再選された。

1930年代末には，アカデミーは自律的構造体から行政=指令システムに組み込まれた完全に統制された組織へと変貌を遂げていた。これは一方では，その生き残りを保証するものであり，これによりアカデミーは強化され，ソ連における基礎学問研究を組織するにあたって鍵となる地位を占めることとなった。他方ではこのことは，ありとあらゆる構造上の不全 — 官僚化，野放図な拡大という傾向，重大な諸決定をなす際の討議の欠如，諸決定それ自体の不透明化，社会諸科学のイデオロギー化といった — を招いてしまった。こういったあらゆる欠点にもかかわらず，ソ連における応用学問だけでない基礎学問の研究発展のための有効な組織的基盤が，形成されたのである。

2. セルゲイ・ヴァヴィーロフと科学アカデミー物理学研究所の組織

モスクワのN.P. レーベジェフ名称物理学研究所の創設とソ連の物理学研究，のちには学問研究の整備に当たって，セルゲイ・ヴァヴィーロフが果たした役割は大きい。科学アカデミー物理学研究所を，レニングラードにあった物理学=数学研究所の物理学部門を母体としつつ理論物理学研究所として創設しようとする試みは，欧州諸国で理論研究に特化したセンターが成功裏に発展しているのを目の当たりにしたゲオルギー・ガモフによってなされている[3]。ガモフはレフ・ランダウ，マトヴェイ・ブロンシュテイン，ヴラジーミル・フォークらを招聘すること，「現代理論物理学の基本的な諸問題」，とりわけ物質の構造 — 原子，原子核 — の問題に集中させることを計画していた。しかしガモフの発案は，ソ連邦科学アカデミー総会の1932年2月28日付での決定まで経ていながら，実験物理学者であるアカデミー会員アブラム・ヨッフェ，ドミートリー・ロジェストヴェンスキーらによって差し止められてしまった。彼らは物理学研究所において実験ではなく理論が優位に立つことをそもそも容認できなかったのである。その結果，3月28日には数学=自然科学部は，物理学研究所の課題が「もっとも一般的な諸問題を実験の基盤にのっとって研究すること」にあるとする決定を受け入れた。物理学研究所の所長候補としてセルゲイ・ヴァヴィーロフの名前が最初に挙がったのは4月29日，物理学者たちの集会においてであり，研究所の研究プログラムが彼に送付された。ヴァヴィーロフはその結論において，困難な課題をいくつか（課題の重要性と今日性は認めつつも）切り詰め，1年間で実際に達成できるであろう仕事を計画に加えている。表に出ぬ闘争の結果，ソ連邦中央執行委員会幹部会（アカデミーはこの時期には中央執行委員会の傘下に入っていた）は物理学=数学研究所をふたつの独立した研究所群へ分割することを認めず，両研究所は1934年までは物理学=数学研究所のふたつの部局として存続することとなった。

1932年秋，セルゲイ・ヴァヴィーロフはモスクワからレニングラードへ転居している。1932年9月1日，彼は国立光学研究所の科学部門次長に任命され，宿舎の1区画を与えられた（隣には所長ロジェストヴェンスキーが住んでいた）。ほぼ時を同じくして1932年10月1日（異説によれば9月21日），セルゲイ・ヴァヴィーロフはまだ設立されていない物理学研究所の長となった。この研究所は物理学=数学研究所の部局が昇格したものとして，中央執行委員会の決定を援用しつつなされた1933年2月1日のソ連邦科学アカデミー総会の決定により設立されたものである[4]。すなわち，物理学分野における理論に特化した研究所を設立するというアイディアは，残念ながらその当時には実現せず，物理学研究所（部門）の長には実験物理学者がついた。結果として1932年夏，ランダウはハリコフに移ってウクライナ物理工学研究所の理論部門を主導することとなり，ガモフはといえば亡命の途を探り始めている。ソ連において理論に特化した研究所 — チェルノゴロフカのL.D.ランダウ名称理論物理学研究所 — は，ランダウの弟子たちによりようやく1965年になってから設立され，ロシアでの理論物理学の中心的なセンターのひとつとなっている。

1933年秋，科学アカデミーはふたたび人民委員会議の管轄下に入り，1934年4月には，スターリンは科学アカデミーのレニングラードからモスクワへの移転を承認した。この決定になにかしらの経済的な意味があったとは考えにくい。恐らく，科学アカデミーは「皇帝」のもとにおける専制権力の象徴物という地位を得ることとなったのであり，それをレニングラードのセルゲイ・キーロフのもとに置いておくことをスターリンはもはや望まなかったのであろう。これらの過程が持っていたあらゆる不都合な側面にもかかわらず，新たな研究所群の建設，スタッフの増員，用地拡大，モスクワに移ってきたレニングラードの学者たち（およそ300人）とモスクワの学者たちの力の結集，といったことを実現させる可能性も同時に生じてきた。科学アカデミー移転に関する1934年4月25日付人民委員会議決定がなされた直後に，アカデミーの数学および物理学の制度化を完遂させる可能性が開かれたのであり，4月28日にソ連邦科学アカデミー総会でこれに該当する決議が承認された。ヴァヴィーロフにとってはこれはモスクワへの帰還ということになるが，今回の帰還は，これまでモスクワ国立大学の物理学研究所しか擁していなかったモスクワでの，アカデミーの指導的な物理学研究所をともなったものだったのだ。研究所の立地について，当初は，ピョートル・レーベジェフのために建てられ1910-20年代にはピョートル・ラザレフの物理学=生物物理学研究所が利用していた建物が当てがわれた。ヴァヴィーロフは同研究所に，レニングラードおよびモスクワの最良の物理学者たち — 理論物理学者たちも実験物理学者たちも — の力を結集させた。科学アカデミー物理学研究所はわが国の物理学の旗手的存在となり，わが国のノーベル物理学賞受賞者のうち大多数は同研究所より輩出されている。

1934年に記した業務用ノートの中で，セルゲイ・ヴァヴィーロフは物理学研究所の課題を定立し，その構造の計画を立て，建設されるはずの新しい建物のデザインを描いている。「モスクワの科学アカデミー物理学研究所の課題は — ヴァヴィーロフは書いている — モスクワにおける物理・工学，物理・化学の諸施設群（レーニン名称電気工学研究所，熱工学研究所，カルポフ研究所など）を理論面で支える中心地となることである」[5]。ヴァヴィーロフが計画した研究所の構成とそのスタッフ構成を見てみよう(疑問符はヴァヴィーロフ自身が書き入れたもの)[6]。

研究室

(1)理論部門(フォーク，タム，レオントーヴィチ，ニコリスキー，ルメル，ガモフ(？)，ブロンシュテイン(？)，クルトコフ(？)，シュービン(？)，ブロヒンツェフ)課題：(a)量子電磁気学，(б)量子化学，(в)統計学

(2)原子核と素粒子の諸特質(ムィソフスキー，フランク，グロシェフ(？)，デイゼンロット，大学院生チェレンコフとドブローチン)[課題]：(a)宇宙線，(б)放射線の光学的諸特質，(в)方法論

(3)結晶と誘電体(ヴール，ゴリドマン，アルツィブィシェフ，リョーフシン，ダニーロフ，コチェトコフ)

(4)液体物性([V.A.]ヨッフェ)

(5)光学(ランズベル[ク]，S.マンデリシュタム，ライスキー，ツェデン，レヴィ，ジヴィリコフスキー)

(6)振動(マンデリシュタム，パパレクシ，ハイキン，ゴレーリクその他，ルジェフキン，シュパコフスキー)

(7)成層圏(M.A.シュレジンゲル)

見ての通り，研究所の人事計画は印象的なものであり，とりわけ理論部門と振動研究室はそうである。研究所の構造はまた，理論的・実験的物理学の最先端の方向性を反映してもいる(ウクライナ物理工学研究所で発展を遂げていた低温物理学は例外であるが)。同様に特筆すべきは，科学アカデミー物理学研究所でヴァヴィーロフは，原子核と素粒子の理論的な研究と実験的な研究の双方を展開しようともくろんでいたことである。「モスクワにおける物理研究所の組織に関する覚書」の中でセルゲイ・ヴァヴィーロフは，理論部門と実験室の課題を明らかにしている。「モスクワの研究所において理論部門は保持されねばならず，モスクワ出身の新たな理論物理学者たちを引き入れつつ，拡大されねばならない。同部門が扱うテーマもまた，拡大されねばならない。量子理論，原子核構造及び統計学の諸問題に，量子化学の諸問題と結晶の量

子理論が加えられるべきである」[7]。

当初，科学アカデミー物理学研究所（その当時は略称としてФИが，やがてФИЗИНが用いられた）は，4つの部門からなる構成をとっていた。理論部門，物質構造部門，振動部門および光学部門である。理論部門に最初に（1934年10月15日時点）メンバーとして加わったのは9人であり，そのうち8人は上述した覚書に記されていた面々である（シュービン―恐らく，イーゴリ・タムの弟子でありウラル地方への追放からの帰還が問題になっていた理論物理学者セミョーン・シュービンのことを指すと思われる―と，1934年に「未帰還者」となったガモフはメンバーに加わらなかった。モイセイ・マルコフが新たに加わった）。やがて理論部門の面々の半数はモスクワに在住することとなった（理論部門長のタム，ミハイル・レオントーヴィチ，ユーリー・ルメル，マルコフ，ブロヒンツェフ）が，半数はレニングラードに留まった（フォーク，ユーリー・クルトコフ，コンスタンチン・ニコリスキー，ブロンシュテイン）。1938年，大粛清が進行するなか，理論部門のうち何人かは逮捕され，「人民の敵」の組織的な巣窟だとして非難された同部門にとっての，また研究所全体にとっての，深刻な危機が差し迫っており，セルゲイ・ヴァヴィーロフは一時的に理論部門の研究員たちを他の部門に移す決定を下している[8]。危機が去ったのち，理論部門は復活し（1943年から），以来科学アカデミー物理研究所のI.E.タム名称理論部門は，現代においてもひとつのシステムをなしている構造上の一部門である。

科学アカデミー物理学研究所は当初の構成では，セルゲイ・ヴァヴィーロフが計画した素粒子物理部門，原子核部門，そして宇宙線部門を含んでいなかった（ヴァヴィーロフ自身が記していたような，しかるべき専門家がモスクワにはいなかったことを考慮してのことであったろう。原子核実験室は1年後にヴァヴィーロフの指揮のもとで出来上がった）。原子核のテーマに関する研究はソ連のさまざまな省庁（科学アカデミーの他にも重工業人民委員部や，機械製作人民委員部，軍需人民委員部，さらには教育人民委員部まで）に属する各種科学研究所において遂行され続け，それらはアブラム・ヨッフェを議長とする原子核問題についてのアカデミー委員会（KAЯ）と部分的には協働していた（1938年以降には同委員会はセルゲイ・ヴァヴィーロフの指揮のもとで再建された）。1936年から1939年にかけてヴァヴィーロフはソ連邦科学アカデミー幹部会構成員に加わり，基礎研究と優秀な物理学者たちを物理学研究所に集中させるべく行政的なテコ入れを積極的に行った。そうした活動の中には，核物理学をテーマとする仕事を物理学研究所に集中させること，レニングラード物理工学研究所の核実験室群をレニングラードからモスクワに移転させ，そのメンバーを物理学研究所に加えること，そしてモスクワに新しいサイクロトロンを建設すること，が含まれている（詳細は注9の文献を参照）。こうするにあたってヴァヴィーロフは，自身が所長職から降りて同職に核物理学のテーマの専門家を任命することも辞さない姿勢を見せた。ただし，核物理学テーマに関する研究をソ連邦科学アカデミーおよび物理学研究所に集中させるということは，部分的にしか成功しなかった ― 研究所群はソ連邦科学アカデミーに移管されたが，物理学研究所に移籍した専門家は宇宙線の専門家であったドミートリー・スコベリツィンだけであった。

理論研究と実験研究とを物理学研究所内に統合したことが効果的であったことは，ヴァヴィーロフ=チェレンコフ効果の発見と説明に明瞭に見てとることが出来る。まず「青い光」が1934年，レニングラードで，大学院生であったパーヴェル・チェレンコフによって実験的に発見され，続いて既に物理学研究所の理論物理学者となっていたタムとイリヤ・フランクが1937年，これに理論的な説明を与えた（この説明にたいしては1958年，ノーベル賞が授与されている）。

3. セルゲイ・ヴァヴィーロフと科学史の制度化

科学史=技術史研究所は，知識史委員会に属していたニコライ・ブハーリンの主導で，1932年2月28日のソ連邦科学アカデミー総会 ― 物理学=数学研究所の分割が決議されたのと同じ会合 ― における決議に基づき，設立された。所長と副所長アブラム・デボーリンはモスクワに在住していたので，実際の研究所の事業を取りしきっていたのは学術書記のマトヴェイ・グコーフスキーであった。当初研究所には分野ごとにセクターを設けることが計画されていたが（これはのちのロシア科学アカデミー自然科学史=技術史研究所においては実現されている)，1933年初頭までに設立されたのは4つのセクターだけであった — 民需技術史，物理学・数学史，農業文化史，科学アカデミー史である。科学史=技術史研究所の構造的区分はなべてアカデミー会員が主導し，学術会議の23人の構成員のうち13人はソ連邦科学アカデミーの正会員であり，ひとりは同通信会員であった。セルゲイ・ヴァヴィーロフは物理学・数学史のセクターを取りしきり，ニコライ・ヴァヴィーロフが農業文化史セクターを取りしきっている(科学史=技術史研究所の活動について詳しくは注10〜12に挙げた文献を参照されたい)。

1936年5月，科学史=技術史研究所は組織改編をこうむった — 同研究所は正式にモスクワに移転した(フルンゼ通り10番地)。しかしながら構成員の多くは免職となり，研究所からの出版はすべて凍結され，事業計画は見直され切り詰められた。これに先立って共産主義アカデミーが解体される際に，科学史=技術史研究所の構成員には，トロイの木馬としての役割を果たしたモスクワの技術史委員会の面々が編入されている。同委員会の代表者たちは結果として，研究所において鍵となるポストを占めることとなった。研究所の構造も，何よりも技術史に傾注する方向で大きな変革をこうむることとなり，以下4つのセクターから成るようになった — 一般技術史，個別技術史，科学史，そして農業技術史である。農業文化史セクターの設立を主導し初代のセクター長となっていたセルゲイ・ヴァヴィーロフにかわって，同セクターは，これまでモスクワ支部を指導していたM.I.ブルスキーが取りしきることとなった。セルゲイ・ヴァヴィーロフは1937年まで科学史セクターの副部長に留まった。レニングラード出身の素養のある学術メンバーたちが大量に失われたこと，テーマが変更されたこと，そして定期刊行物が発行停止になったことにより，研究所は事実上存在しなくなり，科学史=技術史研究所の事業の中でその仕事が一度ならず批判されてきたマルクス主義技術史家たちが，レニングラードの研究所の名前を乗っ取ることで事実上表舞台に出るに至ったのである。

1938年3月，モスクワの科学史=技術史研究所は廃止された。この決定に影響を及ぼしたのは，同研究所の権力を握ったマルクス主義歴史家たちの低い水準，技術史家たちのふたつのグループ間で密告文が飛び交うほどの内部抗争があったこと，また，研究所の創設者であるニコライ・ブハーリン ―「右翼トロツキスト・ブロック」の咎で1938年3月1-13日の「裁判」過程に巻き込まれていた ― の名前と研究所が関係づけられたことである。研究所の廃止に先立って，新聞紙上でのPRキャンペーンが行われ，その一環としてD.ザスラフスキーの筆による，1938年1月11日発行の『プラウダ』紙のコラム「科学への寄食者たち」を挙げることが出来る。1週間後の1938年1月18日，セルゲイ・ヴァヴィーロフはソ連邦科学アカデミー副総裁のグレブ・クルジジャノフスキーに書簡を送り，そこで研究所に科学史の専門家がいないことに言及し，同研究所を廃止して歴史研究所に科学史委員会およびソ連邦科学アカデミー史委員会を設立することを提案している[13]。ヴァヴィーロフ自身この時までには研究所から去っており，科学史セクターは彼にかわってボリス・クズネツォフが取りしきっていた。ヴェルナツキーは，1938年に研究所を保持しようと試み，1944年にはニコライ・ゼリンスキーと共に科学史研究所(自然科学史研究所)再設置の立役者となった[14]が，研究所廃止をめぐるさまざまな急転ぶりを自身の日記に書き残している[15]。1945年に研究所が復活するにあたってはモスクワの研究所にかつて属していた研究員たちが積極的にかかわった一方，セルゲイ・ヴァヴィーロフは当初研究所の復活には懐疑的な態度をとっており，日記の書きつけで次のような反応を示している。「自然科学史研究所でのゲーム。寄食のための余地を用意」(1945年3月5日)[16]。明らかに，「寄食」という用語は『プラウダ』風の言い回しから借用されたものであり，ヴァヴィーロフはまさにこの語でもって，モスクワの研究所にかつて属していた研究員たちのことを指している ― その活動ぶりがめざましく有益であったレニングラードの科学史=技術史研究所の研究員たちのことではなく。まもなくセルゲイ・ヴァヴィーロフ自身，ソ連邦科学アカデミー自然科学史研究所の活動に従事するようになっていき，その学術会議の構成メンバーに加わっている。セルゲイ・ヴァヴィーロフとかつてのレニングラードの科学史家たちは，レニングラードの科学史=技術史研究所の最良の伝統を取り出し，科学史の水準を充分なまでに引き上げることに成功した。1948年1月，既にソ連邦科学アカデミー総裁となっていたセルゲイ・ヴァヴィーロフは，アカデミーの諸機関のうち一部をモスクワからレニングラードに移そうとし ― それらの第一候補のひとつとしては自然科学史研究所が挙げられていた ―，また，研究所のかつての名称も復活させようとしたが，学術研究員たちの側からの激しい抵抗に直面してしまった。ボリス・クズネツォフを唯一の例外として，自然科学史研究所の研究員たちの誰もレニングラードに移ることを望まなかったのである[17]。のちに1953年になってレニングラードにはソ連邦科学アカデミー自然科学史=技術史研究所の支部が設立された。1991年，セルゲイ・イヴァーノヴィチ・ヴァヴィーロフの名前はソ連邦科学アカデミー自然科学史=技術史研究所（現，ロシア科学アカデミー自然科学史=技術史研究所）に冠されている。

1 Сост. *В.Д. Есаков*, «Академия наук в решениях Политбюро ЦК РКП(б)-ВКП(б)-КПСС. 1922-1952». М.: РОССПЭН, 2000, 592 с.

2 *Перченок Ф.Ф.*, “Академия наук на “великом переломе””, «Звенья». Вып. 1, М.: Прогресс: Феникс: Atheneum, 1991, с. 163-234.

3 *Горелик Г.Е., Савина Г.А.*, “Г.А. Гамов... заместитель директора ФИАНа”, «Природа». 1993. № 8. С. 82-90.

4 «Летопись Российской Академии наук». Т. 4. СПб: Наука, 2007.

5 *Вавилов С.И.*, “Записка об организации Физического института в Москве”, Архив РАН, Ф. 596, оп. 1, д. 43, л. 60-61.

6 Там же, л. 57.

7 Там же, л. 60.

8 *Болотовский Б.М.*, «Теоретический отдел ФИАНа (первые 10 лет)». М.: ФИАН, 2009. 12 с.

9 *Визгин В.П.*, “С.И. Вавилов и предыстория советского атомного проекта”, «Исследования по истории физики и механики». 2001. М.: Наука, 2002. С. 81-103.

10 *Кирсанов В.С.*, “Возвратиться к истокам? (Заметки об Институте истории науки и техники АН СССР, 1932-1938)”, «Вопросы истории естествознания и техники». 1994, № 1. С. 3-19.

11 *Дмитриев А.Н.*, “Институт истории науки и техники в 1932-1936 гг. (ленинградский период)”, «Вопросы истории естествознания и техники». 2002, № 1. С. 3-41.

12 *Кривоносов Ю.И.*, “Институт истории науки и техники: тридцатые-громовые, роковые...”, «Вопросы истории естествознания и техники». 2002, № 1. С. 42-75.

13 Там же с. 65.

14 *Есаков В.Д.*, “О встрече академика В. Л. Комарова с И.В. Сталиным”, «Вестник

РАН». 2005, т. 75, № 3. С. 256-259.

15 *Вернадский В.И.*, «Дневники 1935-1941». Кн. 1. М.: Наука, 2006, 444 с.

16 *Вавилов С.И.*, «Дневники 1909-1951». Кн. 2. М.: Наука, 2012, 604 с.

17 "О переводе в г.Ленинград учреждений АН СССР (переписка Президиума АН СССР)", Архив РАН, Ф. 596, оп. 2, д. 165, л. 34.

第4章
大テロルはソ連邦科学アカデミーをどう変えたか
常任書記の解任を手がかりに

金山浩司

「表面上は腐敗しているが，一皮むけば違った過程が進行しているようにも思える。」(ヴェルナツキーの日記(1939年3月)，科学アカデミー上層部再編を受けて)

1725年の設立以来，ロシア／ソ連邦科学アカデミーは高い権威と相対的独立性を保ちつつも，時として同国の政治体制・政治状況の変化による大きな影響をこうむってきた。このことは本書の諸章から明らかであろう。政治権力による介入と駆け引きの様相については，2010年代のプーチン政権下においてもわれわれが目にしているところである。

戦前期スターリン時代においても，当時の政権によるこの「科学の参謀本部」に対する人事などを通じての介入はとりわけ目立ったものであり，科学アカデミーは大きな変質をこうむることとなった。実際，1925年の科学アカデミーと1940年のそれを比較して見たとき，その規模においても性格においても，同じ組織とは思えないほどの相違が見られる。激変がもたらされた重要な時期としてソ連科学史の先行研究が着目してきたのは，1920年代末から1930年代初頭にかけてのいわゆる上からの革命期であった[1]。中でも，1929年の会員選挙は転回点としてしばしば言及されるが，同選挙の特徴は，この結果としてそれまでひとりたりとも正会員の中に共産党員の姿を見ることがなかったソ連邦科学アカデミーに初めて，共産党員たちそしてソ連イデオロギーの唱道者たちが加わったことである。

名を挙げてみよう。党内きっての理論家といわれたブハーリン，全ロシア電化計画(ゴエルロ計画)を主導したクルジジャノフスキー，1920年代の哲学論争の一派(弁証法論者と呼ばれる)の代表であったデボーリン，マルクス主義文献学の分野での功績が大きいリャザーノフ，歴史家のヴォルギン ― 彼らが1929-1931年にかけてアカデミー会員に選出されたマルクス主義者たちの一例であった[2]。共産党員の科学アカデミーへの参入はその後も継続され，物理学史や物理学の哲学に従事していたゲッセン，文学研究者・哲学者のルーポル，そして本章の主人公のひとりであるゴルブノーフらが，1930年代前半に正会員・通信会員に選出されている。帝政期から引き継がれてきた学術エリートの隊列に彼ら「異分子」が加わるようになったことは，1927-1929年のレニングラードの新聞紙上における数々の非難キャンペーン，構成員の粛清と並んで[3]，科学アカデミーの「ソヴィエト化」― 国家イデオロギーの宣伝あるいは国家の施策の実行機関としての性格を従来の科学研究機関としてのそれに加えようとする ― を強力に印象づけるものであった。

上からの革命と引き続く1930年代前半という時期に新たに得られた地位というのは，しかしながら，多くの場合，安定したものというにはほど遠かった。同時期に科学アカデミーの正会員・通信会員となった党員たちの多くは，栄誉も束の間に，悲劇的な命運をたどった。そもそも，アカデミズムでの栄誉ある地位を彼らが与えられたことは，多くの場合皮肉にも，従来のような行政的影響力を科学・技術界に行使出来なくなったこと，ソ連政権内での権力闘争にスターリン派が勝利を収めたことを受けて科学のパトロンとしての地位が新たな党の指導者たち（オルジョニキッゼ，モロトフ，カガノーヴィチ，メジュラウクといったスターリンに近しい人物たち）に取ってかわられたことの裏返しであった[4]。こうした政治的立場の不安定性は，1930年代後半の大テロルの時期に至って彼らの多くを破滅に導いた。上に列挙した新たな科学アカデミー正会員・通信会員たちのうち，1936年から1938年にかけて，ブハーリン，ゲッセン，リャザーノフ，ゴルブノーフが命を落としている。生き延びた者も，そのひとりであるデボーリンがそうであったように，1953年のスターリンの死まで数十年間にわたって，逮捕と隣りあわせであることを意識したストレスに苛まされる生活を送った例が多かったであろうと思われる[5]。既に述べた上からの革命の時期における粛清が非・マルクス主義者たちに向けられたのに対して，大テロルの時期 ― 同時期に内務人民委員を務めていたエジョフの名を取ってエジョフシチナの時期とも言われる ― に打撃をこうむったのは，多くの場合，共産党員あるいはかつての共産党員であった[6]。

このような大量逮捕と人員の入れかえ，各種研究所の廃止や新設[7]が，アカデミーの機構や性格，ないしソ連政権との関係などに ― 仮に上からの革命の時期における激変ほどではなくとも ― 影響を及ぼさなかったとは考えにくい。それにもかかわらず，個別のアカデミー構成員や学問諸分野が経験した衝撃や1930年代を通じてソ連学術に加えられた方向づけの総括についてはともかく，アカデミー全体にたいして大テロルそのものがいかなる変化を（とくに人事上の転換を通じて）もたらしたのか，充分な歴史的考察がなされてきたとは言い難いのが現状である。

現在では研究の進んでいる，大テロルの時期に逮捕・銃殺された人々個人の伝記的研究にしても，その研究史は長くはない。彼らについては長らく言及がなされることがなく，1953年のスターリン死後に名誉回復がなされたとしても，その生涯に関しては不明な点が多かった。たとえば上述したゲッセンに関しては，科学史に関する刺激的なアプローチを提示した論者としてその名は常に高かったにもかかわらず[8]，逮捕の理由などを含めた彼の最後の日々に関する文書館史料などを通じた正確な記述が公にされたのは，ようやくソ連崩壊前後になってからのことである[9]。

ここで詳述するゴルブノーフ(後述するように，1935年から1937年にかけて彼はアカデミーの常任書記という要職についていた)について言えば，1938年9月7日に銃殺されたこの悲運の党員は1954年に名誉回復されたものの，そののちも長らく没年・命日すら定かではなく，出典によってまちまちの日付が記されるありさまであった。ようやく1986年になって，彼の功績を追想する論集『N.P.ゴルブノーフ　回想，論文，資料』が出版されたものの，同書では彼の最期についてはまったく触れられていない[10]。彼の逮捕と死について明らかにされたのは，1988年，遺族の度重なる要請に最高裁判所軍事委員会が応えたことによってであった[11]。21世紀に入ってのちには，家族へのインタビューが公刊され，ロシア科学アカデミー内でも記念集会が開かれている[12]。また，ゴルブノーフの個人史に留まらず，初期のソ連科学を形成した立役者としての彼にも注目がなされ，20世紀の科学技術を特徴づけるところの研究所(大学などとは別個の，教育義務から解放された科学者・技術者が研究開発に当たる機関)群を整備したソ連政権内の組織者としてのゴルブノーフの役割についても指摘されている[13]。

本章ではこれらの成果を受け継ぎつつ，ロシア国立社会政治文書館(Российский государственный архив социально-политической истории: РГАСПИ)のモロトフ個人フォンド，およびロシア科学アカデミー文書館(Архив российской академии наук: АРАН)のアカデミー幹部会フォンドに収められていた史料をもとに，ゴルブノーフの最期をめぐる物語にひとつのエピソードをつけ加え

図Ⅲ-4-1　ゴルブノーフ(1920年代，クレムリンにて)。出典：Alexei B. Kojevnikov, *Stalin's Great Science*. Imperial College Press, 2004

る。それと共に，ゴルブノーフに限らず，大テロル期に彼のような重要な共産党員が退場した(あるいはその地位が揺らいだ)ことが，科学アカデミーの組織にいかなる影響を及ぼしたのか，政権と知識人集団との関係性についてこの事実が何を示唆するのかについて考察していこう。

1. ニコライ・ゴルブノーフの経歴

本論に入る前に，本章の主人公の経歴について簡単に述べておく[14]。ゴルブノーフは1892年5月，ペテルブルク近郊にて技術者の家庭に生まれた。実業学校を卒業後，ペテルブルク工業専門学校で学んだ。1917年2月の帝政崩壊以降の混沌とした政治状況にあって，ゴルブノーフの共感はボリシェヴィキに向けられ，6月に入党した。十月革命から5日目の10月29日(新暦では11月11日)，ボンチ=ブルエーヴィチの推挙もあり，レーニンはゴルブノーフを執務室に呼び，人民委員会議の書記に任命している。1918年8月から最高国民経済会議の科学技術部門の副部長に就任，軍事・衛生・農業・エネルギーなどの諸問題の解決のために尽力し，諸々の研究所・学校・図書館の開設，雑誌の編集などを行った。1920年代前半に彼が開設にかかわった研究機関の中には，のちにニコライ・ヴァヴィーロフ(そしてルィセンコ)の牙城となるレーニン名称農業科学アカデミーも含まれており，同機関の学術会議議長も彼は務めた[15]。内戦時にはしばしば前線に行き，兵士・将校たちに向けての宣伝活動に従事してもいる。

1921年，ロシア社会主義連邦ソヴィエト共和国電化計画(ゴエルロ計画)が立ち上がった際にも，ゴルブノーフはテクノクラートとして発電所建設などの事業の推進役を引き受けた。技術者の育成にも注意を払い，1923年から1929年まで，モスクワ中等工業学校の校長を務めている。

レーニンに忠実で，彼からの指令を大量に受け取っていた，彼の片腕とも

図Ⅲ-4-2　クルジジャノフスキー(後列左から3人目)とゴルブノーフ(後列左から2人目)。1930年，オルジョニキッゼ(前列左端)はじめ重工業人民委員部のメンバーらと共に。出典：*Вл. Карцев*. Кржижановский. Изд. 2-ое (М.: Молодая Гвардия, 1985)

いうべきであった本章の主人公は，このソヴィエト連邦建国の父が1924年1月に死去した後，彼が書き残した文書を一手に集める事業にも携わっている。このレーニンへのあまりの近しさと，レーニン時代からの目立った功績は，古参党員を揺るがしたスターリンの大テロルの中にあっては命の危険を遠ざける方向には働かなかったであろうし，かえって寿命を縮めることとなったかもしれない。

科学アカデミーとゴルブノーフの関連で言うならば，1925年の人民委員会議の決定が特筆されるべきであろう。この年，ロシア科学アカデミーはソヴィエト社会主義共和国連邦科学アカデミーと正式に名称を変更し，その管轄は教育人民委員部から人民委員会議に移った。翌年には憲章の改定が提議され，1927年に制定された新たなる憲章では会員の定員が増やされた他，アカデミー外部の社会団体にも候補者を指名する権限が付与された[16]。本章冒頭で述べた，1929年の科学アカデミーの選挙そして「ソヴィエト化」がなされる法的根拠がこの時期にかたち作られたと言ってよいが，1925年のこの人民委員会議の決議には，ゴルブノーフも名を連ねている。

1935年11月20日，科学アカデミーはゴルブノーフをアカデミー会員として受け入れた。パリ科学アカデミーの同等の職にならって設立されたと言われる常任書記職は，1930年以来共産党員であり歴史家であったヴォルギンが務めていたが，彼が自身の研究のための時間を確保するために辞職を申し出てきたのにともない[17]，アカデミーはゴルブノーフを同職に任命した[18]。本書の第VI部第2章が扱っている，新設の科学アカデミー工学部(1935年設立)の事業に彼は熱心にかかわったという。しかしこの職を，彼は1年半しか務めることができなかった。

2. アカデミーの内部抗争

ゴルブノーフは1937年6月に常任書記を解任されたが，その理由は未だ，明確になってはいない。アカデミー内部において常任書記としてのゴルブノーフが不人気であったことはひとつの理由になりえたかもしれない。ロシア国立社会政治文書館のモロトフ個人フォンドに保管されている，当時アカデミー事務長(управляющий делами)であったI.V.ズボフの1937年2月9日付モロトフ宛書簡から，この事情をうかがい知ることができる。当時モロトフは科学アカデミーが所属する人民委員会議の議長を務めており，「科学の参謀本部」に関する重大な諸決議を行っていた責任者であった[19]。この書簡によると，ズボフは当初ゴルブノーフに期待していたが，1936年半ばにはゴルブノーフが「科学アカデミーの仕事に参加するすべての者を自分ひとりだけで指揮しようと」し，「幹部会を変質させようと」する方針を取っていることが明らかになった，幹部会がアカデミー会員の手から離れ「官僚主義的な」性格を持つようになった，ゴルブノーフに話を通すためには1週間前に文書を提出しなければならないような事態がもたらされた，としている。また，前年12月の総会(сессия)をゴルブノーフが病気を理由に欠席したことについても多数の会員から憤激の声が上がっており，仮病を疑う声もある，とズボフは述べている[20]。

「官僚主義」に関するズボフの訴えがまったくの事実無根のものというわけでもなかったことは，同時期の科学アカデミー幹部会関係の文書館史料(ロシア科学アカデミー文書館所収)からもうかがい知ることができる。2月23日の運営会議(распорядительное заседание)議事録には，ゴルブノーフの報告を受けて，運営会議への提題はアカデミー秘書を通じて48時間前までに行うことが決定された，とある。タイプ打ちの議事録にはさらに手書きで — これは審議が形式的な決まりきったものではなく，実質的で活発な討論がなされたことを暗示しているように思われる —，例外的に迅速な決議を必要とする案件に関しては当日の午前中までに提題してよい，との文面が付加されている[21]。ズボフがモロトフに訴えたような非能率に関連して幹部会からゴルブノーフに対して圧力が加えられ，彼も対応を迫られたことが見て取れよう。こういった組織内部の対立は，通常時であれば大問題に発展することはなかったかもしれないが，大テロル時には行政上・心理上の対立に由来する告発が権力に極端な嫌疑を招かせかねず，個々人や組織を破滅させかねなかった。ズボフの告発文が(これのみが，ではないにせよ)モロトフを動かしゴルブノーフの解任と常任書記職の廃絶という「大鉈を振るわせ」た可能性も，否定は出来ない。

3. 解任，そして……

ズボフの書簡が所収されていた上述のモロトフ個人フォンドには，他に，常任書記解任に直接関連したモロトフ宛の書簡が2通，保管されている。1通はアカデミー副総裁で古参党員でもあった電気工学者・クルジジャノフスキーからのものであり[22]，もう1通は他ならぬ，ゴルブノーフ自身からの書簡である。

1937年6月19日付のモロトフ宛の「極秘」と銘打った書簡にて，ゴルブノーフは，この日のソ連邦科学アカデミー幹部会の運営会議において自身の解任をもたらす決定が承認されたこと，これが6月25日の幹部会本会議にて了承されてしまうであろうことを訴え，「貴下の側にこの計画についてのなんらかのコメントがあるならば，しかるべき声明を同志クルジジャノフスキー宛に送っていただきたい」と訴えている。これに添付された6月19日付運営会議決定には，科学アカデミーの指揮関連の仕事に関する問題を決定するのに「合議制を強化」せんとすることにかんがみれば常任書記職の存続は目的にかなっていない，との文面があり[23]，ズボフの言うようなゴルブノーフの「専横」・「官僚主義」がアカデミーのこの会議でも問題とされた可能性を看取することができよう。

図Ⅲ-4-3　クルジジャノフスキー（1939年）。出典：*Вл. Карцев*. Кржижановский. Изд. 2-ое (М.: Молодая Гвардия, 1985)

翌日，クルジジャノフスキーも同様の書簡をモロトフに送っている。彼は，常任書記の職を廃止し，ゴルブノーフを幹部会の仕事から解任するとした幹部会決定の文案（後述）を添付した上で，もしモロトフからコメントが送られない場合，幹部会本会議でこれが正式決定されてしまうであろうことを訴えていた[24]。

結局，人民委員会議議長たるモロトフはアカデミー常任書記の要請を受け入れることはなかった。6月22日にはアカデミーの党員グループにおいて，クルジジャノフスキーが常任書記職廃止について提議したところ承認され，モロトフにも秘密扱いでこの件について報告がなされている[25]。続いて6月26日にはアカデミー幹部会において，「目下科学アカデミーの指導部においては総裁の他に3人の副総裁〔クルジジャノフスキーの他，後述するブリッケ，グープキンを指す〕が積極的に関与しており，常任書記職は余計なものと考えられる」ために同職を廃絶する旨が決定された。幹部会決定はまた，この件について人民委員会議に報告されるべきともしている[26]。これはクルジジャノフスキーがモロトフに送った20日の幹部会決定下書きをそのまま踏襲したものだった。ゴルブノーフは6月29日，常任書記を正式に解任された。その後も彼はいくつかの科学アカデミーの仕事にかかわっていたが，幹部会会議の決議に承認を与えるなど，従来彼に与えられていた任務からは外された（この任務は1937年7月以降は総裁であるコマローフが行うようになった）[27]。

翌1938年の2月19日にゴルブノーフは逮捕されている。遺族が受け取った取り調べ記録によれば，彼に対する告発は非常に多くよせられていたといい，公にはドイツのスパイとして非難がかぶせられていた。一方，人民委員会議での活動については取り調べ記録の中でもとくに言及されておらず，常任書記職の解任と逮捕の間に何らかの直接的関係があったのかどうかは，現段階でははっきりしない。取り調べ記録の中ではクルジジャノフスキーも非難されていたらしい[28]。科学アカデミー副総裁であったクルジジャノフスキーもまた，非常に危うい立場に立たされていたところ，未だ明らかでない理由により逮捕を逃れたのかもしれない。後述するように，この電気工学者のアカデミー内部での地位は翌1939年以降，急落している。

1938年8月20日，ゴルブノーフは第1カテゴリー（銃殺）に加えられ，9月7日，最高裁判所軍事委員会により銃殺刑を宣告され，即日，刑が執行された。

モロトフはなじみのない人物の解任に興味を示さず，それがために行動を起こさなかったのであろうか。この問いにたいしては否定的に答えることが出来る。モロトフは国際遺伝学会議を翌年にモスクワで開催する計画などの事項につき，ゴルブノーフから事務上の書類を1937年中に幾度も受け取っていた他[29]，上述した当事者たちからの書簡にはモロトフ自身が目を通した形跡がある(何カ所か，彼の手による強調のための傍線が引かれている)。1937年6月のゴルブノーフの解任について，モロトフはこれを意図的に推進したか，少なくとも黙認したものと思われる。解任に際しての「下から」の要求については先述した通りだが，この処置そのものは上下双方の意図がある程度かみあったところで行われたと見てよいだろう。常任書記の職はゴルブノーフの解任と同時に廃止され，半年後の12月13日，中央委員会政治局はアカデミー書記としてヴェセロフスキーを任命した[30]。

4. 進む再編

アカデミーの再編は，常任書記職の廃止で終わらなかった。1938年2月3日，新任の書記ヴェセロフスキーはモロトフ宛書簡で，数学=自然科学部，工学部，社会学部という，アカデミーを支える3本の部会のそれぞれ書記であったフェルスマン，ブリツケ，デボーリンを，いずれの人物も基本的要求を満たしていない故「各部会の指導部による再編問題に関する決定如何にかかわらず，断固として(безусловно)解任する必要がある」と訴えた。このうち旧世代の鉱物学者であり1926年から1929年までアカデミー副総裁を務めたフェルスマンについては，病気を名目に解任させることが提案されているが(ただしフェルスマンは翌年3月より幹部会に新たに加わっており，凋落したとは言えないように思われる)，ブリツケについては工学部の内部で審査委員会が開催されておりその解任を提議するであろう，と，彼の強制的な排除につき具体的に話が進んでいる旨，ヴェセロフスキーはほのめかしている[31]。ブリツケは当時副総裁を務めていたが，翌1939年2月26日にスターリンやモロトフが了承した共産党中央委員会の再編決定により，3月1日からはこの職からも解任された[32]。同時にアカデミーの部会も再編され，物理学=数学部，化学部，生物学部，地質学部，工学部，経済学=法学部，歴史学=哲学部，言語=文学部の8部体制に移行した。デボーリンは歴史学=哲学部の書記に改めて任命され，表面的には凋落はまぬがれたが，彼が以前から，そしてこの後も粛清の恐怖のもとに過ごしていたのは既に述べた通りである。

ゴルブノーフを助けようとし，彼の取り調べ記録の中で非難されていたというクルジジャノフスキーはどうなっただろうか。1939年2月，この電気工学者は幹部会構成員から外され，10年間務めてきた副総裁の座を追われた（後任は数学者・地質学者であったシュミット[33]および工学者のチュダコフ。副総裁であった地質学者のグープキンはこの時には留任するも4月に死去）。古くからのアカデミー会員であるヴェルナツキーは，2月22日の日記の中で，「政権は幹部会を激しく変えよう ― クルジジャ〔ノフスキー〕を排除しよう ― と欲している」と，「上から」の意図をほのめかしている。さらに，翌23日の日記の中では，幹部会・副総裁などの再編を「複雑なゲーム」と表現し，背後にモロトフの強力な意図があるとの観察を記している。ヴェルナツキーによれば今や，「クルジジャ〔ノフスキー〕の完全なる転落（полное падение）」が起こったのであった[34]。1939年1月には選挙の結果新たに56人の正会員，103人の通信会員が選出され，アカデミーは一挙にその規模を拡大させていたが[35]，翌2月，上層部もまさにその装いを新たにしたのである。

1937年のゴルブノーフの解任そして引き続く肉体的抹殺は，個人的悲劇であると同時に，大テロルの時期に「科学の参謀本部」を襲った激変を象徴する出来事であったと言える。本章冒頭で述べた通り，この時期にはゴルブノーフに限らず，1920年代までに著作・政治活動で目立っており1930年代前半にアカデミー内で高い地位を得た者の多くが転落し，あるいは姿を消した。大テロルの時期が終わりを告げた直後，アカデミーの上層部は大きく再編され，粛清を仮に生き延びた者もそれまでの地位を保証されないことが多かった。

常任書記の解任，逮捕，副総裁の解任，幹部会の再編などといった科学アカデミー内での人事の再配置に際して，政権上層部，なかんずくモロトフがいかなる意図を抱いていたかは ― 本章で見たように，こうした意図の存在についてのほのめかしをヴェルナツキーのようなアカデミー会員は行っているが―，現在のところ，判然としない。本章で取り上げてきたような文書館史料群も，この点について明快に語ってくれるわけではない。

ただ，「上」の意図はともかく，変化によって得られた結果についていうならば，カオス的混乱の結果としての恣意的なものであったというわけではなく，一定程度の方向性を見てとることができる。ひとつには，科学アカデミーの上層部からレーニン時代の国家建設の記憶と結びついている個人が退場し，スターリン時代の社会における貢献を思い起こさせる個人が浮上してきた，という傾向を指摘出来よう。レーニンの片腕であったゴルブノーフおよびゴエルロ計画に大きな役割を果たした古参党員たるクルジジャノフスキーは前者に属しており，後者としては30年代に華々しい探検旅行を行っていたシュミットのような人物が挙げられる。

この他，上からの革命期に参入したマルクス主義者たち・行政官の多数が排除されたことにより，相対的には旧来の知識人たち―むろん，彼らも激しい大テロルの嵐を逃れられたわけではないが―の地位が再び安定あるいは向上したとも思われる。上からの社会的揺さぶり・大変動を経て，ソヴィエト政権は知識人にたいする融和・取り込みの策をふたたび模索するようになっていった。筆者は本書第Ⅲ部第2章で，非党員であり旧世代の物理学者であるヴァヴィーロフと共産党イデオローグであるマクシーモフの科学哲学分野における和解と共存関係の再構築が，1938年暮れという大テロルの終結時に生起したことを指摘しておいた。この事例に典型的に見られるように，1930年代を通じての緊張関係・論争の中で，疑わしき知識人層がひとまず退場し，イデオロギー的に信頼出来ると見なされた新たな層が台頭してくる中で，知識人と政権との共存関係はふたたび安定した外観のもとで打ち立てられるようになった。ゴルブノーフが行っていた仕事の一部を非党員の総裁であるコマローフが1937年なかば以降引き受けるようになったことは本章で述べた通りである。1939年初頭の大規模な会員選挙では，もはや党員の「科学の参謀本部」への参入は1929年のそれのように目立った要素ではない。

戦前期スターリン時代のアカデミーあるいは研究開発組織の制度史は，1930年代末に確立した諸特徴（中央集権的な機構，官僚主義，アカデミーへの諸研究機関の集中，実践性・国民経済への奉仕の重視など)の成立過程を直線的に描きがちであった。だが，スターリンが政権基盤を固めた上からの革命期の他，大テロル期というもうひとつの大きな社会変動期が引き続きあったことには注意せねばならない。戦後にまで引き継がれるソ連の研究開発体制の基盤がかたち作られてきた1930年代の経路は，従来考えられてきたよりもずっと曲がりくねったものだったのである。

1　たとえば以下の諸文献を参照のこと。Loren R. Graham, *The Soviet Academy of Sciences and the Communist Party 1927-1932*. Princeton: Princeton UP, 1967; A.E. Levin, "Expedient Catastrophe: A Reconsideration of the 1929 Crisis at the Soviet Academy of Science", *Slavic Review*, 1(1988): 261-279.

2　マルクス主義者は，この時期に新たに選出された正会員のうち3分の1を占めていた。Alexander Vucinich, *Empire of Knowledge*. Berkley: Univ. of California Press, 1984, 129.

3　Levin, "Expedient Catastrophe".

4　Nikolai Krementsov, *Stalinist Science*. Princeton: Princeton UP, 1997, 34-35.

5　1961年に準備されていたが公刊されず，著者の死後40数年を経て2009年にようやく日の目を見た回想録の中で，デボーリンは，「私は招かれざる客の到来を常に待ちながら，22年間を過ごした」と書いている。"**Воспоминания академика А.М. Деборина.**", «**Вопросы философии**». № 2, 2009. 113-133; 126. ここで「招かれざる客」というのは政治警察を，「22年間」というのは，デボーリンが非難され権威を失墜させた1931年からスターリンが死ぬ1953年までという意味であろう。

6　Vucinich, *Empire of Knowledge*, 171；旧世代の科学アカデミー会員たちに関する著作を書いたトルツもこの点を指摘した上で，マルクス主義哲学者や歴史家について言えば，「上から」の抑圧があったばかりか，互いの政治的色合いを含んだ論争に上からの介入を彼らが求めた結果，1930年代後半の被害が増えたと見なしている。Vera Tolz, *Russian Academicians and the Revolution*. London: Macmillan Press, 1997, 84. この見方は一面では妥当であるが，ここでは，マルクス主義者・党員たちに対する「上から」の意図についても，再度着目・考察していきたい。

7　たとえば，本書第Ⅲ部第3章が記述している，科学史=技術史研究所の大テロルの時期における事実上の廃止など。

8　ゲッセンの1931年のロンドンにおける講演「ニュートン『プリンキピア』の社会的・経済的根源」は，科学理論の発展に社会・経済的側面が与える影響の重要性を主張する，科学史のいわゆる「エクスターナル・アプローチ」の嚆矢として名高い。このロンドン講演がかたち作られた政治的・社会的背景については以下を参照のこと。L.R. Graham, "The Socio-Political Roots of Boris Hessen: Soviet Marxism and the History of Science", *Social Studies of Science*, 4(1985): 705-722.（グレーアム／山崎和彦訳「ボリス・ゲッセンの社会的政治的根源―ソヴィエト・マルクス主義と科学史」『思

想』第862号(1996)，181-196頁)

9 *Г.Е. Горелик.* " Москва, Физика, 1937 год". «Вопросы истории естествознания и техники». № 1, 1992. 15-32; 31.

10 *Б.В. Левшин* (отв. ред.), «Н.П. Горбунов - воспоминания, статьи, документы». М.: Наука, 1986.

11 *А.А. Пархоменко,* "Академик Н.П. Горбунов: взлет и трагедия". «Репрессированная наука». СПб., 1991. 408-423.

12 *К.О. Россиянов,* "Н.П. Горбунов и организация советской науки". «Вопросы истории естествознания и техники». № 3, 2004. 89-102.

13 Alexei Kojevnikov, "Socialist, or Big, Science," in *Stalin's Great Science*. London: Imperial College Press, 2004, 24-25.

14 以下の記述は主として，ポドヴィギナ(Е.П. Подвигина)の手による評伝に依拠している。«Н.П. Горбунов - воспоминания, статьи, документы». 5-41.

15 レーニン名称農業科学アカデミーについては本書第Ⅳ部第3章を参照のこと。

16 Graham, *The Soviet Academy of Sciences and the Communist Party*, 80-89.

17 ただし，当時の人民委員会議学術委員会書記であったアスムスのモロトフ宛書簡によると，ヴォルギンは1935年初頭時点でアカデミー移転の際の不手際などからアカデミー会員たちの間で人望を失っていたらしく，この辞職も実際には暗に強要されたものであった可能性もある。*Ю.И. Кривоносов,* "О беседе Молотова с академиками в 1934 г.", «Вопросы истории естествознания и техники». № 1, 2003. 94-98; 96.

18 ヴォルギンの常任書記辞職願の受け入れとゴルブノーフを後任としてつけることに関しては，スターリンの承認のもと，1935年8月8日付の中央委員会政治局決定「科学アカデミー常任書記について」において，決定された。Под ред. *В.Д. Есакова,* «Академия наук в решениях политбюро ЦК РКП(б) - ВКП (б) 1922-1952». М.: РОССПЭН, 2000. 186-187.

19 人民委員会議におけるモロトフの活動については以下を参照のこと。Derek Watson, *Molotov and Soviet Government: Sovnarkom, 1930-1941*. London: Macmillan Press, 1996. ただし，同書では科学アカデミーとモロトフとの関係についてはほとんど述べられていない。

20 Российский Государственный Архив Социально-политической Истории (РГАСПИ). Ф. 82, Оп. 2, Д. 931, Л. 34-35.

21 Архив Российской Академии Наук (АРАН). Ф. 2. Оп. 6. № 9. Л. 96.

22 クルジジャノフスキーの経歴や功績については，本書の第Ⅲ部第1章を参照のこと。

23 РГАСПИ. Ф. 82, Оп. 2, Д. 929, Л. 80.

24 РГАСПИ. Ф. 82, Оп. 2, Д. 929, Л. 82.

25 РГАСПИ. Ф. 82, Оп. 2, Д. 937, Л. 68.

26 АРАН. Ф. 2, Оп. 6, № 7, Л. 39.

27 АРАН. Ф. 2, Оп. 6, № 10, Л. 71-88.

28 *Россиянов,* "Н. П. Горбунов и организация советской науки". 100.

29 Nikolai Krementsov, *International Science Between the World Wars*. New York: Routledge, 2005, 58-65.

30 «Академия наук в решениях политбюро». 265. なお同書の539頁にはゴルブノーフの「逮捕後に〔……〕常任書記の職は廃止された」とあるが，これは「解任と同時に」の誤りであろう。

[31] РГАСПИ. Ф. 82, Оп. 2, Д. 929, Л. 89.

[32] «Академия наук в решениях политбюро». 270–271.

[33] シュミットは，1917 年より党員であり，1932 年にアルハンゲリスクから極地を横断して太平洋に到達するという探検旅行をなし遂げていた。学術界でのその事業に関する評価はともかく，社会主義建設を喧伝する 1930 年代のソ連においてもてはやされた「英雄」のひとりであった（Vucinich, *Empire of Knowledge*, 184–185）。彼は 1933 年に科学アカデミー通信会員に，1935 年に正会員に選出されている。

[34] Под ред. *В.П. Волкова*, «В.И. Вернадский. Дневники 1935–1941». Т. 2. М.: Наука, 2006. 40–41.

[35] 以下の文献に従って勘定した。«Российская академия наук. Персональный состав». Книга 2, М.: Наука, 2009.

第5章
アレクサンドル・トプチエフ
科学アカデミーにたいする党の統制強化の諸形態(1949–1954年)

ユーリー・イヴァノヴィチ・クリヴォノーソフ(市川　浩訳)

「科学が全人類のためのものであり，それゆえ国際的な規模で発達するものであることには何の疑いもありません。」(アカデミー会員，ノーベル賞受賞者ピョートル・カピッツァ)

1. トプチエフの登場——科学者にして官僚

1990年代の初めには，ソ連邦科学アカデミーとその諸研究所のさまざまな時代における活動に関する研究に当たって，以前は閲覧不能だった党-政府諸機関，および科学アカデミーの秘密文書を研究に利用する可能性が現われた。科学アカデミー，その諸研究所と研究員の状況を理解する上で重要な時期は戦後の時期である。

1945年における大祖国戦争の勝利によってもたらされた陶酔，そして思考と行動の相対的な自由にたいする希望に満ちた短い時期のあと，今度は対外政策における「冷戦」と内政における社会生活のあらゆる側面にたいする党の統制厳格化の，新しい段階が始まった。

その活動が党の最上級機関の格別の警戒心と不安を呼んだ領域のひとつが科学アカデミーであった。一方では，国家は新しい科学の成果，とりわけ原子力研究やロケット技術，およびそれらに隣接した分野といった方向性における成果を必要としていたが，他方では，科学要員にたいする揺るぎない不信感を保持していた。

党と政府の最上級諸機関の決定に基づいて科学アカデミー総裁に選出されたセルゲイ・ヴァヴィーロフはたいへん複雑な状況に陥っていた。彼の活動は厳格な統制のもとに置かれていた。権力が何らかの目に見える，公然とした対立を望まなくとも，彼らは自らの行動によってセルゲイ・ヴァヴィーロフに，とくに人事政策の実行に際して，可能性の限界をそれとなく示していた。公式には総裁のもっとも近しい補佐であった科学アカデミー幹部会書記役アカデミー会員は，その当時はニコライ・ブルエーヴィチであったが，事実上はスパイであり，密告者であった。彼は規則的に，セルゲイ・ヴァヴィーロフには秘密に党と国家の最上級指導者，とくに全連邦共産党(ボ)中央委員会書記のアレクセイ・クズネツォーフ，副首相ヴィヤチェスラフ・モロトフに総裁の活動，主に人事問題での活動について情報を提供していた[1]。

セルゲイ・ヴァヴィーロフを完全には信頼していなかったが，彼がアカデミー総裁職に留まることに利害関係を有していた党機関員たちはより厳格な統制の形態，そして完全に彼らの方針に従う書記役アカデミー会員職への候補を探していた。

ソ連邦科学アカデミー書記役アカデミー会員職(1949-1954)の創設と活動の歴史は，誰がこのアイディアを出したのかがよくわからなかったがために，今に至るまであまり明らかにはなっていなかった。党機関の諸文書は，書記役アカデミー会員職の創設を科学アカデミーの創意によるものとして見せかけようとした試みが現実にはうまくゆかなかったと見なす根拠になっている。すべての文書，証言者のメモを分析すれば，このアイディアが党の最上級の指導部，可能性としては，スターリン自身から出されたものであるとの結論に達することも可能であろう。書記役アカデミー会員職が創設されてまもない頃のその活動についての最高レベルへの通報がそのことを物語っている[2]。書記役アカデミー会員の役割については，1951年2月セルゲイ・ヴァヴィーロフの死去後にソ連邦科学アカデミー総裁に選出されたアレクサンドル・ネスメヤーノフが次のように回想している。「……この時期の科学アカデミー管理の本当の中心は幹部会書記役アカデミー会員にあり，主任学術書記アレクサンドル・トプチエフに体現されていた」[3]。このため，1949年3月に主任学術書記に任命されたトプチエフの，急な昇進を遂げたキャリアに関するエピソードは大きな関心事である。

1943年，大祖国戦争期，トプチエフはモスクワ石油専門学校の校長に任命され，1947年，全連邦共産党(ボ)中央委員会政治局の決定で人事担当の高等教育次官に任命された[4]。高等教育省におけるこのような主要なポストへの任命には，当時存在した国家政策体系の中で実行されていたように，候補者の「全項目にわたる」詳細な点検が先行していたはずである。とはいえ，彼はこれと同様の点検を，党中央委員会書記局の人事リストに載っている高等教育機関の長への候補者としても受けなければならなかったはずである。

その少しのち，トプチエフはソ連邦高等教育省附属最高資格審査委員会副委員長という科学要員の資格審査システムにおける主要なポストに任じられている[5]。このように，彼の掌中には，高等教育機関という最重要な領域における人事政策が集中することとなった。もちろん，こうした政策は完全に最上級の党機関の方針に照応したもので，その直接の指示で実行されていた。

図Ⅲ-5-1　アレクサンドル・トプチエフ。1957-1962 年，彼はパグウォッシュ会議のソ連邦代表を務めた。出典：ロシア・パグウォッシュ委員会の HP(http://www.pugwash.ru/history/galery/331.html)

1948 年末，高等教育省の発案で，党中央委員会も賛同して，現代物理学のイデオロギー問題に関する会議の準備が始まったが，その委員会の委員長にはトプチエフが任命された。生物学で起こったことと同様のイデオロギー的虐殺が行われることが予想された。1949 年初め，組織委員会の準備会議がインテンシヴに開催された。セルゲイ・ヴァヴィーロフは，本会議をあらゆる方法を駆使して延期させつつ，基調報告を準備した。おそらく，この時，トプチエフが，当時アカデミー会員ブルエーヴィチが占めていた書記役アカデミー会員の職へのありうべき候補として浮上してきたのであろう。

ヴァヴィーロフのところでは，膨大な量の日記類から判断して，ブルエーヴィチの働きぶりは不充分で，何度も病気になっていて，すべての事業が彼のところに閉じ込まれている(たとえば，「アカデミーには，私とブルエーヴィチ以外，沈む船から出てゆくネズミのように，ちょうどよい時機に去りたいと思っている人間はいない」(1948 年 9 月 26 日付のメモ)，あるいはその少しあとに，「また，重苦しい週。ブルエーヴィチが病気で，アカデミーの舞台裏の仕事はすべて私にふりかかってきた」，「12 月 19 日，ブルエーヴィチは病気で，残りは無能か，そう見せかけようとしている者だ」)ので，書記役アカデミー会員の交替が必要であった。それ以上に，彼がブルエーヴィチの定期的な密告者としての活動を知らなかったはずはなかった。

1949 年 2 月 14 日，党中央委員会書記ゲオルギー・マレンコーフ宛のアカデミーの書簡が出されたが，その内容については事前に合意がなされていたことに疑いはない。あるいは党中央委員会の機関で準備されたものであるかもしれない。書簡には，その他の問題も書かれていたが，ニコライ・ブルエーヴィチの健康状態を考慮して，そのソ連邦科学アカデミー書記役アカデミー会員職辞任の願いを承認し，その職に化学博士アレクサンドル・トプチエフを任命することが必要であるとの問題が提起されていた。同時に，それに関連して，ソ連邦科学アカデミーの規程と科学アカデミーで築き上げられてきた伝統に従って，科学アカデミー正会員だけが選出され得ること，そのためトプチエフを正会員に選出する選挙を総会の15日前(規程の本来の想定では2カ月前だが)に公示して実施することが許されるとされた。

2. 党による科学アカデミー統制の強化とその帰趨

この書簡によって，党中央委員会指導部による一連の規程の蹂躙が始まった。ほぼ1カ月後の1949年3月11日，党中央委員会書記局布告「ソ連邦科学アカデミー幹部会学術書記局の設置について」が出された。その中で，トプチエフを長たる主任学術書記とし，党中央委員会科学課長ユーリー・ジダーノフを含む5名の書記からなる構成が確認された[6]。1949年3月17日には，アカデミー幹部会は自身の決定「……学術書記局の組織について」を，その構成ともども，中央委員会の文書を基本的になぞるかたちで採択する。

既に翌4月7日には，中央委員会書記局は布告「ソ連邦科学アカデミー規程の変更について」を採択する。規程の中に，学術書記局の課題とその構成に関する項が追加されたのである。科学アカデミー幹部会の構成員に主任学術書記が入ることになったが，その被選出性は前提されなかった。つまり，そのことは，一方では直接的任命を合法とするものであり，同時に必ずしも科学アカデミーの構成員が占めなければならないということではないようにするものであった[7]。1949年4月13日，党中央委員会は，トプチエフを科学アカデミーの定例総会で正会員に選出することを認める，新しい布告「アレクサンドル・ヴァシーリエヴィチ・トプチエフ同志について」を採択した。この決定に関連して，党中央委員会機関のスターリン宛の説明資料では，「アレクサンドル・ヴァシーリエヴィチ・トプチエフ同志。1907年生れ。ロシア人。1932年以来の全連邦共産党(ボ)党員。教授，化学博士にして石油化学分野の傑出した専門家。50本以上の科学著作を持つ。…(中略)…幹部会主任学術書記に任命」[8]と示されていた。

しかしながら，セルゲイ・ヴァヴィーロフの日記メモによると，理由はわからないが，トプチエフのアカデミー会員選出を可能とする決定はどこかの党機関でなんらかの反対に遭遇した。トプチエフ選出延期の可能性が出てきたことに関連して，一群の化学者，科学アカデミー会員たちが党中央委員会とアカデミー幹部会にトプチエフ選出を支持する書簡を送った。共同で，あるいは個々人で書簡を書いた人物の中には，ゼリンスキー，ナミョートキン，ヴォリフコーヴィチ，カザンスキー，ネスメヤーノフといった科学アカデミー会員，そして大臣のセルゲイ・カフターノフ，バイバーコフがいた[9]。

日記帳の中の6月5日付のメモで，ヴァヴィーロフはその前の数日間と6月4日の選挙について回想している。「ばかばかしく，とんでもないことがいっぱい。トプチエフとコンスタンチン・オストロヴィチャーノフの選出のためのアカデミー総会。一日中，『解職する』。[そして,]トプチエフは進めることができたが，オストロヴィチャーノフは延期となった。手続きに関する会合，……(後略)」。

結果としてトプチエフは1949年6月4日付でアカデミー正会員に選出された。1カ月後，ヴァヴィーロフは日記帳に，「実にさまざまなできごとが渦を巻いている。新しい人々，まだ何をしなければならないか知っていないトプチエフ」と書いている。

7月13日，ヴァヴィーロフはスターリンに接見した。7月15日の朝，レニングラードに向かう列車の中で書かれたメモには「13日，朝10時，ヨシフ・スターリンが私を迎え入れてくれた。ゲオルギー・マレンコーフも同席。アカデミーのことと百科事典の件で1時間半も会話は続いた」とある。

その日の夕方，彼は日記を続けた。「歴史家のために，ヨシフ・スターリンとの会話を記す」。

この接見で議論された多くの問題の中で，ヴァヴィーロフはスターリンの書記局に関する見解を記述している。すなわち，スターリンがこの問題に精通していて，彼が直接介入して，あるいは，あらゆる場合においてその疑いのない賛同を持って書記局が生まれた，と述べているのである。「よい書記局が必要だ。I.V.S[スターリンのイニシャル：訳者]は，幹部会書記局がどのように機能しているのかを尋ねる。書記局は幹部会の決定を遂行し，適宜，状況について警告を送らなければならない。書記局は，各分野10名まで増員されなければならない。望ましくは，すっかりその仕事に集中できるように，充分支払われるべきだ。科学者が科学研究から離れるのは難しい，と言う。応答はないままである。S同志[スターリンのこと：訳者]は，幹部会は必要だが，幹部会がこのような問題を処理するのは困難だ，と言う」。

中央委員会の機関では，スターリンの意見は，疑いなく知られるところとなっていたし，指導部としても受け入れて行動に移したのであろう。この年の終り，中央委員会政治局は「ソ連邦科学アカデミー幹部会学術書記局に関する規則」を確定し，その機能を細かく規制すると共に，書記の定員を11名までに増員した[10]。

こうして出来上がった条件のもとでは，トプチエフが，党中央委員会勤務員の要求を完全に支持し，アカデミー幹部会に附置された，彼が指導する新しい機構が行う活動の政治=イデオロギー的な望ましさを誇示しなければならなくなったことは，まったく明らかである。党中央委員会科学課長ユーリー・ジダーノフが書記局に入っていたので，このことは彼にとってはより重要となった。トプチエフにとってそれと同様に重要な状況であったのは，彼のキャリアのいくつかの要素であった。実際に，ジニチェンコという全連邦共産党(ボ)党員による，党中央宛の，あまり読み書きがうまくない人が書いたような密告状をきっかけに，公式にこれらの問題が浮上してくるのは，もっとのち，1951年半ばのことである。ジニチェンコは，1924年，スターリングラード州フロロヴォ市から大商人，ヴァシーリー・ペトローヴィチ・トプチエフが逃亡して，「労働者階級の犠牲の上に蓄積した大金を持ち去り」，その後，モスクワで大きな仕事についている，と書いた。一方，1950-1951年，『偉大な科学研究者，アカデミー会員，A.V.トプチエフについて』と題する報告が印刷された。その中では，トプチエフは，「未確認のうわさでは，以前の商人の息子で，…(中略)…アカデミー会員，トプチエフ同志の履歴を点検することは無駄ではない」と書かれていた。密告状の点検に関連して，スターリングラード州委員会書記はユーリー・ジダーノフの質問にたいして，実際にトプチエフの父がネップ期［1921年から1927年の「新経済政策」期のこと：訳者］に大きな小間物と織物の店を有していたこと，祖父が大きな家畜業者であったこと，集団化期にトプチエフ家の経営は国有化され，家族は「フロロヴォ地区の境界外に」去ったことを回答した。ユーリー・ジダーノフの党中央組織局事務室への説明資料には，トプチエフは，事実，商人の息子で，入党の時に彼はそれを隠したので，1933年11月にモスクワ化学技術専門学校の党組織粛清委員会によって党から追放されたが，エメリヤン・ヤロスラフスキーを長とする中央粛清委員会の決定で，1934年5月に復党していることが述べられていた。「1922-1926年に小間物店を所有していた父親に関する報告を，トプチエフ同志はモスクワ市の全連邦共産党(ボ)キエフ地区にあった入党申請書では明示していた。これにより，問題の検討を終えることができると思料する」[11]。

この時期，ユーリー・ジダーノフは，中央委員会科学課長として「好ましからざる要素」から科学アカデミーの研究所を引き離す仕事を指導していた。そして，どんな取るに足りない事実でもその履歴に見られた，気に入らない人物はみな解職され，時として逮捕された。こうした不審者の中には，ヴァヴィーロフ自身の研究室のふたりを含む，ヴァヴィーロフ指導下の物理学研究所研究員も含まれていた。これについては，ジダーノフが中央委員会書記局宛に書いた，数多くの報告メモが証拠となっている。トプチエフが簡単にではなくとも抑圧をまぬがれることが出来，このような上級のポストに任命されることになった理由は何であったのかは，今のところ推察することが出来るだけである。彼の任命に当たって誤りがあったことを認め，予期せぬことが起こったと認めることは，党中央委員会諸機関の勤務員の仕事に直接関連した利害にはなかった，ということに疑いの余地はない。トプチエフ自身は，党諸機関の指示を無条件に実行することで，いくぶんか，科学アカデミーにおけるこのような主要なポストで仕事を継続することの保障を得る，という条件に置かれていた。アカデミー会員の称号と主任学術書記の職務はアメであり，ムチは棚上げにされた過去についての「備蓄されている」文書であり，これらのアメとムチが彼を完全に管理可能にし，指導部に望ましい「個人的なイニシァティヴ」を発揮するようにさせたのである。

もちろん，総裁と対立するようなことはしようとはしなかったが，科学の客観的な利害がこの学術書記の中で1位を占めることはなかった。日記からうかがえる，ヴァヴィーロフの「書記たち」の活動にたいする態度は既に述べた。アカデミック・ソサエティの中では，党機構の側からの厳しい圧力にもかかわらず，書記局の活動は屈することのない反発を生み出した。ヴァヴィーロフの死後，スターリン宛の書簡の中でアカデミー会員イヴァン・アルトボレフスキーは，「科学の分野のひとりであり，同時にイデオロギーの分野の人間であると自認している，幹部会主任学術書記 A.V. トプチエフの仕事のスタイルは，アカデミーの指導部にも，彼に従う学術書記たちによっても理解されている」と書いた。アカデミー会員，V.S. クレビャーキンも同じ宛先の書簡の中で，「アカデミー会員たちはアカデミーの科学活動，組織活動の本質的な問題の決定にますます参加するのを避けるようになっています」と書いた[12]。

スターリンの死後，既に1954年になっていたが，学術書記局は廃止されたことを銘記すべきであろう。スターリン期の偏執狂的な「要員」にたいする不信感は一定程度党機関によって維持されてはいたが，その度合いは低下していった。いくつかの集団を自分の活動スタイルに引き込む必要のあったトプチエフは主任学術書記の職務を続けた。1958年，新しい科学アカデミー総裁，アレクサンドル・ネスメヤーノフの支持を得て，彼は科学アカデミー副総裁に選ばれ，1962年に55歳で亡くなるまでその職に留まった。その回想によれば，ネスメヤーノフにはトプチエフにたいする信頼関係があったのである。彼はトプチエフをもっとも近しい補佐，「右腕」と見込んでいた[13]。アカデミーにおける実権はしだいに幹部会と総裁に戻ってきたが，彼らは科学研究の主要な問題すべてにわたって権力に完全な忠誠を持つことにとくに疑いを持つ動機を持たなかった。

[1] *Кривоносов Ю.И.*, “С.И. Вавилов – старые нападки и новые документы”, «Исследования по истории физики и механики». 2001. М.: Наука. С. 62–81.
[2] См. *Кривоносов Ю.И.*, “Ученый секретариат Академии наук как механизм тотального контроля (1949–1953 гг.)”, Институт истории естествознания и техники, «Годичная научная конференция». 2011 (Отв. ред. Ю.М.Батурин). М.: Янус-К, 2011. С. 212–214.
[3] *Несмеянов А.Н.*, «На качелях XX века». М.: Наука, 1999. С. 141.
[4] РГАСПИ. Ф. 17, Оп. 3, Д. 1066, Протокол П.Б. от 8. VII. 47.
[5] РГАСПИ. Протокол П.Б. от 3. IX. 47.
[6] «Академия наук в решениях Политбюро ЦК РКП(б)–ВКП(б)–КПСС». М.: РОССПЭН, 2000. С. 401, 402.
[7] Там же, С. 406.
[8] Там же, С. 406–407.
[9] Там же, С. 407.
[10] Там же, С. 421.
[11] РГАСПИ. Ф. 17, Оп. 113, Д. 168, С. 134–136.
[12] АРАН. Ф. 411, Оп. 3, Д. 245.
[13] *Несмеянов*, Указ. соч., С. 175.

第Ⅳ部

ルィセンコ事件再考

第1章
文化革命(1929-1932年)と プレゼント=ルィセンコ間“同盟”の起源

エドゥアルド・イズライレヴィッチ・コルチンスキー(市川　浩訳)

「救済も，試練も，どこからもやって来ない。
みながみなイエスであり，みながみなユダである。」(科学アカデミー会員アレクサンドル・ウゴレフ―1926-1991―の詩句より)

ソヴィエト科学の社会・政治的現象としてのルィセンコ主義については既に長期にわたって研究されてきている。その経緯についてはもう明らかにされていないことなど残っていないし，ルィセンコ主義に関連した出来事にたいする最終的な評価も既に下っているように思われる。それにもかかわらず，ここ数年，ルィセンコ主義と遺伝学との矛盾について新しい見方を主張する出版物，日本を含む全世界におけるルィセンコ主義的理念のなりゆきを検討する出版物の出版ブームが巻き起こっている。ソヴィエトのみならず，世界的な科学現象としてのルィセンコ主義をテーマとしたシンポジウムがニューヨーク(2009)で，ウィーン(2012)で開かれ，『生物学史研究(*Историко-биологические исследования*)』(2011. T.3. №2)や『生物学史誌(*Journal of the History of Biology*)』(2012. Vol.45. No.3)でも特集が組まれている(2011年，第2号)。

本章の目的は，(1)ルィセンコ主義登場の原因と今日におけるその復権の試みに関する研究にたいする現代的なアプローチを分析する，(2)ルィセンコ主義形成の社会・文化的なコンテクストを描出する，(3)トロフィム・ルィセンコとその「右腕」にして主要なイデオローグであったイサイ・プレゼントとの連携が生まれた事情を明らかにする，ことである。

1. 現代の科学史文献，一般向け文献におけるルィセンコ主義

ローレン・グレーアムやデーヴィド・ジョラフスキーの研究より以降，ルィセンコの活動は，通常，ソ連邦の科学政策というコンテクストの中で検討されてきた[1]。その後，ジョレス・メドヴェージェフ(1969)やアッバ・ガイシノヴィッチは論争に参加したグループのうち一方の側の視点から出来事を描き，登場人物を正しい者と罪ある者に分けて，出来事の白黒をつける伝統をつくった[2]。生物学界は，通常，ルィセンコ主義者たちの犠牲者として描かれ，ルィセンコ主義反対者は，たとえば，ペレストロイカ期にベストセラーになったヴラジーミル・ドゥジンツェフの小説『白衣』(1988)におけるように，清廉な心理の探求者として描かれてきた。その後，何版も重ねたシモン・シノーリの『ロシア科学の英雄と悪役』(1997)は，こうした伝統の具体化であった[3]。

1990年代に公開された文書館文書は以前の神話を動揺させ，新しい神話を生んだ。出来事に登場する人物全員が，資金，権力の関心，自己の学派の優勢，社会的ネットワークの確立，固有の“科学の帝国”建設を目指しお互いに競争する「スターリニスト科学」の体現者として等しく灰色に描かれることもまれではなくなった[4]。概して，科学的な実践とその内容が枠外に置かれることとなり，討論参加者の研究方法が世界の科学の基準と価値へ適合性を有しているか否か，という問題も枠外に置かれることとなった。

その後，新しい資料を基礎にソヴィエト遺伝学とその建設者たちの運命を研究した，一連の科学史研究が表れた。まず，それは，ニコライ・ヴァヴィーロフの逮捕の原因，審理と刑死の過程の詳しい分析である[5]。彼の息子，ユーリー・ヴァヴィーロフはニコライとセルゲイのヴァヴィーロフ兄弟に関する文書記録と回想を集めた本を出版した[6]。ヴラジーミル・イェサーコフはルィセンコとの闘いに関連したものも含めて，ヴァヴィーロフの伝記の詳細を数多く確認した[7]。米国のジャーナリスト，ピーター・プリングルの本，『ニコライ・ヴァヴィーロフの殺害』[8]も含め，こうした著作のすべてが，彼の活動を，ソ連の学術共同体が行った，科学の世界基準を保つための闘いとして理解することを可能にしている。プリングルは迫害者とその犠牲者を同一視する試みにもかかわらず，ニコライ・ヴァヴィーロフを，以前とかわらず，「20世紀の偉大な科学者のひとりにして，科学の自由を求める闘いのシンボル」と見なされることを示した。

それにもかかわらず，近年，ロシアでは，世界の科学からの引用を散りばめた無展望な自分の研究の資金繰りのための闘いにかまけていたヴァヴィーロフや他の遺伝学者と違って，まるで，細胞質遺伝の現代的な学説を予見し，農業の実践的な問題を成功裏に解決したものであるかのように，ルィセンコの復権に向けた喧しいキャンペーンが始められた。とくに，ヴァヴィーロフは，成果を挙げなかった探検と無益な国際的な連絡に国家資金を浪費した，愛国心に欠けるものとして，しきりに非難されている[9]。遺伝学者たちは，“運よく”スターリン弾圧の犠牲者となり，これがために，今日，称賛され，ルィセンコは，彼が愛国者で，優生学と闘い，植物の選定と畜産において大きな成功を遂げ，春化処理法を開発し，刈入れした畑への播種法，森林保護帯を創設し，牧草による土地改良システムを発展させ，フルシチョフの冒険主義に反対したために鞭打たれているのだ，とこれらの研究は主張している。近年，こうした見方は，ロシアのインテリゲンツィアの中で絶えず信頼に足ると見なされ続けてきた『文学新聞』[10]やジャーナリストのみならず，生物学や農学で学位を持っている研究者によって刊行された一連の単著[11]の中でも支持されているのである。遺伝学者ユーリー・イヴァノフの意見では，「“ルィセンコ時代”など存在しなかった。存在したのは，ソ連邦を解体させたペレストロイカの“1段階”としての“反ルィセンコ時代”であった」ということになる[12]。

歴史家で著述家のユーリー・ムーヒンは，遺伝学という“科学の女帝”に関する，そして“偉大な科学者＝ヴァヴィーロフ”と“冒険主義者＝ルィセンコ”に関する“リベラルな”神話を“解体する”[13]。軍医中将ユーリー・ボブィリョフは，全般的には遺伝学，特殊には「ひとゲノム」プロジェクトの主たる目的が，ロシア人の人口の90％が属する白人種に脅威を与える遺伝学的兵器の開発にあると呼号している[14]。

このすべてを，あれこれの取るに足らない科学者の作用として見ることは正しくはあるまい。じつに，これこそは，学術共同体の一部，何よりも，ヴァヴィーロフの遺産を事実上廃棄しようとするルィセンコ支持派の教え子たちの立場が強いロシア農業科学アカデミーの内部におけるルィセンコの理念の“報復の渇望”の表われである[15]。“主権ロシアの民主主義”の探求とルィセンコを独創的なロシア科学の創造者とするプロパガンダ的宣伝とが結びついた諸過程の社会的・政治的根幹も明らかである。権力と社会にとって新たに外なる敵のエージェントとして現われた遺伝学者たちは，スターリン期を懐かしむ人々から自らの科学を守る必要に迫られているのである。

再度，権力と社会にとって外国の敵のエージェントとして表された遺伝学者たちは，スターリン時代を懐かしむ人々からのみならず，新しい世代の超愛国主義からも自分たちの科学を守らなければならなくなった。しかしながら，すぐれた科学者の中には，最近，ルィセンコ主義の歴史の根本的な再検討を呼びかける著書を著したものも現れてきた。たとえば，功労科学者，国家賞受賞者の遺伝学者，レフ・ジヴォトフスキーは，最近，ニコライ・ヴァヴィーロフとトロフィム・ルィセンコの科学的達成を同一視し，後者を，歴史を回顧した時の勝利者として描き出す試みを行った[16]。もうひとり，功労科学者で，国家賞，および2013年の閣僚会議賞受賞者である野菜栽培家，ピョートル・コノンコフはさらに先を行った。2014年の年末，政府の「ロシアの文化」プログラムの一環として，その著書『ふたつの世界 — ふたつのイデオロギー』が出版されたが，その中では，ルィセンコは才能あるロシアの科学者，真正なる正教徒として描かれ，彼の反対派は，「民族の裏切り者」，ペテン師，無学なものと特徴づけられている[17]。この著書はインターネット上で嵐のような抗議の声を呼び，雑誌『政治の概念学(«Политическая концептология»)』(2015, №1. С. 237-281)や『生物学史研究(«Историко-биологические исследования»)』(2015, T.7. №2. С. 109-133)の誌上にいくつか，これを鋭く拒絶する論説が登場した[18]。

これが，何故，ルィセンコ主義興隆の科学的，社会・文化的，イデオロギー・政治的要因に立ち返ることが，遺伝学の拒絶と，世界の科学の基準に反した，プロレタリア的，ないしソヴィエト的な生物学を創造しようとする試みと結びついたルィセンコ主義の本質を理解するために重要であるのか，その理由である。

2. 生物学の“弁証法化”の第一歩

ルィセンコ主義は，科学共同体の内戦期，ネップ期(1921-1927)[19]，および科学アカデミーの“ソヴィエト化”期(1928-1929)[20]における変容の不可避的な結果である。この時期，国の政治的指導者のみならず，科学者自身，たとえば，植物学者のボリス・コゾ=ポリャンスキー，動物学者のアレクサンドル・リュビシチェフ，心理・神経学者のヴラジーミル・ベフテレフ，それに遺伝学者のアレクサンドル・セレブロフスキーは自然科学におけるイデオロギー的な議論に飛びついたのである。

学問的な議論の中に，生物学者の他，概して高等教育を受けず，「労働者学部」，「赤色教授学院」や「共産主義高等学校」を卒業しただけの哲学者が加わるようになると，学問的な議論は政治色を帯びるようになった[21]。1927年，弁証法的唯物論を生物学に導入するために創設された組織，施設を指導していた遺伝学者，イズライリ・アゴール，ソロモン・レヴィート，ヴァシーリー・スレプコフやイェフゲニー・フィンケリシテインらの活動は特別の重要性を有している[22]。内戦，学生と党の粛清という経験を持つ彼らは，活発に政治的な議論やスローガンを利用し，学問的な議論に非妥協的な気風を持ち込み，活力論，神秘主義，観念論，目的論の故を持って反対者を罪に問うた。他の討論参加者たちも彼らのスタイルを身につけていった。かくして，1926年11月20日，共産主義アカデミーにおいて偉大な遺伝学者，アレクサンドル・セレブロフスキーは「いたるところで，まず，共産主義アカデミーの内部で革命的マルクス主義の旗のもと」ラマルク主義との非妥協的な闘争を呼びかけた[23]。科学的理念が社会主義的改造にとって実践的意義を持つことについて議論が立てられるのが常態となった。たとえば，優生学者のミハイル・ヴォロツコイは，彼が提案した，望ましからざる遺伝子を持つ人々の増加の強制的な（絶滅に至るまでの）未然防止が人間の個体群の質的改善を保障し，そうすることで社会主義建設を加速すると主張した[24]。彼の考えでは，断種は解剖学的な偏差を持った世代の再生産を防止し，社会における生存競争の激しさを緩和し，生殖における無秩序に終止符を打ち，社会的諸過程に計画的な組織性を与えるものとなるはずであった。遺伝学者たちは短時間に大量の収穫をもたらす，抵抗力のある植物種を開発すると約束し，政府は，加速された育種法のための出発種を世界中に求める探検に資金を提供した。しかし，まさにルィセンコは，彼が提案する春化処理法が特別な支出なしにコルホーズの耕地における収穫を急増させると政府に信じさせることに成功したのである。

イデオロギー的な討論と非難は，既にこの時期，人事異動で終わることが珍しくはなくなっていた。その結果，むき出しの出世主義は時に理念のかたちを装うようになっていた。若いマルクス主義的生物学者たちは伝統的な学派のリーダーたちを，客観的には，競争相手と見なし，職業上の出世を加速しようと試みて，自らの恩師や同僚を“ブルジョワ”科学崇拝の廉で責めた。しかし，古い世代の生物学者たちも多くは，自らの社会的地位を確保し，あるいは上昇させ，財政的支援を受け，競争相手を貶めたり，非難から身を守ったりしようと，マルクス主義的な組織や雑誌に参加するようになっていた。1925年4月，レニングラードにおけるマルクス主義学術協会の討論が示しているところでは，神経生理学の4つの学派の代表者たちは，まさに自分たちの見方こそがマルクス主義社会学の基礎とならなければならないと，極端なまでに主張しようとした[25]。マルクス主義哲学についての明確な理解もなしに，彼らはみな，自らになじみの深い概念をマルクス主義に照応したものだとする一方，反対者や競争相手の見方を反マルクス主義的であると主張することが出来たのである[26]。

生物学の一般理論問題に関する激烈な討論と固有の研究プロジェクトにたいする国家の支援を求める競争という状況下に，学術上の反対者に，反動家だとか，世界ブルジョワジーの幇助者であるとか，汚名を着せ，レッテルを貼る行動が生まれた。

この時代，生物学者を恐れさせたイデオロギーの嵐の中心はモスクワであった。そこには，基本的なマルクス主義の機関と協会が立地しており，党・政府グループとの距離の近さが競争を先鋭化していた[27]。レニングラードでは違った様子が見られた。そこでは，生物学の弁証法化論者に本質的な支持を与えていないリーダーを持つ諸学派が保たれていた。生理学者アレクセイ・ウフトムスキーが指導していたマルクス主義学術協会自然科学分科会に法律家のイサイ・プレゼントが加わったのは1925年のことであった。彼は自らの周りに学生グループを集め，彼らの助けで分科会の活動を不安定化させようとしたが，分科会と協会の指導部の側からの抵抗にであった[28]。マルクス主義学術協会がマルクス主義のプロパガンダを扱わないということがまもなく明らかになり，1930年初め，それは廃止され，その自然科学分科会は，まもなく，レニングラード・マルクス主義生物学者協会の基礎となった。

3.「文化革命」と生物学

マルクス主義学術協会の廃止は，学術共同体における既存のヒエラルキーの破壊，科学者の社会主義建設への動員を呼びかけた「偉大な転形」，ないし「文化革命」によって呼びかけられたものであった[29]。1929年4月，共産主義アカデミーの指導者，ミハイル・ポクロフスキーは非マルクス主義的自然科学との平和的な共存の終結と「ブルジョワ科学者にたいするフェティシズム」根絶を主張した[30]。自然科学の唯物弁証法を基礎とした改編に関するアブラム・デボーリンの考えが公式の支持を得たのであるが，そのことは，あれこれの科学的な概念をマルクス主義に照応しないものとして禁じる可能性をもたらした[31]。デボーリンの立場は，多くの遺伝学者，とりわけ，チミリャーゼフ研究所の所長に任命されたアゴールによって支持された[32]。マルクス主義生物学者協会の新しい幹部会では，遺伝学者(アゴール，マルク・レヴィン，レヴィート，セルゲイ・ゲルシェンゾン，ミハイル・メステルガジ，ミハイル・ナヴァーシン，セレブロフスキー)とその支持者が優勢であった。デボーリン派と遺伝学者の支持者であったのがプレゼントである。

しかしながら，2年も経たないうちに，デボーリンとその支持者たちはブルジョワ科学への降伏，理論の実践からの遊離，政治的無関心とアカデミズムの廉で責められることになった[33]。遺伝学における彼らの支持者たちの著作は反マルクス主義的であるとされた。

共産主義アカデミーや他の協会，雑誌の指導的な役職を占めるようになったのは，発生学者，トーキン率いる生物学の弁証法化論者たちの，次に控えていた部隊であった。彼らは，最近まで“プロレタリア的・弁証法的生物学”のリーダーであった者たちを，“自然科学の最前線における党の路線の不実施”，ブルジョワ科学者(とりわけ，遺伝学)の仕事とマルクス主義との同一視，ブルジョワ科学への降伏，“実践からの反マルクス主義的な遊離”の廉で非難した[34]。遺伝学を含む生物学のすべての分野が社会主義建設の実践からの遊離とプロレタリアに対する敵意のゆえをもって非難された。

この時までに，“ブルジョワ的な”科学者との闘争のみならず，指導的なポストや党エリートの庇護，財政，影響力を目指す闘争における競争も生物学の“弁証法化”の動因であることが明らかとなった。

勝利者はしばしば先任者の降格を手助けしながらも，密かな良心を持って，今や自由になった地位に留まった。トーキンは，遺伝学のリーダー，ニコライ・ヴァヴィーロフとの闘いを熱望していたが，ヴァヴィーロフは，当時，政府にも，全連邦共産党(ボ)中央委員会にも強固な関係を築いていた。その上，のちに“生きた物質”概念の創始者となるルィセンコ支持者のオリガ・レペシンスカヤから，“機械的唯物論”や“メンシェヴィキ化する観念論”との闘争における消極性の廉でトーキンその人を非難する訴願が党統制委員会に届いたのであった。文書館には，ルィセンコ主義者との闘いにおける将来の闘士たち，たとえば，植物地理学者のスカチョフらが，自分たちの学術上の反対者たちの信用を失墜させるために，どのようにマルクス主義を利用していたのかを物語る文書がたくさん保存されている[35]。

生物学における主要な「文化革命」“特昇適用者”となったのは，時機を失せず，デボーリンと遺伝学支持者たちの沈没しつつある船を見捨て，生物学者たちの間で党の政策を普及するために設置され，のちにはルィセンコ一派版“ソヴィエト生物学”を準備する道具となった一連の組織を率いていたプレゼントであった[36]。彼には，教育方法の審議にせよ，自然保護の問題にせよ，どのような論争にも，他の誰も出来なかった，先鋭化しつつある階級闘争という性格を持ち込む能力があった[37]。彼には科学におけるオーソリティーがなかった。のちに彼によってルィセンコの先駆者と位置づけられるイヴァン・パブロフ，クリメント・チミリャーゼフ，ヴァシーリー・ドクチャーエフ，ヴァシーリー・ヴィリヤムスの業績ですら認識していなかった。彼の妻，ベラ・ポタシニコヴァは，夫がヴァヴィーロフとの闘争を呼びかけた時，「ヴァヴィーロフに関する諸問題は州委員会と合意しなければならないはずです」と述べたが，「ヴェルナツキー，パヴロフ，その他の人々の詳しい研究には，われわれは未だに取りかかることができない」と嘆きつつ認めている[38]。

彼の活動は明らかに，“プロレタリア”生物学の確立，すなわち，伝統的な学派の壊滅という新しい方向を反映したものであった。過去の全連邦遺伝学会議，動物学会議，植物学会議，生理学会議，環境保護会議は，古い世代の科学者たちが党の指示に外面上従う用意が出来たことを示している。たとえば，第1回全連邦遺伝学・育種学・種子増殖・繁殖畜産学大会では，最短の時間で家畜の新しい種と植物の新しい品種を生み出す奇跡を創造する科学というイメージが遺伝学に付与されたのであった。遺伝学者を創造主にたとえながら，ヴァヴィーロフは，遺伝学者は新種の有機体を創造して，まるで技術者のように振る舞わなければならない，と述べた。ヴァヴィーロフは，当時既にルィセンコが働いていた，オデッサの遺伝学=育種学研究所を“全世界の科学組織の中でも先端を行くもの”のひとつに数え上げた。セレブロフスキーは，才能ある，価値ある男性から採取した精子を女性に人工授精することを通じて，望ましい特徴を持った子孫を増やすために，社会主義的優生学に進むべきだと提案した。彼の意見では，このことは5カ年計画を2.5カ年で実現することを可能にするはずであった[39]。このようにして，遺伝学者たちは，農業の向上と社会の刷新のために速効性のある手段にたいする信念を醸成していった。実際には，こうした信念の“収穫”は彼ら以外のものによって成功裏に刈入れられることになったのである。

「文化革命」はニコライ・ヴァヴィーロフを含む遺伝学のリーダーたちの地位を著しく弱めた。レニングラードの党文書館，およびロシア科学アカデミー文書館保管の共産主義アカデミー文書の，最近，著者が学術の世界に紹介した新しい文書[40]は，まさに「文化革命」の時代，まだルィセンコが農業技術者，育種家の世界で重要な人物として現れる以前に，その科学に関する部分は最初はたいへん些細なものであったにせよ，ヴァヴィーロフにたいする大衆化された批判が行われていたこと，最初からヴァヴィーロフにたいする攻撃は党機関によって煽動され，統制されていたこと，彼に反対する者たち（A.V. アリベンスキー，G.I. シュルィコフ）は基本的には政治=イデオロギー活動家と出世主義者の共謀によって指導されており，その活動をプレゼントによって設立された機構と調整しあっていたことを示すものであった[41]。1932年を俟たずに，ニコライ・ヴァヴィーロフは要員養成政策における自律性を失い，かなりの程度，自身が指導する機関にたいする統制力を失っていた。この時，ニコライ・ヴァヴィーロフに向けて，その研究戦略上の選択の誤り，実践からの遊離，マルクス主義とは無縁な理論の推奨，ブルジョア科学への信奉の廉で弾劾の声が浴びせかけられるようになったのである。

同時に，1932年初めまでに，生物学における「文化革命」の主たる目的，すなわち，多数の科学者をマルクス主義的組織に引き入れ，プロレタリア科学を創造する，という目的が達成出来ないものであることが明らかとなった。表面的に新しいターミノロジーを身につけた一部の生物学者は以前とかわらず働き続けた。その他の科学者，たとえばヴェルナツキーは，プレゼントの発言をデマゴギーだとか空談だと呼んで，あからさまに弁証法的方法の暴力的な導入に反対した[42]。社会主義建設援助全連邦科学技術労働者連盟の資料が示すところによれば，ソ連邦科学アカデミーの中には，生物学分野のアカデミー会員の“精査”とソ連邦科学アカデミーの根本的な再編を始めようというプレゼントの呼びかけを重要視した者などいなかった[43]。プレゼントが創設した学協会は，もっとも大きなものでも200名を超えてはいなかったし，その一部は，プレゼントの言葉を借りると，協会における演説用カードを機械的に埋めるだけで，その名称を覚える努力すらしなかった[44]が，残りの多数は，アンケートに見る限り，一般に，自分の関与について何も知らなかった[45]。

生物学の学術共同体にたいするコントロールという課題は，ソ連邦科学アカデミー，全連邦農業科学アカデミー，諸大学の“粛清”関連の委員会が，そして，のちには合同国家保安本部が，実践上の諸問題に望ましからざるやり方で取り組んでいる，あるいは，有害ですらあるとの廉で非難された生物学者を逮捕，あるいは，遠く離れた都市に追放，もしくは最初期の「秘密収容施設」に収容しつつ，この課題を効果的に達成するのである[46]。

4. ルィセンコとプレゼントの連携の始まり

プレゼントの意見では，ソヴィエト生物学の完成版が欠落していたために，アカデミズムの研究にたいするコントロールに失敗したということになる。自らの失敗に関するプレゼントの自覚は彼に，その名前を出せば“プロレタリア”生物学創造のなんらかの理論的基礎を作り上げることが可能となり，かつ党指導者部にも名の通った庇護者を見出すことに目覚めさせた。レニングラードでは一流の学者は誰も自分と相互に協力することはしないだろうということをプレゼントは，既に知っており，ルィセンコの仕事をさかんに引用し，育種家イヴァン・ミチューリンの方法を宣伝しつつ，慎重にルィセンコの“成功”に注目した。いかにして相互協力関係を確立することに成功したかというと，1932年2月11日，彼はルィセンコと協力について協議したことによってであった[47]。1932年3月23日に作成されたマルクス主義生物学者協会の1932年次活動計画には，ピョートル・ベリコフを長とする「植物生育の生理学的管理の諸問題の方法論的基礎(春化処理法)」考案のための作業班が登場した。プレゼントのパンフレット『弁証法的唯物論に照らしてみたダーウィン理論』は1932年4月にダーウィン記念行事にたいする啓発テーゼとして出版されたものであるが，その中では遺伝学から“創造的ダーウィニズム”理念への彼の最終的な移行が確認できる。その中で彼はミチューリンとルィセンコに，「動植物の生態に関する社会主義的計画実現の戦士＝先駆者」という役割を当てがったのである[48]。その月中に，プレゼントは共産主義アカデミーの指導部に大学院生や研究員と一緒に，有機体改造の実験的方法を身につけ，新しい生物学実験法に関する論集を準備する目的でルィセンコとミチューリンに会い行く出張願いを提出した[49]。公式の協力の提案をルィセンコは歓喜して受け入れた。1932年5月22日付の彼のプレゼント宛書簡を見ると，ルィセンコはまだ自分の将来の“右腕”についてよく知らなかったようで，彼の名前を「イサイ・イサーエヴィチ」と誤って記している[50]。

その年の夏，プレゼントはオデッサにルィセンコを訪ね，コゼリスクの禁漁区にミチューリンを訪ねている[51]。相互に協力の心構えが出来ていたことは早期に成功を生んだ。彼らの往復書簡からは，その年の秋には共著の執筆過程に入っていたことがわかる[52]。この時，形成されつつある概念を「ミチューリン生物学」と名づけることが決まった。というのは，既に1920年代の初めにはミチューリンは「偉大な自然改造者」と宣言されていたからであった[53]。

このようにして，1929-1932年の期間にレニングラードで展開した出来事はルィセンコとプレゼントの連携の発端に新しい光を注ぐものである。

1932年夏，プレゼントがルィセンコのもとに滞在していた時，生物学へのマルクス主義導入のために創設された組織や雑誌が次々と廃止・廃刊されていった。最初に，「文化革命」の時にもっとも活発であった機関が廃止された。それらの機能は，あるいはルィセンコ本人を長とする機関，あるいはその支持者を長とする機関に切りかわっていった。この過程はとくに大粛清の時代に強化され，1948年の全連邦農業科学アカデミー総会のあとには科学アカデミーをも掌握し，トータルな性格を持つに至った。

レニングラードで弁証法的唯物論の助けを借りて自然科学を再編しようとしていた主要な人物の中で，プレゼントはただひとり，これらの計画の破綻を事前に嗅ぎつけ，新しく庇護者をかえることに成功した人物となった。その他の人々は，しだいにうち続く生物学の「要員刷新」の対象となり，引き続いて起こった弾圧の中で横死を遂げていった。

ミチューリン生物学，ないし農業生物学は，党指導部にとって，弁証法的唯物論の諸原理に基礎を持ち，農業をラジカルに近代化する使命を帯びた，真に“プロレタリアの”科学として認知されるようになったのである。

ルィセンコ主義の登場は，科学の党・国家統制への従属，生物学のイデオロギー化・政治化と結びついた，科学の“ソヴィエト化”の必然的な帰結であった。“ソヴィエト化”は生物学研究の社会的連関と科学研究組織(その制度化，科学者の新しい世代の社会化，要員養成のシステム)のみならず，科学の国家や社会との関係，科学者の社会的地位，外国の集団との連絡にも巨大な影響を与えた。生物学においては，それは科学研究の特有のスタイルと言語のモディフィケーションももたらした。すなわち，基礎研究と応用研究との間の相互関係の転換，支配的な概念の交替をもたらしたのである。ルィセンコ主義は，“プロレタリア的”，“弁証法的”，“ミチューリン的”生物学というかたちで“イデオロギー的に正しい科学”のさまざまなヴァリアントを創造しようとする，数多くの試みの帰結となった。

この関係において，ロシアでルィセンコ主義を復権させようとする試みは，

図Ⅳ-1-1　ルィセンコとプレゼント。出典：*Э.И. Колчинский*, «Биология Германии и России - СССР: В условиях социально-политических кризисов первой половине XX века». санкт-Петербург; Изд-во "Нестор-История." 2007г

図Ⅳ-1-2　プレゼント(左)とミチューリン(右)。1932年。合成写真ではないか，との指摘もある。出典：*Э.И. Колчинский*, «Биология Германии и России - СССР: В условиях социально-политических кризисов первой половине XX века». Санкт-Петербург; Изд-во "Нестор-История." 2007г

現代ロシアの権威主義と社会=愛国主義の名誉を回復しようとする試みのひとつとして，検討されるべきものなのである。

[1] Graham, L., *Science and Philosophy in the Soviet Union*. New York: Vintage Book, 1966; Joravsky, D., *The Lysenko Affair*. Cambridge, Mass.: Harvard Univ. Press, 1970.

[2] Medvedev, Zh. A., *The Rise and Fall of T.D. Lysenko*. New York: Columbia Univ. Press, 1969; Gaissinovich, A.E., “The Origin of Soviet Genetics and the Struggle with Lamarckism.” *J. Hist. Biol.* 1980. Vol. 13. P. 1-51.

[3] 事実，最新の版でシモン・シノーリは，以前その著作を書いた時に比べて状況は著しく複雑になっていると述べて，その題名に本質的な変更を加え，『祖国の科学における英雄，悪役，そして，妥協したものたち』(モスクワ，リブロック社，2009)としている。

[4] Krementsov, N.L., *Stalinist Science*. Princeton: Princeton Univ. Press, 1997.

[5] *Я.Г. Рокитянский, Ю.Н. Вавилов, В.А. Гончаров* (сост.), «Суд палача. Николай Иванович Вавилов в застенках НКВД. Биографический очерк». М.: Academia, 1999.

[6] *Вавилов, Ю.Н.*, «В долгом поиске. Книга о братьях Николае и Сергее Вавиловых». М.: ФИАН, 2004.

[7] *Есаков, В.Д.*, «Николай Иванович Вавилов: Страницы биографии». М.: Наука, 2008.

[8] Pringle, P., “The Murder of Nikolai Vavilov”, *The Story of Stalin’s Persecution of One of Great Scientists of the Twentieth Century*. New York et al.: Simon & Schuster, 2008.

[9] こうした非難は1930年代初めに合同国家保安本部(ソ連の公安機関)の地下室で生み出されたものであるが，最近，ガリー・ネブハンの著書の中で改めて鮮やかなまでに反駁されている(Nabhan, G., *Where Our Food Comes From: Retracing Nikolay Vavilov’s Quest to End Famine*. Washington: Island Press; Shearwater Books, 2009)。著者はヴァヴィーロフの探検と世界の各地における飢餓問題を解決するための栽培植物の発生中心という彼の概念が果たす大きな役割を明快に示したのである。

[10] たとえば，医学博士ミハイル・アノーヒンが『文学新聞』2009年3月18日付号(№11，12頁)に発表した論文「アカデミー会員ルィセンコとかわいそうな羊のドリー」を参照のこと。

[11] *Пыженков, В.И.*, «Николай Иванович Вавилов – ботаник, академик, гражданин мира». М.: Самообразование, 2006; *Миронин, С.С.*, «Дело генетиков». М.: Алгоритм, 2008; *Овчинников, В., Коненков, П.Ф., Чичкин, А. Дрягин И.В.*, «Трофим Денисович Лысенко – Советский агроном, биолог, селекционер». М.: Самообразование, 2009; *Овчинников, Н.В.*, «Академик Трофим Денисович Лысенко». М.: Луч, 2010; *Кононков, П.Ф.*, «Вклад Т.Д. Лысенко в победу Великой Отечественной войне». М.: Самообразование, 2010 и др.

[12] *Иванов, Ю.Н.*, «Исследования плодовитости в связи с теориями биогенеза».

Новосибирск, 2009.

13　*Мухин, Ю.И.*, «Генетика-продажная девка: Познание мира или кормушка?». М, Быстров, 2006.

14　*Бобылев, Ю.А.*, «Генетическая бомба: Тайные сценарии биотерроризма». М.: Белые альвы, 2006：昨年，科学アカデミー会員にして農業科学アカデミー会員コンスタンチン・スクリャービン率いるクルチャートフ研究所の科学者集団による，いわゆる「ロシア人のひとゲノム」の解読がボブィリョフ流の風潮の中で得られた資料の実践的意義に関する，喧しいPRキャンペーンのネタとなった(«Поиск». 2011. 49 -1175-. 9 дек. с. 12)。

15　ロシア科学アカデミー会員の遺伝学者，ヴィクトル・ドラガフツェフが述べているように，ヴァヴィーロフが基礎を築いた，世界でももっとも大きなもののひとつである植物の遺伝子コレクションはもっとも価値あるサンプルの深刻な破壊と喪失の危機に晒されている。ヴァヴィーロフが創設した全連邦(現在は全ロシア)植物栽培研究所では，ヴァヴィーロフのコレクションに関係のない，彼の研究所へ，4カ所の，コレクションを利用した通常の研究に必要な実験ステーション，2カ所の試験農場を研究所から切り離して，引き渡し，植物栽培研究所には10カ所のステーションしか残されなかった(газ. «Гатчинская правда». 25 окт. 2011 г., с. 6)。もっともインテンシヴにコレクションが作成されていた時期，ヴァヴィーロフは植物栽培研究所の中に，20カ所の実験ステーションと60カ所の試験圃場区画を組織していたことを思い起こすのがよかろう。連邦サーヴィス機関，つまり，ブラヴェルマン住宅建設基金と経済発展省は，金持ちのコテージ建設用に競売で売られることになっている，サンクト=ペテルブルクの何百haもの試験用耕地を植物栽培研究所から取り上げることを諦めてはいない(thhp.fontanka.ru/ 2010/04/15/116/)。ロシア農業科学アカデミー総裁のゲンナジー・ロマネンコの指示によって，2003年，ルィセンコの肖像が幹部会の会議室に掲げられた。この肖像の下に，ある時，遺伝学分野の科学アカデミー会員で農業科学アカデミー会員であるアレクサンドル・ジューチェンコが座っていた。ルィセンコの肖像の下に座るのはどのようなものかと聞かれると，彼は「私は反対だったが，幹部会全体が賛成に投票したので，何も出来なかった」と応えた。このことに引き続いて，2009年，種子増殖家で育種学研究者だったヴァシーリー・レメスロの教え子だったニコライ・ジュベンコが植物栽培研究所の所長に，投票を経ずして任命されるということがあった。1964年7月14日付のニキータ・フルシチョフ宛書簡の中で，ルィセンコ支持派が科学アカデミー会員に選ばれなかったことに関して，全連邦農業科学アカデミー総裁であったミハイル・オリシャンスキーは，「レメスロはミチューリン学説を支持しているのみならず，育種学研究にそれを利用する能力を持っている」と断言している(*Россиянов, К.О.* (сост.) “Т.Д. Лысенко и Академия наук”, в кн.: *Ярошевский, М.Г.* (ред.). «Репрессированная наука». Вып. 1. М.: Наука, 1991. С. 523.)。

16　*Животовский Л.А.*, «Неизвестный Т.Д. Лысенко». М.: Т-во научных изданий КМК, 2014.

17　*Кононков П.Ф.*, «Два мира - два идеологии: О положении в биологических науках в России в советский и постсоветский периоды». М.: Луч, 2014.

18　現代ロシアにおけるルィセンコ主義の人気の原因に関する詳細な分析は，筆者の以下の近刊においてなされている：*Kolchinsky E.I.* “Current Attempts at Exonerating ‘Lysenkoism’ and Their Causes”, Ed. by W. deJong-Lambert and N.Krementsov, *The Lysenko Controversy as a Global Phenomenon*. New York: Palgrave Macmillan, 2016.

19 *Колчинский, Э.И.* (ред., сост.), «Наука и кризисы». СПб.: Дмитрий Буланин, 2003. С. 357-449.

20 *Вознесенский, И (Перченок Ф.Ф.),* "Имена и судьбы". в сб.: «Память». Вып. 1. Париж, 1978. С. 177-212; *Брачев, В.С.* "Укрощение строптивой, или как Академию наук учили послушанию.", «Вестник АН СССР». 1990. № 4. С. 120-128; Под отв. ред. *Ж.И. Алфёрова*, «Академическое дело». Вып. 1-2. СПб.: Наука, 1993, 1998. 以下の特集も参照のこと："Укрощение Академии" (статьи В.П. Визгина, С.С. Демидова и В.Д. Есакова, Б.И. Козлова, А.В. Кольцова, Ю.Х. Копелевич, Б.В. Левшина, В.С. Соболева) в книге: Под ред. *М. Хайнеманна* и *Э.И. Колчинского*, «За "железным занавесом": Мифы и реалии советской науки». СПб.: Дмитрий Буланин, 2002. С. 15-129.

21 労働者学部，共産主義大学，赤色教授学院は，1920年から1938年にかけての時期，中等教育から教授層の養成に至るまでの，国民経済，科学，高等教育のさまざまな分野のためのマルクス主義的幹部速成を任務とした，共産主義教育の不可分の一部であった(См.: *Козлова, Л.А.*, "Институт Красной Профессуры (1921-1938 годы). Историографический очерк", «Социологический журнал». 1994. № 1. С. 96-112; David-Fox, M., *Revolution of the Mind: Higher Learning among the Bolsheviks*. Ithaca; London: Kornell Univ. Press, 1997; Behrendt, L.-D., "Die Institute der Roten Professur: Kaderschmieden der sowjetischen Parteiintelligenz -1921-1938-", *Jb. für Geschichte Osteuropas*. 1997. Bd. 45. Hf. 4. S. 597-621.)。

22 *Агол, И.И.*, «Диалектический метод в эволюционной теории». М.; Л.: Госиздат, 1927; *Слепков, В.Н.* "Диалектический метод в биологии", «Под знаменем марксизма». 1927. № 10-11. С. 249-262; *Левит, С.Г.*, "Эволюционные теории в биологии и марксизм", в сб.: «Медицина и диалектический материализм». Вып.1. М.: 1-й Моск. гос. ун-т, 1926. С. 15-32; *Финкельштейн, Е.А.*, «Жизнь как диалектический процесс». Харьков: Научная мысль, 1928.

23 «Вестник Коммунистической академии». 1927. Вып. 19. С. 231-232.

24 *Волоцкой, М.В.*, «Классовые интересы и современная евгеника». М.: Жизнь и знание, 1925.

25 Санкт-Петербургский Филиал Архива РАН (СПФ АРАН). Ф. 238, Оп. 1, Д. 126.

26 詳細は，: *Колчинский, Э.И.*, «В поисках советского "союза" философии и биологии: Дискуссии и репрессии в 20-х - начале 30-х гг.». СПб.: Дмитрий Буланин, 1999. С. 66-135.

27 Архив РАН (АРАН). Ф. 350, Оп. 2, Д. 48, лл. 1-63; Д. 112, лл. 1-58; Д. 115, л. 1-70.

28 СПФ АРАН. Ф. 238, Д. 20, л. 14; Д. 96, лл. 12-13.

29 Fitzpatrick, Sh., *Cultural Revolution in Russia: 1928-1931*. Bloomington; Indiana Univ. Press, 1984; *Колчинский*, «В поисках советского "союза" философии и биологии:...». Указ. соч. в примечании (26).

30 *Торбек К.*, "Деятельность Коммунистической Академии", «Вестник Коммунистической академии». 1929. № 33. С. 270.

31 «Современные проблемы философии марксизма. Доклад А.М. Деборина, прения по докладу и заключительное слово». М.: Коммунистическая академия, 1930, с. 21, 107, 197-198 и др.

32 «Задачи марксистов в области естествознания. Доклад О.Ю. Шмидта. Прения по

докладу и заключительное слово». М.: Коммунистическая Академия, 1930. С. 105.

33 АРАН. Ф. 350, Оп. 1, Д. 435, лл. 197–225; Д. 410, л. 1–57.

34 "О положении на фронте естествознания", «Вестник Коммунистической академии». 1931. № 1. С. 26.

35 АРАН. Ф. 1588, Д. 103, л. 1; СПФ АРАН. Ф. 240, Оп. 1, Д. 35, л. 119.

36 それらは，レニングラード・マルクス主義生物学者協会，戦闘的唯物論者・弁証法家協会自然科学分科会，共産主義アカデミー・レニングラード支部自然科学研究所，レニングラード大学自然弁証法・進化学説教室などである。

37 СПФ АРАН. Ф. 240, Оп. 1, Д. 5, л. 58.

38 Там же. Ф. 240, Оп. 1, Д. 5, л. 57–58.

39 *Серебровский, А.С.*, "Антропогенетика и евгеника в социалистическом обществе", «Медико-биологический институт». 1929. № 1. С. 3–19.

40 Центральный государственный архив историко-политических документов в Санкт-Петерербурге. Ф. 304, Архив РАН, Ф. 350.

41 詳しくは，以下参照のこと：*Колчинский Э.И.*, "Культурная революция в СССР (1929–1932) и первые атаки на школу Н.И. Вавилова", «Вавиловский журнал генетики и селекции». 2012. Т. 16. № 3. С. 502–538; *Колчинский Э.И.*, "Начало скорбного пути Н.И. Вавилова (К 125-летию великого ученого)", «Политическая концептология». 2012. № 4. С. 72–122; *Колчинский Э.И.*, "У нас в ВАСХНИЛ происходят бои за марксистскую методологию: Партийная организация ВАСХНИЛ в 1930–1931 годах", «Историко-биологические исследования». 2013. Т. 5. № 1. С. 39–53; *Kolchinsky E.I.* "Nikolai Vavilov in the years of Stalin's revolution from above' 1929–1932)." *Centaurus*, 2014. Vol. 56. № 4. P. 330–358.

42 СПФ АРАН. Ф. 240, Оп. 1, л. 35, лл. 101–134.

43 Там же. Ф. 245, Оп. 1, Д. 2а, лл. 20, 30.

44 Там же. Ф. 239, Оп. 1, Д. 35, л. 110.

45 Там же. Ф. 239, Оп. 1, Д. 44; Ф. 245, Оп. 1, Д. 19.

46 この時期，かつてのスーズダリ・ポクロフスキー修道院の敷地内に初の「生物学シャラシカ（強制収容施設）」であった合同国家保安本部特殊任務ビューロー（のちの生化学研究所）が誕生した。ここには，生物学兵器の開発と伝染病病原体（ペスト，コレラ，ツラレミアなど）の「戦闘」効果の評価のために，さまざまな都市で逮捕された，優れたソヴィエトの微生物学者，伝染病研究者が連れてこられた。

47 СПФ АРАН. Ф. 240, Оп. 1, Д. 3, л. 1–5.

48 *Презент, И.*, «Теория Дарвина в свете диалектического материализма: Тезисы к пятидесятилетию со дня смерти Ч. Дарвина». М.: Коммунистическая академия, 1932. С. 18.

49 СПФ АРАН. Ф. 232, Оп. 1, Д. 24, л. 7–12.

50 Там же, Д. 22, л. 12.

51 あるオーラル・ヒストリーによれば，ミチューリンは，黒百人組のコゼリスクにおけるかつてのリーダーとして，ユダヤ人プレゼントを甚だ無愛想に扱ったが，そのことは，基本的には，どうも合成写真らしい，有名なプレゼントとミチューリンが一緒に写っている写真によって確認できる。

52 АРАН. Ф. 1593, Д. 128, л. 1.

53 ミチューリンに関するこの神話は現代生物学の立場から詳細に検討されている

(*Соколов, И.Д.* Сыч *Е.И., Соколова, Т.И.*, «История увеличений и недомолвок». Луганск: Элтон-2, 2001; *Соколова Т.И.*, «Наследие И.В. Мичурина: мифы и реальности». Луганск. ПЦ: «Максим». 2010.)。

第2章
遺伝学研究所はいかにしてルィセンコに乗っ取られたか？

藤岡　毅

「…もし権威だけが，特に専門の外に存在する権威がパラダイム論争の採決者であるなら，その論争の結果も革命ではあろうが，「科学」革命ではない。科学の存在そのものは，パラダイム間の選択力を特殊な集団のメンバーに与えることにかかっている。」(『科学革命の構造』トーマス・クーン著，中山茂訳(1971)みすず書房，189頁より)

1930年代のソ連におけるニコライ・ヴァヴィーロフら遺伝学者たちとルィセンコ派との闘争はよく知られ，多くの研究が行われてきたテーマのひとつである。農業科学の領域で党指導部の後押しを受けながら地歩を固め，頭角を現してきたトロフィム・ルィセンコは，1938年2月に農業科学アカデミー(Всесоюзная академия сельскохозяйственных наук имени Ленина：ВАСХНИЛ)総裁の地位を遺伝学者から奪い取った。ヴァヴィーロフが所長を務める全連邦植物栽培研究所(Всесоюзный институт растениеводства：ВИР)は，農業科学アカデミーの傘下にあるため，総裁の権力を利用したルィセンコによってさまざまな妨害を受けるようになった。多くの遺伝学者たちは，農業科学アカデミーからソ連邦科学アカデミー傘下の研究機関や大学に自分たちの研究の足場を移すことを余儀なくされた。こうしてソ連邦科学アカデミーとその遺伝学研究所は，1930年代末の遺伝学者とルィセンコ派との攻防の主要舞台となった。遺伝学研究所をめぐるふたつの学派の闘争は，ヴァレリー・ソイフェル[1]やニコライ・クレメンツォフ[2]，ニルス・ロール=ハンセン[3]らによって詳細に展開された。これらの著作の中でルィセンコたちが農業人民委員部の後ろ盾を得ながら，遺伝学研究所の中に足場を築いていった経過が描かれている。これらの分析は，1937年に始まる大テロルやスターリン主義の科学政策，農業集団化の下での農業政策，科学にたいするイデオロギー支配の影響など，主に政治的・イデオロギー的文脈の中で行われてきた。こうしたアプローチは事柄の全体像をその本質において理解する上で極めて重要である。しかし，遺伝学研究所の具体的な研究内容がこうした政治的・イデオロギー的文脈からどのような影響を受けたのか，また逆に研究所の研究内容がどのように政治的・イデオロギー的状況の変化に影響を及ぼしたのか，というような科学の内容と政治的・イデオロギー的文脈との相互関係についてまだ充分に分析されていないように思われる。

本章ではロシア科学アカデミー文書館所蔵の遺伝学研究所に関する史料調査に基づき，遺伝学研究所の研究内容と上記の政治的・イデオロギー的文脈との関連やそこから読み取れる状況の新たな解釈について考察を行いたい。

1. ソ連邦科学アカデミー・遺伝学研究所の発足

1.1 遺伝学研究所の前史

遺伝学研究所の前身は，科学アカデミーの国内自然生産力調査委員会(Комиссии по изучению естественных производительных сил России：КЕПС)のもとで1921年に組織された「優生学局(Бюро по Евгенике)」である。この事務局の長を務めたユーリー・フィリップチェンコは，1913年にロシアで最初の遺伝学に関する連続講義をサンクト=ペテルブルク大学(旧ソ連時代のレニングラード大学)で行った遺伝学者である。その後彼はロシアで最初の遺伝学教科書(1917)を出版し，ペテルブルク大学に「遺伝学および実験動物学研究室」(1918)，「遺伝学および実験動物学講座」(1919)を開設した。当初，ソ連の遺伝学研究では保健人民委員部の関与のもと，人類遺伝学研究の比重が高かったが，しだいに家畜や栽培植物の遺伝やショウジョウバエの実験遺伝学などその研究領域は広がっていった。その後「優生学局」は再編され，1925年に「遺伝学・優生学局(Бюро по Генетике и Евгенике)」と名称を改め，さらに1927年には「遺伝学局(Бюро по Генетике)」となった。この当時，モスクワにおける遺伝学研究の中心となっていたのは「実験生物学研究所」で，その創始者ニコライ・コリツォフはフィリップチェンコと共に1925年，共同で『実験生物学雑誌(Журнал экспериментальной биологии)』を創刊した。この雑誌は創刊以来，ソ連における遺伝学研究を統合する中心的な役割を果たした。

1929年から始まる科学アカデミーの再編は，社会主義建設にとって必要不可欠と見なされた数学=自然科学部を主軸にソ連科学アカデミーを最高の科学機関として存続させる一方，人文学部は共産主義アカデミーに吸収されていく方向で進められた[4]。このような科学アカデミー再編過程の中で，1930年に「遺伝学局」は独立した学術機関として強化され，それを母体にソ連邦科学アカデミー・遺伝学研究所(ラボラトーリヤ)がレニングラードで創設された[5]。その初代所長を引き続きフィリップチェンコが務めたが，同年の彼の死後，植物栽培研所長で農業科学アカデミー総裁のニコライ・ヴァヴィーロフが兼務によって同研究所の所長に就任した。

図Ⅳ-2-1　1933年当事のニコライ・ヴァヴィーロフ。
出典：Википедия(ロシア語版ウィキペディア)
https://ru.wikipedia.org/wiki/Вавилов, Николай Иванови

1.2　遺伝学研究所発足の経緯とモスクワ移転

1933年11月4日，ソ連邦科学アカデミー幹部会は遺伝学研究所(ラボラトーリヤ)を遺伝学研究所(インスチトゥート)に格上げすることを決定した。同月24日から30日まで開かれたソ連邦科学アカデミー総会はこの格上げを承認する決議を行った[6]。総会で提案された科学アカデミーの1934年度計画では，「1934年度生物学分野の計画は，遺伝学研究を植物生理学とミクロ生物学の領域に拡大することに特徴づけられる」と述べられている。この計画を中心的に担う機関として遺伝学研究所が発足したのである。「科学アカデミー遺伝学研究所は，遺伝学研究の世界的中心として発展しており，栽培植物と家畜の新しい変種を選定する方法論的原理を発展させている。世界の科学がまだほんのわずかしか達成していないもっとも困難な領域に関する理論的課題に主要な関心が向けられている」と1934年度計画は述べている[7]。拡充された遺伝学研究所の当面の目標と人事はおよそ次の通りであった。(1)新しい変異と品種のための物的源泉として，突然変異を人為的に得る技術の確立(指導者：ゲルマン・ミョーレル ── 英語名ハーマン・マラー──)。(2)種間および属間のハイブリッドを合成する理論の発展(ドンチョ・コストフ)。(3)栽培植物の起原に関する研究(ニコライ・ヴァヴィーロフ)。(4)実用的な品種改良とそれと関係する量的形質の遺伝の研究。とくに植物発育，化学的特徴を持つ遺伝現象，家畜の種内ハイブリッドの研究など(アンドレイ・サペーギン)。

遺伝学研究所(ラボラトーリヤ)の遺伝学研究所(インスチトゥート)への格上げが決定された翌年の1934年秋，レニングラードにあった遺伝学研究所はモスクワへ移転した。移転直後の研究所の部門と責任体制は次の通りであった[8]。①突然変異部門(ミョーレル)，②植物の異種間ハイブリッド化部門(コストフ)，③形質遺伝学課(サペーギン)，④量的形質の遺伝と変異(テニス・レーピン)，⑤家畜の進化と起原(ヤニス・ルース)，⑥遺伝細胞学(ゲオルギー・レヴィツキー)。突然変異部門のミョーレルは，米国出身の遺伝学者ハーマン・マラーのことであり，文書館記録ではГ.Г. Мёллерの名前で通している。研究所の記録文書によると，ミョーレルは1927年以来研究所に属し，ソ連邦科学アカデミー通信会員でソ連邦共産党党員となっていた。サペーギンはウクライナ科学アカデミー正会員で党員であり，1933年以来，研究所に籍を置いている。コストフ，レーピン，ルースは早くから研究所で仕事をしてきた教授たちであった[9]。移転直後の研究計画では，ヴァヴィーロフ自身が直接責任を負う研究テーマは設定されなかった。

2. 遺伝学者にたいする不信の始まりと遺伝学研究所の壮大な研究計画

2.1 ルィセンコの台頭と農業科学アカデミーの再編

遺伝学研究所の格上げと組織的充実化は，当時のソ連政府の遺伝学にたいする期待感の大きさを示すものである。1920年代末にラマルク主義者との科学論争に勝利した遺伝学者たちは，スターリン政権が1929年から強行した農業集団化に見合う農業生産の飛躍的発展を実現することを期待された。こうした期待にこたえるべく，ヴァヴィーロフは，遺伝学の発展とその実践へのスピーディな応用を実現するため，基礎科学と応用科学を単一の国家的管理下に置く中央集権的なシステムの構築に邁進した。しかし，政府が期待するほどの急速なテンポで成果を生み出すことは客観的には困難であり，遺伝学と遺伝学者にたいする国家の過大な期待は徐々に不信へと変化していった。春化処理の技術によってにわかに頭角を現したルィセンコに対する政府の期待感の増大は，遺伝学者にたいする失望感の増大と表裏一体であった。

ルィセンコは『プラウダ』の記事などを通して人々に知られるようになり，農民出身の農業生物学者として人気を集めた。1935年2月に行われた全連邦コルホーズ農業突撃隊員大会で，春化処理をめぐる論争を階級闘争と捉えたルィセンコの演説をヨシフ・スターリンは「ブラボー！　ルィセンコ同志！　ブラボー！」と賞賛した。それ以降，ルィセンコの地位は急速に上昇し，それと相反して遺伝学者にたいするソ連指導部の圧力がしだいに強くなっていった。ルィセンコの演説から4カ月後の1935年6月，ヴァヴィーロフは農業科学アカデミー総裁から解任され，新総裁に農業人民委員部次官で古参党員のアレクサンドル・ムラロフが就任した[10]。この人事はソ連政府の農業政策と一体となった農業科学の発展を目指した政治指導部の意向によるもので，必ずしも遺伝学への批判の結果というわけではない。植物栽培研究所所長，遺伝学研究所所長，農業科学アカデミー総裁という3つの公職を兼務しながら，遺伝学研究所の拡充・強化とモスクワ移転の責任を果たすことは，ヴァヴィーロフにとって過重負担であったに違いない。遺伝学研究所のモスクワ移転後，ヴァヴィーロフが特定のテーマで研究をすることはなくなったが，それはヴァヴィーロフが行政的・管理的仕事に忙殺されたことを物語るものだろう。したがって，党・国家の要求との一体化が求められる農業科学アカデミーを運営していく上で経験豊かな党活動歴を持つムラロフと総裁を交替することはヴァヴィーロフ自身にとって不利な選択ではなかったと思われる。実際，後任のムラロフは遺伝学研究を支持する立場に立っており，ヴァヴィーロフは遺伝学者のゲオルギー・メイステルやミハイル・ザヴァドフスキーと共に副総裁となってムラロフを補佐した。農業科学アカデミーのこの再編過程の中でルィセンコは農業科学アカデミー正会員に任命されたが，これまでルィセンコを高く評価し，前年にウクライナ科学アカデミー正会員に彼を推薦したのはヴァヴィーロフ自身であった。ロール=ハン

図Ⅳ-2-2　小麦畑に立つルィセンコ。ウクライナ科学アカデミー会員に選出された頃(1934)。出典：*В.Н. Сойфер*, «Власть и наука: Разгром коммунистами генетики в СССР». Москва: ЧеРо, 2002. стр. 215

図Ⅳ-2-3　全連邦コルホーズ農業突撃隊員大会(1935 年 2 月)で演壇に立つルィセンコ(後方右端で起立しているのがスターリン)。出典：*В.Н. Сойфер*, «Власть и наука: Разгром коммунистами генетики в СССР». Москва: ЧеРо, 2002. стр. 305

センによれば，この時の再編で50人の農業科学アカデミー正会員が任命され，そのうち9名が科学アカデミーから，41名が農業人民委員部からの指名であったという。また，13名の会員は学位を持っていなかった[11]。つまり，再編によって農業科学アカデミーは科学者と科学行政官の混合組織となり，科学行政官のイニシャチブのもとに科学者が協力していくというスタイルに移っていった。ヴァヴィーロフはこのような農業科学アカデミーの再編を承認したし，ルィセンコたちが進めていた研究を自分たちの遺伝学の理論的枠組みの中に取り込むことが出来るものと考えていたと思われる。

しかし，農業科学アカデミーの再編以降，総裁を降りたヴァヴィーロフへの批判はしだいに強まる一方，農業科学アカデミー正会員となったルィセンコの権威は，党機関紙『プラウダ』を通じた宣伝も功を奏し増大していった。植物栽培研究所において，研究員や博士課程学生の中ではヴァヴィーロフへの支持は依然として強かったものの，事務部門では「反ヴァヴィーロフ派」が急速に拡大していったと言う[12]。1935年12月の農業科学アカデミー幹部会に出席したソ連政府首相のヴィヤチェスラフ・モロトフはヴァヴィーロフを「なんの役にも立たない研究にお金を消費している」と名指しで批判した[13]。ソイフェルによると，遺伝学者のアレクサンドル・セレブロフスキーが進めていた「キツネの家畜化」という研究に目が留まったモロトフは，「この研究の目的は何か」と質したところ，モロトフにとって納得のいく返答が得られなかったという。怒った彼は，ヴァヴィーロフが進めてきた世界の栽培植物の種子の収集にも難癖をつけたという。科学における理論的な基礎研究と実用的な応用研究の相互関係を理解していない政治指導者たちは，この出来事以降ますます，ヴァヴィーロフたち遺伝学者の仕事とルィセンコの仕事を，無用で趣味的な研究と社会主義建設に有益な研究という対比で捉えるようになった。1935年末の農場労働者の集会に参加したスターリンは，ヴァヴィーロフの演説が始まるや否やこれ見よがしに立ち上がり，会場を去ったという[14]。このように遺伝学者と遺伝学への批判が強まる中，1936年11月，政治局は1932年にソ連政府が提案し国際的な公約となっていた国際遺伝学会モスクワ開催（1937年8月）の予定を取り消す決定を行った。

2.2　遺伝学者の巻き返し

このような政治指導部による遺伝学者への風当たりの強まりにもかかわらず，遺伝学研究所の基本方針はかわることはなかった。1936 年の計画によると，ミョーレル他 9 名の遺伝学者による「遺伝子と突然変異問題」に関する出版が予定され，遺伝子の性質とその構造，ショウジョウバエや原生動物の遺伝，一般遺伝学に関する著作が準備された。また，植物の交配実験，野生羊と家畜羊との交雑による新しい品種の創出，家畜動物の交雑や比較遺伝学に基づく家畜の進化と起原の探求，小麦など植物における量的形質の遺伝学研究などが進められた[15]。

1936 年 12 月，農業科学アカデミー第 4 部会で，遺伝学者とルィセンコたちとの本格的な論争が行われた。論争は遺伝の物質的単位としての遺伝子の存在，遺伝法則としてのメンデルの法則の是非，外部条件の直接作用による遺伝性の転換の是非をめぐって行われたが，ルィセンコによる春化処理の思慮なき乱用に批判が集中し，遺伝学者たちは巻き返すことに成功した。会議の討議資料は速やかに出版され，翌年 5 月には，政治局は取り消されていた国際遺伝学会モスクワ開催を 1938 年に延期して行うことを決定した。この時点でヴァヴィーロフはルィセンコを批判しつつも，彼を説得できる対象と考えていたようである。ヴァヴィーロフは，ルィセンコに見せるため遺伝学の実験試料を準備し，ルィセンコにたいし説明を試みようとした。しかし，この試みはうまくいかなかった[16]。

2.3　分子生物学，放射線生物学に繋がる遺伝学研究所の体系的な研究計画

遺伝学者の巻き返しが成功した時期，1937 年度の遺伝学研究所の研究計画が作られた。「遺伝子および突然変異に関する 1937 年度科学研究計画」では，「遺伝子の特性」，「突然変異と遺伝子組み換えのメカニズムとの相互作用」「遺伝子突然変異の影響下での生物進化メカニズム」の 3 つ部門について詳細な方針が打ち出されている[17]。

「遺伝子の特性」では，塩基の性質および遺伝能力を示す細胞の基本システムとしての遺伝子の相互作用に関する実験的研究を行うことが目標とされ

た。具体的には，①遺伝子の大きさと個々の遺伝子の有効な効力の決定，②染色体中心部において活動中の遺伝子の数・大きさの決定，③唾液腺における相同遺伝子の相補的な吸引力の性質などを明らかにすることが目指された。遺伝子の大きさを大雑把に見積もる試みは，コリツォフの弟子でドイツに派遣された遺伝学者ニコライ・チモフェーエフ=レソフスキーらによって既に行われていた（「遺伝子突然変異と遺伝子構造の性質について」，1935）[18]。この研究は第二次世界大戦後，エルウィン・シュレディンガーの『生命とは何か』によって紹介され，欧米諸国における爆発的な分子生物学研究のさきがけとなった。このような遺伝子の物理学的・化学的性質の本格的解明を目的にした遺伝学研究所の当時の計画は世界の最先端を行く野心的な試みであったといっても過言ではない。

次の「突然変異と遺伝子組み換えのメカニズムとの相互作用」では，さまざまなタイプの遺伝子変化が生じるメカニズム（遺伝子突然変異，微小な染色体再編，大規模な染色体再編）の解明と遺伝的変異を生み出す方法の開発が目指された。記録によると，①X線突然変異の出現頻度における照射条件の影響（温度の影響や晩発的影響の可能性）の研究，②異なるタイプの遺伝変化の類似性の研究，③X線以外の突然変異出現の要因，④染色体の再編と関連のない突然変異遺伝子の性質と染色体上の座位の研究，⑤X線の影響により変化したさまざまな遺伝子座の遺伝学的・細胞学的性質の比較研究，⑥環状染色体における染色体の分裂機構の研究など，多岐にわたる研究が予定されていた。とくに放射線照射による晩発的影響の問題は，現在においても放射線生物学や放射線防護学の中心的課題のひとつであることを考えると，遺伝学研究所の先駆性が理解出来るであろう。

最後の「遺伝子突然変異の影響下での生物進化メカニズム」は，「進化のプロセスにおいて発生した突然変異が，結果として，生物体の性質を不変に保つ明確なシステムと相互関係をなす道すじの研究」とされた。ダーウィンの自然選択説はもっとも知られた「生物体の性質を不変に保つ明確なシステム」なので，突然変異過程と自然選択過程の統一的な理解を目指すこの分野の研究は，1940年代から1950年代に確立した「進化の総合説」の遺伝学的基礎の確立に繋がるものであったと言える。その詳細な内容は，①明白な形質の遺伝子の集積である染色体内の局所的な差異の研究，②新しく生じた突然変異の振る舞いに基づく，進化過程における優性遺伝子への転換の分析，③染色体内における新しい遺伝子の出現メカニズムの研究，④染色体内の遺伝子配列の研究などである。また，「移植による植物体の発達過程における，形質に対する遺伝子の生理学的働きのメカニズムに関する研究」は，ルィセンコたちが主張していた栄養雑種を遺伝学の見地から評価する試みと思われる。ここで重要なことは，ヴァヴィーロフたちの遺伝学研究には，ルィセンコたちの農業生物学的観点も包摂する視点があったことである。そして，科学としての遺伝学の論理体系の中に位置づけながら，農業生産拡大の体制側の要求にこたえようとしたのである。これは科学者として極めて自然な対応であったのだが，まさにこの点においてヴァヴィーロフは集中砲火を浴びたのである。

3. 「大粛清」時代におけるルィセンコの台頭

3.1　ヴァヴィーロフのルィセンコへの妥協とルィセンコの影響力の拡大

よく知られているように，1937年から1938年の嵐のような大粛清の混乱の時期に，多くの遺伝学者や生物学者が「人民の敵」という根拠のない告発を受け，逮捕され命を落とした。1937年の初め，ルィセンコの政治的パトロンで党中央委員会農業部長ヤーコヴ・ヤーコヴレフは遺伝学を「ファシストの教義と密接に関連する反動理論」として非難した。ルィセンコの同盟者イサーク・プレゼントもこの見解を敷衍し，遺伝学者を「人民の敵」として執拗に告発した。スターリンに粛清されたブハーリンが，数年前に書いた論文「ダーウィン主義とマルクス主義」の中で遺伝学を擁護していたという事実でさえ，遺伝学者と「人民の敵」との関係を示す証拠とされた。プレゼントは，党員で遺伝学者のイズライリ・アゴールや人類遺伝学者のソロモン・レヴィートを名指しで非難した[19]。また，1920年代に優生学研究を主導した遺伝学者たち（コリツォフやセレブロフスキーなど）をナチの人種主義者と同一視する主張が流布され，優生学を支持する発言を繰り返してきたミョーレルも厳しい立場に立たされた。

こうした状況にもかかわらず，農業科学アカデミーの指導部(ムラロフ，ヴァヴィーロフ，メイステル，ザヴァドフスキー)の遺伝学擁護はかわらなかったが，政治指導部の強力な後ろ盾によって広範な人気を得ていたルィセンコとの対立をさけるため，ヴァヴィーロフたちはルィセンコに譲歩した[20]。遺伝学の見地からすれば同一品種内の遺伝的変異の多様性には限りがあるので，品種内の交雑は品種改良の手法としては効果の低い方法と見なされていた。生育環境が変化することで表現型の変化が生じたとしてもそれは新しい遺伝的変異が生み出されたことにならないと遺伝学者たちは考えていた。だからヴァヴィーロフたちは，ルィセンコが進めていた小麦の品種内交雑実験が成果を生むものだとは考えなかった。しかし，1937年5月，農業科学アカデミー総裁のムラロフ，副総裁のヴァヴィーロフとメイステルは，オデッサのルィセンコの試験場を訪問し，ルィセンコの小麦の品種内交雑実験を受け入れることを表明した。ソイフェルはこの譲歩を植物栽培研究所と遺伝学研究所を守るためにヴァヴィーロフたちが行った戦略的妥協と評価した[21]。農業人民委員部の機関紙『社会主義農業』は，ルィセンコの品種内交雑実験をアカデミー正会員のヴァヴィーロフとメイステルが受け入れたと大々的に宣伝した。そして，まもなく農業人民委員部は小麦の品種内交雑を実施することを12,000のコルホーズに命じた。結局，ヴァヴィーロフの妥協はルィセンコの権威を高める結果をもたらしただけだった。同年8月5日に行われた科学アカデミー幹部会で承認された遺伝学研究所学術会議の17名の構成員の中に，ウクライナ科学アカデミー正会員という肩書きでルィセンコが初めて名を連ねた[22]。とはいえ，学術会議の構成員は，ヴァヴィーロフ，サペーギン，ミョーレル，コストフ，レーピン，ルースら遺伝学研究所の研究者の他，イヴァン・シュマリガウゼン，ゲオルギー・ナドソン，セレブロフスキーなどの指導的遺伝学者が中心であり，まだこの時点では，学術会議へのルィセンコの参加は遺伝学研究所の研究内容自体にそれほど大きな影響を及ぼすものではなかった。

3.2　ルィセンコの農業科学アカデミー総裁就任と遺伝学研究所への干渉の始まり

党と政府の強力な支援にもかかわらず，農業科学アカデミーでルィセンコの理論は主流となることはなかった。ヴァヴィーロフ，ザヴァドフスキー，メイステルら農業科学アカデミー内の指導的な遺伝学者は品種改良に関するルィセンコの方針に明らかに反対であり，総裁のムラロフもルィセンコの手法に疑問を抱いていたからである[23]。しかし，スターリン指導部が始めた「大粛清」はルィセンコに幸運をもたらした。1937年6月にミハイル・トゥハチェフスキー元帥をはじめ8名の赤軍最高幹部が「国家反逆およびスパイの罪」で逮捕・銃殺されて以来，恐るべき粛清の嵐が吹き荒れた。疑心暗鬼と自家中毒化したスパイ狩りの告発合戦の中で多くの党員が逮捕・処刑された。同年夏に農業科学アカデミー総裁のムラロフが「人民の敵」というでっち上げで逮捕され，一時的に総裁の地位を引き継いだメイステルも同様に逮捕された。遺伝学を支持するものだけが狙われたのではないことは，ルィセンコのパトロンで中央委員会農業課長ヤーコヴレフや農業人民委員ミハイル・チェルノーフが逮捕されたことからも明らかである。彼らは中央委員会科学課長カルル・バウマン，国営農場人民委員モイセイ・カルマノヴィチと共に処刑された[24]。

ムラロフの逮捕による農業科学アカデミー指導体制の危機状態の中で，ヴァヴィーロフは実質的に総裁の役割を果たし続けたが，内務人民委員部はヴァヴィーロフの逮捕も準備していたという。最終的にこの時期にヴァヴィーロフが逮捕されなかったのは，政治局員で中央委員会イデオロギー担当のアンドレイ・ジダーノフがヴァヴィーロフの逮捕を承認しなかったからだという有力な証言がある[25]。逮捕は免れたものの，ヴァヴィーロフは農業人民委員部から批判を受け続けた。同年11月末，『社会主義農業』にはさまざまな研究所にたいする侮辱的な記事が連日掲載され，ヴァヴィーロフがその設立にかかわった綿花研究所の「失敗」の犯人としてヴァヴィーロフが名指し批判された[26]。翌1938年1月にも『社会主義農業』は，ヴァヴィーロフ，ザヴァドフスキーらがルィセンコの理論に敵愾心を持っているとして非難の記事を載せた。その一方，『プラウダ』は，「科学への私の道」というルィセンコの自伝的な記事を「アカデミー会員 T. ルィセンコ」という署名入りで掲載した[27]。このような党と政府による宣伝活動は，空いている農業科学アカデミー総裁の地位にルィセンコをつかせ，同アカデミーにおける支配権を遺伝学者から奪い取ることを目指した農業人民委員部の意思を示すものであるだろう。

1938 年 2 月，ついにルィセンコは農業科学アカデミー総裁に就任した。同年 4 月 1 日にルィセンコ総裁就任後の最初の農業科学アカデミー幹部会が開かれ，副総裁のヴァヴィーロフとザヴァドフスキーは留任のまま，ルィセンコの支持者で植物学者・育種家のニコライ・ツィツィンがメイステルの逮捕で空席になっていた第 3 の副総裁に就任した[28]。ルィセンコは傘下の研究所を党の政策に従属させ，科学研究に従事する研究スタッフを 3 分の 2 から 2 分の 1 に削減し，科学研究よりもコルホーズやソフォーズの実践的要求にこたえる活動を重視する方針を打ち出した[29]。農業科学アカデミー傘下の植物栽培研究所は，反ヴァヴィーロフの活動をするために送り込まれたルィセンコ派の人たちによって混乱させられた。

しかし，ヴァヴィーロフと遺伝学者たちのもうひとつの拠り所である遺伝学研究所は，ソ連邦科学アカデミーの傘下であり，この時点ではまだルィセンコたちは手出しが出来なかった。それでも，1937 年夏の厳しい状況の中で，遺伝学者のミョーレルはソ連から退去せざるを得なくなり，遺伝学研究所は遺伝子本体と突然変異の研究における最大の戦力を失った。さらに，科学研究に，より小さな資金でより大きな実用的成果を要求する党と国家の圧力はますます強まり，「純粋科学」研究の余地はしだいに狭められていった。1938 年 3 月 23 日の科学アカデミー幹部会決議によって，遺伝学研究所と植物形態形成学研究所（ラボラトーリヤ）が合併した[30] ことも，4 月 17 日の幹部会決議により，進化形態学研究所（ラボラトーリヤ）が遺伝学研究所の一部として再編された[31] ことも，こうした文脈の中で理解することが出来るだろう。

とはいえ，ルィセンコの農業科学アカデミー総裁就任にもかかわらず，ヴァヴィーロフやザヴァドフスキーを直ちに副総裁から解任することが出来なかったことは，政治指導部がルィセンコの実用主義を支持しても，遺伝学自体を否定してはいなかったことを示している。このような状況下で，遺伝学者たちが遺伝学研究と遺伝学研究所を守るためには，遺伝学の理論的枠組みに立ちながらも，研究所の研究内容に農作物の生産拡大や品質の向上に直接繋がるような実用的課題を取り入れ，自ら改革を進める以外にはないことは明らかだった。4月27日，科学アカデミー幹部会生物科学部は遺伝学研究所の規約を承認したが，承認された遺伝学研究所の組織構成は，①突然変異と遺伝子の性質，②論争となっている栽培植物の遺伝学的原理，③形態遺伝学，④植物の種間ハイブリッド，⑤遺伝子の化学的成分，⑥論争となっている家畜の遺伝と進化，⑦植物形態形成，などとなっていた[32]。ここでは，遺伝学研究の理論的枠組みを残したまま，これまで論争となってきたルィセンコたちの研究も俎上に載せる姿勢が示されている。しかし，遺伝学研究所にたいする科学アカデミーの方針は政治指導部を満足させるものではなかった。

4. 国家指導部の遺伝学研究所への介入と遺伝学者の抵抗

4.1　遺伝学研究所にたいする人民委員会議の干渉とその影響の評価

1938年5月11日付『プラウダ』によれば，ソ連邦科学アカデミーの研究課題を精査するために人民委員会議が召集された。この会議には人民委員以外に電化計画の主導者で工学者のグレブ・クルジジャノフスキーとルィセンコが科学者を代表して出席し，加えて政治局員のモロトフとラーザリ・カガノーヴィチも出席した。人民委員会議は，「いくつかの研究所に似非科学が安住しており，似非科学の代表が適切に取り除かれていない」という理由でソ連邦科学アカデミーが提出した研究計画を拒否し，アカデミーの名簿は若い人たちを含め新しく作り直すように命じた。似非科学に支配された研究所は具体的にどこを指すのか会議では言及されなかったが，遺伝学研究所を指していることは明らかだった。また，非難が一般的なかたちで述べられていることからすれば，科学アカデミー内のすべての組織や個人がいつでも槍玉になりうる可能性があった。ソイフェルは「この決定の意味は，人文科学と社会科学において10年続いてきた独裁(dectatorship)を自然科学に広げるものだ」と評価した[33]。

さらに，ソイフェルは，この人民委員会議の結果，遺伝学研究所を査察するためのボリス・ケレルを議長とする委員会が科学アカデミーによって作られたと見なした。クレメンツォフも同様の解釈に基づき，次のように述べた。「この会議の結果，科学アカデミー幹部会は，ヴァヴィーロフの遺伝学研究所の研究を『見極める』ために，ルィセンコの協力者でアカデミー会員のボリス・ケレルを議長とする特別委員会を組織した。委員会の評価に基づいて，幹部会の特別会議はヴァヴィーロフの研究を厳しく批判し，遺伝学研究所で研究するためにルィセンコを招いた。ルィセンコは彼自身の部門をそこで組織し，オデッサからもっとも親密な弟子たちを引き連れて職員となった」[34]。ロール=ハンセンも，人民委員会議の決定の結果，「ボリス・ケレルを議長とする委員会がヴァヴィーロフの遺伝学研究所を評価するようになり」，「遺伝学研究所とヴァヴィーロフのその運営に厳しい判定が下され」「指摘された弱点を補強するため，研究所内に新しい分野を組織するためにルィセンコが招請された」と述べている[35]。

たしかに，この人民委員会議をきっかけにルィセンコが遺伝学研究所に足がかりを得たのは事実である。これらの見解からは，ルィセンコを支持する政治指導部によってヴァヴィーロフたち遺伝学者や科学アカデミー幹部会がもっぱら譲歩を迫られ，遺伝学研究所内でルィセンコの影響力がストレートに拡大していったかのような印象を受ける。しかし，状況はもっと複雑であり，また，ルィセンコたちは人民委員会議以降すぐに遺伝学研究所に影響力を拡大出来たわけではない[36]。

ソ連邦科学アカデミー幹部会の議事録によれば，科学アカデミーおよび農業科学アカデミー会員で植物学者のケレルを議長とする「遺伝学研究所に関する評価委員会」の設置を科学アカデミー幹部会に提案したのは，ヴァヴィーロフ自身であり，しかもその提案がなされたのは，人民委員会議の1カ月近く前の4月15日である[37]。委員会の設置を人民委員会議の結果と見なす見解は正しくない。ヴァヴィーロフはケレルの他ルィセンコを含む9名の評価委員を指名した。名簿に記載された名前と所属は以下の通りである。

議長：アカデミー会員ケレル，委員：アカデミー会員ルィセンコ（農業科学アカデミー），アカデミー会員ピョートル・リシツィン，ドミートリー・キスロフスキー（チミリャーゼフ名称農業アカデミー），ハチャトゥール・コシュトヤンツ（科学アカデミー），パーヴェル・ヤーコヴレフ（ミチューリン名称中央遺伝学研究所），エリザローヴァ（科学アカデミー・生化学研究所），G. コノバロフ（科学アカデミー・植物生理学研究所），Z.V. キスリャコヴァ（科学アカデミー），D.I. ジダーノフ（科学アカデミー）。以上の事実は何を物語るか。本章著者の解釈は次の通りである。

一般に，ケレルは遺伝学研究所へのルィセンコ派の浸透に手を貸したルィセンコ派の人物と見なされている。しかし，ソイフェルも述べているように[38]，ケレルはこれまで遺伝学に好意的な発言をしてきた植物学者である。あとで述べるように，ケレルの評価委員会報告では，遺伝学研究所の研究計画は焦眉の農業問題を解決するための実践的関心と結びついていないとする厳しい評価が下されたものの，遺伝学研究自体に批判の矛先は向けられていない。また，評価委員会に加わったケレルとルィセンコ以外のもうひとりのアカデミー会員リシツィンは，農業科学アカデミーとチミリャーゼフ名称農業アカデミー（教育機関）に属する遺伝学者である。リシツィンは，ヴァヴィーロフやムラロフたちがルィセンコの品種内交雑実験を容認するという妥協を行った時，この妥協を歓迎した遺伝学者のひとりでもあった。つまり，ヴァヴィーロフは政治指導部の要求する農業生産に結びつく実用研究へのシフトに積極的に応じると共に，遺伝学研究の枠組みを破壊することなく，ルィセンコ派の受け入れ可能な研究を遺伝学研究所に取り入れるという改革を構想したのではないだろうか。恐らくルィセンコたちのポストを研究所内に準備することも想定内であったかもしれない。ここで強調したいのは，政治指導部やルィセンコの圧力にたいし，ヴァヴィーロフや科学アカデミー幹部会が受動的に対応したのではないということである。遺伝学にたいする政治的批判から遺伝学研究を守るために彼らは積極的な改革姿勢を示す必要があった。こうした改革は，研究所の外部から，しかも研究所にたいする厳しい批判の結果として進められるほうがよりスムーズに行えるように思われる。

如何に厳しい非難の言葉が投げつけられようとも，その非難の重点が実用研究の希薄さにあり，遺伝学研究そのものでなく遺伝学研究の手法が温存されるならば，当時の厳しい政治的経済的状況の下でヴァヴィーロフたちが取りうる最善の選択ではなかっただろうか。

以上のことは，当時作成された「ソ連邦科学アカデミー遺伝学研究所 1938 年の研究計画の概要」の内容を合理的に説明する。「概要」の中で挙げられた研究項目は，①さまざまな条件下で突然変異が出現するプロセスの経過と特徴の研究，②染色体の構造変化と形態形成との関係，③染色体のヘテロ接合領域の構造と機能の細胞遺伝学的研究，④生産性の高い植物組織の形質遺伝学，⑤個体発生における遺伝子の動作メカニズム，⑥ヘテロシスの性質，⑦量的形質の遺伝学と生産力，⑧伝染病にたいする免疫力の遺伝学，などというものであった[39]。これらの計画には，農作物の生産増大や伝染病の防除などの実用的な課題と基礎研究を結びつけようとする姿勢が示されていると同時に，ルィセンコに好意的な遺伝学者が強調する発生論的研究も加えられている。その上で，遺伝学を基礎とした理論的枠組みはあくまで貫かれており，結果として総花的とも言える内容である。そして，ルィセンコ派対遺伝学者の単純な図式で割り切ることの出来ない科学理論と政治経済的要求の複雑な相互関係は，遺伝学研究所内部の討論からうかがい知ることができる。

4.2　ケレルの評価報告にたいする遺伝学研究所の所員たちの反応

人民委員会議の数日後の 5 月 17 日，スターリンは高等教育研究機関の職員の前で演説し，その中で「安全地帯に逃げ込んでいる科学の司祭たちと闘い，古びた伝統や常識，観点を粉砕せよ」と述べた[40]。1929 年 12 月にマルクス主義農業専門家会議での演説でスターリンが「わが国の実務活動家の頭をよごしている，ありとあらゆるブルジョア的理論を根こそぎにし，それらを投げ捨てよ」と述べて以降，デボーリン批判が開始され，マルク・ミーチンら若い哲学者が台頭したように[41]，今回のスターリンの演説は科学アカデミーへの新たな攻撃の合図となり，科学アカデミーの権力からの自律性を奪う試みは強化されていった。しかし，遺伝学研究所の再編にたいする職員たちの反応は複雑であり，ルィセンコ派対遺伝学者という単純な図式だけでは捉えることは出来ない。その様子を，5月19日に開かれた遺伝学研究所内部の活動者会議の速記録から見てみよう[42]。

討論は，ヴァヴィーロフが議長を務め，最初にケレルが遺伝学研究所に関する評価報告を行い，それにたいする研究所職員の意見表明が行われた。討論で発言したのは，サペーギン，ニコライ・クレンケ，ユーリー・ケルキス，ボリス・ヴァーシン，ヴァシリー・パトルーシェフ，コストフ，N.N. コレスニーク，ミハイル・ナヴァーシン，ピョートル・シュクヴァルニコフ，K.V. コシコフなどであった。ケレルは人民委員会議以降の状況に触れ，科学アカデミーは人民委員会議の決定を受け入れなければ存続出来ないという厳しい認識を示し，科学アカデミーの計画案はもっとも困難な経済問題にこたえていないとするモロトフの批判を紹介した。そしてケレルは，遺伝学研究所体制の個々の領域すべてに細々した批判があるわけでないとして，「遺伝学は極めて先鋭な階級闘争が生み出されている生物学の最前線である」[43]という視点を提起した。そして，遺伝学研究所の計画案が科学アカデミーや熟練した専門家のためなら少しは役立つかもしれないが，この計画によって研究所が強化されることは困難であり，実用的な問題を解決する上で研究所の専門的な能力は雲散してしまうだろう，と批判した。そして最後に，いくつかの重要な農業問題を選びその解決に勢力を集中すべきだと結んだ。ケレルは遺伝学そのものを否定しておらず，その批判の重点が農業問題の解決という実践上の問題であったことに注目しなければならない。遺伝学研究所の計画が農業問題の解決に役立たないというケレルの主張にたいし，サペーギンやシュクバルニコフは反論したが，実践的問題の解決が焦眉の問題である点に反論があるわけではなかった。このような実践上の問題意識は，ヴァヴィーロフ自身が冒頭のスピーチで家畜や農作物の選抜育種の実用的な研究の重要性を強調し，「われわれは，世界中の遺伝学研究機関と異なった方向に研究所を転換する」[44]と述べたように，研究所の遺伝学者たちにも共有されていたと思われる。たとえば家畜遺伝学に従事していたヴァーシンは，農業生産拡大にたいする遺伝学知識の可能性を過大評価していたと反省した上で，「われわれが作らなければならない計画の中でまず第一の問題は，わが国は遺伝学研究所に，ひいてはソヴィエトの遺伝学者に何を求めているのかである。われわれの誰もが一致する見解は，国家は家畜の品質改善の速度をいっそう速めるために役立つ理論を発展させることをわれわれに期待していることである」と述べている[45]。

しかし，農業生産への貢献を目指すという原則論で一致していても，品種改良に不可欠な実践的な育種技術の開発に遺伝学理論がどの程度重要性を持つのか，という点についての理解には温度差があった。パトルーシェフは科学を人民のために奉仕させることを要請したスターリンの演説に言及し，ルィセンコの方法を試してみようと呼びかけた[46]。かつてオデッサ植物育種研究所でルィセンコの上司であったサペーギンは，生物体の特徴は遺伝子だけに還元されない発生の複雑な過程によって決まると控えめに述べた。サペーギンの個体発生論的観点は，遺伝学者のナヴァーシンによって支持されたが，彼は「発生論的遺伝機構の不変性の暗黙の承認」を「忌まわしい伝統」と呼び，「われわれが遺伝子や染色体と呼んでいるある構造が存在するのは明らかに短い時期だけである」とさえ述べた[47]。彼は，接木のような栄養雑種の研究の重要性にも言及した。このような個体発生論的アプローチを過度に強調する主張にたいし，ヴァーシン，ケルキス，クレンケらは正統遺伝学擁護の立場から反論した。遺伝学研究所の研究室主任のクレンケは，形態遺伝学と個体発生研究との協力の必要性を認めつつも，この問題は「遺伝学研究所だけでは達成出来ない複雑な問題であり，われわれは他の学術機関と協力する必要がある」とし，「もし，遺伝学研究所がこれらの課題の研究ばかりになると，遺伝学研究所ではなくなるだろう」と述べ，研究所間の連携の必要性を主張した[48]。

発生現象を遺伝学で捉える試みは，進化発生生物学の確立にみられるように20世紀が終わる頃になってようやく実現するようになった課題である。遺伝のメカニズム自体がまだ解明されていなかった1930年代当時の遺伝学の水準では，発生現象を遺伝学の立場から解明することは客観的に不可能であった。したがって，この領域においてサペーギンやナヴァーシンの発生論的立場もヴァーシンやクレンケの正統遺伝学の立場もまだ仮説以上にはなりえず，その意味で彼らのそれぞれの主張は両者共に科学的議論の枠内でありえた[49]。しかし，限られた予算の枠内でどの研究に重点を置くのかということは研究部門の盛衰にかかわる問題でもあった。実際，遺伝学研究所内部での発生論的研究の拡大は，正統遺伝学に依拠する研究を進めていた遺伝学者にとって自己の研究分野の消滅に繋がる危険性を宿していただろう。ともあれ，発生論的研究を開始するという科学アカデミーの結論は，上から強制されたというより遺伝学研究所の内部の一部の人々の意見を反映していたともいえるのである。これらの議論から，当時のソ連遺伝学者たちは生命現象の中心をなす遺伝のメカニズムの解明に関心を集中していたけれど，生命現象の他の諸側面と遺伝のメカニズムとの相互関係を含め，よりトータルな理解を得ようとしていたことを読み取るべきである。彼らの議論は，遺伝子の存在を否定するルィセンコ理論の擁護に繋がると言うより，解明された遺伝のメカニズムを基礎としつつ，発生過程における環境との相互作用，遺伝子発現の多様性を明らかにしつつある今日のエピゲノム遺伝学に繋がるものとして解釈することも可能だろう。だからルィセンコ派が遺伝学研究所に参入するようになったことが，そのまま遺伝学者たちの敗北と見なしたり，科学アカデミー幹部会が遺伝学研究所を見放した結果と単純に判断することは出来ない。

4.3　科学アカデミーの再編と遺伝学研究所へのルィセンコの参入

1938年5月25日，科学アカデミー幹部会の臨時会議が招集され，人民委員会議で批判された研究機関に関する討議が行われた。プラウダは，会議で遺伝学と地質学が槍玉に挙げられたと報じ，人民委員会議と科学アカデミー幹部会の一致を強調し，ヴァヴィーロフと遺伝学研究所を厳しい言葉で非難したケレルの査察報告を引用した[50]。科学アカデミー幹部会はケレルの報告を承認し，ルィセンコが確立した理論と方法に基づく研究を遺伝学研究所の中で開始することを決定した[51]。しかし，ヴァヴィーロフと遺伝学研究所にたいする科学アカデミー幹部会の一見厳しい対応にもかかわらず，幹部会が承認した遺伝学研究所の研究計画改訂案は，先に述べたように融和的なものであったことを忘れてはならない。

科学アカデミー幹部会の臨時会議から2カ月後の7月27日，プラウダは，アカデミー幹部会の新案が人民委員会議に提出されたが，人民委員会議はそれを拒否したと報じた。それは政治指導部が科学アカデミーの融和的な方針を認めないという断固とした意思の表明でもあった。この時以来，科学アカデミーそのものを政治指導の下に置くという，5月17日のスターリン演説後明確になった方針の具体化が始まった。農業科学アカデミー総裁ルィセンコと彼の支持者で副総裁のツィツィンが1939年1月に予定されていた科学アカデミー会員選挙で選出されるようにあらゆる手段が追求された。そのために農業科学アカデミー正会員であると同時に古くからの科学アカデミー正会員であった遺伝学者のザヴァドフスキーとコリツォフのポストを，ルィセンコとツィツィンが奪うことが必要であった。指導部はザヴァドフスキーとコリツォフの再選を阻止するためにさまざまな政治的圧力を加えた。とくに，1920年代の優生学研究の草分けであったコリツォフがナチスドイツの優生政策の支持者であるかのようなデマに基づくネガティブ・キャンペーンが展開され，『プラウダ』は「人民の敵の擁護者」，「ファシスト」というレッテルをコリツォフに押しつけた記事を掲載した[52]。こうしたネガティブ・キャンペーンが影響し，コリツォフとザヴァドフスキーはアカデミー正会員の地位を失い，ルィセンコとツィツィンがアカデミー正会員となった。これによって，ソ連における遺伝学者の学術的立場は急速に弱められた。ロシアの科学史家トミーリンは，1930年代末のソ連邦科学アカデミーの再編によって「アカデミーは自律的構造体から行政=指令システムに組み込まれた完全に統制された組織へと変貌を遂げ」たと指摘したが[53]，遺伝学研究所をめぐる顛末もこうした過程の一要素と言えるだろう。

ルィセンコが遺伝学研究所で実際に活動を始めたのは，彼が科学アカデミー正会員となった1939年以降のことである。1940年1月にヴァヴィーロフが提出した「1939年における遺伝学研究所の科学研究業績について」[54]によると，「アカデミー会員ルィセンコの指導下で新しい植物遺伝学実験が組織され，1939年から研究所内で新しい部門の研究が始まり」，「適した栽培条件の選択，栄養雑種などによる方向性を持った遺伝的変化を生み出す方法の開発」が進められたと言う。「動植物の種内交雑の組み合わせ理論の開発」が進められ，「動物の進化，遺伝，品種形成の法則の解明には，生育した生活条件と環境条件を考慮する必要がある」ことがルィセンコたちの研究の基本方向だった。種内交雑研究は，小麦，大麦，エンドウ，亜麻にたいして行われた。しかし，1939年業績報告には，「遺伝法則の発見に基づく，種間交雑による動植物の農業特性の結合」の成果，すなわち遺伝学的方法の成果も語られた。たとえば免疫特性のような性質を別の種に付加することやその特性を持続させるために「不稔克服手法の発達」や「染色体の倍化技術の利用」，「羊の種間雑種の変異と遺伝法則の研究」などが報告された。また，「生命操作方法発展のための，動植物の突然変異体の特性研究」の下で，(1)種子の胚嚢内突然変異形成過程の研究，(2)倍数体作成法の発達とその実用化，(3)形成期染色体構造の再編の役割，(4)遺伝の染色体理論の発展，などの研究が進められたという。1937年の研究テーマに比べるとかなり縮小されたとはいえ，従来の遺伝学研究も保持されている。また，「生物体とそれぞれの特質を求められる方向に進化させる発生学的手法を開発するための，動植物の発生学上の型の研究」は，遺伝学研究所内の討論で議論になった発生論的研究と関連するものと思われる。

以上のことからわかるのは，ルィセンコの遺伝学研究所への参入後も，古典的な正統遺伝学の枠組みに立つ研究やルィセンコと遺伝学者との中間に立つ発生論的研究が共存したということである。さらに，「ソ連邦科学アカデミー遺伝学研究所1939年派遣・出張費」の表に基づきテーマごとの予算規模を計算すると，「新しい品種の繁殖法の開発」の項目において，「テーマ1：進化・遺伝・品種形成の法則の解明」では合計61,520ルーブル，「テーマ2：異種間交雑」では44,090ルーブル，「テーマ3：品種改良過程を促進する種内交雑に関するつがい選択の遺伝学理論」では16,096ルーブル，となっている[55]。テーマ3を種内交雑の意義を主張してきたルィセンコたちの研究にかかわる分野だと見なすと，この時点では，研究所内でのルィセンコ派の占める位置はまだ小さく，予算面でも遺伝学者側の優位性が示されていると思われる。

4.4　科学へのイデオロギー支配の強まりとヴァヴィーロフ逮捕

ルィセンコは政治指導部の支持を受け，また3つのアカデミーの正会員という学術的権威も勝ち取っていた。しかも農民出身というルィセンコの社会的出自は，労農同盟の社会主義国という社会的条件の下で，大衆的人気も獲得する好条件でもあった。しかし，ルィセンコの学術的権威は政治権力の支持によって得られたものである。遺伝学研究所という学術機関の世界では，たとえ科学の政治への従属が強められた1930年末の時期にあっても，学術的権威を政治的権威で完全に置き換えることは出来なかっただろう。互いに異なる原理を基礎にした遺伝学研究所内のふたつの流派は，和解することも，一方が他方を圧倒することもなく，互いに対立しながら並存した。もし仮に，実用的成果の優劣のみで決着が図られるなら，まだしも対立解消の生産的な方向がありえたかもしれない。しかし，この時期，問題の解決をいっそう困難にしたのは，スターリン指導部が科学にたいするイデオロギーの優位性をふたたび強調し始めたことである。

1938年5月の高等教育研究機関でのスターリン演説を皮切りに，会員選挙を通じた科学アカデミーの再編以降，ふたたび科学にたいする階級的視点が強調されるようになった。マルクス主義哲学を科学的真理の基準にすえようとした1930年前後の文化革命期に破綻した路線が復活させられた。1939年3月に開かれた第18回党大会で，スターリンはソ連が社会主義の第2段階を終え，共産主義に前進しつつあると述べると共に大粛清の終結を宣言した。それと同時に第3段階に入ったソ連社会の精神的・政治的単一性を強調し，「ソヴィエト愛国主義」のスローガンと共に「マルクス主義哲学」の科学に対する指導的役割が強調された。党の科学政策は，「マルクス・レーニン・スターリン主義」のイデオロギー宣伝を任務とする煽動宣伝部の傘下で決定されるようになった。

遺伝学者にたいする攻撃が科学論争の域を越えて政治闘争に転化していると訴えた生物学教授グループの要請に応じて，中央委員会書記局はルィセンコ派と遺伝学者の公開討論の開催を承認した。しかし，当時の政治的思想的状況下で，この討論会は科学論争に決着をつけるというより，「遺伝学および育種の分野におけるマルクス・レーニン主義の路線を確定する」ことを目的として，党の理論雑誌『マルクス主義の旗のもとに』誌編集局主催で開かれることになった。1939年10月に開催された「遺伝学の諸問題に関する討論会」において，討論に最終評価を下す権限を与えられたのは，同雑誌の編集長のミーチンを中心に編集員のパーヴェル・ユージンとエルネスト・コーリマン，哲学研究所のヴラジーミル・コルバノフスキーら4人の哲学者だった。この会議の経過と結論は，クレメンツォフやロール=ハンセンらによって既に詳しく分析されており，哲学者たちは総じて，遺伝学に対するルィセンコの方法論的かつイデオロギー的批判を受け入れた[56]。科学論争の評価において，生物学に精通し，議論の科学的内容を正確に理解できる科学者を加えることなく，哲学者のみで判定を下すという書記局の決定自体が，既にルィセンコにとって有利な条件となっていた。遺伝学討論の結論は，形式的にはルィセンコに高い学術的権威を与え，一方でヴァヴィーロフたちの権威は引き下げられた。その決定に納得できなかったヴァヴィーロフは，ミーチンに手紙を送り再考を求め[57]，また，スターリンに面会を求め挽回を図ろうと試みた。しかし，11月20日にようやく実現したスターリンとの面会で，スターリンはヴァヴィーロフを冷たく突き放した[58]。

こうしてヴァヴィーロフは打ちのめされるような打撃を被った。しかし，だからといって，遺伝学研究所内でルィセンコとの力関係の逆転が直ちに起こったわけではない。先にも述べた1940年1月開催の1939年遺伝学研究所業績報告会議にはルィセンコとその支持者たちも多数参加したが，けっして遺伝学者たちが劣勢を強いられたわけではなかった。所長のヴァヴィーロフは，業績報告の中でルィセンコたちの新しい研究が始まったことに言及すると同時に，種間雑種による品種改良や突然変異の研究など遺伝学に立脚する研究の成果についても詳しく報告した[59]。速記録によれば，ヴァヴィーロフの報告ののち，ルィセンコ派と遺伝学者側の間で激しいやり取りが行われ，ヴァヴィーロフの活動そのものが，研究の障害だという非難さえぶつけられた。ルィセンコたちの論難にたいし，遺伝学者は自信を持って自分たちの成果を誇示した。たとえば灰色のカラクル羊と黒のカラクル羊の交配についてのルィセンコの質問にたいし，ヴァーシンは，「1938-1939 年の成果として，われわれは黒を含んだ灰色のカラクル羊の繁殖の方法を発見した。それは上質の羊の毛皮となるものだ。これはまさに政府の委員会へのわれわれの報告テーマである」と自分たちの業績を強調した[60]。ルィセンコ派による遺伝学への中傷が続く中，ヴァヴィーロフは「ここにはたくさんの誤解があると思う。われわれは互いによく知らないだけだ。さまざまに異なる専門分野の中で人々が働いているとよく起こることだ」と述べ，研究所に学びにきた大学院生の例を挙げて，このような態度が教育に及ぼす弊害について語った。そして，「これはわれわれが置かれている状況の異常なもののひとつであり，今こそ取り除かなければならない」とヴァヴィーロフが語ると，「そうだ！そうだ！」とあちこちで声が上がった[61]。このように，イデオロギーや政治の影響力が強い研究所外部でルィセンコの権威がいかに高まろうとも，遺伝学研究所内部で，ルィセンコ派が完全な実権を握るのは困難だっただろう。ルィセンコ派が主導権を握れるようになるためには，遺伝学者も認めざるを得ない決定的な研究上の成果をルィセンコたちが上げるか，ヴァヴィーロフたちに遺伝学研究を止めざるを得ない何らかの状況が生じることを期待する他なかっただろう。

1940 年 7 月 4 日，1939 年のアカデミー選挙後に再編された科学アカデミー幹部会は，ルィセンコ指揮下の植物遺伝学研究室を遺伝学研究所の一部として援用すると決定した[62]。この決定により，遺伝学研究所内でルィセンコの影響力が拡大することはさけがたく，ヴァヴィーロフはいっそう困難な立場に立たされた。そしてその 1 カ月後の 8 月 6 日，政府の命令による西ウクライナへの調査旅行中に，ヴァヴィーロフは内務人民委員部によって逮捕された。翌 1941 年 1 月 7 日，科学アカデミー幹部会は，空席となった遺伝学研究所所長にルィセンコを任命した。そののち，ヴァヴィーロフ時代の研

図Ⅳ-2-4　ヴァヴィーロフの逮捕時写真。出典：*В.Н. Сойфер*, «Власть и наука: Разгром коммунистами генетики в СССР». Москва: ЧеРо, 2002. стр. 527

究所員の解雇が始まり，1942 年初めに遺伝学研究所の 1942 年研究計画がルィセンコによって提出された。遺伝学研究所は，設立以来の遺伝学研究からルィセンコたちが目指す「ミチューリン生物学」研究へ転換したのである[63]。

遺伝学研究所を乗っ取ることが出来たという意味では，これはルィセンコたちの「勝利」である。だが，ルィセンコたちの学術的権威の増大や研究者の支持拡大によってではなく，政治権力の介入によってようやく遺伝学研究所のトップに立つことが出来たという現実にルィセンコ自身は満足しただろうか。ルィセンコ派の学説と活動にたいする徹底的かつ体系的批判によって世界中に名の知れわたったジョレス・メドヴェージェフは，『回想』の中で，学生時代(1945)に自分の研究課題に興味を持ったルィセンコから研究室に招かれたというエピソードを紹介している。メドヴェージェフは他の招待者とともに質問も反論も出来る自由な学問的議論に参加出来たことへの満足感を思い出として率直に語っている[64]。このエピソードを語ったのが反ルィセンコの代表的人物であることを勘案すると，誠実な科学者というルィセンコの素顔の意外な一面を事実として受け取ってもよいだろう。もしそうだとするとルィセンコは権力だけではなく科学者の支持による権威をも本気で望んでいたのかもしれない。その意味で，1941 年の「勝利」はルィセンコにとってけっして満足のいくものではなかっただろう。

5. 小　括

(1) 1930年代後半の遺伝学研究所における研究は最先端(当時)水準にあった。とくに，1937年度の「遺伝子および突然変異に関する科学研究計画」では，「遺伝子の特性」，「突然変異と遺伝子組み換えのメカニズムと相互作用」，「遺伝子突然変異の影響下での生物進化メカニズム」の3部門の詳細な方針が出され，その後のルィセンコ派の妨害がなければ，将来の分子遺伝学，放射線生物学，分子進化学へ連なる成果を生み出したと考えられる。

(2) 政治指導部の支持を背景に影響力を拡大してきたルィセンコは，「大粛清」時代の政治気象を利用して農業科学アカデミーの支配権を獲得し，支配下の遺伝学研究に妨害を加えたため，遺伝学者たちは科学アカデミー傘下の遺伝学研究所を拠点に抵抗することを余儀なくされた。

(3) 1938年5月の人民委員会議の決定により，ルィセンコたちが遺伝学研究所での影響力を一途拡大していったとする先行研究の見方に若干の修正が必要である。ケレルを代表とする遺伝学研究所の評価委員会の結成は，人民委員会議の結果余儀なくされたというより，受け入れ可能なルィセンコたちの要求を取り込むことで，遺伝学研究の持続を図ろうとしたヴァヴィーロフたちの戦術的対応として，ヴァヴィーロフ自身のイニシャチブで作られたものである。科学アカデミー幹部会は，少なくともこの時点では，遺伝学研究所を非難する体裁を取りつつもヴァヴィーロフの路線の枠内で政治指導部に抵抗したと思われる。

(4) 遺伝学研究所内の遺伝学者の中には，発生過程について，遺伝子説にのみ解消できない複雑なメカニズムの存在を想定し，ルィセンコたちの主張と遺伝学の立場を調和させようとした人々もいた。研究のどの方向が強められるかどうかは，個々の遺伝学者にとっても研究上の利害の絡んだ問題であり，当時の遺伝学研究の水準を考慮に入れると，現実の研究現場においては，ルィセンコ派対遺伝学者という単純な2項対立で捉えることは出来ない情況もあった。

(5) しかし，1938年夏に人民委員会議は，ルィセンコ派と遺伝学者の融和に繋がる科学アカデミーの計画案を拒否した。その秋，遺伝学者をファシスト呼ばわりするネガティブ・キャンペーンが展開され，翌年1月のアカデミー選挙で，遺伝学者のコリツォフとザヴァドフスキーが落とされ，ルィセンコとツィツィンがかわって正会員に選出された。それは科学アカデミーが「自立的構造体から行政=指令システムに組み込まれた完全に統制された組織へと変貌を遂げて」いく過程の複雑な要素のひとつであった。

(6) 1939年3月の第18回党大会で，マルクス主義哲学の科学にたいする指導的役割が強調され，科学のイデオロギーへの従属が強まったことが，1939年10月の遺伝学討論で，ヴァヴィーロフたち遺伝学者側が敗北した背景のひとつである。ルィセンコたちは遺伝学論争で勝利し，一見学術的権威を獲得したにもかかわらず，遺伝学研究所内で研究のイニシャティブを握ることは出来なかった。それは，ルィセンコの勝利が，政治とイデオロギーの力によって得られたものであり，真の科学論争を通じた勝利ではなかったからである。

(7) ルィセンコたちが遺伝学研究所のような研究機関で本当の勝利を得るためには，真の学術上の権威の獲得が必要だったのではないか。ヴァヴィーロフが逮捕されたことによってでしか遺伝学研究所の支配権をルィセンコが握ることが出来なかったこと自体，政治的・イデオロギー的権威に留まらず，遺伝学研究所における学問的権威の獲得を目指したルィセンコたちの目論見の失敗を意味するのではないか。また，このことは，政治やイデオロギーによって科学政策を一時的に支配出来ても，科学の内容そのものを支配出来ないというあたりまえの真理を表しているだろう[65]。

1　V.N. Soyfer, *Lysenko and the Tragedy of Soviet Science*. Rutgers University Press,

1994.; *В.Н. Сойфер*, «Власть и наука: Разгром коммунистами генетики в СССР». Москва, 2002.

2 Nikolai Krementsov, *Stalinist Science*. Princeton University Press, 1997.

3 Nils Roll-Hansen, *The Lysenko Effect: The Politics of Science*. New York: Humanity Books, 2005.

4 コンスタンチン・トミーリン(金山浩司訳), 本書第Ⅲ部第3章, 186-187頁。

5 Архив РАН Ф. 201, Оп. 1, Д. 65, л. 23.

6 Архив РАН Ф. 2, Оп. 7, Д. 2, л. 33.

7 Архив РАН Ф. 2, Оп. 7, Д. 2, лл. 39-40.

8 Архив РАН Ф. 201, Оп. 1, Д. 10, л. 5.

9 Архив РАН Ф. 384, Оп. 2, Д. 4, л. 17.

10 Soyfer (1994), *Op. cit.*, in the note (1), p. 66.

11 Roll-Hansen, *Op. cit.*, in the note (3), p. 99.

12 I・G・ロスクートフ『食を満たせ ― バビロフとルィセンコの遺伝学論争と植物遺伝資源』(山田実訳, 未知谷, 2009), 33-34頁。原著は, *И.Г. Лоскутов*, «История мировой коллекции генетических ресурсов растуний в России». Санкт-Петербург, 2009.

13 Soyfer (1994), *Op. cit.*, in the note (1), p. 70.

14 *Ibid.*, p. 72.

15 Архив РАН Ф. 201, Оп. 1, Д. 48, лл. 1-2.

16 Soyfer (1994), *Op. cit.*, in the note (1), p. 88.

17 Архив РАН Ф. 201, Оп. 1, Д. 66, лл. 15-16.

18 N.W. Timofeeff-Ressovky, K.G. Zimmer, and M. Delbrück, "Über die Natur der Genmutation und der Genstruktur," *Nachrichten von der Gesellschaft der Wissenschaften zu Göttingen: Mathematische-Physikalische Klasse, Fachgruppe VI, Biologie*. Bd. 1, Nr. 13, 189-245, 1935.

19 Soyfer (1994), *Op. cit.*, in the note (1), pp. 103-104.

20 Roll-Hansen, *Op. cit.*, in the note (3), pp. 250-251.

21 Soyfer (1994), *Op. cit.*, in the note (1), pp. 110-111.

22 Архив РАН Ф. 2, Оп. 6а, Д. 10, лл. 114-115.

23 Roll-Hansen, *Op. cit.*, in the note (3), pp. 250-251.

24 J. Arch Getty and Oleg V. Naumov, *The Road to Terror: Stalin and the Self-Destruction of the Bolsheviks, 1932-1939*. Yale University Press,1999, p. 465.

25 ジョレス・A・メドヴェージェフ, ロイ・A・メドヴェージェフ『回想 1925-2010』(佐々木洋監訳, 天野尚樹翻訳). 現代思潮新社, 2012年, 54頁。

26 Soyfer (1994), *Op. cit.*, in the note (1), p. 112.

27 *Т. Лысенко*, "Мой путь в науки." «Правда». 1 октября, 1937.

28 Roll-Hansen, *Op. cit.*, in the note (3), p.251.

29 Soyfer (1994), *Op. cit.*, in the note (1), p. 120.

30 Архив РАН Ф. 2, Оп. 6, Д. 12, л. 89.

31 Архив РАН Ф. 2, Оп. 6, Д. 12, л. 199.

32 Архив РАН Ф. 201, Оп. 1, Д. 89, л. 5.

33 Soyfer (1994), *Op. cit.*, in the note (1), p. 121.

34 Krementsov, *Op. cit.*, in the note (2), p. 62.

35 Roll-Hansen, *Op. cit.*, in the note (3), p. 262.
36 この問題に関して本書第Ⅳ部第3章を参照のこと。説得力のある別の史料に基づき本章と同様な結論が導き出されている。
37 Архив РАН Ф. 2, Оп. 6, Д. 12, л. 188.
38 Soyfer (1994), *Op. cit.*, in the note (1), pp. 121-122.
39 Архив РАН Ф. 201, Оп. 1, Д. 90, лл. 30-35.
40 Soyfer (1994), *Op. cit.*, in the note (1), p. 122.
41 この点については，藤岡毅『ルィセンコ主義はなぜ出現したか』(学術出版会，2010)を参照のこと。拙著では30年代におけるルィセンコの登場の背景として，1920年代以降のソ連遺伝学とそれを取り巻く社会的・思想的状況を分析した。
42 Архив РАН Ф. 201, Оп. 1, Д. 94, л. 1-115.
43 Там же, л. 24.
44 Там же, л. 6.
45 Там же, л. 51.
46 Там же, л. 71.
47 Там же, лл. 90-92.
48 Там же, лл. 45-46.
49 1930年代後半の時期，日本の遺伝学者で動物生態学者の徳田御稔はげっ歯類に関する優れた業績を残している。彼はドブジャンスキーの種分化理論を日本に紹介したが，その後ネオ・ダーウィニズムの立場に限界を感じ，ルィセンコの理論に興味を示した。戦後彼は，ルィセンコ派の論客になった。また，メンデル遺伝学者として多くの業績を残した篠遠喜人は，戦後まもなく接木雑種のメカニズムを解明するための実験を行った。
50 Soyfer (1994), *Op. cit.*, in the note (1), p. 122.
51 Soyfer (1994), *Op. cit.*, in the note (1), p. 123.
52 Roll-Hansen, *Op. cit.*, in the note (3), pp. 262-263.
53 トミーリン，前掲，注4，188頁。
54 Архив РАН Ф. 201, Оп. 1, Д. 118, лл. 2-17.
55 Архив РАН Ф. 201, Оп. 1, Д. 110, лл. 52-53.
56 Krementsov, *Op. cit.*, in the note (2), pp. 71-80; Roll-Hansen, *Op. cit.*, in the note (3), pp. 252-262.
57 1939年11月15日より遅くない時期に，ヴァヴィーロフがミーチンに送った手紙がミーチンのフォンドに保管されている。Архив РАН Ф. 1992, Оп. 1, Д. 381, лл. 1-5.
58 ロスクートフ，前掲書，注(12)，49-51頁。原著，cc. 149-150.; Peter Pringle, *The Murder of Nikolai Vavilov: The Story of Stalin's Persecution of One of the Great Scientists of the Twentieth Century*. Simon & Schuster, 2008. pp. 238-239.
59 Архив РАН Ф. 201, Оп. 1, Д. 118, лл. 5-17.
60 Архив РАН Ф. 201, Оп. 1, Д. 125, лл. 61-62.
61 Там же, л. 93.
62 Архив РАН Ф. 7, Оп. 1, Д. 349, л. 145.
63 Архив РАН Ф. 201, Оп. 1, Д. 138, лл. 1-15.
64 ジョレス・A・メドヴェージェフ，ロイ・A・メドヴェージェフ，前掲書，注(25)，48-50頁。
65 本書の執筆者のひとりであるキリル・ロシアーノフ博士にロシア科学アカデミー文書

館史料の入手，一部史料の要約の作成，貴重なアドバイスなど，多大なご支援をいただいたことにたいし感謝を申し述べます。

第3章
トロフィム・ルィセンコのふたつの“アカデミー”
科学アカデミーか，農業科学アカデミーか？

齋藤宏文

「もしソヴィエト政権が誕生していなければ，トロフィムは生涯ポルタヴァの一園芸家のままだったことでしょう……知識への崇高な道筋が百姓のせがれに開かれたのです……貧農一家の息子がアカデミー会員にまでなれるような国が，この世界に他にあるのでしょうか？」(ルィセンコの両親からスターリンへの手紙 /«Правда». 1936 年 1 月 3 日付)

1930年代中頃より激しさを増したトロフィム・ルィセンコによるソ連遺伝学への弾圧は，ルィセンコが遺伝学研究所長から解任されすべての役職を失う1965年までのおよそ30年間にわたって続いた。この間，ルィセンコとその学派の活動拠点となっていたのが，レーニン名称全連邦農業科学アカデミー（以下，農業科学アカデミーと表記する）とその所管の研究所や農業試験場，および，科学アカデミーの遺伝学研究所である。ルィセンコは農業科学アカデミーと科学アカデミーというふたつの異なるアカデミーで要職を得ることに成功した。すなわち，農業科学アカデミーでは1938年に最高職の総裁に任命され，他方の科学アカデミーでは，1939年1月にその正会員に選出され，1941年には遺伝学研究所の所長に就任した[1]。1930年代中盤までは，ルィセンコの力が直接及ぶ範囲は主に農学や育種学分野に限られていたが，1930年代終盤に遺伝学研究所でのポストを得て以降，ルィセンコは権威ある遺伝学者に対抗して発言する機会を増していくこととなった。

ルィセンコが上記のふたつのアカデミーで高位のポストを得た1930年代終盤から1940年代冒頭にかけての時期は，1930年代半ばから続いたいわゆるソ連遺伝学論争[2]が終局を迎え，遺伝学者にたいするルィセンコ派の優位が初めて確立したと言われる時期に相当する。この時期にルィセンコ派がどこまでソ連遺伝学界内にて学派勢力を定着させることが出来たのか，一旦確立されたルィセンコの権力はその後独ソ戦中も揺らぐことなく維持されたのかを検証することは，独ソ戦後における遺伝学者側とルィセンコ派の形勢を探るための足がかりとして重要である。そこで本章では，“アカデミー”というソ連の巨大研究機関の中で，ルィセンコ本人が周囲との人間関係をはじめ実際にどのような環境の下に置かれていたのかに注意を払いつつ，前半部分では，遺伝学研究所へのルィセンコの学派の介入過程を，後半部分では，ルィセンコが独ソ戦期に提案した農法をめぐる農業科学アカデミー内での評価を詳細に検証する。以上の観点から本章では，文書館史料[3]から得られた知見に基づき1930年代終盤から独ソ戦期のソ連遺伝学界について部分的な見直しを図ることを目的とする。巨視的な文脈に沿って見れば，1930年代末から1940年代冒頭には遺伝学者側からルィセンコ派へと主流の立場が交代していく一定の流れが存在したものの，ここで結論の一部を簡単に先取りしておくと，当該時期に必ずしもルィセンコ派優勢の流れが，動かし難いものとして一方的に進行していったとは言えず，1930年代末期における遺伝学研究所内からの抵抗，さらには戦時中に農業科学陣営内から沸き出た抵抗が，ルィセンコ独裁の実現を阻むための抑止力として有効に機能していたのである。

1. 1930年代終盤におけるソ連遺伝学界のふたつの学派，ふたつのアカデミー

1.1　ルィセンコとふたつのアカデミー

スターリン体制下のソ連では，農業生産をめぐる研究課題を担う学派がふたつ存在し，両学派とも各々の研究拠点を有していた。そのひとつが，グレゴリー・メンデル，トーマス・ハント・モーガン，ウィルヘルム・ヨハンセンの系譜に連なるいわゆる古典的遺伝学（本文中では単に遺伝学と表記）の学派集団であり，1930年代ソ連にてこの学派を牽引したひとりには高名な植物学者ニコライ・ヴァヴィーロフ[4]が第一に挙げられる。遺伝学陣営の活動拠点となっていたのが科学アカデミー傘下の生物学系の研究所だが，中でも1940年8月までヴァヴィーロフが所長を務めた遺伝学研究所がその中心であった。もう一方の学派が，ルィセンコとその参謀役のプレゼントによって創始された農業科学陣営，ルィセンコ自身が用いた呼称に倣うのであれば農業生物学派である[5]。農業生物学派は，「ジャガイモの夏植え法」や「春化処理法」をはじめとする植物生理学上の経験的知見に基づく農法を数多く提案し，その運用コストの低さを売り文句に，これらの手法の増収効果をソ連権力に訴えることにより学派勢力の拡大を図った。また，理論面では当時既に世界的コンセンサスを得ていた遺伝の染色体説を真正面から否定し，遺伝の実体を担うのは遺伝子といった核内に局在する物質ではないとする一方で，環境や栄養状態をコントロールすることから個体内に生じた変異が次世代に伝わり，さらに世代を重ねるうちにその変異を定着させることが可能であると主張した。つまるところ，農業生物学派は環境重視の方法論に立脚し獲得

図Ⅳ-3-1　農業生物学派。1936年，オデッサ遺伝学=品種改良研究所にて。前列左端グルゲン・ババジャニアン，前列左から4人目トロフィム・ルィセンコ，後列右端イヴァン・グルシェンコ。出典：*В.Н. Сойфер*, «Власть и наука: Разгром коммунистами генетики в СССР». Москва: ЧеРо, 2002. с. 370

形質の遺伝を主張したのである。

農業生物学派の活動拠点となった農業科学アカデミーは，科学アカデミーからは独立した研究機関として，農業人民委員部の所轄下に1929年モスクワに設立された。農業科学アカデミーには国の農業の重要課題の解決に資する研究を中央集権的に実施統括する権限が与えられ，ソ連の地方各所にはその傘下の研究所や実験農場が配置された。初代総裁のニコライ・ヴァヴィーロフの指導の下で，アカデミーの研究活動は設立当初から遺伝学の指針に沿って進められた。ところが1935年頃から本格化した生産労働における社会主義競争(スタハーノフ運動)が自然科学分野へと波及すると，ヴァヴィーロフは自身の研究内容が穀物増産に直結していないことを繰り返し指弾され[6]，加えて農業科学アカデミーの研究活動までもが社会主義農業の前進に寄与していないとの批判を受けることとなった。ついにヴァヴィーロフは農業科学アカデミー総裁から副総裁へと降格させられるが，当時ヴァヴィーロフは他に全連邦植物栽培研究所と遺伝学研究所での所長職を兼務しており，この人事には彼を過重労務から解放する意図も含まれていたものと説明出来る。いずれにせよ自然科学分野における社会主義競争は，ヴァヴィーロフをはじめ学界の既存の権威がその煽りを食う羽目になったのと対照的に，ルィセンコのような野心ある若手の台頭には追い風となった。1935年にルィセンコは農業科学アカデミーの正会員に選出され，ヴァヴィーロフの後任の総裁ムラロフとそのさらに後任のメイステルが相次いで粛清されたのを経て，1938年2月農業科学アカデミー総裁に就任した[7]。それから，ルィセンコは農業科学アカデミーとその管轄下の研究所や教育機関から遺伝学者に加担する者たちを追放し，かわって彼に忠実な者たちを集めて自己の周囲を固めていくことにより農学・育種学分野の支配を確立してゆく。一方，ルィセンコが総裁に就任した後に副総裁職を失ったヴァヴィーロフには，農業科学アカデミー内での権限あるポストとして唯一，植物栽培研究所の所長職が残された。1929年にレニングラードに設立された植物栽培研究所はその前身に当たる応用植物学研究所の時代からヴァヴィーロフが治めてきた研究機関であり，1930年代終盤にあって同研究所は農業科学アカデミー内における遺伝学研究の最後の砦として，科学アカデミーの遺伝学研究所[8]と並ぶ遺伝学者側の重要な研究拠点となった。1930年代終盤には，国の農業課題をめぐっての両学派間の権限争いは，しばしば遺伝学研究所と農業科学アカデミーの組織間の対立のかたちを取って表出した。

1.2　ルィセンコ派の拡大を決定づけた出来事——従来の見方

1930年代終盤から1940年代初頭にかけて起こった出来事の中で，ソ連遺伝学界の行く手を大きく左右し，ルィセンコ派の勢力拡大に直接ないしは間接に寄与したと思われるものには以下の4つが挙げられる。すなわち①1937年から1938年にかけての大テロル，②1938年5月の人民委員会議決議とそれに続く一連の科学アカデミー幹部会会合，③1939年10月，党公認の哲学雑誌『マルクス主義の旗のもとに』編集部主催の「遺伝学と育種をめぐる討論会」，④1940年8月6日のニコライ・ヴァヴィーロフの逮捕である。

これらの中で①と④については本章では詳しく検討しないが，これらふたつの出来事の結果，ルィセンコ派の勢力拡大に有利な状況が作り出されたという見方で先行研究はおおむね一致している。というのは，大テロルによって粛清された生物学者には年配の権威が多く，彼らが粛清前に占めていたポストの一部が，若手に属するルィセンコと彼の同僚たちへと引き継がれる結果となったからである[9]。また，ヴァヴィーロフ逮捕の約5カ月後の1941年1月，彼の後任としてルィセンコが遺伝学研究所所長に収まったことにより，研究所内での遺伝学者側にたいするルィセンコ派の優勢が一旦は決定づけられたのであった。ここでは，未だ検討の余地が残されているように思われる残りのふたつの出来事に着目し，それらがルィセンコ派の勢力拡大の文脈上，わけても遺伝学研究所への介入過程においてどれほどの意味合いを持っていたのかの見直しを図る。これらの出来事の概要を以下に先行研究の記述に沿って述べていこう。

主要な先行研究はどれも，1938年5月の人民委員会議会合とそれに続く一連の科学アカデミー幹部会の議決内容が，ルィセンコ派が遺伝学研究所内で勢力を築く上での重大な契機となったと見ている[10]。この人民委員会議会合では科学アカデミーが提出した研究計画が審議され，ルィセンコもそこに農業科学アカデミー総裁，およびソ連邦最高会議のメンバーとして列席していた。科学アカデミー所属のいくつかの研究所の計画中に疑似科学的傾向が見られるとして，研究計画は人民委員会議で承認されずアカデミー幹部会へ戻された。1938年5月25日，アカデミー幹部会は緊急会合を招集し，人民委員会議の批判の的となった研究所として遺伝学研究所（および地質学研究所）がそこで槍玉に挙げられると[11]，遺伝学研究所長のヴァヴィーロフは厳しい批判に晒された。幹部会は，遺伝学研究所への査察を決定し，査察委員会の責任者に既にルィセンコとの良好な関係が出来ていたボリス・ケレルを指名した。ケレルはヴァヴィーロフの業績の粗捜しに躍起となり，それと対比するようにルィセンコの業績を賞賛したため，査察結果は遺伝学研究所にとって芳しいものとはならなかった。1938年5月27日，アカデミー幹部会は査察委員会からの評価を聞き入れ，ヴァヴィーロフを強く批判し，ルィセンコを遺伝学研究所に招致して研究活動に与らせる旨を決定した。こうして，ルィセンコが遺伝学研究所内に農業生物学派を展開するお墨付きを得られた半面，ヴァヴィーロフが以前より厳しい立場に置かれる結果となったゆえ，1938年5月の一連の出来事によってルィセンコの遺伝学研究所への介入が決定づけられたと見なされてきた。とはいえ，そうした巨視的な出来事の観点から一括りに説明してしまうと，ルィセンコが遺伝学研究所内に活動を移していく過程で起きていた実際の出来事を見落としてしまう。後述するようにルィセンコは遺伝学研究所への介入を簡単には果たせなかった。

一方，1939年10月の「遺伝学と育種をめぐる討論会」は，1930年代末期に遺伝学者が置かれていた苦しい状況を示す際の典型事例にしばしば取り上げられる。とはいえ，この討論会の開催までの経緯を見れば，それは科学アカデミー，および権力側の遺伝学のパトロンであったアンドレイ・ジダーノフの後押しを受けて，植物栽培研究所の遺伝学者たちのイニシアティブによって開催が実現したものであったことを忘れてはならない[12]。遺伝学者側は，自己の主張とルィセンコ派の主張を公の場で俎上に載せ，権力中枢を含んだ雑誌読者にソ連農業の改良のため遺伝学の手法が有用であることを理解してもらうことが，遺伝学の研究環境の改善に繋がるとの確信を持って討論会を発起したのである。しかしながら，討論会の主査を務めた『マルクス主義の旗のもとに』誌の編集長のマルク・ミーチンはルィセンコ派に勝利判定を下したのであり，胸に大きな期待を秘めて討論に臨んだであろう遺伝学者側はこの結果に深く失望させられることとなった。ミーチンは討論を総括して[13]，ヴァヴィーロフが遺伝学の成功事例として米国における雑種トウモロコシをはじめ外国の事例を好意的に紹介したことを批判した一方[14]，ルィセンコ派の業績に理論と実践が親密に結合している様子を認め，進歩的なミチューリン生物学の発展を促すその姿勢を賞賛した[15]。1930年代末において，ミーチンをはじめ党の哲学者たちはソ連権力のスポークスマンとして党の意向や公式見解を代弁していたのであり，ミーチンの総括内容をもって当局がルィセンコの学説方法を正しいものと承認したと受けとることも出来る。そうすると，討論会を経てルィセンコ派は遺伝学者側にたいする一定の優位な立場を築くことに成功したと言えるが，しかし，後述するように遺伝学者たちは討論会後も引き続き，党のパトロンや科学アカデミーの庇護の下にあった。概して，ヴァヴィーロフの逮捕までは遺伝学研究所内でのルィセンコ派の優位はあくまで限定的であったと言ってよく，後述するように，場合に応じて遺伝学者の側から譲歩が示される程度に留まっていたのである。

2. ルィセンコ派による遺伝学研究所への介入の実態

2.1　遺伝学研究所でのルィセンコの研究室の運営開始をめぐって

既に述べたように，1938 年 5 月の科学アカデミー幹部会の決議を経て，遺伝学研究所の研究にルィセンコが参画することが決定された。この時点ではルィセンコはまだ科学アカデミーの会員資格を持ってはいなかったが，1939 年 1 月に行われた科学アカデミーの選挙に通り，オブザーバーとしてではなく正会員の資格の下で，遺伝学研究所で研究室を運営する権限を名実共に得たのであった。

しかしながら，ルィセンコが遺伝学研究所内で実際に自分の研究室の運営を認められるまでには，アカデミー正会員選出から約半年，1938 年 5 月の科学アカデミー幹部会決定から数えるならばじつに 1 年余りの時間を要したことが，文書館史料から確認出来る。以下にその経緯を見ていこう。1939 年 6 月，遺伝学研究所学術会議の月例会でルィセンコ自身による研究計画のプレゼンテーションがあり，質疑応答を経てルィセンコの研究計画が学術会議の総意の下で承認された[16]。この翌日，遺伝学研究所副所長シュクヴァルニコフは，科学アカデミー幹部会と生物科学部に手紙を送っているが[17]，その文面には，遺伝学研究所はルィセンコにたいして研究活動上のあらゆる便宜を図るべき立場にあったものの，今日に至るまで，そして恐らく 1939 年の間は，［研究員用の］住居不足のために，ババジャニアンやグルシェンコをはじめとするルィセンコの研究協力者を遺伝学研究所に招致出来ないでいると述べられている。文面はさらに続き，ルィセンコ本人は農業科学アカデミーとその所管の研究機関での職務に忙殺されており，グルシェンコら忠実な研究協力者のモスクワ滞在が遺伝学研究所でのルィセンコの研究室の正常な営みのため必要不可欠である，と説明している。最後にシュクヴァルニコフは，ルィセンコの研究協力者のための新たな住居を手配し，それらのスペースを遺伝学研究所の裁量で自由に使用出来るよう，アカデミー幹部会に許可を願い出ている。

上記の手紙の内容は一見すれば遺伝学研究所内での日常の事務処理上のやり取りにすぎないが，遺伝学研究所へのルィセンコの介入を決定づけたかのように書かれてきた1938年5月の科学アカデミー幹部会決議ののち，直ちに遺伝学研究所でのルィセンコの研究活動が実現したのではないことを裏づける興味深い史料と言える。研究員用の住居不足という実質的な問題により，1938年5月の決定時点から1年以上もルィセンコの研究室の運営開始は延期されていたのである。実際に住居の手配がままならなかった理由や，あるいは研究所内の遺伝学者間の暗黙の了解により意図的にそうされたのかなど，この件をめぐる事情背景は未だ不確かなものの，ひとまず，ソイフェルの「ルィセンコは科学アカデミーとヴァヴィーロフの遺伝学研究所へと入り込み，自身の研究部門を設立し直属の部下たちを直ちに呼び寄せた」[18]との説明が決して正確ではないことがわかる。ルィセンコの遺伝学研究所への介入は，先行研究でこれまで述べられていたほど速やかには実現していなかったのである。

2.2　ルィセンコ派の勢力拡大にたいする日常的な抵抗

ここでは，遺伝学研究所内でのごく日常の出来事に見られた，ルィセンコ派の勢力拡大を阻もうとする抵抗の動きを紹介しよう。その内容が示唆するのは，ルィセンコ派の影響力を遺伝学研究所内で限定的なものに留めておくために，こうした日常レベルの抵抗が一定の効力を発揮していたことである。こうした事例に助けられてわれわれは，"1938年5月アカデミー幹部会決議による遺伝学研究所でのルィセンコの研究参加承認"という大枠の出来事に沿うのみでは，ルィセンコの遺伝学研究所の介入過程を正しく説明出来ないことを理解出来るだろう。

1940年4月29日，遺伝学研究所学術会議にてスターリン名称奨学金への推薦候補者を決める投票が行われた。この時の候補者は遺伝学者側とルィセンコ派のどちらに属するかによりおおむねふたつに大別されていた。当然ながら，ヴァヴィーロフとルィセンコの両名は，自身の学派に属する候補者が奨学金の推薦を得られるよう熱心に発言した。

投票結果を会議の議事録に沿って眺めていこう[19]。ルィセンコはヴァヴィーロフが強力に推薦する大学院生3名への投票を棄権し，加えてヴァヴィーロフがもっとも奨学金資格に相応しい候補者と考えていたM. L. カルプの推薦に反対票を投じた。投票結果は，賛成6票にたいし，ルィセンコによる反対が1票あったのみで，ヴァヴィーロフはじめ遺伝学者側の意向が通ったかたちとなった。一方，ルィセンコの弟子に当たるふたりの博士号取得見込者，すなわちグルシェンコとババジャニアンの推薦に際しては，ヴァヴィーロフが反対票を投じた。ヴァヴィーロフは彼らの推薦を認めない理由を説明して，ババジャニアンの博士論文で［古典的遺伝学の］主要な先行研究への言及が不充分であること，他方，グルシェンコは遺伝学研究所で研究を開始してから日が浅く，既に出版済みの業績も特別重要なものではないことを述べている。ヴァヴィーロフの意見に対抗し，ルィセンコは投票に先立って彼ら両名の推薦を支持する演説を振るったが，ババジャニアンが賛成4票，反対はヴァヴィーロフの票を含む3票，同様に，グルシェンコが賛成3票，反対はこれまたヴァヴィーロフの票を含む3票という結果となった。このように投票が二分してしまっては，ルィセンコの推薦する両名は優先的に推薦を得られなかったものと思われる。

この投票内容から読み取れることは，1940年の上半期，少なくても同年8月のヴァヴィーロフ逮捕以前までは，遺伝学研究所内では遺伝学者側がまだ強い発言力を保っていたことである。一方，遺伝学研究所でのキャリアが浅いルィセンコからすれば，新参者の地位を脱し古参の遺伝学者たちと肩を並べるために，研究所内で自身の学派の足場を一刻も早く固める必要があったものと思われる。そうした動機があったと仮定すると，ルィセンコがこの投票に臨んだ際の思惑が見えてくる。グルシェンコやババジャニアンのような自分に忠実な若手が競争的奨学金を獲得して研究実績を重ね，ゆくゆくは研究所内で常勤のポストを得られれば，それを布石とし，農業科学アカデミーのみならず遺伝学研究所内にも農業生物学派の勢力を拡大する展望が見込めたのではなかろうか。ただし，ルィセンコに如何なる思惑があったにせよ，この時の投票内容は彼にとって芳しい結果とはならなかった。

2.3　遺伝学研究所にたいする科学アカデミーの態度の“二面性”

2.3.1　遺伝学の支援者としての科学アカデミー

科学アカデミー幹部会は，1938年5月に遺伝学研究所の研究活動を激しく批判してルィセンコの遺伝学研究所への研究招致を決定したことは既に述べた通りだが，事の発端に立ち返ると，人民委員会議が遺伝学研究所の研究計画にたいして否定的な見解を打ち出した手前，アカデミー幹部会が上記の厳しい措置に出たのもやむを得ない側面があったと考えられる。とは言え，科学アカデミーの原則的な立場は，遺伝学者側の要望を重視し，その実現を支援することであったことは間違いない。実際，ヴァヴィーロフの植物栽培研究所と遺伝学研究所が，ルィセンコ派の攻撃から科学的な遺伝学研究を守る防波堤の役目を果たす際には，科学アカデミーはその支援者としての役割を期待されていた。次の事例によって，遺伝学者側と科学アカデミーとの間に，互いの信頼協力に基づくルィセンコ派への対抗戦略が潜在的に機能していたことを見てみたい。

1939年5月16日，遺伝学研究所長のヴァヴィーロフは科学アカデミー生物科学部に1通の要請文[20]を送っている。ヴァヴィーロフは書面で，ウラル山脈東嶺のチェリャビンスク州周辺での秋播き小麦の安定的栽培が今冬の焦眉の課題であると述べ，この課題の専門スタッフを植物栽培研究所と遺伝学研究所から派遣することを生物科学部に提案している。ここでヴァヴィーロフは，チェリャビンスク州での差し迫る課題解決に際し，現地の農業試験場からの要請があればそれに関心を払って支援するよう，生物科学部のほうからルィセンコとその盟友ツィツィン[21]に勧告してもらうのが望ましいとの旨を述べている。

この書面からはヴァヴィーロフが，（植物栽培研究所を除く）農業科学アカデミーとその責任者のルィセンコには火急の問題を峻別しそれを解決に導く能力が欠如していると考えていたことが読み取れる。そして，チェリャビンスク州における現下の農業課題は，ルィセンコ派には荷が重いと判断し，かわって植物栽培研究所と遺伝学研究所から遺伝学の専門家を派遣するのがよいと訴えたのである。とは言え，既に農業科学アカデミー総裁を任せられていたルィセンコは，植物栽培研究所を含むアカデミー傘下のすべての研究所の活動を監督する立場にあり，現場の農業課題への対処をめぐる実質的な決定権を握っていた。折しもルィセンコ派からのヴァヴィーロフへの批判が猛然と激しさを増した時期だったゆえ[22]，直接自分が遺伝学者の派遣を提案してもルィセンコはもはや聞く耳を持たないとヴァヴィーロフが考えたとしても不自然ではない。そこでヴァヴィーロフは次善の策として，農業科学アカデミーから独立した研究機関であり，ルィセンコの指導力の及ぶ範囲外にある科学アカデミーの生物科学部を通じれば，ルィセンコ自身の体面も保ちながら彼を説得出来るのではないかと見込んで手紙を書いたのだろうと考えられる。さらにヴァヴィーロフは科学アカデミーが強力なリーダーシップを発揮して，ルィセンコの手から農業の課題をめぐるイニシアティブを遺伝学研究所と植物栽培研究所に取り戻すよう働きかけてくれることを期待していたのではないだろうか。

2.3.2　1939年10月の討論会後におけるルィセンコ派への譲歩

1939年10月の雑誌『マルクス主義の旗のもとに』主催の「遺伝学と育種をめぐる討論会」では，先述したように党を代表する哲学者ミーチンによりルィセンコ派と遺伝学者側との間で優劣が明瞭につけられた。故に一見すると，この討論会の結果はルィセンコ派にとっては勝利宣言に等しい意味合いを持ち，1930年代中盤から続いた遺伝学者との対立に終止符を打つセンセーショナルな出来事であったかのように見える。しかしながら，討論会後直ちに遺伝学者たちがルィセンコ派への屈服を余儀なくさせられたとするのは明らかな誤解である。そのことは，先に取り上げた1940年4月に遺伝学研究所内で行われた投票が，遺伝学者側の意向の方が勝る結果に終わっていたことからも間接的にうかがえるであろう。討論会後にヴァヴィーロフはすぐさま，ミーチンら主催者側にたいして討論の審議内容の再考を申し入れ，権力側にも遺伝学者の嘆願を聞き入れるのにやぶさかではない人物が存在した。ここでは，そうした権力側から遺伝学者へと差し伸べられた救いの手としてアンドレイ・ヴィシンスキーの事例を紹介しよう。1939年9月下旬，折しもヴァヴィーロフの出張中の隙をついて，突如ルィセンコは植物栽培研究所の学術会議を解散する決定を下した。これによりルィセンコは，学術会議の名簿から植物栽培研究所の古参の専門家集団を除名し，かわって自分に忠実なメンバーによる再編成を目論んだのであるが，ヴァヴィーロフは出張から帰任しだいルィセンコの横暴を強く非難し，学術会議の解散を取り消すよう農業科学アカデミー幹部会に抗議文を送っている[23]。この件はその後，当時党中央委員会と科学アカデミー幹部会のメンバーを兼任していたヴィシンスキーへと伝わるところとなった。ヴィシンスキーとルィセンコとの間で何度か面談が持たれた末に，学術会議の解散を無効とし原状回復する措置がなされた[24]。

ルィセンコのあからさまな横暴が認められなかった一方で，1939年10月の討論会後には遺伝学研究所内でルィセンコ派に譲歩する姿勢が表れ始めたことも事実である。科学アカデミー幹部会は討論会の結果を受けて，1940年春，『遺伝学の原則問題をめぐる批判的再検討』なる論集の出版計画を打ち出し，遺伝学研究所にその編集を委任した。この論集の刊行目的は，遺伝学の主要な研究領域をダーウィニズムの観点に照らして精査し，遺伝学の成果を批判的に総括し，従来の遺伝学研究が犯した深刻な過ちを暴き出すことであるとされていた[25]。遺伝学研究所長のヴァヴィーロフは，所収予定の論文数点とその要旨を含んだドラフトをアカデミー幹部会宛に送ったが，それを見ると相当数の頁がミチューリンの業績への言及に割かれているのが確認出来る（注5参照。ミチューリンの業績への言及はルィセンコ派の業績への言及に等しい）。それらの中には「ダーウィン説とルィセンコの見解 ― 遺伝学におけるルィセンコによる反ダーウィン主義との戦いの積極的意味合い」[26]とあるように，出版予定の論集ではルィセンコに対しても好意的な内容の編集がなされていたと察せられる。特に目を惹く事実は，そうしたミチューリン生物学の意義に触れた論文著者の中にニコライ・ドゥビーニンが名を連ねていることである[27]。ソ連を代表する遺伝学者として西側の生物学界で名が通っていたドゥビーニンだが[28]，この頃にはルィセンコにある程度の妥協姿勢を見せておく方が先々のためにも賢明と判断するようになったのだろうか。以上の事実内容から，1939 年 10 月の討論会の結果を受けて，遺伝学研究所内でルィセンコ派との共存を目指す動きが現れ出していたことがわかるのである。

2.3.3　オルベリのジレンマ――遺伝学の擁護か，ルィセンコへの譲歩か

レオン・オルベリは著名な生理学者として知られると同時に，科学アカデミー生物科学部にて書記役アカデミー会員（在任期間 1939–1948）を務めた人物である[29]。1939 年 10 月の討論会から約 3 カ月後の 1940 年 1 月 16 日，科学アカデミー生物科学部は遺伝学研究所の 1939 年の年次報告書を審議するための会議を招集し，オルベリはそこで議長を務めた。オルベリの伝記研究ではこの会議の速記録が詳しく調べられており，結語報告でオルベリが遺伝学研究所を擁護する立場から発言していたことがわかる[30]。それと同時に，彼の発言にはルィセンコの遺伝学批判にたいする厳しい姿勢が明確に見て取れる。それらの発言内容を抜粋しつつ，以下この会議の進行具合を眺めていこう。

報告中でオルベリは遺伝学研究所が行っている研究内容の実践性を称える一方で，研究成果を現場の課題にたいし即座に適用するのを差し控える慎重な姿勢を肯定的に評価した。オルベリは出席者の注意を促して，このような応用面の性急さのためにソ連の農業はしばしば破滅的な結果に陥ってきたと述べた。その場で名指しはしなかったものの，オルベリのこの発言は明らかにルィセンコ派の農法に向けられたものであり，科学的な検証過程を省略した過度の応用重視の姿勢に釘を刺す意図があったものと思われる。この件とは別に，オルベリはルィセンコを今度は名指しで批判して「ルィセンコは実現不能なことを遺伝学者側に要求しており，彼による遺伝学批判は科学的な観点を欠き，それらは遺伝学研究の発展どころかその改良にも寄与しない。ルィセンコの批判は遺伝学研究所内の混乱を単に助長するだけにすぎない」

と手厳しい調子で発言した。

以上のように，オルベリは３カ月前の討論会での“ルィセンコ派の勝利”をまるで意に介さない様子でルィセンコを堂々と批判したのであった。科学アカデミー生物科学部書記役アカデミー会員としての彼の発言内容は，科学アカデミー幹部会の意向ともおおむね一致すると考えれば，彼の発言は科学アカデミーからの遺伝学研究所にたいする全面的な擁護を約束するものであったろう。遺伝学者側にとってオルベリの存在は頼もしく思えただろうが，1940年８月６日，ウクライナとルーマニアの国境付近の街チェルノフツィで，ヴァヴィーロフが逮捕されたのを機に，遺伝学者側とルィセンコ派との間の力関係，さらには科学アカデミーとルィセンコの関係には劇的な変化が生じることとなった。そのような状況変化を端的に表すひとつの証拠が，ヴァヴィーロフ逮捕後，オルベリのルィセンコへの態度が急速に軟化したことである。以下にその様子を取り上げてみよう。

オルベリは1940年８月23日にルィセンコに手紙を送り，既述の論集『遺伝学の原則問題をめぐる批判的再検討』の編集作業に加わるよう依頼している[31]。元々は遺伝学研究所長のヴァヴィーロフが責任を負っていた論集計画だが，手紙の文面からルィセンコに依頼がなされた経緯がわかる。該当箇所には「1940年３月22日のアカデミー幹部会の決議に基づいて出版される論集には，現代遺伝学をめぐって科学的裏づけのある批判的な検討を提示する内容が含まれているべきである。何よりも『マルクス主義の旗のもとに』誌の討論会の結果を念頭に置いて批判的検討を実現するためには，生物科学部はこうした編集姿勢が適切なものと考えている。論集が狙いとするのは，古典的遺伝学の基本的立場の再検討であり，そのためにはダーウィンとミチューリンの理論から出発するべきである。あなた（ルィセンコ）に各章の論文をその要旨と共に送るので，これらの論文を吟味し，その内容が論集の狙いを満たしているかどうか，コメントを添えて1940年９月15日までに生物科学部に返送くださるようお願いします」といった内容が書かれている。

ヴァヴィーロフの逮捕はこれまで遺伝学者を支援してきたオルベリに大きな衝撃と悲しみをもたらしたことは疑いない。しかし，オルベリは科学者としての顔の他，党の意向を汲みつつ遺伝学分野を行政的な立場から監督する立場を有していた。ヴァヴィーロフ逮捕後，オルベリはソ連遺伝学界の主流交代の流れを察知し，それに対処する必要に迫られたのではないだろうか。すなわち，上記文面に見られるルィセンコにたいするオルベリの軟化姿勢からは，オルベリが，遺伝学研究所内でのヴァヴィーロフの影響力は今後弱まり，遺伝学者たちがこれまで同様のイニシャティブを発揮できる望みが薄くなったと考え，ルィセンコの意向を無視しては遺伝学研究所に委任していた論集の編集作業が継続出来なくなったと判断したことを読み取れる。1940年夏におけるルィセンコにたいするオルベリの態度の変容は，科学者の利益を原則擁護する機関でありながらも，その時々の状況によって党や権力者の意向に従わなければならない科学アカデミーという巨大組織が有する“二面性”を反映したものであったと見られないだろうか。そうした科学アカデミーに所属するアクターとして，遺伝学者集団を守る役割と党の方針に適う行動との選択の間で板ばさみにあったオルベリの苦渋の立場は推して知るべしと言えようか。

1941年早々ルィセンコが遺伝学研究所長に就任したことにより，ルィセンコ派がソ連遺伝学界を手中に収めるのも一旦は現実のものとなったように思えたが，実際ルィセンコ派にとってそれは束の間の勝利であった。1941年6月に独ソ戦が勃発するや否や，ルィセンコ派と遺伝学者の双方が各々の疎開先へと離散していき，ルィセンコによる遺伝学支配は戦時中を通して中断されたのである。戦後，遺伝学者陣営からのルィセンコ派にたいする怒濤の巻き返しが始まるが，これから扱うように，ルィセンコ支配にたいする反発は戦時中既に，遺伝学者側に先行して実に農業科学陣営の内部から現れ始めていたのである。

2.3.4　エリート集団中のルィセンコ

ここで，遺伝学研究所内におけるルィセンコの言動について，その心理面に基づく考察を試みたい。1930年代末期にルィセンコは，伝統と権威ある科学アカデミーの正会員に選出され，遺伝学研究所に自身の研究室を設置出来たのだが，このことは科学者一般のステータスと見れば充分な名誉と言える。しかし，ルィセンコはこうした環境に飽き足らず，研究所内での学派拡大のために遺伝学者に対する挑戦的姿勢を示し続けていた。本章で取り上げた1940年4月の奨学金候補者を決める投票の際にルィセンコが示した遺伝学者たちへの反発的な態度は，まさにそうした事例のひとつに数えられる。

このようなルィセンコの言動の背景には，彼自身の貧農家庭の出自からわき起こるエリート集団にたいしての対抗意識が少なからずあったものと思われる[32]。こうしたルィセンコの心理面を知る上で，米国の科学史家ローレン・グレーアムが1971年に行ったルィセンコ本人にたいするインタビューとその問答内容が重要な手がかりを与えてくれる。グレーアムがヴァヴィーロフの死について追及した際に，ルィセンコは次のように返答したという。「貧しい農民家庭の出である自分は，専門的な学問課程に入るとすぐに周囲の上流階級の出身者から偏見の目で見られた。1920年代の卓越した遺伝学者の大半はヴァヴィーロフのような［自分とはまったく異なる裕福な家庭で育ち，高等教育の恩恵を受けられた］人たちであった。彼らは私みたいな農民に自身のポストを譲る気などないようであった。周囲に認めてもらうために私は必死にやらねばならなかった」[33]。この応答内容からは，エリート集団に放り込まれた当初のルィセンコの戸惑いと共に，既存エリートへ燃やしていた対抗心の一端がうかがえる。このインタビュー経験に基づいてグレーアムは，ソ連史における一定の真実，それはすなわち，階級にまつわる私的怨恨が国家権力と結びついた時に生まれる残忍で野蛮な帰結を認識した，と書いている。グレーアムがここで言う野蛮な帰結とは，ソ連で遺伝学の廃止がルィセンコにより宣告された1948年8月の農業科学アカデミー総会のことに他ならない。出来事の規模において8月総会と上記の遺伝学研究所での投票とではそもそも比べるべくもないが，ルィセンコの投票行動を説明する際にもグレーアムの観点が一定の有効性を持つものと思われる。すなわち，遺伝学者たちとは正反対の投票を貫いたルィセンコの動機には，遺伝学研究所内での学派拡大を目指す狙いと共に，遺伝学研究所の古参のエリート集団への対抗意識が並存していた可能性を否定出来ないだろう。

3. 戦時期のルィセンコと農業科学

3.1 遺伝学者側とルィセンコ派の各々に戦時期が持った意味合い

初めに，遺伝学者側とルィセンコ派各々の戦時期の情勢について確認しておきたい。遺伝学者側の情勢については，クレメンツォフが子細にわたり解明しており[34]，それに従って以下手短に述べる。ソ連の遺伝学者は，対ナチス・ドイツ同盟を背景に再開した英米との学術交流の機会を遺伝学の研究環境の回復のため最大限に利用した。生物学分野の専門雑誌の交換もさることながら[35]，ソ連と英米の遺伝学者間の情報交換が実現したのを機に，ルィセンコ支配下のソ連遺伝学の窮状を西側の遺伝学者が知ることとなり，彼らによりソ連の遺伝学者の支援活動が提案された。こうした遺伝学者支援の動きは，反ルィセンコ・キャンペーンと表裏一体の下で進行し，中でも戦時中に発案されたルィセンコの1943年の著書『遺伝性とその可変性』の英訳出版計画には大きな期待が寄せられていた。米国遺伝学界の重鎮ダンと1927年にソ連から米国へと移住したドブジャンスキーが中心的役割を担ったこの出版計画には，ロシア語で書かれたものしかなかったルィセンコの業績が英訳出版され広く読まれるようになり，その誤謬性と欠陥が世界中で明らかとなれば，ルィセンコの評判失墜へ繋がるとの意図が秘められていた。したがって，実際に戦後展開する反ルィセンコ・キャンペーンへの準備期間となったという意味で，遺伝学者にとっては戦時期が“肯定的”な結果をもたらしたとすら言える。

一方のルィセンコ派の戦時期における情勢をめぐる記述は数多く存在する先行研究中にもごく僅かである。その中からひとつ関心を惹くエピソードを紹介しておくと，ナチス占領下のハリコフ市でルィセンコの弟がナチス側に加担し要職を得たことが知られている[36]。いずれにせよ遺伝学陣営をめぐる記述量と比して，戦時期におけるルィセンコ派への言及は際立って少なく，ほとんどの場合が次のような素朴な説明に終始してきたと思われる。つまりは，ルィセンコは食糧事情が厳しい戦時下で即効性のある農業提案を次々に生み出し，前線および銃後の食糧供給に貢献した，というように言及されるのが通例であった[37]。近年出版された著作物中にも，戦時中のルィセンコ派の農業貢献にたいし肯定的な評価を下しているものがある[38]。とは言えルィセンコの提案は，追試が充分になされないまま場当たり的に実行されたものばかりであり，こうした著作中で称えられている増収効果を鵜呑みにしてしまうのは危険である。ルィセンコの提案による増収効果は，戦後になって付加された伝説が入り混じったものと考えた方がよいだろう。

本章では，戦時期に農業科学陣営内でルィセンコが受けていた評価について詳しく検討し，その内容に基づいてルィセンコと農業生物学派の立場からは戦時期にたいしていかなる歴史的意味づけがなされるのかを考察する。ルィセンコの支配から解放された遺伝学者側の事態が戦時中に好転したことは上で述べたが，一方で戦争がルィセンコ派に食糧供給という国家の死活課題に貢献するための一種の好機をもたらし，さらに現場での実践活動こそがルィセンコ自身の本分であったのだから，ルィセンコは遺伝学者側以上の活躍の機会を享受し得たようにも思われる。本章ではこのような見方が原則間違いであることを最初に断った上で，ルィセンコ自身が提案した農法が現場でどのように受け入れられていたのか，その実態を明らかにする。独ソ戦によりルィセンコの支配は中断されソ連遺伝学界の情勢は一旦白紙へと戻されたという巨視的な説明に覆い隠されるかのように，ルィセンコ研究史の暗部のまま残されてきた戦時期の状況の一端がここで初めて解明されるだろう。

以降では，ルィセンコ派により戦時期に提案された農法から主要なものを紹介し，それと並行して，それらの増収効果をめぐって当時の実践現場で交わされた生の評価を文書館史料から提示する。ルィセンコ派が提案した農法の多くは国営農場人民委員部の機関誌『ソフホーズ生産』[39] に掲載されたが，ここでは手法面のみを簡潔に紹介し，過分に喧伝要素が入り混じった収量データの実際についての議論は行わないこととする。

3.2　戦時期におけるルィセンコ派による農法提案

1941 年夏，ナチスドイツとの本格的な開戦が迫る中，ソ連の科学者たちは一斉に東部地域への疎開を開始した。科学アカデミー傘下の各研究所はウラル地方やシベリアの各都市に臨時の活動拠点を割り当てられ，ルィセンコが所長を務める遺伝学研究所は中央アジアのフルンゼ市(現キルギス共和国首都ビシュケク市)に移設された[40]。加えて，フルンゼの北方に位置するオムスク市にあるシベリア穀物栽培研究所内にはルィセンコの居室が設けられた[41]。ルィセンコは両都市間を頻繁に往復しながら戦時農業の実践課題に取り組み，とくにシベリアにおける穀物生産問題をめぐって精力的にフィールドワークを行ったとされる。以下，ルィセンコ派による戦時期の代表的な業績とされるものを順に4つ挙げていこう。

ルィセンコ派による戦時中の第一の業績は，オムスク一帯の過去の気温，湿度，降水量，寒波の到来時期などの気象記録に基づいて1941年秋における寒波の早期到来を警告し，小麦の収穫を前倒しで行うよう提案したことである[42]。こうした対処療法的な提案が功を奏し，1941年秋には小麦が死滅を免れ，早期刈り入れが影響し未成熟な種子が多く含まれたとはいえ次年度の栽培に必要な量の種子を確保するのに成功したと言われている。これと関連して1941年12月ルィセンコは，ウズベキスタンのタシュケントで開催された農業集会で砂糖大根の夏の播種を推奨した[43]。秋以降も温かく湿った日が続く地域では，夏に前倒しして作物の播種を行うのが有効な場合があることが知られており，その経験に則った提案であったと思われる。このように当該地域の気候条件と環境を考慮した上での作物の播種期間の変更が戦時中にソ連のさまざまな地域で受け入れられたという。そうした事例として，ウクライナでは砂糖大根，シベリアとウラル地方では春播き小麦と燕麦，外カフカースではジャガイモの播種期間を変更するよう，ルィセンコによる指導がなされたという[44]。

ルィセンコ派の第二の業績は，穀物種子の発芽率を高める方法を考案したことである[45]。休眠中にシベリアの寒波に晒された種子は，発芽率が30〜40%にしか満たず，発芽出来たとしてもその後充分生長できない場合が多かった。1942年から1943年の冬にかけ，ルィセンコの提案した方法によりこの課題への緊急の対処が採られた。この方法は春化処理からコンセプトを得たもので，可能な限り長時間日光と暖かい外気の下に種子を置くことで休眠状態を人為的に打ち破るという発想に基づくものであったが，この単純な方法のおかげで当該年度には発芽率は90%以上に達したという。この結果はソ連政府に知られるところとなり，1944年に人民委員会議と党中央委員会が採用した増収計画の中にこの方法が含まれることとなった[46]。ルィセンコはさらに，休眠状態の種子の中から未成熟で発芽見込みの薄い種子を排除し，発芽率の高い種子のみを選り分ける方法を考案した[47]。

ルィセンコ派の第三の業績は，ジャガイモの作付けにかかわる手法の提案であり，農業の実践現場では以前からよく知られていたものであった[48]。これは，種芋上部の最初に発芽した箇所を15g余り切り取り，その若芽のみを作付けに用いて，残った可食部を食用に供するというものであった。この手法を用いて種芋を節約しつつ作付面積を拡大出来れば，戦時下の厳しい食糧事情の解決に結びつくものと期待された。この手法は戦時期の農法提案の中でもとくに広い範囲で実施されたもので，ルィセンコ派の農業技師による現場指導が組織的になされたと言われている。1942年春にはシベリアで15万ha以上の面積にわたって実施され，ソ連全体では少なくても20万tonの増収を達成したと言われている[49]。この功績を高く評価されてルィセンコは1943年スターリン賞を受賞した。

ルィセンコ派の第四の業績は農地の利用法にかかわるものであり，春播き穀物の刈り入れ後畑を耕さず，残された切り株の上から秋播き穀物の種子を播く方法（刈り入れ直後の未耕地への播種―стерневой посев―と適宜呼ぶこととする）である[50]。ルィセンコによると，この方法の利点は，土を起こさないことで残ったままの切り株の根が地中に張りめぐらされ，それらが厳冬のシベリアで土壌の凍結を予防する役割を果たすのと，加えて，畑を耕す行程が省かれることで，その分農耕機を別の作業に割り当てられるメリットがあるという。ソィフェルはこの方法が提案された背景をめぐって，1939年10月の討論会でシベリア向けの耐寒性品種を育種することを約束したルィセンコが[51]，結局それに失敗した際の埋合わせに提案したものだと説明している[52]。

3.3 農業生物学派内でのルィセンコの提案をめぐる評価

以上に見てきたルィセンコ派による提案に共通するのは，作業工程の簡易さゆえの即座の実行可能性と言えるだろう。これらの手法は実地における処方箋の域を出るものではなく，目立った新規性はとくに認められないものであった。とは言え戦時期，遺伝学者や農学分野の従事者は食糧供給課題の解決を通して国家への貢献を試されたのであり，そう言った観点から，農業生物学派の存在意義をソ連権力に示す上でルィセンコ派の提案内容は一見重大な意義を持ったであろう。かつ，ルィセンコ自身それらの提案を実行に移すに当たっては周囲から万端の協力が得られ，滞りなくキャリアを築いていったかのようにも思える。ここではこうした見方とは正反対に，ルィセンコの提案にたいしては実践現場のみならず，何よりも彼にもっとも近しい農業科学陣営内から厳しい評価が出されていたことを提示する。

3.3.1　種芋の切り分け手法をめぐる評価

この手法による増収効果については，当初より疑念や手厳しい評価が多かったことが文書館史料から確認出来る。1943年1月にスターリンやモロトフらのクレムリンの要人に宛てた手紙[53]の中でルィセンコは，種芋上部の切片4-5ツェントネル(1ツェントネルは100 kgに相当)分が，通常の種芋15-20ツェントネル分に代用出来，それらが通常の種芋よりも多く収量をもたらすと主張した。それにもかかわらず，農業人民委員部が自分の提案を充分に聞き入れていない現状を訴え，同時に自分の主導する農業生物学が戦時下の厳しい食糧事情の解決に貢献出来る成熟した学問分野であることを請け負っている。このようにルィセンコが，直接政治権力に種芋の切り分け法の有効性を訴えざるを得なくなったのは，方々でこの手法の増収効果にたいする疑惑や反発が強まっていたからだと思われる。事実，タシュケントのウズベキスタン農業人民委員部から農業科学アカデミーに届けられた1941年11月付の報告書[54]には，種芋上部切片から得られる収量は，通常の種芋による作付けと比べておおむね低いと述べられている。一方，1942年12月，農業人民委員ベネディクトフは農業科学アカデミーでの会議の席上でこう述べている。「ジャガイモの播種面積の拡大と収量の増大，および余剰種子の生産に際し，農業機関とソフホーズ，コルホーズにとって現下肝心なことは，ジャガイモの作付けには丸々1個の種芋を使用するよう保証することであり，いかなる場合でも性急に調達した種芋の上部切片のみを用いた作付けに乗り替えてはいけない」[55]。ベネディクトフは，ルィセンコによる種芋の切り分けの提案には国家的意義が認められると前置きしながらも，必要相当量の種芋を調達出来ない地域では必ずしもルィセンコの提案にこだわらず，他の検証済みの手法を実施するよう検討するべきと訴えた。農業分野の政府高官の中にも，食糧問題が先鋭化した戦時期に，ルィセンコの提案を無条件に採用することにたいして難色を示す慎重な態度があったことがわかるのである。

3.3.2　刈り入れ直後の未耕地への播種をめぐる評価

この手法の実際の有効性をめぐっては，ルィセンコが農業科学アカデミー総裁を失脚した1956年に早くも，党が発行する『党生活』誌上に否定的な見解が現れた。それによれば，この手法が無益であることは明白であったのにもかかわらず，ルィセンコの機嫌を常にうかがっていたシベリアの研究所の所員たちは，この手法には増収効果があるという証明し得ない事実の証明に腐心していた，と書かれている[56]。文書館史料からは，この手法の有効性にたいして農業科学アカデミー内部からの強力な反発があったことが確認出来る。1944年(日付不明)にルィセンコが書いた手紙[57]には，「刈り入れ直後の未耕地への播種」の実施をめぐって政府決定された条項や取り決めが，1943年と1944年とも不履行を促す工作にあっている。自分の提案が周囲からの協力を得られずに実施されない[ために本来の利益がもたらされない]のであれば，1945年秋は「刈り入れ直後の未耕地への播種」をライ麦栽培で行うよう助言しない，との趣旨が述べられている。こうした状態を具体的に説明するためにルィセンコが引き合いに出してきたのが，1944年にオムスクで大規模に開催された農業科学アカデミーの研究員会議の報告内容であった。そこで議長を務めた農業人民委員部次官のピェンジン，およびサヴェリエフからは，同手法の増収効果にたいする否定的な証拠が提出されていた。それによると，1944年にオムスク周辺の実験農場で行われた対照実験にて，休耕地，新耕地，刈入れ直後の未耕地の各々から得られた秋播きライ麦の収量は順に，6.8,

6.3，4.9 ツェントネルごと ha となっており，刈り入れ直後の未耕地から得られた収量がもっとも低かった。これと別に 1944 年にオムスク地方の穀物トラストで行われた対照実験でも，休耕地から得られた収量が 11.1 ツェントネルだったのにたいして，未耕地のほうは 5.1 ツェントネルと 2 倍以上も収量が低下したと書かれている。上記の農業人民委員部の高官 2 名は，“客観的(Объективный)”で“事実に即した(Фактический)”データに基づいて，ルィセンコの提案をこれ以上採用し続けるのは得策ではないという結論を農業科学アカデミー内部で提示していたのであった。農業科学アカデミーにはルィセンコの提案に盲従する者が蔓延していたイメージが出来ていたが，ピェンジンなどの農業人民委員部の要人は，ルィセンコの手法では増収の目処が立たないことを認識してその廃止を強く訴えていたのである。1930 年代中頃より自身の権力基盤となってきた農業科学アカデミー内からよもやの批判を浴び，自分の提案を押し通すことが出来なくなったルィセンコは，この難局を切り抜けるために権力中枢に手紙で支援を訴えることを選択したのである。

3.4　政治権力にすがるルィセンコ——権力中枢に宛てた書簡から

「刈り入れ直後の未耕地への播種」にたいする反発が強まる現状を訴えるため，ルィセンコは 1944 年 5 月 24 日，当時のソ連邦人民委員会議第 1 副議長モロトフと農業人民委員アンドレーエフの両名に宛てた手紙を書いている[58]。手紙の冒頭でルィセンコは「研究員の間に存在する決して看過すべからざる理論面での不一致がすべての元凶である」と自身の態度を示した上で，「農業人民委員部は農業生物学における複数の学派の存在を許容している」と批判する。ルィセンコは続けて「農業人民委員部の指導的顔ぶれは学派の分裂状態を解決するよりむしろ助長している」と述べ，自分の指示通りに提案が遂行されていないことの理由を農業人民委員部の指導者層の妨害行為へと転嫁している。さらに文面でルィセンコは，農業人民委員部の数名の人物で構成される委員会による独自の調査が行われ，「農業科学における諸学派の業績調査の概要」と題する報告書が作られ，よりによってその調査が農業科学アカデミー総裁の自分に一切相談なく行われたことに不快感を露わにしている。報告書には「農業科学アカデミーと諸学派との関係，および農業科学アカデミー総裁ルィセンコとそれら学派の相互関係」に言及する節が設けられていたようで，この事実からは，農業科学陣営の内部から，ルィセンコの牙城である農業科学アカデミーにたいする不信感と，その支配からの脱却を目指す各学派の独立した動きが立ち現れつつあったことが読み取れる。この節の内容について，ルィセンコは苛立ちを抑えきれない様子でこう述べている。「自分はただ1度として特定の学派を支持したことはなく今後もそうしない。自分は，チミリャーゼフ，ミチューリン，ヴィリヤムスの学説の発展のために闘争する。これらはソ連の指針に適う唯一無二の学説であって，[自分が支持しているのは]学派ではない。それらは，党と政府，およびソ連社会から承認された学説である」。この主張では，自分が提案する農法は党の公認に適うものであると政治的な後ろ盾をちらつかせつつ，各々異なる見解によって特色づけられる“諸学派”が存在すること自体，党の公式見解からの逸脱としてソ連では許されないことであると，自分に異を唱えることに一切容認しない姿勢が前面に表れている。農法の有効性を主張する際に専門家間の公平で科学的な判定に委ねるのではなく，それが党の見解と一致するものであるかの政治的議論へとすりかえるこうしたレトリックには，のちにルィセンコが1948年8月7日の農業科学アカデミー総会最終日にメンデル遺伝学の廃止を宣告した際の第一声「党中央委員会は私の報告を検討しそれを承認した！」の前触れを思わせる要素が認められはしないだろうか。

3.5　農業科学アカデミー総裁解任を求める嘆願書

1944年9月14日付でルィセンコは，ついに最高権力者スターリン宛に自己の窮地を訴える手紙を書いている[59]。ルィセンコは文面で「刈入れ直後の未耕地への播種」の増収効果を否定する論文を書いた党中央委員会農業課次長イツコフを数回にわたって名指しで批判している。イツコフの意図は，この手法の実施行程をねじ曲げて伝えることによって損失を出させ，ルィセンコの名を貶めることにあるのだと訴えている。一方でルィセンコ自身が書いた農法の解説論文は，既に有力な農業紙への掲載準備が出来ていたのに結局公表されなかったため，シベリアの農民が間違った方法で播種を実施せざるを得なくなったと説明し，その裏ではイツコフが手を引いており，最後にイツコフには自業自得の報いが返るだろうと不気味な予言をしている。イツコフ批判にかまけて自己弁護を忘れたわけではなく，ルィセンコは，自分の手法が正しい手順で実施された場合に達成されるシベリアの農業刷新構想について次のように熱弁を振るっている。「私の提案が採用されて 2，3 年のうちにシベリアの各地域で大変理にかなった農業システムが完成するでしょう……これは数多くの既成事実によって裏づけをされたファンタジーの如き現実なのです」。しかし，農業人民委員部にはびこる出世主義者や，やっかみ屋の妨害によって自分の提案が現状では正しく遂行されず，正常な環境で仕事が出来ないことを理由に，ルィセンコは自分を農業科学アカデミー総裁から解任してほしいとスターリンに願い出ている。同年 12 月 11 日に，ルィセンコはモロトフ宛にも同じ趣旨の手紙を送っている[60]。こちらでは冒頭でいきなり農業科学アカデミー総裁からの解任を申し出ていることからうかがえるように，3 カ月前スターリンに手紙を送った時と比較して，ルィセンコの苦境がより切羽詰まっていた様子がうかがえる。総裁からの解任を求める理由についてルィセンコは，農業科学内の学派分裂の混乱とそれにともなう非科学的傾向の増大に歯止めをかけて，農業科学を一枚岩にまとめる指導力を自分が失ってしまったからだと自己批判的に述べている。そして，総裁に着任する以前は持てる力を存分に発揮してソ連農業科学の実践課題に貢献してきた故に，自分を総裁の職務から解放することはソ連科学の利益にも適うのだと訴える。この文面箇所にはルィセンコの権力志向の変化が表れていて大変興味深い。戦前までは，遺伝学者への対抗意識を少なからぬ動機として権力拡大の機会を追い続けてきたのにたいし，戦時中には，周囲からの反発と自らの職責に耐えかねてか，身軽な研究員としての立場に戻りたいとの気持ちがルィセンコに芽生えていたのである。このモロトフ宛の手紙文面では，スターリン宛の文面に見られた反対者にたいする攻撃は鳴りを潜め，自身の提案への自賛内容も弱まり，ルィセンコの意気消沈ぶりがより伝わる内容となっている。この時のルィセンコにとって総裁職からの解任は，権力の座への執着も捨てての正真正銘の本音であったかもしれない。1930年代中頃からの自身の活動拠点かつ権力基盤として，いわば身内のような間柄にあったはずの農業人民委員部と農業科学アカデミー内から出たさまざまな反発や権威失墜の企てに直面したルィセンコは，政治権力中枢の他にすがりつく当てもないまま孤立を深めていったものと推察できる。

以上紹介してきたルィセンコから権力中枢への嘆願内容，とりわけ農業科学アカデミー総裁解任要求が権力側でどう処理されたかについては現時点では不明であり，今後の追跡課題としたい。本章の内容を整理すると，従来，戦時期の農業生物学派の活動が論じられる際には，ルィセンコが考案した実践提案が広く採用され，それらがもたらした増収効果がルィセンコ個人の名声を高めるのにも寄与したとの見方がなされるのが一般的だった。しかし，ルィセンコの提案実施にたいしては農業科学内部や現場からの反発が強く，ルィセンコと農業人民委員部の要人間には軋轢が生じていたというのが実情であった。戦後の遺伝学者の手になる反ルィセンコ・キャンペーンに先行して，戦時中農業科学陣営の内部ではルィセンコ独裁に抵抗する動きが既に活発化していたのである。そうした農業科学内で生じた反発を自ら収拾することは叶わず，ルィセンコは政治権力に農業科学アカデミー総裁の解任を自ら申し出る瀬戸際の状態にまで追い立てられていたのであった。

ここで，戦時期における農法提案がルィセンコ自身のキャリアにおいて大きな意義を占めたことを傍証する史料として，1975年最晩年を迎えたルィセンコが1948年8月総会時の農相ベネディクトフに送った手紙を取り上げたい[61]。手紙の冒頭から，ルィセンコは自身の置かれた境遇にたいする同情を誘うかのように「失脚してから10年来，科学社会内部には自分に同意してくれる人間がいなくなってしまったどころか，一般の人々すら私にたいして人間らしい態度で接してくれなくなった。そして今あなたの論文を読み終えて，私は古い友人［ベネディクトフ］さえをも失ってしまった」と心痛を吐露している。ここでルィセンコがベネディクトフに当てつけて問題としているのは，ベネディクトフが書いた農業科学アカデミーの戦時農業への貢献を紹介した論文であり，手紙の内容はそれにたいする抗議へと移る。ルィセンコは，当該論文では自分の名前と当時の役職（農業科学アカデミー総裁）に一度も言及がなされておらず，戦時期の農業提案が「農業科学アカデミーの研究員たち（сотрудники ВАСХНИЛа）」の業績として一括りに扱われたことで自分の貢献事実がうやむやにされてしまった，と不満を表している。かつての盟友ベネディクトフにより自分の戦時期の実績が蔑ろにされたと考えたルィセンコの脳裏には，戦時期に農業科学陣営内部から反発を受けた際の記憶がよぎったであろうか？　晩年のルィセンコには，自分の名声がいつか完全にかき消されてしまうことへの焦りがあったと想像されるが，この手紙の内容はそうしたルィセンコの心理状態を端的に伝える一方，自身のキャリアにおける重要な業績として，ルィセンコが戦時期の農法提案に思い入れを持っていたことを示すものでもあろう。

ルィセンコ事件をめぐる最初期の歴史家デーヴィド・ジョラフスキーは「純粋科学の中央に構える機関，すなわち科学アカデミーにおいては，ルィセンコは最後まで自分の反対者を抑圧する機会に恵まれなかった」との説明に続けて「ルィセンコによる遺伝学への介入の歴史は，科学の集合体に内在して備わる抵抗力の大きさを解き明かす上で研究する価値があるだろう」と述べている[62]。ジョラフスキーが示したこの研究展望は，“抵抗力の大きさ”を示す具体事例が文書館史料から次々に発見されたことで，その先見性が証明され，ソ連科学に内在的に機能していた自浄作用の中身は具体的に明らかになりつつある。本章では1930年代末期の遺伝学研究所や戦時中の農業科学アカデミーが示した“科学の集合体に内在的に備わる抵抗力の大きさ”についての事例をいくつか紹介した。本章で独自に主張したいのは，先行研究が提示してきた政治権力中枢や科学行政上のパトロンによる上からの遺伝学への支援と並行して，遺伝学研究所内や農業科学陣営内の日常レベルかつ草の根の抵抗が，ルィセンコ派の勢力拡大を阻む上で一定の効力を発揮していたと言うことである。先行研究が見落としてきたこうしたミクロ単位の抵抗事例を拾い上げつぶさに検討すると，科学研究機関におけるルィセンコの権限と影響力の及ぶ範囲は従来考えられていたよりもかなり限定的であったことがわかるのである。

科学アカデミー遺伝学研究所と，農業科学アカデミーというふたつの研究機関を拠点に，長期間にわたってソ連の生物学界と農学界で支配力を振ったルィセンコだが，本章で扱った1930年代末期から戦時期にかけてのルィセンコの姿からは，これまでとは大分違った人物像が写し出されてくる。ここで改めて，本章で描写してきた遺伝学研究所内でのルィセンコの立場と，戦時期の農業科学陣営内での彼にたいする評価を簡単にまとめてみよう。遺伝学研究所ではルィセンコは周囲の古参エリートとの折り合いに苦心しつつ，自身の学派の足場固めに奮闘していた。そこで彼を突き動かす原動力となっていたのが自分の貧しい出自に由来するエリートへの激しい対抗心であった — 現段階でこうした描写をするのはいささか早急にすぎるが，遺伝学研究所でキャリアを開始した当初のルィセンコのメンタリティーと符合する部分が多少はあるものと思われる。ヴァヴィーロフの逮捕後所長に就任し，一旦は研究所内で権力を確立したルィセンコであったが，独ソ戦勃発後に今度は味方である農業科学陣営から自身の提案へ批判を浴びせられるという苦い経験を味わった。農業科学内部からのルィセンコへの反発は，戦時中に計画された遺伝学者による抵抗運動とはまったく独立したものであったと考えられるが，それは言わば戦後に遺伝学者の主導でなされた一連の反ルィセンコ・キャンペーンの前史をなすものであったとの見方が出来るだろう。本章では1930年代末頃から戦時期にかけて，科学アカデミーと農業科学アカデミーの双方において，ルィセンコが周囲からの反発にあう一方，それらに独り抵抗する様子を描いてきた。自分と出自が異なるエリート集団が構える科学アカデミー，身内として信頼を寄せていたはずの農業科学アカデミー，このふたつのアカデミーの間で引き裂かれた存在というのが，本章が初めて提示するルィセンコの人物像である。

1　一介の農業技師にすぎなかったルィセンコがいかにしてソ連生物学界の頂点に昇りつめたのかについてはさまざまな角度から説明がなされている。その中で説得力があるものをいくつか挙げると，藤岡毅『ルィセンコ主義はなぜ出現したか―生物学の弁証法化の成果と挫折』(学術出版会，2010年)は，1930年代初頭に起こった党の哲学路線の主流交代に乗じて，ルィセンコ派が生物学界の主役に躍り出た過程を丁寧に説明している。そこでルィセンコのイデオローグのプレゼントが果たした役割については本書第Ⅳ部第1章をあわせて参照されたい。ルィセンコのキャリア早期における研究内容の有用性に注目し彼の登用を後押ししたのが，他ならぬニコライ・ヴァヴィーロフであったことは多数の研究が認めている。とくに Mark Popovsky, *The Vavilov Affair* (Hamden: Archon Books, 1984)を参照されたい。David Joravsky, *The Lysenko Affair* (Cambridge, Mass.: Harvard University Press, 1970. pp. 81–83)は，1930年代初頭までソ連では，労働者階級や農民の出自を持つ人材の積極的な社会進出の機会を促す運動が盛んだったが(こうした時流に棹さして昇進した人物は，ロシア語で特進者を意味する単語を用いてヴィドヴィジェーネェツ(выдвиженец)と呼ばれた)，ソ連生物学界の頂点にまで特進を果たしたルィセンコの事例は，例外的に幸運なものだったと見ている。1930年代ソ連の社会政治経済的背景に基づく説明と比べると圧倒的に数こそ少ないながら科学活動のインターナルな観点に基づく研究もあり，Nils Roll-Hansen, *The Lysenko Effect: The Politics of Science* (Amherst, New York: Humanity Books. 2005)は，キャリア最初期におけるルィセンコの植物生理学分野の業績が，1930年代前半の同分野において学問的なコンセンサスを得ていたことを強調し，それゆえルィセンコがソ連の生物学界自体でその存在を認知されたことは特別不可解なことではないと説明している。また，現在利用可能なもっとも浩瀚なルィセンコの伝記研究として *Валерий Сойфер*, «Власть и наука: Разгром коммунистами генетики в СССР» (Москва: ЧеРо, 2002)，およびその短縮英訳版 Valery Soyfer, *Lysenko and the Tragedy of Soviet Science* (New Brunswick: Rutgers University Press. 1994)が挙げられる。

2　1935年末頃から激化の一途を辿った遺伝学者とルィセンコ派との間で行われた論争を指す。論争初期は品種改良に用いる手法の違いやその有効性の有無が主な争点とされたが，1937年初頭ルィセンコ派が遺伝学研究のイデオロギー面に批判対象を切り替えると，学問論争の色合いは完全に失われ不毛化していった。折しもナチスドイツによる人種政策が遺伝学者にとって輪をかけての逆風となった。遺伝学論争の詳細な経緯はジョレス・メドヴェジェフ『ルイセンコ学説の興亡—個人崇拝と生物学』(河出書房新社，1971)や Roll-Hansen (*Op. cit.*, in note (1))を参照。

3　利用した文書館史料はモスクワ市内に立地する科学アカデミー文書館(略称 Архив РАН)，そのサンクト=ペテルブルク支部，およびロシア国立社会政治史文書館(略称 РГАСПИ)所蔵のものである。

4　モスクワの裕福な商家に生まれたヴァヴィーロフは，1913年から約1年，西欧諸国を遊学し，イギリスでは「遺伝学(genetics)」という言葉を創り出したウィリアム・ベイトソンの下で学んだ。1920年，植物地理学の画期的学説である栽培植物の平行変異説を発表し世界的名声を獲得した。

5　ルィセンコ派はしばしば，ソ連の英雄的篤農家イヴァン・ヴラジーミロヴィッチ・ミチューリンから名を借りてミチューリン生物学派を自称した。ミチューリンはコズロフ市で鉄道技師に従事する傍ら，接木法により独自に果実の交配を重ねて数百もの優れた新種を育成したとされるが，その大部分が実際は新種でなかったことが判明している。ミチューリンの仕事は革命以前より知られていたが，革命後レーニン自らがそれらに注目するとその名声は一気に高まった。死後，彼の業績は偉業と讃えられ，活動拠点であったコズロフはミチューリンスク市と改称し現在もその名を留めている。環境重視に基づく品種改良を行ったミチューリンの学問的伝統は，それと立場の近いルィセンコ派の手法の宣伝とその箔づけのためによく利用された。

6　食糧生産の礎になるものとして世界中の野生種および栽培植物の種子を探索・収集するため，ヴァヴィーロフが1916年から20年近くにわたって続けた，多額の国費を費やしての海外調査旅行がとくに批判の的とされた。ルィセンコに肩入れする農業人民委員部の要人からのヴァヴィーロフにたいする批判は1930年代を通して根強く存在し，ヴァヴィーロフの研究は実践課題から完全に遊離した性質のものであるとされた。

7　ヴァヴィーロフを押しのけて農業科学アカデミー内で昇進を果たしたルィセンコだが，ヴァヴィーロフは元からルィセンコへの妥協策を選んだのだとソィフェルは説明している。ルィセンコが自分にとっての大きな脅威へとなり得ることを認めたヴァヴィーロフは，ルィセンコの提案要望のいくつかを飲めば，それで自分が所管する植物栽培研究所と遺伝学研究所にまで口出しがなされず，遺伝学の研究機関の権限が守られると考えたという。Soyfer, *Op. cit.*, p. 110.

8　遺伝学研究所は1934年にレニングラードからモスクワに移設されたが，それ以前の沿革については本書第Ⅳ部第２章を参照されたい。

9　テロルの犠牲になった生物学分野の専門家とその略歴一覧は，Joravsky（*Op. cit.* in note 1, pp. 320-328）を参照。

10　Soyfer, *Op. cit.* in note 1, pp. 121-124.; Nikolai Krementsov, *Stalinist Science*（Princeton: Princeton University Press. 1997, p. 62）を参照。クレメンツォフは，当該の人民委員会議会合が遺伝学研究所に致命的な帰結をもたらしたことを表して，それに“fateful”という形容詞を冠している。

11　Soyfer, *Op. cit.*, p. 122.

12　討論会が開催されるまでの詳細な経緯は，Krementsov（*Op. cit.* in note 10, pp. 66-78）を参照。

13　*Митин. М.*, “За передовую советскую генетическую наук.” «Под знаменем марксизма (далее — ПЗМ)». № 10, 1939, сс. 147-176. 当時の西側諸国でもこの討論会の様子はよく知られることとなり，米国の*Science and Society*誌には，ルィセンコ，ヴァヴィーロフ，および中立姿勢を採ったポリャコフの３者の発言が要約して掲載された。“Genetics in the Soviet Union: Three Speeches from the 1939 Conference on Genetics and Selection.” *Science & Society*, Vol. 4, No. 3, 1940, pp. 183-233. 日本では『月刊ロシヤ』（日蘇通信社）1940年10月号にミーチンの総括コメントの要約が翻訳紹介された。

14　討論会でヴァヴィーロフがソ連農業の独自の成果をルィセンコほど明瞭に提示出来なかった理由として，1939年既にルィセンコ派が実権を握っていたソ連各地の農業試験場では遺伝学の手法による品種改良が妨げられていたことがあったのは否めない（«ПЗМ». № 11, 1939, с. 136）。

15　ただし，ルィセンコの参謀役のプレゼントの教条主義的な発言内容に対しては，ミーチンは厳しい評価を与えた。この点，厳正な科学的観点の下で討論が進行し，両派に公平な議論の場となるよう主催側から注意が払われていたようにも見える（«ПЗМ». № 10, 1939, с. 156）。

16　Архив РАН Ф. 201, Оп. 1, Д. 128, лл. 58-60.

17　Архив РАН Ф. 201, Оп. 1, Д. 128, л. 27.

18　Soyfer, *Op. cit.*, pp. 123-124.

19　Архив РАН Ф. 201, Оп. 1, Д. 134/ лл. 18-24.

20　Архив РАН Ф. 201, Оп. 1, Д. 128/ л. 50.

21　ツィツィンはルィセンコ同様，農民家庭の出自を持つ。1938年ヴァヴィーロフに取ってかわり農業科学アカデミー副総裁に就任し，1939年にはルィセンコと共に科学アカデミーの正会員に選出された。

22 この時期，激しい批判に晒されたヴァヴィーロフは「たとえ火焙りの刑に処せられようと，自己の信念は変えないであろう」という悲壮な決意を表している(ジョレス・メドヴェジェフ，前掲書，64頁参照)。

23 文面には「私[ヴァヴィーロフ]が知る限りソ連科学の歴史にこのような先例はひとつも見当たらない！」と強い調子でルィセンコを非難する様子が見られる(Санкт-Петербург Филиал Архив РАН Ф. 803, Оп. 2, Д. 77/лл. 1-4)。

24 この植物栽培研究所学術会議解散騒動の顛末は，Krementsov(*Op. cit.*, p. 77-78)を参照。

25 Архив РАН Ф. 1521, Оп. 1, Д. 224, л. 1.

26 Архив РАН Ф. 1521, Оп. 1, Д. 224, лл. 12-13.

27 Архив РАН Ф. 1521, Оп. 1, Д. 224, лл. 14.

28 ドゥビーニンは戦後，ソ連の遺伝学者の業績を紹介する論文を米国のサイエンス誌に投稿し，西側諸国にソ連の遺伝学の研究環境が正常化に向かっていることをアピールした。N. Dubinin, “Work of Soviet biologists.” *Science*. Vol. 105, 1947, pp. 109-112.

29 オルベリは遺伝学者を擁護する一方でルィセンコにはしばしば批判的な態度を取ったため，1948年8月総会後に書記役アカデミー会員の座から外された。オルベリの後任として生物科学部の長に選出されたのは，生命の起源をめぐる先駆的業績で知られる生化学者アレクサンドル・オパーリンである。オパーリンはルィセンコの意向に表立って背く素振りを見せなかったこともあり，ルィセンコの支配時代を通して自身の社会的地位と研究環境を守ることが出来たと言われている。

30 次段落中のオルベリの発言内容は，次の文献に基づく；*Григорьев А. И., Григорьян Н.А.*, «Научная Школа Академика Леона Абгаровича Орбели». Москва: Наука 2007, сс. 56-57.

31 Архив РАН Ф. 1521, Оп. 1, Д. 239/ лл. 1-2.

32 ルィセンコの出自をめぐってはSoyfer(*Op. cit.*, in note (1))の第1章冒頭部分に詳しく述べられている。ウクライナ・ポルタヴァ県カルロフカ村の貧農家庭に生まれたルィセンコは13歳の時に初めて読み書きを学んだことや，1917年の革命勃発によって最初の高等教育の機会が中断され一貫した教育課程に恵まれなかったことなどが書かれている。

33 ここでの記述内容は，Loren R. Graham, *Moscow Stories*(Bloomington: Indiana University Press. 2006, pp. 124-125)からの抜粋による。なお，グレーアムのルィセンコへのインタビューは事前に約束していたものではなく，まったく偶然に実現したものらしい。

34 この段落の記述内容は，Krementsov(*Op. cit.*, in note (10))のChapter 4に基づいている。なお，戦争(戦勝)の結果，生物学分野に限らずソ連の科学者集団全体にとって好都合な環境がもたらされた。Krementsov(*Op. cit.*, p. 98)は“*The Benefits of the War*”という小節を設けそこで，米国に原爆開発で先を越されたことに危惧を抱いた当局が戦前にまして科学を重視するようになり，それに応じて科学者の待遇が飛躍的に向上したことなど，さまざまな側面でソ連科学界が享受した利益について述べている。

35 米国の遺伝学者ダンは，ウクライナ科学アカデミー遺伝学研究所の所長ゲルシェンゾン教授からの手紙で，疎開先のウラル地方で研究を続けられている旨を知らされ，戦争のため入手困難となった米国の定期刊行物の最新号と実験試料のショウジョウバエを提供するよう依頼されたという。L.C. Dunn, “Science in the U.S.S.R.” *Science*. Vol.

99, 1944, p. 66.

36 *Сойфер*, Указ.соч., в примечании (1), с. 579.

37 ルィセンコ学説を戦後日本に紹介した八杉龍一は次のように評している。「戦時中の食糧問題にたいしてもルィセンコの貢献は大きかった。然し彼の理論に関する文献が断片的にしか入手せられて居ないのでここに立ち入った論評をすることが出来ない」。八杉龍一(1946)「生物学を通じてみたソ連邦の学界」『自然科学』3号，50頁。

38 *Кононков, П.Ф. и Овчинников, Н.В.*, «Вклад Т.Д. Лысенко в победу в Великой Отечественной войне». Москва, 2010.

39 その他，『マルクス主義の旗のもとに』誌にもルィセンコによる戦時農法に関する解説を確認出来る(*Лысенко Т.Д.*, “Агробиологическую науку на службу колхозам и совхозам.” «ПЗМ». № 5/6, 1942, сс. 81-89)。

40 科学アカデミー傘下の各研究所の具体的な疎開経緯については，本書第Ⅴ部第1章を参照されたい。これによれば疎開時に遺伝学研究所へ割当てられた物資や人員の規模は，科学アカデミーの主要な研究所中で最低であった。

41 *Сойфер*, Указ.соч., с. 573.

42 *Лысенко, Т.Д.*, “За высокий урожай зерновых в Сибири”, «Совхозное Производство». № 1, 1942, сс. 35-38.

43 *Ковалев, Н.*, “Методы ускоренного размножения свекловичных семян”, «Совхозное Производство». № 5-6, 1944, сс. 20-22.

44 *Кралин, П.*, “Сроки сева и подготовка свежеубранных семян ржи”, «Совхозное Производство». № 7, 1945, с. 18.

45 *Лысенко, Т.Д.*, “Ближайшие задачи советской сельскохозяйственной науки”, «Совхозное Производство». № 1/2, 1943, сс. 2-6.

46 “В СОВНАРКОМЕ СССР и ЦК ВКП(б)”, «Совхозное Производство». № 4, 1944, с. 5.

47 *Лысенко, Т.Д.*, Указ.соч., в примечании (45), с. 3.

48 *Лысенко, Т.Д.*, “О заготовке верхушек картофеля”, «Совхозное Производство». № 3/4, 1943, сс. 25-27.

49 *Кононков, П.Ф. и Овчинников, Н.В.*, Указ.соч., в примечании (38), с. 8.

50 *Лысенко, Т.Д.*, “В чем сущность нашего предложения о посеве в степи Сибири озимых по стерне”, «Совхозное Производство». № 4, 1944, сс. 16-25.

51 «ПЗМ». № 11, 1939, с. 146.

52 *Сойфер*, Указ.соч., с. 574.

53 Архив РАН Ф. 1521, Оп. 1, Д. 114, л. 1.

54 Архив РАН Ф. 1521, Оп. 1, Д. 287, л. 7.

55 Архив РАН Ф. 1521, Оп. 1, Д. 288, лл. 48-49. 1948年農業科学アカデミー8月総会時に農相を務めたベネディクトフは，農業人民委員であった1930年代からルィセンコを継続して支援してきた，権力側を代表するルィセンコのパトロンのひとりであった。

56 “О принципиальности в научной работе”, «Партийная жизнь». № 9, 1956, с. 30.

57 Архив РАН Ф. 1521, Оп. 1, Д. 114/. лл. 5-11. 日付の他，宛先も記載されていないが，ルィセンコに反対する者を告発する内容が書かれており，かつ，脚注58のモロトフとアンドレーエフ両名宛の手紙と内容が酷似していることからも，クレムリンの権力中枢宛に届くよう意図した手紙だったと考えられる。

58 Архив РАН Ф. 1521, Оп. 1, Д. 114, лл. 12-16.

[59] РГАСПИ Ф. 82, Оп. 2, Д. 948, лл. 50–57.
[60] Архив РАН Ф. 1521, Оп. 1, Д. 114, л. 18.
[61] Архив РАН Ф. 1521, Оп. 1, Д. 114, лл. 141–143.
[62] Joravsky, *Op. cit.* in note 1, p. 105.

第4章
1948年全連邦農業科学アカデミー8月総会におけるルィセンコ派の勝利
歴史解釈の問題

キリル・オレゴヴィチ・ロシヤーノフ（齋藤宏文訳）

「君は弁証法，雄弁術，自然学，形而上学，数学，最後に普遍的な議論において，誤った結論を真実な結論同様に他人に説得し証明しうる論証があると思いますか。」（『天文対話』上巻 ガリレオ・ガリレイ著，青木靖三訳（1959），岩波文庫，200頁より）

ここでは，ルィセンコと彼によって創設されたミチューリン生物学派が，いわゆる世界標準の生物学，なによりも遺伝学にたいする勝利を収めた背景を考察する。とりわけここでは，1948年7月31日に招集され遺伝学の破壊へと導いた全連邦農業科学アカデミー（VASKhNIL）総会［以下では8月総会と略記］に着目する。8月総会は，他の学問分野における遺伝学と類似のキャンペーンを引き起こすきっかけを作ったのであった。数多くの歴史研究[1]があるのにもかかわらず，ルィセンコ生物学の勝利の背景と，それを承認したスターリン体制の指導者側の動機をめぐる問題は，未解明のまま残されている。

8月総会は，科学自体の問題に政治権力が有害な介入をなした事例となった。この総会には"自由な議論"にたいする公的お墨付きが与えられていたのにもかかわらず，総会最終日の8月7日にルィセンコが，自分の報告は共産党中央委員会の"検討を経て承認済みである"と宣言したことにより，出来事の不条理さはより際立つこととなった。総会後に，1,000人ものソ連の生物

図Ⅳ-4-1　1948年の全連邦農業科学アカデミー・8月総会。出典：Alexei B. Kojevnikov, *Stalin's Great Science: The Time nad Adventures of Soviet Physicists*. Imperial College Press, 2004. P. 211

学者が“反動的遺伝学”を支持した廉で農業科学アカデミーや科学アカデミーに属する研究所，あるいは大学から免職された。総会の速記録が主要な外国語に翻訳出版される（しばしばソ連政府の肩入れによって）と，ソ連共産主義モデルへの信用失墜が助長され，8月総会は，冷戦期のイデオロギー対立をめぐるもっとも重要な出来事のひとつとなった。8月総会の非生産的な性格 ― ソ連指導部が関与して議論内容に脚色を加えたのであるものの，その指導部の意図がどこにあったのかがいまひとつ明瞭ではない ― は，同時代人のみならず，現代の科学史家たちの頭を悩ませる。ソ連指導部は自身の介入によって何を示したかったのか，学者集団とソ連社会，そして全世界に向けられたその“メッセージ”の意図はどこにあるのか？　ソ連権力の非生産的で，自身の利害とも矛盾するような行為の動機を何に帰せたらよいのか？　1948年8月の出来事からわれわれはどのような教訓を汲み取ることが出来，一方，それらの出来事がソ連科学と国家・社会をめぐるわれわれの理解にどのような新しい知見をもたらしてくれるのであろうか？

ソ連で研究職に与えられる高い威厳や科学研究への多大な支出に見られたように，ソ連指導部が，とりわけ第2次世界大戦後に科学の発展にたいして大きな利害関心を抱いていただけなおさら，科学の自治にたいする粗暴な攻撃は奇妙で非生産的な様相を示すものである。果たして極めて重要な動機が，科学への介入の背景に存在したのではと考えられないだろうか。そうである場合，ここでは，理論知識と基礎科学の役割にたいし原則多様な意味づけをしていたソ連指導部の挙動に関して，相対するふたつの説明がなされ得ることを示してみよう。第一の説明によると，科学知識の真偽の問題は，それが有する道具主義的な利用価値から派生するものであって（役立つものが真なるもの），それは，ルィセンコ生物学が達成できる実践的・政治的・イデオロギー的成果と比べれば何か二次的なものである。それゆえ，学問分野への介入が引き起こす科学の発展にとって望ましくない帰結についてはまったく意に介されないのである。第二の解釈の枠組みによると，科学の重要性は科学の中身内容にたいして外面的な要因によって決定づけられる一方，実用本位でかつ実践的な成果はまさに“正しい”理論知識によってのみ実現可能なために，スターリン体制の指導者にとって知識の真偽の問題は，学説と理論の道具主義的な利用には帰着させられない決定的に重要な意義を保有している。こうした合理的思考の様式は，後期スターリン主義に非常に特徴的であるように思えるが，これは次のような欠陥ある循環効果を生むのである。基礎知識を欠いての“成果”があり得ないだけに，研究活動は，科学者たちの手にそれらのすべてを委ねるにはあまりにも重要な事項となってゆき[権力者も理論の問題に積極的に関与するようになる]，そうすると無論，実践領域のみならず理論知識や基礎科学の領域における破滅的な失敗の公算が低まるのではなく高まるのである。

本章前半部では，スターリン体制期ソ連における科学知識にたいする甚だしい道具主義的姿勢の表れとして“ルィセンコ事件”を検証するべきか，との命題について，これを支持する歴史家たちの見解を引用しつつ検討する。同時にこの命題にたいして疑念を提示するいくつかの事実とあわせて，とりわけ新しい文書館史料について検証する。後半部では，後期スターリン体制の科学政策全般にわたって，わけても生物学と農業科学分野の討論会において，理論知識と基礎科学の重要な役割を決定づけた要因について分析する。これらの要因を検討することによって，ルィセンコ主義をめぐる純粋に道具主義的で“実用主義的”な理解が一面的であることが明らかにされると考えられる。結論部では後期スターリン体制の科学にたいする姿勢 ― 科学の成果を実践目的に使用し，および実践が基礎を置くべき理論知識自体の発展にも大きな意味を与えた姿勢 ― をめぐる歴史的文脈について考察する。

1. ルィセンコ生物学をめぐる歴史学研究と科学知識への道具主義的アプローチ

同時代人たちは，歴史家たちと同様に，1990 年代初頭以前には，ルィセンコの勝利を彼の理論の科学的な内容自体，および，その内容が国家の指導者に信用出来るよう思えたか否かという観点とは結びつけて考えようとはしなかった。ルィセンコ生物学の勝利の要因は，それがどれくらい巧みにイデオロギー面，あるいは実践面の目的達成のために利用出来たかにあるとされた。そのようにして，一連の著述家たちは，８月総会の招集意図はソ連内外にたいしてある種のイデオロギー的教義の正当性を見せ示すことにあり，ソ連政府はそのイデオロギー的正当性のために科学知識を犠牲にするのも辞さないのだと考えた。そうして，ソ連権力による科学分野への介入の背景は，文化面の“有害”なイデオロギー傾向にたいする一連のキャンペーンが展開した第２次世界大戦後とりわけ激化した西側とのイデオロギー対立の文脈内で理解されるようになった。この場合，1948年の出来事の教訓は，科学のイデオロギーへの従属は害悪をもたらすことに帰せられるが，この結論は“冷戦”時代に総じて流布したものである。

しかし，出来事についてこのように解釈した途端に複雑な問題へ突き当たることとなった。ソ連指導部は科学のイデオロギーへの従属を望んだのか，そうならば，それは一体どのようなイデオロギーだったのか？　ルィセンコ主義研究初期の歴史家のひとりコーンウェイ・ザークルは，このイデオロギーをラマルク主義と同じものと考えた[2]。すなわち，ルィセンコのラマルク的思考が，“新しい”共産主義的人間を早急に創り出す目的のためたいへん重要だったので，ソ連の共産主義者たちはこの目的と思想面で矛盾する通常遺伝学の学説に賛同出来なかったという見解である。とは言え歴史家たちはすぐに，適切な代謝と環境の作用によって人間の遺伝性をかえられるという論拠を，ルィセンコ主義者と政治権力のどちらも採用していなかった点を指摘した。それどころか1930年代初頭には，人間の行動や社会生活の様式は，仮に部分的であるにせよ生物学の法則により規定されているという解釈は，党の公式“路線”からの容認しがたい逸脱と見なされていたのである。ルィセンコ生物学の勝利にイデオロギー的原則が果たした役割についてもうひとつ可能性として考えられるのが，共産主義者たちが固持していたかのように見える科学の階級性という観念である。すなわち，あらゆる知識分野においてブルジョア科学と社会主義科学は対立し，ルィセンコの学説は遺伝学よりも社会主義科学の役割によく適う性格を備えていたという見解である[3]。科学の階級的性格という命題は，1920年代末から1930年代初頭にかけソ連で広く流布し，数学分野にすら適用されたものであった[4]。しかしその後，時の経過にしたがって，階級のレトリックは薄まってゆき，8月総会でのルィセンコの報告ではそうした要素はまったく消えていた。そこでは，資本主義生物学（科学）と社会主義生物学（科学）という用語への言及は一度たりともなされていない。この“イデオロギー”的観点に基づく解釈を何とか採用するため，［ある学説そのものが持つ］階級的イデオロギーではなく，ソヴィエト科学と西側科学を対置させることに重要な意義があったと考えることも出来ようか。しかしこうした仮説では恐らく上手い説明は出来ないと思われる。生物学分野で1948年に西側の遺伝学が退けられた一方で，その2年後に行われた言語学分野での論争では，世界標準の比較言語学が唯一の正しい学問であると宣告され，アカデミー会員ニコライ・マールが提唱したソ連における“言語学の新学説”が壊滅の憂き目にあった事実をいかに説明したらよいのか[5]？

ルィセンコ学説の道具主義的な利用価値は同時に実践，すなわちソ連農業と結びつけられていた。この場合，8月総会のドキュメントが読者に発した“メッセージ”は，理論面の課題より実践面の課題の優先だったということになる。ルィセンコへの支持は，ソ連農業の惨状，およびルィセンコの課題解決能力にたいするスターリンの信頼により説明されるのだろうか。そうすると8月総会からわれわれが学び得る教訓内容は，科学の自治，とりわけ，実践面の課題解決のほうではなく，真理の探究にかかわる理論科学の自治が重要だということとなる。8月総会の出来事をめぐるこのよう解釈は，先述の“イデオロギー”的観点からの解釈と並び，“冷戦”時代に非常に一般的に見られた。

科学にたいするソ連権力の干渉を実践面の観点に基づいて説明する，まさしくこのような解釈に従って，8月総会直後に米国の遺伝学者レスリー・ダンは発言したのだった[6]。それよりあとにルィセンコ主義に取り組んだ歴史家デーヴィド・ジョラフスキーは，この実践面の観点に基づく説明を展開すると同時に，イデオロギー的観点に基づく説明の欠陥を示した[7]。既に1990年代には，ルィセンコによるいわゆる“枝コムギ”の栽培実験 — それは相当量の増収を約束するように見えるものであった — にたいして，スターリンが大きな意味づけをしていたことが知られていた[8]。しかしながら，重要な問題が未回答のまま残されていた。すなわち，ソ連指導部が何よりも実践面の成果を必要としたのであれば，どうして理論上の問題をめぐる論争にかくも大きな意味づけがなされたのだろうか？　実用主義的な傾向を持つ指導者は，何が“正しいか”よりも何が“機能するか”に注意を向けるものと見込むのが当然と言えただろうに。結局のところ，“ミチューリン学説”の内容，すなわちルィセンコのアイデアにどう接するのかは，ナンセンスなものにたいしてどう接するのか（ジォラフスキーの観点），さもなければ，科学との関係は持たせられないがイデオロギーとは何がしか間接的で不明瞭な関係を持たせられるものにどう接するのかとなるのではないか？　多くの著述が，ルィセンコの勝利の背景をイデオロギー面と実践面の要素の特異的な結合と関連づけてきたことは，驚くに当たらない[9]。

このような経緯で1990年以前までは，実際のところすべての歴史家が，科学知識の道具主義化，および科学知識のイデオロギーと実践への従属が，1948年の出来事を理解する上での要点であったと考えたのである。出来事の本質を議論自身が内包していた科学的な内容と結びつけて考えた者は誰もいなかった。そのような問題設定は一見して馬鹿げているように見えた。すなわち，国家の指導者が，ある科学理論が正しいかどうかの判断に悩まされる際には，科学者による理論の進展をあてにして待つべきであり，科学の自治を侵すべきではないことへと必然的に落ち着くのであるから。なおここで，戦後の世界には恐らく科学理論にたいして専ら関心を抱いた類の政治的リーダーはいなかった，と補足出来るだろう。

それにもかかわらず，ソ連の指導者たちが，実践面やイデオロギー面だけではなく科学的真理の問題にも関心を払っていたという仮説を，むやみに退けてはならないように思える。そしてこの仮説は，ペレストロイカ後にソ連の文書館で発見された史料により裏づけられたのである。1990年に，ヴラジーミル・イェサーコフ教授と筆者はそれぞれ独立に，8月総会の準備期間中にルィセンコがスターリンに宛てた手紙と，スターリンが直々に修正を入れた8月総会のルィセンコの報告草案を発見した[10]。スターリンによる数多くの修正箇所は，それ自体がたいへんに驚くべき内容を持つ。スターリンはルィセンコの草案に見られた政治的強勢が目立つ語法を顕著に和らげており，科学の階級性や，“ブルジョア生物学”，“社会主義生物学”への言及をすべて削除した。換言すると，スターリンは，政治権力による科学にたいする政治イデオロギー的干渉の証拠となり得る文言を草稿から一切削除したのである。同時にここでスターリンは，獲得形質の遺伝理論に寄せる信頼，ラマルク主義者の科学的正当性，および遺伝学者の非正当性にたいする自身の考えを裏づける文章をいくつか草稿に書き入れていた[11]。筆者の結論はのちに，1990年代を通して精力的に党の文書を調査した米国の歴史家イーザン・ポロックによって補強されたが，スターリンのルィセンコ生物学支持に重大な意義を持ったのは，ルィセンコ生物学が彼に正しく信頼出来る科学であると見えたことだったのである[12]。

生物学分野においてスターリンが科学の階級性を拒絶したことは，これよりのち1950年の言語学論文の中で彼が，階級的姿勢が要求される分野領域から言語および言語学を除外し，科学論争の重要性を表明したこと[13]に先んじて起きたのであった。この場合における権力の介入の性格は，8月総会時のものとは異なっていることが一目でわかる。すなわち言語学においては，スターリンは世界共通の科学的真理の存在を擁護し，マールの稚拙な“言語学の新学説”を酷評したのであり，それは生物学分野とは正反対の状況となった。とは言え，生物学でも言語学でも，スターリンの見解が表明されたあとにそれと異なる見解を述べるのが不可能となることにはかわりがないのであるが。科学知識の客観性と非階級性，また科学論争の重要性についてのスターリンの見解は，生物学論争でも言語学論争でも非常に似通っていたが，生物学論争の際にスターリンの見解を知っていた者は少数で，スターリンによるルィセンコの報告草稿の修正は，狭い範囲の関係者のみがその事実を把握していたにすぎない。しかし，科学が国家の指導者にとってそれほどまでに重要だとして，どうして問題の要点を科学者たちの裁量の下で自由に検討させることを許さなかったのか。戦後“ビッグ・サイエンス”の展開は，東西双方にて国家の最優先事項のひとつとなり，その全責任を科学者に負わせるにはあまりにも重要すぎる事項となったのである。あるいは独裁政権にとって，科学の計画化・組織化の問題と科学それ自身の課題解決の境界を見分けるのが困難だったとも考えられるだろう。しかし，依然として，スターリンが科学論争の重要性を認めていたなら，何故，論争の脚色が必要であったのかという問題が問われる。

2. 科学，および後期スターリン主義の科学政策における“理論”と“実践”

アレクセイ・コジェフニコフの研究は，生物学および他の科学分野にて戦後展開したキャンペーンを理解する上で重要な貢献を果たした[14]。彼によると，第2次世界大戦後に国家の指導者は科学論争の重要性をよく理解し，さらにソヴィエト科学の発展に向けた支援の活性化を目指した。数多くの史料が指摘するように，8月総会は生物学の状況，およびルィセンコの見解をめぐって行われた一連の討論会の終幕を飾るものであり，それらの討論会は，党中央委員会の勤務員の支援ないしは同意を得た上で科学者が実施したものである。コジェフニコフの見解の要点は，次のように帰せられる。すなわち，他の独裁国家と同様にソ連では指導者が情報不足にたびたび悩まされたが，討論を奨励することで，科学研究をはじめとする第2次世界大戦後にことさら重要となった問題領域の真の状態を知ることが可能になったということである。議論の状況を把握すると，スターリン体制の指導者は調停者の役目を果たそうとした。誤った見解への非難と強制的な真理の確立をともなう討論終局の様相は，意見の相違 ― そうしたものがもし許されていればの話だが ― が恐れられ見解の一致が最後には必ず要求されるというスターリン主義の特殊な政治文化によって説明される。ここでわれわれは恐らく逆説的とも言える結論へと辿りついてしまう。つまり，仮に始めの時点で論争が奨励されていなければ，誤った見解の破壊をともなう最終局面はきっと存在しなかったであろう，ということである。スターリン主義の政治文化の下では，科学論争の許容がある種の“超反動”を招くという懸念が常にともなわれていたのである。

ここで遺伝学の討論終盤に起きたこと，すなわち8月総会の脚色の意図をめぐる問題に戻ると，それは見たところ，実践面で有効のみならず理論面でも信頼出来る学問として，ソ連権力がルィセンコ生物学を支持する意欲を示したことになりそうである。この集中的な支持の理由は，スターリンが単に生物学分野に無知であったせいではなく，ルィセンコの理論が有する実践面での潜在能力に彼が寄せた信頼により説明された。また，ソ連農業の状態があまりにも深刻だったため，長引くのが承知の討論にそれ以上敢えて踏み込むのに躊躇したとも説明されるだろう。これらの出来事から必然的に得られる教訓について考察し，8月総会によって現代社会の大規模に組織化された研究体制が孕む潜在的な危険性が明示されたとした遺伝学者リチャード・ゴールドシュミットの見解に，われわれは同意すべきだろう。すなわち，研究とマネージメントの境界，あるいは基礎科学と応用科学の境界が互いに浸食されていることや，科学分野の問題解決の場への行政機関の介入(直接・間接を問わず)のリスク増大を，ゴールドシュミットは指摘したのであった[15]。

ルィセンコ生物学が[科学面で]信頼出来る学説とされた故に政府からの支持を得られたという解釈は，たとえば，ルィセンコの[環境決定論に基づく遺伝]理論が生物学的人種主義を根底から覆すのを可能にすると仮定した場合，イデオロギー面からもルィセンコ生物学が重視されたことと両立する。しかしそうすると，スターリン体制のソ連指導部は，自然科学上の真理と公式イデオロギーとの間で起こった衝突[イデオロギー面でいかにルィセンコ説が適合していても，それは科学的には誤りであること]を真剣に認めようとはしなかったのかとも思われる。これについて，イデオロギーのほうがより重要と思われた際，その名の下に皮肉にも科学的真理が棄却され得たか，あるいは，科学がより重要であった時にイデオロギーが犠牲にされ得たことを裏づけるいかなる資料も存在しない。

実践面の成果は“正しい”生物学理論に基づいてのみ達成出来ると考えつつ，ソ連指導部が科学の実践的意義を認めていたことは疑いない。このような科学の力にたいする信頼は極めて非実践的な態度であるように思われる。というのは，農業科学の種々の学派を支持するに当たっては，生物学理論に特別な関心を向けず，成功するか不首尾に終わるかで判断するほうが得策だったのではないだろうか？　ともかく，このような現在の指標から見て素朴で純粋な理論への信頼が，科学にたいする指導者の態度の特質を多分に決定づけていたのであり，それはわけても，科学の組織化をめぐるソ連のシステムの強みとも弱みとも説明される基礎研究にたいする惜しみない支援体制が示すところである。ところが，ルィセンコ生物学の歴史は不可避的に，もうひとつの非常に重要，かつ歴史家にとって恐らく中心的な問題をわれわれの前に打ち立てる。すなわち，ソ連農業の成否の行方が実際に理論の真偽内容にかかっており，わけてもそれが獲得形質の遺伝の理論に依拠していたとして，一体何故，ルィセンコとその擁護者たちは実際に重要な成果を出せなかったのにもかかわらず，その当時彼らの理論の正当性が疑われなかったのだろうか？

生物学史家のニルス・ロール=ハンセンが指摘したように[16]，育種家たちと農学者たちは1930年代既にルィセンコの実践面の提案には利点がないことを述べていた。中でもルィセンコの主要な提案のひとつである春化処理法(播種する前の種子を低温状態で湿らせておく)の増収効果には深い疑念を抱いていた。著名な育種学者であり農業科学アカデミー会員のピョートル・リシツィンとピョートル・コンスタンチノフは，野外(農業)実験結果の統計処理，および農業試験場における対照実験の遂行方法の専門的立場からルィセンコに反論した。リシツィンが確証するように，ルィセンコは，さまざまに異なる気候条件や農業技術水準の下にあるソ連各所から集めた春化処理法の結果に統計的な加工を施し，肯定的な結果のみを採用し，増収に否定的な影響を示すデータをすべて破棄していた。つまり，春化処理の増収効果はたとえ否定的なものではなかったにしても，実際にはゼロであったと認識されるべきであった[17]。春化処理法の非有効性を認めずに，遺伝学はその理論面における誤謬故に実践面でも不毛であるという常套の論法を繰り返しながら遺伝学者たちに理論面の論争を挑むのを選択したルィセンコ派を，［育種学者の］リシツィンが反論により抑えこもうと努力したことは理解出来る。しかしながら，遺伝学者は育種学者の議論には耳を傾けなかった。遺伝学者たちは，ルィセンコの見解の理論面における誤謬性に批判を集中し，科学にたいする懐疑論的な拒絶姿勢をめぐって彼を非難したのである。その一方で，遺伝学者はルィセンコの実践提案の不毛性を直接には指摘しなかった。

一体何故遺伝学者たちはこのような敗北的とも思える手段に訴え出たのであろうか？　恐らく，ルィセンコの実践提案の不毛性を咎めつつも，そうすれば遺伝学者たちは自分自身の過ちを認める羽目に陥らなくてはならなかったのではあるまいか。その過ちとは，ソ連農業の変革は，基礎研究の最新の成果ではなく，何よりもまず肥料の使用や農業技術の改良などの広く普及している手法や処置に依拠してきたことに起因するものであった。まだ1920年代初頭に，著名な農学者アレクセイ・ドヤレンコは，農業科学にたいする集中的支援と結びつく潜在的な危険性を述べ，科学理論が実践成果を置き去りにして追い越してしまうと，科学にたいする期待はずれや幻滅へと至る懸念があると指摘した[18]。ところが，1929年の農業科学アカデミー設立とそれにともなう資金援助の劇的な増大は，この懸念を“都合の悪いもの”の中に分類して進められたのであった。さらに，農業集団化の開始以前はまだ，ソ連農業の際立った後進性について話すことが充分許容されていたが，“社会主義”農業の条件下では，科学理論からの実践の立ち後れを主張するのは不可能となった。公式見解に従えば，農業集団化とはそれ自身が壮大な成功だったのである。

まさにそれゆえ，理論面の見解を実地で検証することの困難によって，ルィセンコの支配が説明されるのである。遺伝学の理論と同様，ルィセンコの提案はソ連農業の問題を改善出来なかったが，党の指導者がそれを悟ったのは見たところルィセンコがソ連生物学界を掌握し遺伝学が破壊されたあとのことであり，1948年の時点では実践面の失敗の責任を問われる者は誰もいなかった[19]。恐らくそれゆえ，ルィセンコの理論内容の検証までに相当の時間が要され，[それまでの間は]国の指導者がルィセンコ生物学の理論的正当性に寄せていた信頼はその実践面での無益さと衝突を起こさずにすんでいたのであった。

ルィセンコ生物学の問題は，ロシアの伝統として，とりわけ農業分野で顕著な発達した科学と経済的実践の立ち後れの間の隔たりと関係することが認められている。しかし，この隔たりは単に所与の条件，国民的伝統の所産，文化，“メンタリティー”として存在したのではなく，学者自身の行為によって引き起こされたものである。1920年代末に農業科学アカデミー設立にかかわりながら，ニコライ・ヴァヴィーロフは基礎科学の成果，なかんずく遺伝学と植物生理学に基づく大規模な増収計画を押し進めた。基礎科学の果たす主要な役割，実験事業の中央集権化，農業を国家の管理下に置くこと，これらすべてがひとつの計画の諸々の要素として捉えられ，その計画は，独裁政権の下で進められる農業の近代化過程で基礎科学の成果が実践分野に速やかに投入出来るよう考案されたものであった。しかし，既にその時，農業の専門家だけでなくニコライ・コリツォフやユーリー・フィリプチェンコといった生物学者を中心に多数の科学者が疑念を表して，このような過剰な中央集権化モデルを批判しつつ，実践面の要請にたいしてより柔軟に対応できる研究所間の非中央集権的ネットワークの構築を提案していた[20]。基礎研究に最低限の重みを置いて速やかな成果を約束すると同時に，より現実的かつ自己期待の度をわきまえたもうひとつ別の農業科学のモデルを創ることが，1920年代末において果たしてどれほど実現可能であったのかをわれわれは考察する必要があるだろう。

近代化が非民主主義な形式を取る場合に科学技術が果たす役割を説明する際には，しばしば知識にたいする道具主義的姿勢という語法が用いられる。すなわち，政府は知識から実践面で有用なものを借用する一方，政治的・イデオロギー的側面から見て危険なものを排除するのだが，知識内容それ自体への関心は些細なものであるという具合に。かつてロシア帝国を“電信機をもったチンギス・ハーン”と喩えたレフ・トルストイに実際に倣えば，旧態依然たる専制政権はその延命のため最新の技術成果にすがりつくということになる[21]。とは言え，知識の道具主義化は，とりわけ独裁政権が極度に現代的な性格を持つと認められる場合には，必ずしも単純な過程を踏むわけではない。ジェフリー・ハーフが示したように，ナチス・ドイツによる現代科学技術の成功的な利用は，啓蒙主義の理念遺産の変形を前提条件としており，すなわち，科学技術の合理主義と併存可能でありながら啓蒙主義の民主主義

図Ⅳ-4-2　1948年全連邦農業科学アカデミー8月総会の壇上で勝ち誇るルィセンコ。出典：*В.Н. Сойфер*, «Власть и наука: Разгром коммунистами генетики в СССР». Москва: ЧеРо, 2002. с. 669

的・自由主義的理念とは矛盾する新たな現代像の創造であった[22]。非民主的な近代化事例の特殊型としてソ連を捉えた際に，ルィセンコの事例では，実践とイデオロギーの両面における重要な目標達成のために政権がいかがわしい知識を用いたという過ちのみでなく，文化的な選り好み，すなわち，政権にとって意味を有する価値が関係してくることが確認出来る。もし過去の文化遺産にたいして後期スターリン主義が示した姿勢をある種一般化して述べてよいならば，この姿勢の選択性(あるものを借用して，あるものを拒絶する)は同時に，何が“高度な”文化なのか，基礎科学なのかを認定することを前提としていたのであって，応用科学や民主的な大衆文化の広がりの中で高度な文化や基礎科学などを周縁に追いやることを前提としているのではなかったのである。

同時代人と歴史家の双方にとって，遺伝学にたいするルィセンコ生物学の勝利は，科学分野への深い介入という政治の主意主義の見本となった。しかし，以上に確認したように，権力の介入行為は，純粋な科学の弾圧であったとも実践重視の結果であったとも見なされてはならない。科学には多くの実践面の成果が予め期待されるが，しかしその際に，理論知識や基礎科学にたいして極めて大きな意味づけがなされる。このような信頼自体が，自己反復する立ち後れのパターンを説明するのに役立つだろう。すなわち，ずっと平凡で簡単な手法を通じても成果が達成出来る場合に科学理論が要求されると，多くの場合それは立ち後れを増大させるだけなのである。他方で，ソヴィエト社会で科学にたいして払われた注意関心は誇るべきものでもあり，それはソヴィエト科学の短所と長所を同時に説明するものである。ルィセンコの勝利は一見したところ，基礎科学に付与された高い価値と引き換えに科学者たちが負わねばならなかった代価とも言え，そうすると破綻と成功とは，従来考えられていたよりもずっと密接に結びついていたのである。

ヨーロッパ基準から見て後進国であった19世紀ロシアにおけるヨーロッパ的文化の発生状況について考察したジェームス・マクレーランドは，ロシアの教育制度をめぐる特徴の中に重要な要因のひとつを見出した。すなわち，均整のとれないほど大きな関心が高等教育方面に割当てられたことで，高等教育の恩恵を得た知識人の代表者たちと一般民衆との間の隔たりが増大しつつ，初等学校支援のための資金が減少した。この制度はどうやら帝政の官僚と教授陣の努力の結晶として生み出されたもののようである。より平等な教育資金の配分の下では，恐らくロシアの文化は貧弱なものになっていたのであり，マクレーランドが述べているように，ツルゲーネフやチャイコフスキー，メンデレーエフには及ぶべくもないものしか生み出さなかっただろう[23]。マクレーランドの文言中には，社会的な注目と物質的支援を十二分に獲得しながら，非民主主義的な環境下でも充分に発展し得る高度な文化にたいして驚きと称賛が表されている様子が見られる。ソヴィエト科学が多くの部門で達成した傑出した成果は，科学と独裁権力の関係をめぐるそのような解釈を裏づけるかのようである。そうした場合，ルィセンコ主義の歴史は一種の見直しに役立つであろう。非民主主義的なスターリン政権が持つ基礎科学にとっての危険性は，科学を甚だ実利主義的・実践的・イデオロギー的な目的に従属させて軽視したことにあるのではなく，まさしくスターリン政権が科学に高い価値を与えていたことにあるのである。

1　Conway Zirkle, *Death of a Science in Russia: The Fate of Genetics as Described in "Pravda" and Elsewhere* (Philadelphia: University of Pennsylvania Press, 1949); Julian S. Huxley, *Soviet Genetics and World Science: Lysenko and the Meaning of Heredity* (London: Chatto and Windus, 1949); Zhores A. Medvedev, *The Rise and Fall of T. D. Lysenko* (New York: Columbia University Press, 1969); David Joravsky, *The Lysenko Affair* (Chicago/London: University of Chicago Press, 1970); Dominique Lecourt, *Lyssenko: Histoire reelle d'une "science proletarienne"* (Paris: Francois Maspero, 1976); Johann-Peter Regelmann, *Die Geschichte des Lyssenkoismus* (Frankfurt am Main: Rita G. Fischer Verlag, 1980); *Валерий Сойфер*, «Власть и наука: История разгрома генетики в СССР» (Tenafly, N.J.: Hermitage, 1989); Valery Soyfer, *Lysenko and the Tragedy of Soviet Science*. transl. by Leo Gruliow and Rebecca Gruliow (New Brunswick, N.J.: Rutgers University Press, 1994); Nikolai Krementsov, *Stalinist Science* (Princeton: Princeton University Press, 1997).

2　Zirkle, *Op. cit.*

3　Huxley, *Op. cit.*; Medvedev, *Op. cit.*; *Сойфер*, Указ.соч.; Soyfer, *Op. cit.*; *В.Я. Александров*, «Трудные годы советской биологии: Записки современника» (Санкт-Петербург: Наука, 1992).

4　See Kirill Rossiianov, "Editing Nature: Joseph Stalin and the "New" Soviet Biology", *ISIS*, 1993, vol. 84, pp. 728–745.

5　См. *В.М. Алпатов*, «История одного мифа. Марр и марризм». М: УРСС, 2004.

6　L.C. Dunn, "Motives for the Purge", *Bulletin of the Atomic Scientists*, 1949, vol. 5, pp. 142–143.

7　Joravsky, *Op. cit.*

8　*Сойфер*, Указ.соч., с. 394–400; *Ю.Н. Вавилов*, "Обмен письмами между Т.Д. Лысенко и И.В. Сталиным в октябре 1947г.", «Вопросы истории естествознания и техники». 1998, № 2, с. 157–165.

9　Цит. по, *Жорес Медведев*, «Взлет и падение Лысенко. История биологической дискуссии в СССР (1929–1966)». с. 340–341; *Сойфер*, Указ.соч., с. 218–257.

10　См. *К.О. Россиянов*, "Сталин как редактор Лысенко (к предыстории августовской (1948г.) сессии ВАСХНИЛ)", «Тезисы Второй конференции по социальной истории советской науки». 21–24 мая 1990г. (М.: Институт истории естествознания и техники АН СССР, 1990), с. 51; *В. Есаков, С.Иванова и Е. Левина*, "Из истории борьбы с лысенковщиной", «Известия ЦК КПСС». 1991, № 5, с. 125–141, № 6, с. 157–173, № 7, с. 109–121; Kirill Rossiianov, "Reshaping Political Discourse in Soviet

Science: Stalin as Lysenko's Editor", *Russian History*, 1994, vol. 21, pp. 49–63, also in *Configurations*, 1993, vol. 1, pp. 439–456; Rossiianov, "Editing Nature...".

11 Rossiianov, "Reshaping Political Discourse in Soviet Science..."; Rossiianov, "Editing Nature...".

12 Ethan Pollock, *Stalin and the Soviet Science Wars*. Princeton: Princeton Univ. Press, 2006, p. 57.

13 Joravsky, *Op. cit.*, pp. 150–151.

14 Alexei Kojevnikov, "Games of Stalinist Democracy: Ideological Discussions in Soviet Sciences, 1947–52", in *Stalinism: New Directions (Rewriting Histories)*, ed. Sheila Fitzpatrick, London, 2000, pp. 142–175; Alexei Kojevnikov, *Stalin's Great Science: The Times and Adventures of Soviet Physicists*. London: Imperial College Press, 2004.

15 Goldschmidt, Richard, "Research and Politics", *Science*, 1949. vol. 109, p. 219–227.

16 Nils Roll-Hansen, *The Lysenko Effect: The Politics of Science*. Amherst, NY: Humanity Books, 2005.

17 *П.И. Лисицын* [Выступление по докладам], в кн.: Под ответ. ред., *О.М. Таргульяна*, «Спорные вопросы генетики и селекции: Работы 4-й сессии Академии, 19–27 дек. 1936г.». М.-Л.: Издательство ВАСХНИЛ, 1937, с. 160–163.

18 Joravsky, *Op. cit.*, p. 33.

19 See David Joravsky, "Struggles to Beat the System", *Nature*, 1997, vol. 385, pp. 783–784.

20 *Ю.А. Филипченко*, "О согласовании генетической и зоотехнической работы", «Материалы совещания по учету животноводственных богатств СССР». М.:Издательство АН СССР, 1928, с. 20–32.

21 *Л.Н. Толстой*, «Чингиз-хан с телеграфом (О русском правительстве)». Париж: Типография «Союз». 1910.

22 Jeffrey Herf, *Reactionary Modernism: Technology, Culture and Politics in Weimar and the Third Reich*. New York, Cambridge: Cambridge Univ. Press, 1984.

23 James C. McClelland, *Autocrats and Academics: Education, Culture, and Society in Tsarist Russia*. Chicago: University of Chicago. Press, 1979, p. 113.

第5章
ルィセンコ覇権に抗して
ソ連邦科学アカデミー・シベリア支部細胞学=遺伝学研究所の設立をめぐって

市川　浩

「今，この問題，つまり，核戦争の帰結がどんなものになるかという問題を決めるのは物理学者ではない，生物学者です。」(1957年3月29日，科学アカデミー幹部会でのピョートル・カピッツァの発言：Архив РАН, Ф. 2, Оп. 6, Д. 240. л. 8.)

植物を一定期間低温に晒すことでその開花時期を変化させる春化処理（ヤロヴィザーツィヤ：яровизация）の成功をもって，遺伝的性質が環境操作によって変化するものと見なし，メンデル遺伝学を否定したトロフィム・ルィセンコの学説はスターリン政権公認の学説となり，それに反する立場をとった科学者はパージされ，ルィセンコとその支持者たちの覇権は，庇護者ニキータ・フルシチョフが失脚した翌1965年まで四半世紀ほど続いた。

しかし，その間2回，第2次世界大戦直後の一時期，および1950年代の半ば，この覇権が大きく揺らいだ時期があった[1]。2回目の危機は，言うまでもなく，スターリンの死と第一副首相=兼=内相ラブレンチー・ベリヤ逮捕の後，ソ連のインテリゲンツィアを包み込んだ一種の解放感が背景となっていることに間違いはなかろう[2]。ルィセンコ覇権の確立・展開・終焉に関する詳細・大部な研究を発表したヴァレリー・ソィフェルは，この時期のルィセンコ派凋落の直接の原因について，戦後新たにルィセンコ自身が打ち出した“有機－鉱物複合体”説，すなわち，微生物が植物による鉱物性栄養の吸収を媒介しているとする仮説とそれに基づく“有機－鉱物複合”肥料の推奨が，1954年の追試における惨憺たる結果によって否定されたことにあるとした。これがため，ルィセンコの権威は著しく低下し，1956年4月にはレーニン名称全連邦農業科学アカデミー総裁の地位を追われるまでになった[3]。

他方，深刻な農業危機に直面したフルシチョフは，安上がりな農業生産の向上策を次々と提案していたルィセンコの農学に期待し，1957年春にはルィセンコ支持を鮮明にし，その後権力の側からの科学への介入が続くことになった（後述）。その最たるものが，1959年6月29日ソ連邦共産党中央委員会総会におけるフルシチョフによる，ルィセンコの最大の反対者であった遺伝学者ニコライ・ドゥビーニンにたいする名指し批判であった[4]。

しかし，そのドゥビーニンを長とするソ連邦科学アカデミー・シベリア支部・細胞学=遺伝学研究所は，ルィセンコがふたたび政権の支持を得た1957年に設立されている。しかも，後述するように，その規模はたいへん大きく，ルィセンコ派はこの研究所の活動にしばしば妨害を試みるが，その拡充・発展は止まらなかった。

図Ⅳ-5-1　ニコライ・ドゥビーニン。出典：ロシア科学アカデミー・シベリア支部細胞学=遺伝学研究所のHP(http://www.bionet.nsc.ru/booklet/Rus/InstituteRus.html)

何故，この研究所の設立はルィセンコの覇権と両立しえたのであろうか。ソィフェルは“フルシチョフ時代の複雑さ”にその要因を求めている[5]。すなわち，フルシチョフ時代，権力はスターリン時代に引き続きしばしば科学に介入したが，スターリン批判を経た段階でもはや過去への逆戻りはありえないと考え，科学者はみな安心して多様な方向性に向かっていった，と言う。

1950-1960年代に著しく進展した“サイバネティクス”化を科学者による社会革新運動と捉らえ，ソヴィエト科学史研究にたいする新鮮なアプローチを提示し，世界的に注目されたスラヴァ・ゲローヴィッチは，ふたりの生物学を志望する娘を持った数学者アレクセイ・リャプーノフの役割に注目する。リャプーノフはドゥビーニンなどの生物学者を招き，娘のために家庭内学習サークルを開いているうちに，生物学の正常化，すなわちルィセンコ派による“真理の独占”を打破することがソヴィエト科学全体の課題であると確信し，反ルィセンコ運動に立ち上がる。その成果のひとつが，最終的には297名の科学者の連署をもって党中央委員会幹部会宛に生物学正常化を訴えた，いわゆる「300人の手紙」であった[6]。ゲローヴィッチは，こうした幅広い科学者の生物学正常化を求める“社会運動”が底流にあって，ドゥビーニンを長とする研究所の設立・拡大をはじめとする事態の積極的な転換を準備したと考えている。

こうした研究は，ジョレス・メドヴェージェフの衝撃的な著作『ルィセンコ学説の興亡』(1969)[7]以来，すっかり定着してしまったかのように思えたソヴィエト科学観，すなわち，ソヴィエト科学を全体主義国家の下における党・国家統制の犠牲者として描く見方にたいして，ソ連解体後新たに公開された文書記録を資料的基礎としつつ，科学者が時として事態の転換をもたらしえた点に注目し，その主体的な側面を重視する，新しいソヴィエト科学史の見方[8]に沿うものであり，高い説得力を持っている。

しかしながら，ソ連邦科学アカデミー・シベリア支部・細胞学=遺伝学研究所は，その名の通り，ソ連邦科学アカデミーという公的機関にして，高度な自治を確保していた機関によって設立・拡充されたものであり，その運営と活動は直接には，モスクワの科学アカデミー本体にたいして相対的な独立性の高かったソ連邦科学アカデミーのシベリア支部によって管理されていた。このことを考慮に入れた時，この研究所の設立・拡充について，科学アカデミーの中でどのように議論されてきたのかをまず検討する必要があるのではないであろうか。本章はこうした制度論上の視点から，ソ連邦科学アカデミーの最高議決機関である総会の常設機関として活動の基本的な方向性を決めていた幹部会(Президиум)の議事録・速記録，およびソ連邦科学アカデミー・シベリア支部の諸資料から，この問題，すなわち，ルィセンコ覇権の復活と反ルィセンコ派生物学の新たな研究拠点の設立・強化の同時併存の要因に迫ってみたい。

戦後，ソ連邦科学アカデミー幹部会の会議の場において遺伝学，あるいはより広く生物学が議論の焦点となったのは，旺盛に進められた核開発にともない，「放射線の生体におよぼす影響」が科学研究の重要課題となったことに関連している。以下では，まずこの点を確認し，当該研究所の設立の経緯，続いて，ルィセンコ派の妨害とその帰着点について検討してゆきたい。

1.「放射線の生体におよぼす影響」研究

ソ連は1949年8月29日のその初めての原子爆弾(РДС-1〔エル・デー・エス〕)の爆破実験成功から，1953年8月12日，初の水素(熱核)爆弾РДС-6の実験成功まで，極めて僅かな期間に核兵器開発に成功した。その後，ソ連は一方で米国の核戦力に対抗して大量の核兵器の製造・蓄積を進めると共に，他方で対米プロパガンダの性格を持つ“原子力平和利用”キャンペーン[9]を展開し，国内外の世論形成を目指すことになる。こうした路線の上に，1955年7月1-5日にソ連邦科学アカデミーは大規模な学術会議(「原子力の平和利用セッション」)を開催し，

5巻からなる報告書を刊行した[10]。

ここで注目されるのが，この「セッション」において，生物学の分科会がとくに設置され，生体にたいする放射線の作用を中心とする研究結果が数多く報告されたことである。分科会の冒頭，高名な生理学者で科学アカデミー生物学部に多大の影響を有していたレオン・オルベリは，「平和目的またはその他の目的で原子エネルギーの研究と利用が行われていることにはかかわりなく，このエネルギーは人間および生体に影響を与えるのである」[11]と述べ，核時代における放射線の生物学的研究の重要性を指摘した。

この「セッション」の直後の8月8-20日，ジュネーヴで開催された「第1回・原子力平和利用国際会議」にソ連は大規模な代表団を派遣した。この会議において，ソ連代表団は，その前年の1954年6月27日に運転を開始した世界最初の原子力発電所(オブニンスク原子力発電所)の“成果”を示し，参列者を驚嘆せしめたものの，自分たちの立ち遅れを自覚することにもなった。帰国後，9月30日に開催された科学アカデミー幹部会で彼らはジュネーヴでの見聞の結果を報告する中で，自分たちの研究が「とても質の高い科学者がとても小さいグループによって(冶金学者アレクサンドル・サマーリンの発言)」なし遂げたもので，英米の“ビッグ・サイエンス”に遙かに及ばないものであることを知らされたとしている[12]。翌年，6月15日と22日，2回の幹部会の会議で，1956-1960年，5年間の科学アカデミー・物理学=数学部の包括的で大規模な原子力研究計画が審議され，承認された。同時に，一連の研究所の増員・資金増大措置が決定されたが，その一環として生物物理学研究所に放射線遺伝学研究室を設置することも決定された[13]。

ビキニ事件以降，放射線の生物への影響問題が国際政治上の焦点となった[14]が，ルィセンコ覇権下のソ連では，この分野の研究は立ち遅れていた。そもそも，このような研究のための放射性同位体元素利用の条件が備わっていなかった。1957年9月9-20日にパリで開催された「科学研究への放射性同位体元素応用に関する国際会議」について，11月29日の幹部会の席上，報告に立った科学アカデミー主任学術書記，アレクサンドル・トプチエフは，「国産の放射線測定器，放射線量計，および電子物理的機器はその品種と品質の点で，また，たびたび，技術的性能の点で，同位体と核放射線の利用をともなう研究にふさわしい水準に達していません。同位体や核放射線を扱う労働者のための防護設備や防護服がないために，いろいろな省や官庁の多くの研究室は，現在，国家衛生監督局により閉鎖されています」と述べている[15]。さらに，電子顕微鏡の利用でも大きな立ち遅れがあった。1957年12月6日の幹部会では，「基本的な生物学的諸現象の構造的・物理=化学的基礎」を解明する諸研究の強化策が審議・決定されたが，その報告に立ったグレブ・フランクは，「私たちは，生物の組織の分子構造を分析する研究の広範な戦線で立ち遅れています。既に述べたように，世界の諸雑誌には電子顕微鏡の分野で，およそ1,000件の研究が発表されているのに，われわれはまだ10件にも達していません」と述べている[16]。

この年の秋，科学アカデミーは総裁選挙の時期を迎えたが，そのために10月10日招集された物理学=数学部総会で，5名の高名な物理学者，すなわち，イーゴリ・タム，ピョートル・カピッツァ，レフ・アルツィモーヴィッチ，グリゴリー・ランズベルグ，およびミハイル・レオントーヴィチが共同である提案を行った。彼らは，ドゥビーニンを長とする新しい遺伝学研究所が未だに創設されていないこと，現職の科学アカデミー総裁で，この時点で唯一の総裁候補だったアレクサンドル・ネスメヤーノフが生物科学の状況に根本的な変化をもたらしていないこと，などを理由に，ネスメヤーノフが年次報告と綱領的な方向性を示した演説を行う翌年2月の年次総会まで総裁選挙を延期すべきだと提案したのである。この提案は幹部会の段階で否決された[17]が，核軍拡の激化と分子生物学の爆発的な発展(後述)を背景に放射線生物学の研究が重要性をますます高める状況において遅々として進まないその研究基盤整備にたいする物理学者の焦燥を物語る出来事でもあった。

物理学者のこうした異議申し立てが功を奏したのか，翌1957年3月29日，科学アカデミー幹部会は，放射線生物学(とりわけ放射線遺伝学)，生物物理学の諸問題，およびアイソトープの化学・物理学研究の飛躍的発展を目的に，一挙に放射線細胞学，一般生物物理学，アイソトープ研究の3カ所の研究所を新設する決定を行う[18]。審議の途上，カピッツァは「私はまったく遠慮せずに率直に言わなければならないと思います。将来の戦争は，それが実際に起ころうと起こるまいと，他の誰でもない，生物学者が勝敗を決めるのです。今，この問題，つまり，核戦争の帰結がどんなものになるかという問題を決めるのは物理学者ではない，生物学者です。私たちはここにびくびくしながら残っていました。まったくびくびくしていた。これらの問題を他の問題と混同してはなりません。私たちにはこのような遺伝学研究所，放射線遺伝学研究所が必要です。…(中略)…どんな方法を使ってもこのような研究所をつくらなければならない。これが私たちの今日的課題です。私たちはこの課題をできるだけ早く解決しなければなりません。今までのようにぐずぐずしていてはなりません」[19]とアカデミー幹部会員たちに熱く訴えかけた。

早くも4月26日には生化学者ヴラジーミル・エンゲリガルドを所長職務代行として，ソ連邦科学アカデミー・放射線=物理学=化学生物学研究所(Институт радиационной и физико-химической биологии АН СССР：「放射線」と「物理学=化学」が共に形容詞として「生物学」にかかっている：引用者)が設立された。設立に当たっては，政府の原子力工業総管理部(Главное управление атомной промышленности)が計画に加わり，研究所の建物，敷地の選定・準備も同総管理部と科学アカデミーが共同でこれに当たった[20]。

しかしながら，この研究所は1年以上経った1958年5月の段階でもまだ始動していなかった。その直接の原因は必要な面積がまだ確保されていなかったことにあったが，5月16日に開催された幹部会の席上，エンゲリガルドは，「[生物科学：引用者]部の諸機関における作業面積に関する尋常でない状況は，生物学の遅れている諸分野の研究強化を阻害し，諸機関の活動の生産性を低めています。とくに放射線遺伝学研究室と蠕(ぜん)虫学研究室の作業面積の状況は耐え難いものです。アイソトープを受け入れる特別な面積が生物科学部の諸研究所に欠けているがために，その研究はふさわしい条件では行われず，一再ならず地域の衛生監督部局に禁止されています」と報告している[21]。審議では，その原因として生物科学部の意志決定の問題点が浮かび上がった。V.S. ルシーノヴァは「生物科学部ビューローのメンバーがたいへんな数のオブリゲーションを負っていて，職務が過剰になっていることが生物科学部の

図Ⅳ-5-2　“反乱”を起こした物理学者5名。上段左からイーゴリ・タム，ミハイル・レオントーヴィチ，レフ・アルツィモーヴィチ，下段左からグリゴリー・ランズベルグ，ピョートル・カピッツァ。出典：ダム：http://www.krugosvet.ru/enc/nauka_i_tehnika/fizika/TAMM_IGOR_EVGENEVICH.html，レオントヴィチ：http://www.tamm.lpi.ru/about1/person/leontovich.html，アルツイモーヴィチ：http://rntbcat.org.by/belnames/F_HTM/Arcimovich.HTML，ランズベルグ：http://www.livelib.ru/author/109937，カピッツァ：http://www.e-reading.club/bookreader.php/85212/Yung_-_Yarche_tysyachi_solnc.html

活動に反映されています。通常，ビューローの会議にはその構成員の半分，つまり5，6人，ないしそれ以下の人しかきません。生物科学部の科学組織活動の欠陥は一連の生物学の最重要問題で最近大きな議論がなされていないことにあります」と述べたが，副総裁コンスタンチン・オストロヴィチャーノフは「広範に物理学的・化学的な方法を応用しなければならない新しい方

図Ⅳ-5-3　ネスメヤーノフ。出典：http://www.warheroes.ru/hero/hero.asp?Hero_id=12160

図Ⅳ-5-4　エンゲリガルト。出典：http://www.warheroes.ru/hero/hero.asp?Hero_id=11443

向性にたいして，生物学の諸分野に象徴的に反映されているような，ある種の反対がある，ということです」と，ルィセンコ派の妨害を示唆している[22]。

その間，1958年1月31日には，この分野の抜本的強化を目指して，幹部会に“放射線生物学委員会”が設けられることとなった。同委員会は，アナトリー・アレクサンドロフ，イーゴリ・クルチャートフ，オルベリ，ニコライ・セミョーノフ，タム，エンゲリガルド，ドゥビーニン，グレブ・フランクなど25名の委員で構成され，科学アカデミーで実施される“生体と遺伝への核放射線の作用”に関する一切の研究をコーディネートする権限を与えられた[23]。

2. “ニコライ・ドゥビーニンの研究所”

1957年6月21日の科学アカデミー幹部会で，ついに科学アカデミー・シベリア支部の設置が最終決定された。同時に，ドゥビーニンはシベリア支部・細胞学=遺伝学研究所の「所長=兼=組織者」という役職に任命される[24]。これから出来る研究所のための人選や課題設定に大きなフリー・ハンドを与えられたのである。ドゥビーニンは，幹部会の席上発言に立ち，「今や，放射線生物学研究所[先述の放射線=物理学=化学生物学研究所のこと：引用者]の組織に関する重要問題が提起されると同時に，放射線遺伝学の研究は大規模に発展し始めます。そして，このことは未来の研究所にとって大きな意義を有しています」[25]と述べ，自身を長とする新しい研究所にたいする期待が放射線遺伝学の急速な発展にあることを認めている。

この幹部会の決定を追認するために1957年7月2-6日招集された科学アカデミー総会で，新たにシベリア支部長となる数学者にしてエネルギッシュな科学行政家ミハイル・ラヴレンチェフは，細胞学=遺伝学研究所は全職員400名，作業面積5,000 m^2 に及ぶ巨大研究所になるであろうと述べた[26]。

しかし，既にこの時点で明らかであったが，ドゥビーニンらは，「放射線の生体への影響」研究に限らず，幅広く最新の生物学に関する基礎研究を展開することを望んでいた。1953年，ジェームズ・ワトソンとフランシス・クリックによるデオキシリボ核酸(DNA)の二重螺旋構造を解明した論文の登場など，西側諸国では分子生物学的研究が爆発的な勢いで進展しつつあった。ソ連の生物学者にとってこれは拱手傍観していてよい問題ではなかった。物理学的，化学的要素の強い分子生物学は「放射線の生体への影響」研究にとっても有効であったが，彼らは，それ以上にこの段階でも“遺伝の物質的基礎”論を激しく排斥する(これについては後述)ルィセンコ派による“真理の独占”によって抑圧されていたソヴィエト生物学を，西側における分子生物学の急速な発展に一挙に追いつかせるために，広範な基礎研究の課題を大規模，かつ急速に進める必要があると考えていた。ドゥビーニンにとって最初期から100名の職員をもってスタートした研究所でも規模過小であった[27]。1958年5月15-19日に開催されたシベリア支部第1回総会で彼は「現状の生物学研究の組織に満足することは出来ないと思います」と不満を明らかにし，現状の立ち遅れ克服のために「シベリア支部幹部会は専門を明確にした生物学施設の創設という課題を前進させつつ，この原因に関する意見の交換を科学アカデミー・生物科学部との間で行い，その結果シベリアに10カ所の生物学研究の機関を創設するという生物科学部の布告が出されました」と，交渉の成果について述べた。次いで彼は「現在，遺伝の問題と全体としての生物学は特別の意義を持っている時代を生きています。核タンパク質というかたちで遺伝の分子的基礎が明らかにされ，その上，核酸こそ遺伝現象に何よりもまず結びついた化合物であると見なす根拠が完全に存在しています」[28]と新しい研究の方向性にたいする期待を表明した。

生物学のほぼ全領域にたいする関心は，ドゥビーニンの研究所の構成にも表われていた。1958年12月12日付の報告[29]によれば，研究所は6課23研究室からなっていた。すなわち，(1)遺伝の物理的=化学的=細胞学的基礎課に，①遺伝の細胞学的基礎研究室，②核酸・核タンパク質研究室，③分光光度測定・電子顕微鏡研究室，④植物細胞発生学研究室，⑤科学的顕微鏡撮影法研究室，(2)一般=放射線遺伝学課に，①一般遺伝学研究室，②個体群遺伝学研究室，③放射線遺伝学研究室，④細胞遺伝学研究室，⑤動植物倍数体研究室，⑥一般遺伝学的育種法研究室，(3)植物遺伝学=細胞学課に，①放射線育種学・突然変異の実験的発現研究室，②ヘテロシス=交雑研究室，③植物細胞学=アポミクシス研究室，(4)動物遺伝学課に，①動物個体遺伝学=細胞学研究室，②動物ヘテロシス=交雑研究室，③動物育種学の遺伝学的基礎研究室，④動物生態学的遺伝学研究室，(5)癌遺伝学=細胞学課に，①癌遺伝学研究室，②癌細胞の細胞学研究室，(6)微生物=ウィルス遺伝学・細胞学課に，①ウィルス・バクテリオファージの遺伝学・電子細胞学研究室，②菌の細胞遺伝学研究室，③バクテリア遺伝学・細胞学研究室，である。

3. ルィセンコ派の妨害と“ドゥビーニンの研究所”

3.1 ルィセンコ派の妨害

ルィセンコは農業科学アカデミー総裁の地位を失った時ですら，反対派牽制の目的で権力への働きかけを諦めてはいなかった[30]，ふたたび権力の支持を得ると，反対派への妨害を強めた。1957年4月19日付の科学アカデミー総裁ネスメヤーノフ宛書簡では，「アイソトープと核放射線を応用して実施されている，もしくは実施が予定されている科学研究活動が，…(中略)…なぜか遺伝学研究所[ルィセンコを所長とする科学アカデミー・遺伝学研究所(モスクワ)のこと：引用者]以外の人たちの指導の下に置かれている」状況を激しく非難し，「遺伝学研究所で実施しているテーマから，架空の指導者たち［こうした表現で，ルィセンコは自身の研究所以外の“指導者”の実在を否定しているのである：引用者］を外す指示を出してほしい」[31] と訴えた。ルィセンコによれば，「遺伝学研究所の中では放射線作用の遺伝学に関する研究はみごとに組織されており，それらはミチューリン生物学の立場から行われている」[32] のであった。続いて，10 月 8-14 日，ルィセンコの遺伝学研究所は，250 の学術機関，高等教育機関から 375 名を集め，「10 月大社会主義革命 40 周年記念・動植物と微生物の遺伝性と可変性に関するコンファレンス」を開催した。その党中央委員会科学課にたいする報告によれば，席上，ルィセンコの“副官”とも呼ぶべきニコライ・ヌージンの発表によって，「遺伝の染色体理論と遺伝子学説は唯物論的な観点とするどく対立するものであることが明らかにされた」ということになる[33]。

やや時期が下り，次節で述べる党中央委員会“生物学委員会”の科学アカデミー・シベリア支部尋問のあとのことになるが，農業科学アカデミー通信会員で全連邦植物栽培研究所所属の I.S. シゾフ教授という人物が，1959 年 8 月 7 日付で「ノヴォシビルスクに細胞学=遺伝学研究所は必要か？」と題する投書を党機関紙『プラウダ』編集部に寄せた。この中で，シゾフは「……遺伝学・細胞学研究のこのような力の分散は合目的的であろうか。この研究を遺伝学研究所に集中したほうが合目的的であろう。科学アカデミー・生物学部の働き手の中には T.D. ルィセンコが行っている遺伝学のミチューリン的方向性が気に入らない人が何人かいるらしく，ノヴォシビルスクに科学における方向性が真逆の，類似したふたつ目の研究所が出来た，という印象を持つ」[34] と述べ，シベリア支部・細胞学=遺伝学研究所のレゾン=デートルに疑義を表明した。これを受け取った『プラウダ』編集部は科学アカデミー・シベリア支部長のラヴレンチェフにシゾフへの回答を依頼した。ラヴレンチェフは，9 月 25 日付でシゾフへの反論をシゾフ本人にたいして送付した。彼は，まず，シベリア支部（Сибирское отделение）が他の支部（филиал）と違い，研究課題を“地域的課題”に限定していないことを伝えたのち，「研究所の構成とその所長の最終的決定は関連する科学アカデミー諸部，総会の推薦によって採択され，政府によって確認されています。生物学とそれに近接する科学の専門家は細胞学=遺伝学研究所の設立を，その他の研究所の設立と同様，合目的的であると見なしています」と手続き論で批判をかわした[35]。

3.2　党中央委員会“生物学委員会”

当然ながら，ルィセンコはシベリアに新設された“ドゥビーニンの研究所”の著しい拡充ぶりを看過出来なかった。彼はフルシチョフに「シグナルを送り」，権力のより一層の介入を求めた。1959年1月，党中央委員会農業課科学セクター主任であったアレクセイ・ウテーヒン，ルィセンコ派で1960-1962年にはソ連邦農業相を務めるミハイル・オリシャンスキー，それに先述のヌージンなどをメンバーとする党中央委員会“生物学委員会”が組織され，科学アカデミー・シベリア支部の指導部を尋問する目的でノヴォシビルスクの学術研究都市，アカデムゴロドークに派遣された。この“委員会”には，科学アカデミー・シベリア支部幹部会ビューロー[一般にビューローとは，常設機関中の主要メンバーによる公式・非公式の打ち合わせ機関を言う：引用者]のメンバー，ラヴレンチェフ，チモフェイ・ゴルバチョフ，アンドレイ・トロフィムーク，そしてドゥビーニン本人らが対応した。以下，しばらく，科学アカデミー・シベリア支部学術文書館に保管されている当日の速記録[36]を見てみよう。

本題に入ってすぐ，“委員会”側のオリシャンスキーが「委員会は，遺伝学的方向性は[農業の生産力向上には：引用者]成果が少ないこと，および，若い人たちのことを考えると，彼らに生物学的諸問題の解決にふたつのアプローチ[ルィセンコ派の“ミチューリン生物学”とドゥビーニンらの分子生物学的な遺伝学：引用者]があると詳しく知らせることには成果が少ない[“ミチューリン生物学”だけで充分，という意味：引用者]と公式には見なしているし，この研究所とその周辺に存在するアプローチを原理的に共有することはありません。…(中略)…生物学をこのような，ありえるべき単一の方向性[ドゥビーニンらの分子生物学的な遺伝学：引用者]に独占的に委ねることは正しくありません。科学のさらなる発展にとって充分に展望があると思ってはなりません(л. 3)」と述べた。ここで奇妙なことは，しばしば生物学，農学の分野で“真理の独占”者になったと評されるルィセンコの側から，自身の“真理の独占”を棚に上げながらも，科学研究における“独占の打破”が訴えかけられたことであろう。ラヴレンチェフはすばやく，「つまり，科学のもうひとつのアプローチを強化する，ということか(л. 3)」と問い返す。オリシャンスキーは直ちに「そうだ(л. 3)」と返答する。ラヴレンチェフのさらなる回答は一種のマヌーヴァーである。「問題はすべて，狭かったということ，つまり，今も必要な面積が欠けているということにあります。他のアプローチを取る人々はここにやってきてすぐに仕事にかかれるよう，私たちを援助することが必要です(л. 4)」。ゴルバチョフが「あなたがたが推薦した博士たちはみな採用しました(л. 4)」と援護した。

ヌージンが「ふたつの方向性は存在します。私はその両方にシンパシティーを持っています(л. 5)」と述べると，すかさずトロフィムークが「しかし，両者には違ったレッテルが貼られています(л. 5)」と反論した。シベリア支部の側は，ルィセンコ側が持ち出した科学の“プルーラリズム”に強いわだかまりを見せる。ラヴレンチェフは，「ノヴォシビルスクに科学のセンターを設立するという問題は，…(中略)…多くの部分では，有害極まりない企てと見なされました。ここにこようとした若者は，そうすることを思い留まらせられました。私たちは要員確保のためたいへん苦労しました。率直に言いましょう。私がA.N.ネスメヤーノフからニキータ・セルゲーヴィッチ[フルシチョフのこと：引用者]との会話について聞いた時のことを…。彼は『あなたがたのところには誰も行かないでしょう』と言いました。この会話にはA.V.トプチエフもいました。この会話は私たちをたいへん苦しめました。こうした会話を使って，あなたがたは私たちを大きなイボをいじるように攻撃しました(л. 6)」と，権力を傘にきたルィセンコ派のやりかたにたいするルサンチマンを吐露した。

“委員会”側のパーヴェル・ゲンケリは，自分たちの要望を次のようにまとめた。「研究所所長を解任する用意は誰にもありません。彼は働かなければなりません。採択することはわれわれの仕事ではありません。私たちは方向性を詳しく知らなければなりませんでした。この方向性はミチューリンのやり方に反するものです。112名(一部はモスクワとハリコフにいるが)が働いていますが，この中にはミチューリン的方向に立つ戦闘的な同志はいません[37]。…(中略)…ニコライ・ペトローヴィッチ[ドゥビーニンのこと：引用者]が自らの力をひとつの方向にだけ振り向けるのは，まったくではないにしても，良くは響きません(л. 10)」。ウテーヒンが続けて，「私たちは，細胞学=遺伝学研究所の職員に生産に必要な成果をより早く入手するよう呼びかけています(л. 10)」と付け加えた。科学研究における“プルーラリズム”，すなわち，ルィセンコ派にもシベリア支部の細胞学=遺伝学研究所にしかるべき活躍の場を設け，“ミチューリン農法”に学び農業生産性の向上策を図るのであれば，ドゥビーニンの所長職からの解任などは要求しない，というのである。

しかし，オリシャンスキーはより過激である。彼は「私は研究所の方向性を，そこに起因するすべての結果ともども，方法論的に誤った立場に立つものだと言ったのです(л. 10)」と，研究所の方法論的な方向性の転換を要求した。これにたいし，ラヴレンチェフは「『方法論的に誤った』とはどういう意味ですか。…(中略)…砂糖大根の，砂糖の生産を増やす ― 生物学者はこの問題に正しくアプローチしているでしょうか。他の方法でも出来るのではないでしょうか(лл. 10, 11)」と方法の多様性を主張する。オリシャンスキーは「観念論によってなされたことのすべてがばかげているとは言えません。しかし，科学は無条件に唯物論的な方法の基礎の上に実り多く発達するでしょう(л. 11)」と切り返すが，さらなるラヴレンチェフの指摘に，「利益をもたらす方法ならどんなものも否定するわけではありません(л. 11)」と回答し，以降は沈黙した。

ドゥビーニンがまとめにかかる。「私はアカデミー会員オリシャンスキーの見方，つまり研究所を閉鎖せよという意見をウテーヒン同志が支持していないことを嬉しく思います。つまり，私たちの仕事は続けられなければなりません。ご意見はすべて考慮に入れましょう(л. 12)」。ラヴレンチェフが続けて，「第26回党大会のあと，私たちはすべてのテーマ別計画を見直します(л. 12)」と約束し，ウテーヒンが「研究所は重要なテーマを4つから5つ持っていなければなりません。ひとつは所長，もうひとつは副所長，残りは課長たちに分け，成果を観察し，これらの仕事が日常的なコントロールのもとに置かれるようにしなければなりません(л. 12)」とふたたび科学研究の“プルーラリズム”を強調して，協議を終えている。

ソイフェル[38]もゲローヴィッチ[39]もルィセンコ覇権の終焉に果たした指導的な物理学者の役割には留意しているが，彼らの奮闘の動機については，主としてソヴィエト科学の“脱スターリン化”にこれを求めているように思われる。

しかしながら，1950年代半ば，相対立する超大国が水爆を含む核兵器を大量に保有している状況下，核戦争勃発の危険性が著しく高まっていた状況において，「放射線の生体への影響」研究は，両超大国にとって国家的意義を持つ研究課題であったのであり，軍事目的，平和目的いずれにせよ，大なり小なり原子力開発計画に関与した物理学者にとって，この課題の緊急性は自明のことであったと見るべきであろう。

放射線研究は急速に進められ，1959年になると，そうした研究の成果のひとつとして，原子力関係の書籍出版を扱うアトムイズダード社から，『核兵器実験の危険性に関するソヴィエト科学者の意見』と題する研究論集が出版された。序文は，クルチャートフが寄せ，ドゥビーニンが「放射線と人間の遺伝」という論文を，アンドレイ・サハロフが「核爆発による放射性炭素と閾値外の生物学的影響」という論文を寄せている[40]。

1955年以降のソ連邦科学アカデミー幹部会の議事録・速記録を追うと，当時のソ連邦における指導的な科学者がこうした放射線研究をどれほど重要視していたのかがわかる[41]。

しかし，同時に1950年代半ば・後半は分子生物学の爆発的な発展が世界的に見られた時期でもある。ドゥビーニンをはじめとする生物学者たちは，放射線研究の枠を超えて，より一層広範な領域での基礎研究を渇望する。こうして誕生した“ドゥビーニンの研究所”，すなわち，ソ連邦科学アカデミー・シベリア支部・細胞学=遺伝学研究所は，放射線遺伝学・細胞学をひとつの要素としつつ，それに限定されない幅広いテーマを扱う巨大な研究機関となった。その後，分子生物学はソ連邦共産党第22回大会で採択された新しい綱領に位置づけられ，重視されるようになる。この大会を受けて1962年5月11日に開催された科学アカデミー幹部会ではエンゲリガルドを長に

68名のメンバーからなる学術会議が設置され，強化策が立てられることとなった[42]。

ソイフェルもメドヴェージェフも，苦悩に満ちたソヴィエト農業の史的展開とルィセンコ覇権の問題とを関連づけて検討している。もちろん，そうした見方に間違いはないが，戦後のソ連は核時代の冷戦を闘う当事者であり，その科学者もありうべき核戦争への対応を求められていたことも考慮に入れなければならない[43]。こうした視点に立って見るとき，最新の分子生物学の成果を基礎とする「放射線の生体への影響」研究は，同時代人には自明の緊急性を持った課題であった。こうした強力な流れの前には，ルィセンコ派による生物学分野における“真理の独占”など，些細なことであったに違いない。ルィセンコ派の側にあってもそうした背景は充分に理解出来たがために，“ドゥビーニンの研究所”の閉鎖やドゥビーニンの解任までは要求出来ず，せいぜい科学研究の“プルーラリズム”を楯に，生物学の新しい方向性と自分たちの学派との「共存」を訴えるしかなかったのであろう。

その後の経過について述べておきたい。ルィセンコがフルシチョフの寵を

図Ⅳ-5-5　フルシチョフ(中央)とルィセンコ(左端)。出典：インターネット・サイト Лысенко Трофим Денисович - реальность и миф(http://nnm.me/blogs/Ser-ser/lysenko-trofim-denisovich-realnost-i-mif/)

得ることに成功したあと，1963年2月1日，科学アカデミー幹部会と生物科学部による拡大会議が，その直前のソ連邦共産党中央委員会とソ連邦閣僚会議の合同決定「生物学の一層の発展とその実践との結びつきの強化に関する諸方策について」と題する布告を受けて開催された。その決定の中では生物学の“ミチューリン的方向性”が再度高く評価され，全部で135件掲げられた研究課題の多くがミチューリン農法に基づくものであったが，うち6件は直接ルィセンコ本人，ないしそのごく近しいグループの研究者によって担われることになった[44]。4時間に及んだ当日の会議では，さまざまな研究機関の代表が次々に登壇し，“ミチューリン的方向性”に基づく成果について報告していった[45]。科学アカデミー総裁ムスチスラフ・ケルドゥィッシュが結語で，「ここで進められた討議は，私たちが利用する生きた世界の対象が多様であるだけ，生きた世界の利用法や研究へのアプローチもそれだけ多様だということを，鮮やかに示したと思います」[46]と科学研究のプルーラリズムを強調したことだけが，ルィセンコ覇権を憂う科学者の精一杯の抵抗であったのであろう。おしゃべりなカピッツァも4時間沈黙を守った。ドゥビーニンも発言していない。主要な登場人物でもうひとり沈黙を守った人物がいた。トロフィム・ルィセンコその人である。ルィセンコ覇権の終焉は順調に進んだわけではなかった。

[1]　1946年5月30日，科学アカデミーはその幹部会で遺伝学研究所(所長はルィセンコ)とは別に，「細胞遺伝学研究所」を新たに設立する案を策定していた。また，1947年11月にはモスクワ大学で，1948年2月には科学アカデミー生物学部で，“ルィセンコ学説”に関する批判的検討会が開催された。しかし，こうした流れは，ルィセンコがスターリンを味方に引き入れることに成功するや否や，まったく逆転してしまい，1948年夏には，ルィセンコの生物学・農学分野全般にわたる君臨をもたらした，悪名高いV.I.レーニン名称全連邦農業科学アカデミー・8月総会を迎える。この間の経緯については，市川浩『冷戦と科学技術―旧ソ連邦　1945-1955年』(ミネルヴァ書房，2007)の141，142頁に記されている。

[2]　旧ソ連邦における代表的な文芸誌『新世界』1953年12月号に作家ヴラジーミル・ポメランツェフの論文「文学における誠実さについて(“Об искренности в литературе”, «Новый мир». № 12, 1953. сс. 218-245.)」が掲載され，文学的描写における過剰な類型化を批判し，よりリアルな創造が呼びかけられた。1954年には党の理論誌『コムニ

スト』にも，公式主義を排し，人文・社会科学者に「創造的議論」を呼びかけた無署名論文「科学と実践(“Наука и жизнь”, «Коммунист». № 3, 1954. cc. 3-13.)」が掲載され，旧ソ連の知識層の間に“雪解け”の機運が広がっていく。

3　*В.Н. Сойфер*, «Власть и наука: Разгром коммунистами генетики в СССР». Изд-во. “ЧеРо”, 2002. cc. 829-835.

4　Там же, стр. 860.

5　Там же, стр. 848.

6　Slava Gerovitch, *From Newspeark to Cyberspeark: A History of Soviet Cybernetics*. The MIT Press, 2002. pp. 183, 184：なお，「300人の手紙(“Письмо трёхсот”)」本文は，Под ред. *А.Ф. Киселёва и Э.М. Щагина*, «Хрестоматия по отечественной истории (1946-1995)» (Изд-во “Владос”, 1996, cc. 458-460) に見ることが出来る。

7　Zhores A. Medvedev, *The Rise and Fall of T.D. Lysenko*. Colombia University Press, 1969: 邦訳がある(メドヴェジェフ著，金光不二夫訳『ルイセンコ学説の興亡』河出書房新社，1971)。

8　ソ連における科学者の権力との関係は，従来しばしば指摘されてきたような単純な二項対立的図式に置換出来るようなものではなく，複雑な諸要因が機能していたと考えられるようになってきた。たとえば，近年の旧ソ連邦史研究の全般的特徴は，ノーヴ(A.ノーヴ『ソ連の経済システム』晃洋書房，1986)が先駆的に提起した“集権的多元主義”とも呼びうる旧ソ連邦社会の理解が支持を集めつつあることにあるが，科学史の分野においても旧来の，科学者(集団)と党／政府官僚との関係についてより多元主義的な解釈が有力になってきている(注6に掲げたゲローヴィッチの労作の他，N. Krementsov, *Stalinist Science*. Princeton University Press, 1997; A.B. Kojevnikov, *Stalin's Great Science: The Time and Adventures of Soviet Physics*. Imperial College Press, 2004. などを参照のこと)。

9　早くも，1949年11月10日，ソ連邦国連代表，アンドレイ・ヴィシンスキーは第4回国連総会でソ連邦における“原子力の平和利用(この場合は原爆の平和利用)”計画を打ち出していた(*Вовуленко В.*, “Вступительная статья” к кн.: *Дж. Аллен*, «Атомная энергия и общество». М., 1950. cc. 5-19)が，自ら核保有国となった旧ソ連は国内外の世論形成を目的に，原子力がもたらす科学・技術の燦然と輝く未来を宣伝してゆくことになる。1952年10月5日，全連邦共産党(ボ)第19回大会におけるゲオルギー・マレンコーフ政治局員は，原子力の平和利用を称揚した(ソヴェト研究者協会編訳『ソヴェト同盟共産党第19回大会議事録』五月書房，1953，154頁)。さらに，当時ソ連で一般に普及していた科学啓蒙誌(『知は力』誌)には化学博士候補セレーギンなる人物の手になる論説「平和目的のための原子力」が掲載された(*А. Серегин*, “Атомная энергия для мирных целей”, «Знание — сила». № 3 1953г. cc. 27, 28.)。翌年5月にはコムソモール(ヴェ・イー・レーニン名称共産主義青年同盟)の機関誌(のひとつ)，『青年の技術』に，さらに翌々年2月には当時人気を誇った文芸誌『新世界』にも原子力の平和利用や原子炉をテーマとした記事(*К. Гладков*, “Ядерные реакторы”, «Техника молодёжи». № 5 1954г.cc. 23-29; *И. Абрамов*, “Пути развития советской техники”, «Новый мир». № 2 1955, cc. 206-217.)が組まれるようになった。

10　«Сессия АкадемиинаукСССР по мирному исполбзованию атомной энергии. 1-5 июля1955г.». в 5 тт. Изд-во АН СССР, Москва, 1955г.

11　*Л.А. Орбели*, “Действие ионирующих излучений на хивотный организм”, Там же, Т. 2, стр. 3：なお，訳文は邦訳(ソヴェト科学アカデミー篇，産業経済研究所訳『原子

力平和利用会議報告論文集・生物学編(普及版)』アトム社　1957，15頁)に従った。この邦訳書については大阪教育大学の鈴木善次名誉教授からご教示を受け，現物をお貸しいただいた。日本語版には茅誠司(日本学術会議会長)，湯川秀樹の他，実際にこの会議に招かれ，列席した藤岡由夫が序文を寄せている。わが国でもこの方面の研究に相当の関心が寄せられていたことが推察できる。鈴木先生に感謝したい。

12 Архив РАН Ф. 2, Оп. 6, Д. 201, лл. 138-140；サマーリンの発言は л. 140.

13 Архив РАН Ф. 2, Оп. 6, Д. 221, лл. 30-96, 196：この研究室の主任にはドゥビーニンが任命された。なお，翌1957年，ニコライ・セミョーノフは自身が所長を務める科学アカデミー・化学物理学研究所の中に生物化学課を新設し，遺伝学者で，パージされていたヨシフ・ラポポルトをその長に招いている(*Сойфер*, Указ. соч., в примечании (3), стр. 850)。

14 中川保雄『〈増補〉放射線被曝の歴史―アメリカ原爆開発から福島原発事故まで』(明石書店，2011)の70-90頁を参照のこと。

15 Архив РАН, Ф. 2, Оп. 6, Д. 263, л. 32.：このパリの国際会議には1,171人が参加し，206本の報告が討議されている。ここでのソ連・ウクライナ・白ロシアからの報告件数は49本と，数の上だけからは，フランスからの33本，米国からの31本，イギリスからの29本を上回っていた。なお，この国際会議に先立ち，1957年4月4-12日には，前年8月2日付のソ連邦閣僚会議指令No.4705に基づき，科学アカデミーと政府の原子力利用総管理部(Главное управление по использованию атомной энергии：先述の「原子力工業総管理部」の書き間違いと思われる)とによって，「放射性・非放射性アイソトープと放射線の国民経済と科学における応用に関する全連邦科学・技術会議」が開催され，1,016の機関の代表3,000人以上が集まり，計444本の発表を聞いている(Архив РАН Ф. 2, Оп. 6, Д. 244. лл. 179, 193)。しかしながら，パリにおける「科学研究への放射性同位体元素応用に関する国際会議」の時点で実際に研究が進められていたのは，高分子の重合，グラファイト・ポリマーの生産，その他のために放射線を応用する工業的方法の研究ぐらいで，それも研究室の規模を超えていなかった(Архив РАН Ф. 2, Оп. 6, Д. 263, л. 32)。

16 Архив РАН Ф. 2, Оп. 6, Д. 264, л. 115.

17 Архив РАН Ф. 2, Оп. 6, Д. 230, лл. 160-178：なお，この件については，本書第Ⅵ部第1章で詳述している。

18 Архив РАН, Ф. 2, Оп. 6, Д. 240, л. 8.

19 Там же, л. 79.

20 Архив РАН, Ф. 2, Оп. 6, Д. 243, лл. 58-60, 223.

21 Архив РАН, Ф. 2, Оп. 6, Д. 277, лл. 10-12.

22 Там же, лл. 54, 94.

23 Архив РАН, Ф. 2, Оп. 6, Д. 268, лл. 124, 125.

24 Архив РАН, Ф. 2, Оп. 6, Д. 248, л. 9.

25 Там же, л. 124.

26 НА СО РАН, Ф. 4, Оп. 1, Д. 1, л. 27.

27 1958年初の研究所人員は101名，研究室面積は400 m^2 であったが，1年後には人員も面積も倍加することが計画されていた(НА СО РАН, Ф. 10, Оп. 3, Д. 6, л. 172.)。

28 引用は，Там же, лл. 171, 172. から。

29 НА СО РАН, Ф. 10, Оп. 3, Д. 20, лл. 9, 10.

30 たとえば，1956年6月14日付党中央委員会科学課長ヴラジーミル・キリーリン宛書簡，および7月5日付党中央委員会書記ミハイル・スースロフ宛書簡では科学アカデミー・生物科学部の紀要編集委員会の人事交替に猛烈に抗議している（Архив РАН, Ф. 201, Оп. 1, Д. 279. лл. 38-40）。また，11月21日の科学アカデミー・遺伝学研究所学術会議では，『一般生物学（«Общая биология»）』誌に掲載された細胞学・微生物学の専門家，ドミートリー・ペトロフの論文「遺伝性の物質的本質に関する問題に寄せて（“К вопросу о материальной природе наслественности”）」を反唯物論的で反科学的であると非難し，資料を党中央委員会印刷課と科学アカデミー幹部会に送付することを決定している（Там же, л. 49）。

31　Архив РАН, Ф. 201, Оп. 1, Д. 284, л. 8.

32　Архив РАН, Ф. 201, Оп. 1, Д. 307, л. 16.

33　Архив РАН, Ф. 201, Оп. 1, Д. 305, лл. 1-3：ヌージンの発言の紹介は л. 3. なお，このコンファレンスには，ドゥビーニン，イヴァン・シュマリガウゼンなど反ルィセンコ派生物学者，物理学者カピッツア，それに，マルク・ミーチン，アレクサンドル・マクシーモフ，アブラム・デボーリンなど一連の哲学者も招待されていた（Там же, лл. 38, 39）。

34　НА СО РАН, Ф. 4, Оп. 1, Д. 62, лл. 24, 25.

35　Там же, л. 21.

36　НА СО РАН, Ф. 10, Оп. 3, Д. 59, лл. 1-13.：以下，本資料からの引用は，その都度シート番号を示すことにする。

37　先ほどのチモフェイ・ゴルバチョフの「あなたがたが推薦した博士たちはみな採用しました（л. 4）」との発言と明確に食い違っている。どちらが正しいのか，実態はどうであったのか，は不明である。

38　См. *Сойфер*, Указ. соч., в примечании (3), сс. 864-867.：ソィフェルの場合は，物理学者による“生物学正常化”要求と「放射線の生体への影響」研究との関連を指摘してはいるが，個々の物理学者の関心としての把握に留まっている。

39　See, Gerovitch, *Op. cit.*, in the note (6), pp. 183, 184.

40　Под общ. ред. *А.В. Лебединского*, «Советские учёные об опасности испытаний ядерного оружия». Атомиздат 1957г.；なお，ドゥビーニン論文の原題は，*Н.П. Дубинин*, “Радиоакция и наследственность человека (сс. 82-89)”, サハロフ論文の原題は，*А.Д. Сахаров*, “Радиоактивный углерод ядерных взрывов и непороговые биологические эффекты (сс. 36-44)”である。該書は学術書であるにもかかわらず，初版25,800部を数えている。こうした放射線生物学の飛躍的強化の背景には，恐らく，1957年9月29日に生起したウラル地方の核兵器製造施設群，「チェリヤビンスク-40」における大規模な放射線被曝事故，いわゆる“ウラルの核惨事”など，当時の核関連施設における放射線被曝の多発が影響しているのであろう。これについては，Hiroshi Ichikawa, “Radiation Studies and the Soviet Scientists in the Second Half of the 1950s.”（Japan History of Science Society, *Historia Scientiarum*. Vol. 25. № 1, August 2015 pp. 78-93）を参照のこと。

41　こうした努力にもかかわらず，1962年7月8日に開催された科学アカデミー幹部会では放射線生物学の“決定的な”立ち遅れが指摘されることになる（Архив РАН, Ф. 2 Оп. 6а, Ед. хр. 198, лл. 8, 9）。

42　Архив РАН, Ф. 2 Оп. 6а, Ед. хр. 197, лл. 13, 21.

43　もちろん，こうした課題は多くの科学者が求めていたであろう“研究の自由”の保証と矛盾するものではない。先に述べた1957年12月6日の幹部会の席上，カピッツアは，

「ここで思うのは，科学者が自由に語り合える可能性をもっているケンブリッジやオックスフォードの経験を，こうした問題[放射線の生体への影響：引用者]の解決に適用することが不可欠だ，ということです。私は，この問題で人々が集まり，語り合うクラブを組織することは出来ても，それは人々が自由に交流するときに初めて可能になると思います。ところが，私たちのところには，このような自由な交流はありません。私たちは，自分の研究所で忙しい仕事に疲れて，会議の場だけで出会うのですが，そこで語ることが出来ても，報告者が邪魔をしてくるのです」と述べ，進行中の物理学，化学，生物学の協同に期待していた(Архив РАН, Ф. 2, Оп. 6, Д. 264, л. 132)。

44　Архив РАН, Ф. 2 Оп. 6a, Ед. хр. 204, лл. 10, 27-83.

45　Архив РАН, Ф. 2, Оп. 6, Д. 264, лл. 159-302.

46　Там же, л. 298.

第V部

戦争・冷戦と科学アカデミー

第1章
科学アカデミーの戦時疎開
—格差と確執—

市川　浩

「共産党員だって学位論文を準備しなければならん。」(1944年10月28日全連邦共産党モスクワ国立大学物理学部・物理学研究所内秘密党員集会でのアルカジー・チミリャーゼフの発言 / ЦАО-ПИМ Ф.478, Оп.1, Д.75, л14)

科学アカデミーは，ドイツ軍のソ連領内侵入にともない，史上類例を見ない規模での疎開を実施する。モスクワ，レニングラード（現在はサンクト＝ペテルブルク）から多数の傘下研究機関がカザン市，その他へと移転し，新しい環境で旺盛に戦時研究などに取り組むことになった。この疎開は科学アカデミーとその傘下研究機関にどのような変化をもたらしたのであろうか。

戦時下の科学アカデミーについては，旧ソ連時代には，戦時下における科学者の活動がいかに対独戦勝利に貢献したか，という見地から顕彰目的の歴史叙述が行われてきた[1]。こうした傾向は，ソ連が解体し，ほぼ20年を経過した現在も大きくはかわらず，新しく公表された資料を活用し，たとえば，個々の科学者のソヴィエト権力にたいする内心の態度，科学者，あるいは科学者グループの思惑，権力の側の行動の含意など，新しい事実を明らかにしつつも，全体としては戦時下の科学者の貢献を顕彰する傾向が未だに大きい[2]。

第2次世界大戦期のソヴィエト科学者の動向に大きな関心をよせた西側の研究者にアレクサンダー・ヴチニッチ[3]がいる。ヴチニッチは，戦争によりソヴィエト科学が，その研究施設・設備，研究者の生命・健康などの点で巨大な損失を蒙りながらも，工場の東方疎開，鉱物資源探査などの点で勝利に大きく貢献し，そのことを通じて科学アカデミーの組織拡大，ソ連のほぼ全域に及ぶ集権的な科学者の自治的制度の確立を実現し，総じてソヴィエト社会におけるその権威を高めたとしている。彼の場合，しかし，主著の執筆時期の時代的制約から，ソ連時代にソ連で出版されたものを主な資料としているため，科学者による自己顕彰という，当時のソ連に根強く存在した雰囲気をそのまま基調とすることになっている。

そのような中，ソ連解体以降の新しい資料的条件の下で，第2次世界大戦期のソ連の科学者の行動に大きな意味を見出そうとしたのがニコライ・クレメンツォフ[4]である。

彼によれば，第1次世界大戦期以降実践的性格を強めた科学アカデミーを中心に科学者たちは独自の利害集団を形成していたが，第2次世界大戦期になると，彼らは権力との間に新しい関係を作りだし，やがて冷戦の進行と共にその“新しい関係”は深まりを見せ，フルシチョフ政権の前半の時期，ついに科学者と権力との“共生”関係はひとつのエスタブリッシュメントとして完成する，ということになる。

クレメンツォフは，戦争がソヴィエト社会にもたらしたふたつの重大な変化として，党・国家官僚集団の自信喪失とそれに反比例するかたちでの国民生活のさまざまな分野における“専門家”の権威の回復・上昇，大々的に繰り広げられた戦時入党キャンペーン＝新規入党者の激増による党員構成の大幅な変化がもたらした党のイデオロギー的一体性のほころび，を挙げ，このような「あらゆる分野における党職員の没落と専門家の興隆」[5]は，当然，科学の諸分野でも進行し，彼らはその自律性を高めると同時に，政府によっていくつかの人民委員部(省)の幹部や高級士官に登用されたことを契機として，ソヴィエト権力との一種の“共生”関係に入っていった，としている。

科学者のソヴィエト社会における全体としての地位上昇は事実であろう。しかし，このような地位上昇は例外なくあらゆる科学の分野にまで及んだであろうか。クレメンツォフもその他の研究も，多くが，戦時下のソヴィエト科学者をめぐる特徴的な事例を挙げることでこうした結論を導出しているが，戦争の影響はあらゆる科学者集団，具体的には科学アカデミー傘下の研究機関に一様に表れたわけではない。クレメンツォフらが挙げた事例に漏れたものも含め，科学アカデミー傘下研究機関への戦争の影響について包括的な調査が必要であろう。

開戦時，ソ連邦科学アカデミーは既に計47の研究所(インスチトゥート：Институт)を擁していた。また，研究所の他，研究所(ラボラトーリヤ：Лаборатория：通常，「研究室」と訳される語で，インスチトゥートに比べかなり小規模な，単一の研究ユニットを指すが，独立した研究機関としての性格が強いので，このように訳した)，地学・天文学系の観測施設などを含めると，戦時に疎開を経験した傘下研究機関は計85機関に及んだ[6]。そのため，このような課題を立てた場合，調査対象が著しく多くなる上に，戦時の混乱のため，資料が系統的に残されているとは限らず，困難が予想されるが故にさけられてきたと考えられる。

ロシア科学アカデミー文書館(Архив Российской Академии наук：以下，Архив

РАН と略記），ロシア科学アカデミー文書館サンクト=ペテルブルク支部(Санкт-Петербургский филиал Архива Российской Академии наук Архив РАН：以下，ПФА РАН と略記)，カザン国立大学(現在はカザン連邦大学)・大学史記念館(Музей истории Казанского государственного унивнрситета：以下，Музей КГУ と略記)，ロシア科学アカデミー・ウラル支部学術文書館(Научный Архив Уральского отделения Российской Академии наук)，A.F. ヨッフェ名称物理工学研究所(Физико-технический институт им. А.Ф. Иоффе Российской Академии наук：以下，ФТИ と略記)文書館，V.G. フロービン名称ラジウム研究所(Радиевый институт им. В.Г. Хлопина：以下，РИ と略記)での資料調査の結果，ソ連邦科学アカデミー幹部会(Президиум АН СССР)，その他計 24 カ所に及ぶソ連邦科学アカデミー傘下の自然科学・工学系研究機関について，戦時中の動向が明らかとなった。先述のように，ソ連邦科学アカデミーは当時，計 47 の研究所を擁していたが，この中には，本章の対象とならない，人文・社会科学系の研究所も多く含まれている。本章筆者がモスクワのロシア科学アカデミー文書館のリストで確認したところ，第 2 次世界大戦期に既に存在していた自然科学・工学系研究所は 31 カ所である。6 研究所については資料的制約などから調査出来なかった[7]ものの，筆者が調査し得た 25 研究所は自然科学・工学系研究所の大多数に当たる。筆者はこれら 25 研究所に関する調査結果を，3 部の調査研究報告書のかたちにまとめ，公表してきた[8]。研究所ごとの戦時疎開の様子，戦時期の活動の詳細についてはこれら調査報告書に譲ることにして，ここではこれら調査結果の要約を示すことで，戦時疎開を中心とする科学アカデミー傘下研究機関への戦争の影響を探ることとしたい。

調査対象となった 25 研究所のうち，戦時中新たにモスクワで設立された結晶学研究所(Институт кристаллографии)を除く 24 研究所については，その疎開の態様に応じてグルーピングが可能である。すなわち，モスクワからカザンに疎開した 10 研究所，モスクワからスヴェルドロフスク(現在はエカチェリンブルグ)に疎開した 3 研究所，レニングラードからカザンなどに疎開した 7 研究所，モスクワから中央アジア諸都市に疎開した 4 研究所の 4 グループである。以下では，各グループごとにその概要を見てみることとしたい。その際，結晶学研究所を考察の対象外とすることにする。

当然ながら，第2次世界大戦中に疎開を経験したのは，科学アカデミー傘下の諸研究機関だけではない。いくつかの大学，高等教育機関も教員，学生共ども疎開を余儀なくされた。モスクワ国立大学もそのひとつである。以下では，まず，モスクワ国立大学の疎開の様子から検討してみよう。

1. **大学の受難**——モスクワ国立大学，とくにその物理学部を中心に

モスクワ国立大学は，言うまでもなく，旧ソ連における(そして，現在のロシア連邦においても)最高の俊英を集めた，国内でもっとも評価されている大学である。しかし，旧ソ連において長く，一般に大学は学士レベルでの教育機能に表向き特化されていて，充分な研究機能を持つことはなかったとされている。このような大学と科学アカデミーとの間で機能分離は，しかしながら，1934年に科学アカデミーの本部と多くの研究機関がモスクワに移転するまではそれほど明瞭なものではなかった。たとえば，モスクワ国立大学物理=数学部の教員たちは，1922年に自分たちの学部に附属する施設として，物理学=結晶学研究所を設置し，自らの研究基盤としていた。この研究所は1927年に改組され，名を物理学部附属物理学研究所と改めている[9]が，全体で16名のスタッフのうち，半数以上がモスクワ国立大学に属しておらず，研究所はモスクワ全体の物理学研究の中心という様相を呈していた。それはちょうど，アブラム・ヨッフェ率いるレニングラード物理工学研究所(当時，重工業人民委員部に所属)がレニングラード全体の物理学研究の中心と一般に(少なくとも，1933-1937年の第1次5カ年計画期まで)見なされていたように，である[10]。

1929年11月，全連邦共産党(ボ)中央委員会は，「文化革命」の一環として，大学から数学といくつかの自然科学の分科を除いた他の学部を切り離し，独立の高等専門学校に切り替える方針を採択した。また，大学の実験授業では，当初は柔軟性のない高等教育における教育方法にたいする反動として，そして社会主義建設に必要な専門家の速成の方法として導入された“突撃隊方式”

が，勤労者学部から大学院に至るまで，すべての大学教育の段階で学習時間を減らし，アカデミック・スタンダードの引き下げと卒業生の質の低下をもたらしていた。このため，ロシア・ソヴィエト連邦社会主義共和国教育人民委員部は，人民委員アンドレイ・ブーブノフの下，早くも1931年7月には是正に乗り出す。そのひとつの方策が，大学を単なる教育機関から研究・教育の両方を担う機関に転化させるために大学附属の研究所を数多く設置することであった[11]。モスクワ国立大学の物理学部では，この是正措置の1年以上前に，学部長で同時に附属物理学研究所所長であったボリス・ゲッセンのイニシャティヴで，物理学研究所の大拡張が進められていた。定員は20名の高度な資格を持った指導者を含め80名の規模となり，理論部と，光学，熱物理，X線構造解析，磁気，流体電気現象，振動，短波の7つの研究室からなっていた[12]。とくに，光学研究室ではグリゴリー・ランズベルグとレオニード・マンデリシュタムによって，チャンドラセカラ・ヴェンカタ・ラマン，カリアマニッカム・スリニヴァーサ・クリシュナムとは独立に，光子の非弾性散乱，いわゆるラマン効果が発見されている[13]。ランズベルグは，他に高速スペクトル量分析法を開発している[14]。磁気研究室では，1928年に誘導異方性の法則を発見したニコライ・アクーロフによって独特の磁気構造分析法が開発されている[15]。振動研究室ではマンデリシュタムとニコライ・パパレクシ(当時はレニングラード在勤)が若い物理学者，アレクサンドル・アンドローノフ，アレクサンドル・ヴィット，そしてセミョーン・ハイキンと協同で，自励振動の問題に取り組んでいた[16]。理論部では，タムとユーリー・ルメルが量子力学の一般問題と格闘していたし，レオントーヴィチは統計物理学の原理的諸問題に従事していた。彼らの仕事は海外の物理学者たちの関心を呼び，彼らは海外でしばしば「モスクワ学派」などと呼ばれていた[17]。

しかしながら，1934年になると物理学部附属物理学研究所は蝕まれ始める。この年，科学アカデミー・物理学=数学研究所から物理学部が独立，モスクワに移転し，新たに科学アカデミー・物理学研究所となると，10月15日付でタム，ランズベルグ，レオントーヴィチ，セルゲイ・ルィトフを，500ルーブリ(タムとランズベルグ)，450ルーブリ(レオントーヴィチ)，350ルーブリ

(ルィトフ)という高給で雇い入れたのである。次の年は物理学部附属物理学研究所の所長ゲッセンも，まずは上級専門員として，続いて副所長として科学アカデミー・物理学研究所にリクルートされ，11月には大学の物理学部長ハイキンも雇い入れられた。そして，物理学部でもっとも影響力のあった人物，マンデリシュタムも，ハイキンに続いて750ルーブリで雇用された。彼らは物理学部附属の研究所にも籍を残してはいたが，ほとんど名前だけのことであった。加えて，アンドローノフはゴーリキーで働くためモスクワを去り，ガブリエリ・ゴレーリクもそのあとを追った。パパレクシはレニングラードからモスクワに移ったが，それは科学アカデミー・物理学研究所で働くためであった。ヴィットは留まったが，それも長くはなかった。彼は1937年に逮捕され，のち獄中で亡くなっている。物理学部の研究所は才能ある人材のほとんどを失った[18]。

これに，大粛清の時期を迎え，ゲッセンの逮捕，ブーブノフの失脚が付け加わることになる。しかし，その混乱にもかかわらず，いくつかの工業組織その他から研究資金を獲得することにも成功し，物理学部附属物理学研究所は活動を継続していった[19]。1938年にはその講義録をベースに，アクーロフの名著『強磁性』が出版され[20]，アナトーリー・ヴラーソフが『実験・理論物理学誌』に発表した論文「電子気体の振動特性について」は，荷電粒子(プラズマ)の物理的特性を初めて首尾一貫して分析し，それにはボルツマン気体運動方程式が適応しえないことを示し，荷電粒子間の集団的な相互作用を考慮した，新たな方程式を提案したもので，国際的に評価された[21]。

以前は相互に独立の組織であった物理学部と附属物理学研究所の事実上の融合が進んだ。ひとつには，両組織の研究員と教員ほとんど全員が協同で進める仕事が増えたからであり，また物理学部を卒業した学生がしばしば附属物理学研究所(あるいは物理学部)で働くようになったからであり，さらに1937年以降，物理学部長と附属物理学研究所所長の兼任が常態化したからであった[22]。このような状況下，1938年10月16日の附属物理学研究所の会合でアクーロフは次のように述べている。「われわれには，関連した研究室と研究員を持った，たくさんの学科があります。さらに，それに加えて，たくさんの下位組織，すなわち，工場，設計室，倉庫，および多数の研究所附属の補助研究員，技術要員がいます。このように，諸学科は技術的なプロセスを進めるのに必要なものをすべて持っていることがわかります。これらの同じスタッフ・メンバーもまた，研究を進めています。研究を確かなものにすることは，しかしながら，研究所のスタッフに依拠しています。それゆえ，このことは，研究所は単に補助的で技術的な役割のみを果たすということを証明するものです」[23]。換言すれば，物理学部はしだいに科学研究の機能を獲得しつつあったのである。1940年，附属物理学研究所には全体で54名の大学院生が学んでいた[24]。

独ソ戦が始まり，ドイツ軍が旧ソ連領内深くに入り込んでくると，モスクワ国立大学の主要な部分は，国家防衛委員会（臨時の最高戦争指導機関）の1941年10月15日付決定に従って，アシハバードに疎開することになった[25]。直ちに，教授68名，准教授58名，助手39名が同市に移り，建築中の師範学校の校舎で授業を行い始めた[26]。戦局の好転にともない，1942年6月にはアシハバードからスヴェルドロフスクに移動するが，すべての部局の移転が終らないうちに，政府はモスクワ国立大学のモスクワへの帰還を決定する。スヴェルドロフに移動したスタッフは当地でたった6カ月いただけであった。いくつかの学部はアシハバードから直接モスクワに帰還した。モスクワへの帰還は1943年6月10日に完了した[27]。物理学部はまずアシハバードへ移転し，のちにスヴェルドロフスクに移動したが，疎開先では研究活動は完全に中断した[28]。ボリス・イリーンを長とする少人数のグループはモスクワに残留し，同地で戦時研究に取り組んだりしながら，のちには帰還する同僚や学生の世話をすることになる。たとえば，ハイキンは物理学部の地下室でレーダー開発に関連した無線電波の研究に取り組んだ（この研究は科学アカデミー・物理学研究所にすぐに移管され，当該研究所の他のスタッフに先駆けてモスクワに帰還したレオントーヴィチが加わることとなる）。フョードル・コロリョフは，金属の高速スペクトル分析法，および相互に絡みあうガス流の超高速撮影法を開発し，国家賞を授賞した。物理学部長で附属物理学研究所所長であったアレクサンドル・プレドヴォジーチェレフは，ガス状混合物の高温における発火の問題

図V-1-1　モスクワ国立大学が一時疎開したウラル工業専門学校(現，ウラル工科大学)の玄関ホール(本章筆者撮影)。第2次世界大戦中は砲兵装備工場に転用され，工作機械がひしめいていた。

に取り組んでいる。このような努力にもかかわらず，彼らの研究は1943年までに継続不能となった。この年，前年に引き続いて附属物理学研究所の設備が軍用に徴発され，もはやここでの研究は不可能となったのである[29]。

2. モスクワからカザンに疎開した研究機関

まず，モスクワからカザンに疎開したグループであるが，これにはP. N. レーベジェフ名称物理学研究所(Физический институт им. П.Н. Лебедева)，A.V. ステクロフ名称数学研究所(Математический институт им. А.В. Стеклова)，有機化学研究所(Институт органической химии)，一般=無機化学研究所(Институт общей и неорганической химии)，力学研究所(Институт механики)，

物理問題研究所(Институт физических проблем)，G.M. クルジジャノフスキー名称エネルギー学研究所(Энергетический институт им. Г.М. Кржижановского)，鉱物性燃料研究所(Институт горючих ископаемых)，理論地球物理学研究所(Институт теоретической геофизики)，コロイド電気化学研究所(Коллоидо-электрохимический институт：戦後すぐ，物理化学研究所—Институт физической химии—に改組される)が含まれる。これらの研究所は7月22日より順次カザンその他に疎開していった。疎開は，空前の規模で実施され，10月末-11月初めには完了した[30]。さらに，1941年秋，ドイツ軍がモスクワに近づく中，第2陣の疎開が実施され，結果として，カザンには，モスクワ以外の土地から疎開してきたもの，人文系のものも含めて，33の研究機関，約2,000人の研究員が移り住むこととなった[31]。

カザンでの科学者の受け入れのために，科学アカデミーと現地の共産党(ボリシェヴィキ)タタール州委員会との合同委員会が設置された。委員長には科学アカデミーの側から副総裁オットー・シュミットが，副委員長には党州委員会書記のアベツェダルスキーが就任した。カザン国立大学ではアルブーゾフが科学者を接遇した。カザン国立大学の舞台=体育館ホールは200名を収容する寮となった。こうした急作りの“寮”の他，市内各地の空き家屋を科学者に割り当てる住居委員会が組織され，アルブーゾフが委員長となった。しかし，カピッツァ，ヨッフェ，シュミット，タム，アルツィモーヴィッチ，オルベリ一家がまとめて1軒の家に居住するなど，狭隘な空間に多数の科学者が押し込められていたことに違いはない[32]。加えて，燃料，電力はたえず不足気味であった。食糧の配給は，当初ひとり1日パン600 g，のち，肉体労働者と同等の800 gとされた[33]。

一例を挙げると，物理学研究所のN.N. ソボレフには，本人，妻と息子ひとりにたいして6 m^2が割り当てられ，1室を斜めに布で仕切って，2家族で暮らしていた。パンの配給量はしばしば“権利の上でのこと”となり，1日400 gにまで切り下げられたこともあった。おかずは，いつも，エンドウ豆のスープかカーシャ(ロシア風粥)，またはジャガイモのカツレツなどであった[34]。

図Ⅴ-1-2　カザン国立大学本構(筆者撮影)

図Ⅴ-1-3　物理学者フレンケリが描いたカザン国立大学ホールでの疎開生活の様子(同ホールに展示していたものを筆者接写)

カザンへの疎開にともない，物理学研究所は急速にその研究態勢を転換し，同地で盛んに戦時研究を実施した。困難はあったものの，一定の資金的条件にも恵まれ，研究は活発に遂行された。直接的な戦時研究の諸課題は，戦局の好転もあいまって，しだいに計画完了を迎えるようになり，研究所もモスクワへの帰還を果たしたものの，モスクワでの研究条件の諸制約から，実践的意味あいの大きい研究課題に取り組む必要に迫られ，研究態勢の実践性は解消されなかった[35]。

数学研究所もまた，疎開を機に研究の実践性を著しく強めることになる。研究所は，弾道学，航空工学，海洋電波工学などの軍事関連分野にかかわる一連の応用研究を請け負い，それらに関する膨大な計算課題をなし遂げるために“機械計算センター”を開設したことによって，軍事研究機関，準軍事的研究機関共同の計算センターとしての役割を果たしてゆくことになった。戦後直ちに着手された核開発研究の中で，こうした役割は固定化され，より大きなものとなっていく[36]。

金属の腐食防止法の研究など，やはり実践性の高い研究を展開していたコロイド電気化学研究所も疎開を契機に，直接的な軍事的課題に取り組み，さまざまな分野へと研究を展開させていった。この研究所は扱う領域の拡大にともない，構成を変化させ，戦後すぐ，物理化学研究所へと改組される[37]。

有機化学研究所は，カザンで合成ゴム，合成樹脂など高分子合成に関する研究を始め，実用性の高い開発研究に旺盛に取り組んだ。開戦直前，同研究所の常勤職員は213名と，科学アカデミーでも最大級の研究機関であった。兵役その他により，1942年1月1日現在で190名といささか減員となったものの，1943年1月1日には210名，1945年の戦争終結時点では250名と，戦争の期間を通じて着実にその規模を拡大していった[38]。

一般=無機化学研究所は1941年6月に疎開し，1943年5月からモスクワに帰還を始めている。対毒ガス液状除毒剤，対戦車火炎瓶の燃料，防火水槽作りのための液体不透性顔料の開発をはじめ，金属を含む欠乏物資の代替品開発，原材料不足の中での代替製法の開発など，さかんに戦時研究に取り組んだ[39]。

力学研究所はレニングラードにも基盤を持っていたが，その“レニングラード・グループ”は1941年9月には無事カザンに到着，モスクワからの本隊も11月には移転を完了した。カザンでは，航空機に関する流体力学の研究，機械・建造物の振動に関する研究などの軍事研究に取り組んだ。1942年には砲兵装備，弾薬に関する“特別なテーマ”実現のために6名からなるグループが編成されたが，このグループと軍部との密接な結びつきを保障するために，研究所の大学院生を軍籍に入れ，連絡に当たらせている[40]。

著名な物理学者，カピッツアを所長とする物理問題研究所は，戦時中，焼夷弾の原料ともなり，冶金業でも広範に活用された液体酸素の大量供給を可能にする装置の開発を中心課題としている。しかし，戦争の終結が近づいた段階で，レフ・ランダウによる液体ヘリウムの超流動状態に関する研究など，戦前から取り組んでいた理論的課題への回帰が急速に進んだ[41]。

エネルギー学研究所はカザンに疎開しつつも，科学アカデミー総裁コマローフからの要請によって，軍需工場が集中することになったウラル地方におけるエネルギー事情の改善に取り組んだ。ボイラーの生産性向上，電力供給の中断排除など，極めて実践性の高い研究に打ち込むと共に，ソナーに捕捉されない魚雷推進機関用ボイラーの研究など，軍事に直結した秘密研究にも取り組んでいる[42]。

鉱物性燃料研究所は，高オクタン価ガソリンの供給法，アメリカ型スーパー・ガソリンの製造法，それらのための新しい触媒の開発など，総じて効率的な石油分解法の探求を大規模に展開した[43]。

理論地球物理学研究所は，疎開に関する指示の文面に不明瞭な部分があり，結果として，モスクワに相対的に多くの研究員・職員を残存させることとなった。この研究所のカザンにおける活動についてはよくわからないが，モスクワへの帰還が進む1943年秋の段階で研究員の一部は石油関連の調査のため，ウーファやイシンバイに派遣されていることから，戦時における資源探査に何らかの貢献をしようとしていたものと考えられる。

3. モスクワからスヴェルドロフスクへ疎開した研究機関

1941年6月24日，すなわち，ドイツ軍のソ連侵攻開始から約1カ月後，モスクワ，レニングラードに立地していた科学アカデミーの研究機関は7月22日より順次カザンその他に疎開していった。疎開は，空前の規模で実施され，10月末–11月初めにはほぼ完了した。高齢者が多い科学アカデミー会員は当初カザフスタンに送られる予定であったが，総裁ヴラジーミル・コマローフは移動の途中3日間立ち寄ったスヴェルドロフスク(現，エカチェリンブルグ)に留まる決意をし，以降スヴェルドロフスクは科学アカデミー第2の集中疎開先となった[44]。

1942年末には，総計15の科学アカデミー諸機関がスヴェルドロフスクに立地していた。しかし，そのうち，4機関は，大戦前から当地に立地していたものであり，科学アカデミー幹部会，科学アカデミー・諸支部=拠点協議会(Совет филлиалов и баз Академии наук)，および，科学技術プロパガンダ協議会(Совет Академии по научно-технической пропаганде)の立地は総裁コマローフの当地残留の必然的な結果である。当地に疎開した常設の研究機関は，モスクワから疎開してきた冶金学研究所(Институт металлургии)，鉱山学研究所(Институт горного дела)，地学系諸科学研究所(Институт геологических наук)の3研究所のみであり，これらがいずれも大きな意味で地学，資源科学と関連したものであったことから，科学アカデミー・地学=地理学部(Отделение геолого-географических наук Академии наук)と「ウラル・西シベリア・カザフスタン資源の国防目的動員委員会(Комиссия по мобилизации ресурсов Урала, Западной Сибири и Казахстана на нужды оборонны)」がこれらにともなうかたちとなった[45]。

スヴェルドロフスク市はもともと伝統ある工業都市であった上に，戦争の勃発と共に数多くの工場が疎開し，旧ソ連邦最大の軍需工業地帯(後方兵站基地)となっていた。市内最大級の高等教育機関で，巨大なキャンパスを誇るウラル工業専門学校(Уральский политехнический институт)のホールや教室には工作機械がところ狭しと並べられ，疎開してきた施設をこれ以上受け入れるスペースはなかった。そのため，カザンに疎開した研究機関がカザン国立

図Ⅴ-1-4　エカチェリンブルグ(旧スヴェルドロフスク)に残る，科学アカデミー幹部会などが入った郵便局横町7番地のビル(本章筆者撮影)

図Ⅴ-1-5　エカチェリンブルグ(旧スヴェルドロフスク)に残る，科学アカデミー・冶金研究所などが入ったヴァイネル通り55番地のビル(本章筆者撮影)

大学構内諸棟を中心に配置されたのにたいし，スヴェルドロフスクでは諸機関は市内の各所に散在するかたちで配置された。数多くの科学者を迎えるために，スヴェルドロフスク州執行委員会(地方政府)は議長I.L.ミトラーコフの決定により，新たに500トンの野菜の供給，および，その保管場所の確保，ジャガイモ400トンを入れる地下貯蔵庫の新設を指示した[46]。

冶金学研究所は移転をすませると，チュソフスコエ冶金工場をはじめとする諸冶金工場への技術指導・援助に取り組み，東部諸鉱山産出の貧マンガン鉱の利用法など，極めて実践性の高い研究に打ち込み，戦利品金属の分析にも従事した。研究所は，モスクワに帰還後，鉄鋼，非鉄金属冶金学，冶金工程，高周波電熱工学，金属物理学関係の新しい研究分野とそのための実験装置群を入手し，その規模は大幅に拡張された[47]。

鉱山学研究所は，一旦はカザンに疎開することとなされながら，急にスヴェルドロフスクに疎開先が変更され，一定の混乱も見られたが，ドネツ炭田，クズネッツ炭田の復興をはじめとして，諸鉱山企業への援助活動に集中した[48]。

その成立の経過からくどい名称を持つこととなった地学系諸科学研究所であるが，戦争が始まった夏期はそもそも現地調査の季節であり，多くの研究員がウラル，カフカーズなど各地に調査に出かけていた。戦争が始まると，多くの研究員はそのままそれぞれの派遣先で，あるいは派遣先からバシキール，カザフスタン，東シベリアなどに移り，国防資源開発を目的とする地学資料の収集に当たった。研究所本体はスヴェルドロフスクに置かれることとなったが，研究員は，上記の土地以外にもミアス，ウーファ，イルクーツクに常駐，さらにウスチ=カメノゴルスク，ノヴォシビリスクなどにも展開しており，研究所としての一体性は失われた。こうした現地調査のため，研究所には膨大な数の地学資料が集められ，1944年になると，そうしたものの分析結果や現地調査に関する報告類の執筆・編集作業が膨大なものとなった。このため，研究所は多くの定員外職員を新規に雇用することとなり，モスクワに全員が帰還した1944年1月，研究所の総職員数は165名であったのにたいして，5月にも216名にまで増員された[49]。

4. レニングラードからカザンその他に疎開した研究機関

“500日の封鎖”下にあったレニングラードからは，レニングラード物理工学研究所（Ленинградский физико-технический институт），ラジウム研究所（Радиевый институт），化学物理学研究所（Институт химической физики），I.P.パヴロフ名称生理学研究所（Физиологический институт им. И.П. Павлова），V.L.コマローフ名称植物学研究所（Ботанический институт им. В.Л. Комарова），天文学研究所（Астрономический институт）がカザンに，動物学研究所（Зоологический институт）が中央アジアに疎開した。

多数の市民の犠牲を出しながらも，“500日の封鎖”を戦い，頑強にドイツ軍から町を守り抜いたレニングラードであったが，この都市からの疎開作業は，党州委員会書記アンドレイ・ジダーノフと北西方面軍司令クリメント・ヴォロシーロフの判断ミスなどから遅れてしまうことになった[50]。1934年における科学アカデミーの再編（モスクワ移転）にもかかわらず，開戦直前の段階でも，この都市には計13の科学アカデミー傘下研究所が所在していた[51]。疎開を比較的早期に実施し，封鎖の被害が少なくてすんだ研究所にはレニングラード物理工学研究所と化学物理学研究所がある。この両研究所については，1941年7月6日付で科学アカデミー副総裁シュミットが副首相アレクセイ・コスィギン宛に書簡を送り，特別の配慮を持って早期にレニングラードを脱出出来るように懇請していた[52]。この懇請は功を奏したらしく，レニングラード物理工学研究所について見れば，8月3日に疎開の第1陣が出発している[53]。

レニングラード物理工学研究所は，戦時研究として，近接機雷から船舶を守る方法，すなわち船舶消磁化法の研究，戦車の装甲を保護する格子状フェンダーの開発，レーダー研究への協力，光電変換素子を利用した暗視装置の開発，そして“パルチザンの飯盒”として知られる，半導体熱素子を利用した野外調理機器の開発などに取り組んだ。しかし，より重要なことは，リーダーとなるクルチャートフをはじめ，アリハーノフ，ゲオルギー・フリョーロフなど多くの同研究所の研究員が，1943年初めから本格化するソ連最初期の核兵器開発に動員されたことであろう[54]。

もともと燃焼・爆発過程の化学的・物理学的研究という実践性の高い研究を進めていた化学物理学研究所は，レニングラードからの疎開の困難さに苦しみながらも，従来の研究方向に沿った研究に旺盛に取り組んだ。この研究所は“国家枢要”の研究機関として不動の位置をつくり，その規模をほぼ倍加させて，レニングラードではなく，モスクワに帰還した[55]。

しかし，このような例外を除くと，疎開の遅れのために多くの在レニングラード研究所では，少なくない犠牲者を出しつつ，著しく困難な状態に陥り，その研究機能を発揮することが出来なくなってしまうことになる。

ラジウム研究所については，疎開をはじめとする戦時中の活動を示す資料の多くが非公開となっており，詳しいことはわからない。しかし，同研究所が，当時のソ連で最新鋭の実験装置と見なされていたサイクロトロンをはじめとする研究設備をレニングラードに残してカザンに疎開したことを考えると，同研究所の戦争初期における状況にはたいへん厳しいものがあったと想像出来る。カザンでも，「研究所の仕事のかなりの部分は，工場やさまざまな企業への技術援助が占めている」[56]状態で，研究所としての主体的な活動はごく限られていたと考えるべきであろう。しかし，核開発計画が始動し，また，研究所がレニングラードへの帰還を果たすようになると，同研究所はプルトニウム・サンプルの分離など，核開発研究の一翼を担うこととなる[57]。

開戦直後の1941年8月1日現在，動物学研究所には147名(定員は153名)の職員が在籍していた。このうち3名が人民義勇軍に入隊していたため，実際に研究所で働いていたのは144名であった。144名中，疎開を予定していたものは62名で，残り85名の職員はレニングラードへの残留を希望していた[58]。しかし，ドイツ軍による包囲網が築かれ，さらに10月17日，11月2日，14日，15日，24日と立て続けに空爆による被害を受けるようになると，研究所の総移転を望むようになる。ヴィヤチェスラフ・ルィロフをはじめとする研究員6名は連名で，党州委員会書記アンドレイ・ジダーノフら州，市の幹部に宛てて申出書を1942年1月12日付で提出し，早期の疎開実施を訴えた[59]。この願いは聞き入れられ，2月8日付で疎開に許可が下りたが，時既に遅く，その段階までにルィロフその人をはじめ3名の研究員を飢餓と病気で失っていた[60]。しかも，研究所全体をまとめて受け入れる疎開先が決定したのは4月のことであった。疎開先は「大学のある都市に」という研究所の希望とは違って，タジクスタン共和国のスターリナバード(1961年，ドゥシャンベに改称)になった。6月24日の段階でスターリナバードに移転する人員は23名，うち13名は順次スターリナバードに移りつつあり，残りの10名は各地に点在していて，これから移動を開始するところであるが，レニングラードに残留している部隊とは連絡がまったく取れなくなっている，とのことであった[61]。

恐らく1942年5月頃のものと考えられる資料によれば，その段階で植物学研究所の在レニングラード所員総数は93名で，そのうち18名のカザンへの疎開が決まっていた。18名の内訳は，研究室主任4名，教授5名，上級研究員5名，初級研究員1名，その他実験技師などが7名であり，圧倒的に幹部が主体で，植物園職員などはそのまま包囲下のレニングラードに留め置かれることになっていた。つまり，この研究所で疎開出来たものはむしろ少数であった。そのため，この研究所では10名を超える死者が出ている[62]。研究所，それでも，封鎖下のレニングラードでも戦時の物資欠乏に由来する代替品開発に関連した課題に取り組み，水苔から膠結材料を得て包帯に利用することに成功している[63]。

天文学研究所の1941年10月1日現在の定員表によると，この研究所には35名の研究員，5名の大学院生が在籍していた[64]。ほぼ5カ月後，所長職務代行イヴァン・ジョンゴロヴィチの1942年3月12日付報告によれば，研究員，院生の多くがレニングラードに留まっていた。この段階で既に9名が亡くなっており，11名が疎開することに決まっていたので，レニングラードで仕事をしていたのは20名にまで減っていた[65]。1942年6月1日現在では，研究員は26名(研究所に21名，天文台に5名)で，カザンに疎開したものは僅か4名であった[66]。1942年を通して，天体位置推算暦を割り出す，膨大な計算作業が展開された。1944年版『天文年鑑』はカザンで準備されることになったが，1943年版『天文年鑑(基本編)』は，レニングラードに留まったジョンゴロヴィチらによってレニングラードで刊行された[67]。なお，1944年中には，研究所は理論天文学研究所(Институт теоретической астрономии АН СССР)と改称されている[68]。

1941年末の段階で，生理学研究所からは研究員・技術職員55名とその家族76名の計131名(うち，10名が教授および博士，16名が博士候補，8名が研究員，14名が実験技師，7名が管理・経営要員，5名が動員された所員の家族)が疎開する途上にあった。この段階でレニングラードにはまだ生理学研の研究員・技術職員の41名が残留し，そこで仕事を続けていた[69]。疎開は，しかし，計画通りには進まなかった。1942年4月の段階で疎開先カザンに到着した者は38名，カザンに向かって移動中の者20名，一時的に他の都市に居留している者6名，そしてレニングラードに残留している者は28名であった[70]。封鎖下のレニングラードからの研究員の脱出は続き，1943年の前半期になると，レニングラードに残留している所員は16名にまで減った[71]。当時，所長レオン・オルベリは，科学アカデミーの副総裁として，生物学部全体に責任を持っており，研究所の機微に至る指導が出来る条件はなかった。そのため，新たに所長職務代行にヴラジーミル・サジコフ，所長職務副代行にA.F.ショーシンが任命された[72]。航空機乗組員の疲労防止剤としてのフェナミン摂取の研究，頭骨や脳に至る傷を負った場合の両耳の聴覚に関する研究，毒性のある水腫の予防に関する研究，脳腫瘍の発症条件とその治療法に関する研究，肺炎のメカニズム研究が進められた[73]。戦後の1946年，同研究所は再編され，グレブ・フランクを長とする生物物理学研究室，エンゲリガルトを長とする動物細胞生物化学研究室が設置され，研究員67名，所員総数147名という規模にまで拡張された[74]。

5. モスクワから中央アジアに疎開した研究機関

人文系諸機関，生物学系諸機関は中央アジアに送られるようになったが，このカテゴリーに属する自然科学系研究所としては，レニングラードから疎開し，それ故既に検討した動物学研究所の他に，モスクワから疎開した地理学研究所(Институт географии)，生化学研究所(Институт биохимии)，遺伝学研究所(Институт генетики)，微生物学研究所(Институт микробиологии)の4研究所を数えることが出来る。

1941年末，地理学研究所の本体部分はカザフスタンのアルマ=アタに疎開した。モスクワに残留した研究員・職員は1942年初め，“モスクワ・グループ”を形成する[75]。アルマ=アタでは，資源動員に関する政策提言がこの研究所の大きな課題となった[76]。“モスクワ・グループ”は，国防人民委員部諸機関の要請に基づき，軍用地図の作成などに従事した[77]。

生化学研究所は1941年末，フルンゼ市に疎開し始め，1942年の初めまでに所員のほとんどが移住を完了した。しかし，研究所は研究室ごとに当地のキルギス国立医学専門学校，フルンゼ第1製パン工場など5カ所に分散されたが，そのほとんどが上水道と電力設備を欠いていた。そのため，フルンゼでは研究所はほとんど機能しえなかった。所員も，モスクワ，トビリシ，アルマ=アタ，スィクトゥィヴカルに分散し，それぞれの土地で各自の課題に従事している様子で研究所としての一体性も危機に瀕していた。それでも，フルンゼでは，砂糖大根の糖分保存の生化学，ビタミン類の生化学と技術，製パンの生化学的基礎の解明が進められた。赤軍の依頼による課題も継続されたが，依頼主とは手紙のやり取り以外の連絡方法がなく，課題の進展には難渋した[78]。結局，研究所は，中央アジア諸共和国，とりわけフルンゼを首都とするキルギスの現地の課題に助言を与える仕事がもっとも大きな比重を占めることとなった[79]。

遺伝学研究所には，1942年現在，所長トロフィム・ルィセンコを含め研究員が10名，実験助手・技手が5名，農場の働き手が8名在籍していたが，この規模はすべてのアカデミー傘下研究所の中で最小の規模であった[80]。戦争が始まると，研究所はフルンゼに疎開し，連邦東部，南東部におけるジャガイモ作付面積の拡大のために，ひとつの種芋からいくつもの株を得るべく，種芋を切断しその上表部を利用する目的で，その準備方法と上表部の保存法について，また，その切断した面のヤロヴィザーツィヤ(春化処理)について研究を進めた[81]。

微生物学研究所もフルンゼ市に疎開したが，当地では，キルギス畜産科学研究所，国立医学専門学校，製パン工場など，5カ所に分散配置された。家具の調達を手始めとして，疎開先で研究機能を回復するまでには多大の労力を要した[82]。研究所はバクテリア肥料の合理的な活用を通じた主要農業作物の収穫高増加を目指した研究，外傷治療のための泥浴治療法と泥浴療養地の開発，バクテリオファージの胃病治療への応用などの研究を展開した[83]。また，製パンや医療目的のためのビタミンB_1を豊富化させたイースト菌，酵母の開発，高活性ビタミンBコンセントラートの原料の問題にも取り組んだ[84]。

以上をまとめてみよう。

空前の規模で実施されたこの疎開の中で，多くの研究機関ではその研究態勢に大きな変更がもたらされた。研究機関の戦時疎開は，利用可能な研究手段の性格に左右されることの大きい実験的研究を中心に，少なくとも客観的には，戦時研究へ研究者を動員する大きな槓杆となった。第2次世界大戦中にソ連の科学者によってなされた戦時研究の努力は，対独戦勝利のひとつの要因として広くソヴィエト社会に認められ，科学者とその集権的な自治的制度である科学アカデミーは戦争を通じてソヴィエト社会における自らの地位を向上させ，国家機構の中で強い発言力を保持するに至ったことは間違いない。

他方，大学は，諸大学の頂点に位置するモスクワ国立大学をも含めて，戦時疎開は1930年代前半にせっかく研究大学への発展が模索されていたにもかかわらず，一方では科学アカデミーのモスクワ移転の影響によって，他方では"大粛清"の影響によって後退せざるをえなかったところに，大学の研究機能を完全に否定した上で実施された戦時疎開が重なり，ついに科学アカデミーの研究機関とは研究機能の点において絶望的なまでの格差が生まれることとなったのである[85]。科学アカデミーの研究所，なかんずく物理学研究所に勤務する物理学者と高等教育機関，なかんずくモスクワ国立大学に勤務する物理学者との間の戦時における処遇の違いが，戦後における両カテゴリーの間の軋轢，嫉妬，憎悪の背景となっていったことはまちがいない[86]。

同時に指摘しておきたいのは，研究所によって，戦時疎開の作用には大きな差があるということである。物理問題研究所を典型として，戦争終結が近づいた段階で，さっさと戦前の課題に戻ろうとする研究所もあったが，中には，核開発研究に深く取り込まれ，多くの研究員をモスクワその他に配置させることとなったレニングラード物理工学研究所，ラジウム研究所，および，レニングラードではなく，モスクワに“帰還”した化学物理学研究所など，その陣容の点でも不可逆の変容を経験した研究所もあった。しかし，“封鎖”下のレニングラードから疎開を実施した研究所の中には，その研究員の生命をも多数失うなど，悲惨な経験をしたところも多い。こうした研究所の中には，生理学研究所のように戦時研究に挺身し，結果としてその規模を拡大したところもあるが，多くがその研究機能を充全には発揮出来なかったものと考えられる。また，中央アジアに疎開した研究機関は疎開先ではその研究機能をほとんど発揮しえなかった様子である。

ここで検討した戦時疎開の影響の研究所間における差異が，戦後におけるさまざまな分野にわたる科学者集団間の力関係，競争関係などに影響を与えたのではないであろうか。クレメンツォフが指摘する権力と科学者との間の全体としての“共生”関係[87]の中でも，もうひとつのディメンションとして，こうした分野間の戦時における処遇の違いから派生する諸問題を措定することが出来よう。少なくとも，この想定は，戦後旧ソ連の科学史の謎を解明する，ひとつの重要な方法論的含意となるであろう[88]。

1　代表的なものに，*Б.В. Левшин*, «Советская наука в годы Великой Отечественной войны». Москва “Наука”, 1983г.

2　この点では，グラーキナの包括的な労作(*Э.И. Гракина*, «Ученые России в годы Великой отечественной войны. 1941-1945». М.: Институт Российской истории, 2000г.)，コルチンスキーの，旧ソ連における科学動員を追った研究(*Э.И. Колчинский*, “Академия наук СССР и Вторая мировая война”, в Под ред. *Э.И. Колчинского, М.Б. Конашева*, «Нестор № 9. На переломе. Отечественная наука в конце XIX-XX веке: источники, исследования, историография». Вып. 3. СПб.: Нестор-История, 2005. cc. 313-328.)を挙げることが出来る。

3　A. Vucinich, *Empire of knowledge: the Academy of Sciences of the USSR (1917-1970)*. University of California Press, 1984. pp.199-210. なお，ロシア国内では現在でも，科学アカデミーに在籍した有力な科学者たちの日記・伝記類の出版があいついでいるが，その多くが顕彰目的のものであるため，史実の解釈の客観性，公正性に問題がある場合がある。

4　N. Krementsov, *Stalinist Science*. Princeton University Press, 1997. pp. 193-226.：この点では，科学技術史家ボリス・コズロフも，戦争の勃発と共に，科学研究機関にたいする集権的管理システムが大規模な解体(分散化 Децентрализация)に瀕したため，科学アカデミーの指導的科学者たちは，とりあえず，第1次世界大戦期の経験を模倣する方向性を執ったとする，興味深い指摘を行っている(*Б.И. Козлов*, «Академия наук СССР и индустриализация Россий: очерк социальной истории 1925-1963». М.: Academia 2003г. сс. 142, 143)。なお，クレメンツォフが固有の研究対象としている遺伝学の分野について言えば，戦時下，党中央で働くアントン・ジェブラックをスポークスマンとしてルィセンコ反対派がルィセンコとその一派の権威に対抗して，遺伝学の然るべき基盤を作るために行動を起こした。この動きは多くの科学者の支持を得て，戦後の1946年になって，「細胞遺伝学研究所」設立構想となって具体化される(Krementsov, *Op. cit.*, pp. 105-107)。これにたいするルィセンコの反撃とスターリンの介入によって，いわゆる狭義の“ルィセンコ事件”が生起する経過については，拙著『冷戦と科学技術―旧ソ連邦　1945～1955年―』(ミネルヴァ書房，2007)142-143頁を参照のこと。

5　*Ibid.*, p. 96.：なお，この段落は同書pp.96-99によっている。

6　*Козлов,* Указ. соч. в примечании (5), сс. 140, 141.

7　カザンに疎開し，大戦中の1944年に科学アカデミーから分離された自動装置=遠隔操作研究所(Институт автоматики и телемеханики)については科学アカデミー文書館には1939年までの資料しか保管されておらず(Архив РАН, Фонд 444)，戦後の1948年に科学アカデミーから分離された細胞学=組織学=発生学研究所(Институт цитологии, гистологии и эмбриологии：戦後，前掲注(5)に述べた「細胞遺伝学研究所」の基礎となることを見込まれていた)についても同様(Архив РАН, Фонд 570)であり，調査出来なかった。また，機械学研究所(Институт машиноведения)については，科学アカデミー文書館では資料は非公開となっているとのことであった。当該研究所に直接問い合わせてみたが，返答はいただけなかった。K.A.チミリャーゼフ名称植物生理学研究所(Институт физиологии растений им. К.А. Тимирязева: Архив РАН, Фонд 390)，凍土学研究所(Институт мерзлотоведения: Архив РАН, Фонд 268)，動物形態学研究所(Институт морфологии животных: Архив РАН, Фонд 669)の3研究所については，時間的余裕がなく，調査出来なかった。

8　市川　浩『第2次世界大戦期における旧ソ連邦科学アカデミーと科学者集団の動向に関する歴史的実証研究』平成17年度(財)三菱財団人文科学助成・研究成果報告書，2006年11月[以下，市川(2006)と略記]，31頁。市川　浩「【調査研究報告】戦時下のソ連邦科学アカデミー―その戦時疎開について(続報)」『広島大学大学院総合科学研究科紀要Ⅲ　文明科学研究』第3巻(2008年12月)[以下，市川(2008)と略記]，31-50頁。市川　浩「【調査研究報告】戦時下のソ連邦科学アカデミー―その戦時疎開について(Ⅲ報)」『広島大学大学院総合科学研究科紀要Ⅲ　文明科学研究』第4巻(2009年12月)[以下，市川(2009)と略記]，33-50頁。

9　*А.В. Андреев*, «Физики не сутят: страницы социальной истории Научно-исследовательского института физики при МГУ (1922-1954)». Москва, Прогресс-традиция, 2000. сс. 18, 19.

10　*А.В. Печёнкин*, «Леонид Исаакович Мандельштам: исследование, преподавание и остальная жизнь». Москва, Логос, 2011. стр. 240.

11　Народный комиссариат просвещения РСФСР, «Государственные университеты».

Москва, Огиз-изогиз, 1934. стр. 18.

[12] Народный комиссариат просвещения РСФСР, «Университеты и научные учреждения к XVII съезду ВКП(б)». Москва-Ленинград, Государственное технико-теоретическое издательство, 1934, сс. 21, 22, 34.

[13] «Государственные университеты»... Указ. в примечании (11), стр. 111；マンデリシュタム，ランズベルグ論文のオリジナルは，Landsberg, G., Mandelstam, L. (1928). "Eine neue Erscheinung bei der Lichtzerstreuung in Krystallen", *Naturwissenschaften*. Vol. 16 Issue 28 (1928), pp. 557, 558. である。

[14] «Университеты и научные учреждения ...». Указ. в примечании (12), стр. 35.

[15] «Государственные университеты...». Указ. в примечании (11), стр. 111.

[16] Там же.

[17] «Университеты и научные учреждения ...». Указ. в примечании (12), стр. 41.

[18] *Печёнкин*, Указ. соч. в примечании (10), сс. 240-243.

[19] Там же, стр. 243.

[20] *Н.С. Перов*, «Николай Сергеевич Акулов». Москва, Физический факультет МГУ, 2003. стр. 29.

[21] *И.П. Базаров и П.Н. Николаев*, «Анатолий Александрович Власов. II». Москва, Физический факультет МГУ, 1999. стр. 10：ただし，このヴラーソフの論文は，後日，ヴラジーミル・フォーク，レオントーヴィチ，レフ・ランダウ，ヴィターリー・ギンズブルグら指導的な物理学者による批判の対象となった（*Андреев*, Указ. соч. в примечании (9), сс. 104, 297, 298）。

[22] *Андреев*, Указ. соч. в примечании (9), стр. 97.

[23] Там же, сс. 9, 98.

[24] Центральный муниципальный архив Москвы (ЦМАМ), фонд(Ф.) 1609, Опись (Оп.) 2, Дело (Д.) 134. л. 7.

[25] *А.С. Илюшин* (сост.), «Василий Степанович Фурсов». Москва, Физический факультет МГУ, 2010. стр. 56.

[26] ЦМАМ, Ф. 1609, Оп. 2, Д. 134. л. 7.

[27] *Андреев*, Указ. соч. в примечании (9), стр. 100.

[28] *С.Х. Карпенков*, «Роман Владимирович Телеснин: Выдающиеся ученые Физического факультета МГУ. Выпуск VIII». Москва, Логос. 2004г. стр. 16.

[29] *Андреев*, Указ. соч. в примечании (9), сс. 99, 100：物理学部教授のひとり，アルカジー・チミリャーゼフは，1944 年 1 月 3 日の党員集会で「共産党員だって学位論文を準備しなければならん。学位請求者は実験を経て，自分の学位論文が正しいものであることを証明できなければならないのに……」と附属物理学研究所の機械・設備類が持ち去られた状況を嘆いてみせた（Центральный архив общественно-политической истории Москвы, Ф. 478, Оп. 1, Д. 75, л. 14）。

[30] *Тагиров, М.С., Тарасов, Б.Г. и Писарева, С.В.*, «Физические институты Академии наук СССР в Казанском университете в годы Великой Отечественной войны». Казан, 2005. стр. 5.

[31] Там же, стр. 5.

[32] Там же, стр. 6.

[33] Там же, сс. 8-10.

[34] *Соболев, Н.Н.*, "О Казанском периоде ФИАН (1941-1943)." в кн. «Физический

институт им. П.Н. Лебедева в годы Великой Отечественной войны в Эвакуации (Казань, 1941-1943гг.». Москва 1995. сс. 25, 26.

35 市川(2006)，11-20 頁。ただし，原子核研究の飛躍的発展を目的とする宇宙線研究は大規模に進められるようになった。

36 前掲書，21-23 頁。

37 前掲書，27-29 頁。

38 市川(2008)，44-46 頁。

39 前掲書，46-48 頁。

40 前掲書，48-49 頁。

41 市川(2009)，40-42 頁。

42 前掲書，42-43 頁。

43 前掲書，43-45 頁。

44 *Тагиров, и др.*, Указ.соч. в примечании (30), стр. 4.

45 Под глав. ред. *В.В. Алексеева*, «Академическая наука Урала: Очерк истории». Екатеринбург-Санкт-Петербург, 2007г. сс. 167. 168.：また，歴史学・哲学部(Отделение истории и философии)，および工学部附属技術史グループ(Группа по истории техники при Отделении технических наук)もスヴェルドロフスクに置かれることとなった。

46 Там же, сс. 170, 171.

47 市川(2009)，36-38 頁。

48 前掲書，38-39 頁。

49 前掲書，39-40 頁。

50 *Гракина*, Указ.соч. в примечании (2), стр. 111.：この点は，G. ボッファの著作でも確認できる(G. ボッファ，坂井信義・大久保昭男訳『ソ連邦史(3)　1941-1947』大月書店，1980，73 頁)。

51 ここで扱う 7 研究所以外には，東洋学研究所(Институт востоковедения)，物質文化史研究所(Институт истории материальной культуры)，文学研究所(Институт литературы)，言語と思考研究所(Институт языки и мышления)など，主に文科系の研究所が立地していた(Под ред. *Лебина, Б.Д.*, «Очерки истории организации науки в Ленинграде, 1703-1977». Ленинград, "Наука", 1980г. стр. 146.)。

52 Письмо О.Ю. Шмидта Заместителю председателя СНК СССР А.Н. Косыгину о необходимости эвакуации ЛФТИ и ИХФ № 1454сс. от 6 июля 1941г. цитировано в *Б.Б. Дьяков* (сост.), «Физико-технический институт в годы Великой Отечественной войны». СПб. "Наука," 2006. сс. 183, 184.

53 Архив ФТИ, Ф. 3, Оп. 2, Д. 110, лл. 26-28.

54 市川(2008)，35-37 頁。

55 市川(2006)，24-26 頁。

56 "Отчет о работе Радиевого института АЕ СССР за 1944г." /Музей КГУ (Архив-Радиевого института Ф.1, Оп. 1, Ед. хр. 103)/. л1.

57 この段落は，市川(2008)，37-38 頁，に拠っている。

58 ПФА РАН, Ф. 55, Оп. 1, №№ 40, л. 29.

59 ПФА РАН, Ф. 55, Оп. 1, №№ 13, л. 1.

60 Там же, л. 9.

61 Там же, л. 8.

[62] ПФА РАН, Ф. 273, Оп. 1, №№ 7, л. 2.
[63] ПФА РАН, Ф. 273, Оп. 1, №№ 2, лл. 2, 3.
[64] ПФА РАН, Ф. 334, Оп. 1, №№ 5, л. 2.
[65] ПФА РАН, Ф. 334, Оп. 1, №№ 10, л. 129.
[66] ПФА РАН, Ф. 334, Оп. 1, №№ 5, л. 66.
[67] Там же, л. 12.
[68] 改称の事実は参謀本部軍事地勢調査管理部の研究所宛1944年8月19日付書簡(Генеральный штаб, Военно-Топографичесское управление, Директору Института теоретической астрономии 19 август 1944г. в «Переписка с Казанской группой Ин-та по работе Ин-та. 3- Ⅰ -1943 – 30- ⅩⅡ -44». ПФА РАН Ф. 334, Оп. 1, №№ 4. л.141)によって確認出来る。
[69] ПФА РАН, Ф. 153, Оп. 1, №№ 13, л. 132.
[70] Там же, лл. 200–203.
[71] ПФА РАН, Ф. 153, Оп. 1, №№ 1, л. 2.
[72] ПФА РАН, Ф. 153, Оп. 1, №№ 13, л. 132.
[73] *К.А. Ланге*, «Очерк истории Института физиологии имени И.П. Павлова – К 100-летию первой Физиологической лаборатории Академии наук». “Наука” ЛО, Ленинград 1968. стр. 36.
[74] Там же, стр. 37.
[75] Архив РАН, Ф. 200, Оп. 1, Д. 66, л. 11.
[76] Архив РАН, Ф. 200, Оп. 1, Д. 59, л. 2.
[77] Архив РАН, Ф. 200, Оп. 1, Д. 66, лл. 4, 5.
[78] Архив РАН, Ф. 388, Оп. 1, Д. 172, л. 12.
[79] Архив РАН, Ф. 388, Оп. 1, Д. 184, л. 4.：結局，物資不足と技術的条件の劣悪さから，フルンゼでは実験研究はほとんど出来なかった(Архив РАН Ф. 388, Оп. 1, Д. 193, л. 50.)。
[80] Архив РАН, Ф. 201, Оп. 1, Д. 138, л. 9.
[81] Архив РАН, Ф. 201, Оп. 1, Д. 138, лл. 1–4.：ジャガイモ作付面積拡大のために，種芋の上表部を切断して種子とする方法はルィセンコ自身が提案したものとされ，研究所内では彼の学説を補強する成果と考えられた(Там же, л.7)。
[82] Архив РАН, Ф. 199, Оп. 1, Д. 125, л. 28.
[83] Архив РАН, Ф. 199, Оп. 1, Д. 117, лл. 33, 34.
[84] Архив РАН, Ф. 199, Оп. 1, Д. 118, л. 6.
[85] 1953年，いわゆる“学生演説事件(これについては，拙著『冷戦と科学技術—旧ソ連邦 1945～1955年』ミネルヴァ書房，2007，130頁)”を契機にモスクワ国立大学の学術・教育活動を点検するために設置された政府委員会によって，物理学部附属研究所(当時は，附属第1物理学研究所と改称していた)はその設備と研究方法の後進性のゆえをもって激しく批判され，閉鎖が勧告され，事実，1954年に閉鎖された(*Ю.В. Гопонов, С.К. Ковалёва и А.В. Кессених*, “Студенческие выступления 1953 года на физфаке МГУ как социальное эхо атомного проекта”, Под общ. ред. *В.П. Визгина*, «История Советского атомного проекта: Документы, воспоминания, исследования». Выпуск 2, СПб. Изд-во Русского Христианского гуманитарного института, 2002г. сс. 521, 522, 527–537; *Андреев*, Указ.соч. в примечании (9), сс. 147–153)。

86 拙著『冷戦と科学技術』，99-153 頁。

87 Krementsov, *Op. cit.* in the note (4), pp. 193-226.

88 たとえば，1962 年，数学者にして科学行政家であったミハイル・ラヴレンチェフが「多くの数学者(ジョン・フォン=ノイマンなど)の亡命によって世界の数学のセンターが米国に移り，ソ連の偉大な数学者たちが物理学の領域に移ったにもかかわらず，われわれは充分に才能ある集団を確保し得た。N.S. フルシチョフが強力で，組織的な支援を与えてくれたのである」(М. Лаврентьев, “Докладная записка Зам. председателя СМ СССР о подготовке математических кадров.” 07.02.62. /Научный архив Сибирского отделения Российской Академии наук Ф. 27, Оп. 1, Д. 76./. л. 4.)と，時の最高権力者フルシチョフへの感謝の言葉を述べる時，彼は物理学にたいしてすっかり風下に置かれていた数学者のル・サンティマンを覗かせているのである。

第2章
熱核兵器開発における ソ連邦科学アカデミーの役割

ヴラジーミル・パーヴロヴィチ・ヴィズギン（市川　浩訳）

「国家には多くの問題に適宜応えてゆく必要がある。科学アカデミーはそれを満足させるものでなければならない。」（ドミートリー・メンデレーエフ「ロシアにはどんな科学アカデミーが必要か」/Д.И. Менделеев. «Границ познанию предвидеть невозможно». М.: Советсская Россия, 1991. С. 252）

ソヴィエト原子力計画の開発初期段階における科学アカデミーの役割は極めて大きなものであった[1]。そのことは，最初の国産原子爆弾の実験が成功裏に実施された1949年の8月までソヴィエト原子力計画のあらゆる段階にも当てはまる。熱核兵器の開発は，その不可欠な前提となったウラン―プルトニウムの段階から直接的に連続していた。それゆえ，以前に生まれていたアカデミーからの働きかけの経路は熱核兵器の問題の解決においてもその意義を保持していたし，さらに言えば，軽い元素の核融合を基礎とする核弾頭を組立てる可能性に関する最初のシグナルは1945年に遡るのである。

熱核爆発の物理学は原子爆弾の物理学より数段複雑であり，そのため科学アカデミーに働く物理学者・理論家を事業に補充する必要があった。

確かに，熱核爆弾へのアプローチにおける数値計算の，そして理論の基礎づけの複雑化は数学的能力の抜本的強化を要するもので，こうしたことは科学アカデミーの数学者によってしか出来ないことであった。

結果として，国の主要な核兵器センターであった第11設計ビューローは1940年代末，1950年代初頭にはかなりの程度の自律性を獲得していたにもかかわらず，熱核兵器計画に移行すると，科学アカデミーからの真摯な支援を必要とするようになった。そして，こうした支援は，「熱核兵器の10年間」，すなわち最初の発案(1945–1948)から，水爆の最初の国産ヴァリアントである「スロイカ」の開発，および2段階式のものの開発，つまり，国の核戦力の基礎となった熱核弾頭の原型(1954–1955)に関連した決定的なブレークスルーに至る，すべての段階にわたって極めて本質的なものであった。この研究は，主に，レフ・リャーベフ編『ソ連邦原子力計画』第3巻のふたつの分冊[2, 3]や近年の一連の出版物[4, 5, 6, 7, 8, 9]に記載された，比較的最近秘密解除され，公開された文書館資料を基礎とするものである。

1. 科学アカデミーにおける出発点(1945–1948年)

熱核融合による爆発的反応の起爆剤として原子爆弾の爆発を利用するアイデアは1945年の秋には原子力計画の指導部の中で知られるようになった。イーゴリ・クルチャートフはこのことについて，科学アカデミー・レニングラード物理工学研究所の理論物理学のヘッドであったヤーコヴ・フレンケリに手紙を書いた[10]。その直後，米国の水素「超爆弾」計画に関する諜報活動の資料が明らかになり，計画の科学面での指導者たちはソヴィエト版水素爆弾に関する問題を検討する権限を与えられた。

この決定に関連して，1945年12月17日，特別委員会[当時のソヴィエト原子力計画の指導機関。のち，廃止。別名，ベリヤ委員会：原注に訳者補筆]技術協議会で，ヤーコヴ・ゼリドヴィチ(ソ連邦科学アカデミー・化学物理学研究所。同時に，科学アカデミー・第2研究所)の報告「軽い原子核における反応誘発の可能性について」が，イサイ・グレーヴィチ，ゼリドヴィチ，ポメランチュク，ユーリー・ハリトンの4人の報告者による関連した報告「軽い元素の核エネルギーの利用」と共に聴取された。ゲルマン・ゴンチャロフの意見では，「この報告の作成は事実上，米国の『古典的な超[爆弾]』と同種の，『チューブ』という呼称を与えられることになるソヴィエト・ヴァージョンに関する研究の始まりであった」[11]。ゼリドヴィチ以外の3名の共著者はアカデミーの研究所(化学物理学研究所，ラジウム研究所，物理学研究所)の出身者で，当時は科学アカデミー・第2研究所の研究員であったことは記憶しておこう。第2研究所の科学アカデミーの研究所としてのステータスは，何よりヨシフ・スターリンの提案で，1944年にもまだ保たれていた[12]。

1946年2月28日，化学物理学研究所所長のニコライ・セミョーノフはラブレンチー・ベリヤに，超爆弾の開発を含む原子力計画に自身の研究所を含めるよう提案する書簡を届けた。とくに，「何より，連鎖反応による原子爆弾の爆発を起爆剤とする，ありふれた[つまり，軽い，ということ：筆者]元素の熱爆発という，より強力な爆発の可能性を説明する研究と計算の仕事」を包摂することについて述べていた[13]。

事実上，セミョーノフは核兵器固有のテーマを(原子爆弾の開発も，熱核爆弾の開発も共に)ソ連邦科学アカデミー・化学物理学研究所に集中するように提案したのである。ソヴィエト原子力計画の指導部は，第11設計ビューロー(科学面の指導はハリトン)と名づけた特別の「爆弾」センターを設立することで，別の道を歩んだ。それと共に，化学物理学研究所は一連の問題に動員されたが，とくにゼリドヴィチの指導下に小さな理論グループ（ゼリドヴィチの他にアレクサンドル・コムパネェツとS.L. ジャーコフ）が設置され，超爆弾の諸問題に取り組む手はずになっていた。第11設計ビューローに関する決定と同時に，1946年4月9日，この仕事に化学物理学研究所を動員する決定もソ連邦閣僚会議によって採択された[14]。

熱核問題の研究にはソ連邦科学アカデミー・物理問題研究所の，レフ・ランダウを長とする理論グループが動員された。このことについては，1947年6月に確定した研究所の計画が証拠となるが，その中では軽い元素の熱的効果の可能性の説明に関する研究にも言及されていた[15]。

2. 物理学研究所の動き（1948–1949年）

1947年末までに明らかとなった化学物理学研究所内のゼリドヴィチ・グループの理論研究の成果は，2次的反応の断面積が充分大きい場合の重水素の核爆発の可能性を確認したものの，安心出来る内容のものではなかった。1948年の前半，第11設計ビューローでも熱核研究を開始すること，そのため3つの科学アカデミーの研究所，すなわち，ウクライナ科学アカデミー・ウクライナ物理工学研究所，ソ連邦科学アカデミー・数学研究所（コンスタンチン・セメンジャーエフを長とする計算ビューロー），そして物理学研究所の諸グループを動員することが決定された。1948年7月，イーゴリ・クルチャートフとボリス・ヴァンニコフの提案に基づき，政府の決定で物理学研究所内に「《120》物質［重水素のこと］の燃焼理論開発に関する」グループが，物理学研究所理論部長イーゴリ・タムの指導下に設置された[16]。

超爆弾問題への，タムと若い理論家，セミョーン・ベレニキー，ヴィタリー・ギンズブルグ，アンドレイ・サハロフ，ユーリー・ロマーノフを含む物理学研グループの動員は最初の国産水爆の開発に決定的な役割を果たしたことが明らかとなっている。当初，タムのグループは，主として米国と同様の「古典的な超［爆弾］（すなわち，『チューブ』）」に関してゼリドヴィチのグループが行った計算・理論研究結果の点検と正確化に取り組んだものと思われていた。しかし，1948年末には，グループのメンバー，誰よりも，まずサハロフが，当時「スロイカ」と命名された超爆弾の組立てに関する新しいアイデアを提示していたのである。サハロフの「スロイカ」に関する基調報告は1949年1月20日の日付でなされたものであった[17]。「スロイカ」のアイデアにたいするたいへん重要な補足は，ギンズブルグの，重水素化リチウム-6を熱核燃料として利用することに関する提案であった（対応する報告は

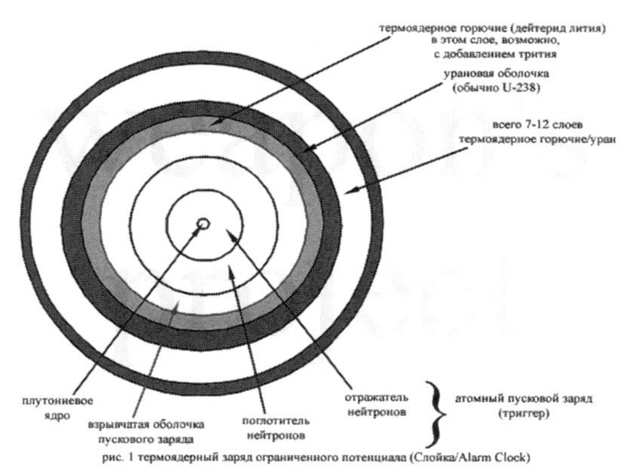

図Ⅴ-2-1　スロイカ型水爆の構造。時計回りに，熱核爆薬（重水素化リチウム），ウラン被覆体，全体で7〜12層，原爆による点火弾，中性子反射体，中性子吸収材，爆発物カバー，プルトニウム・コア。出典：http://atomas.ru/milit/sloika.htm

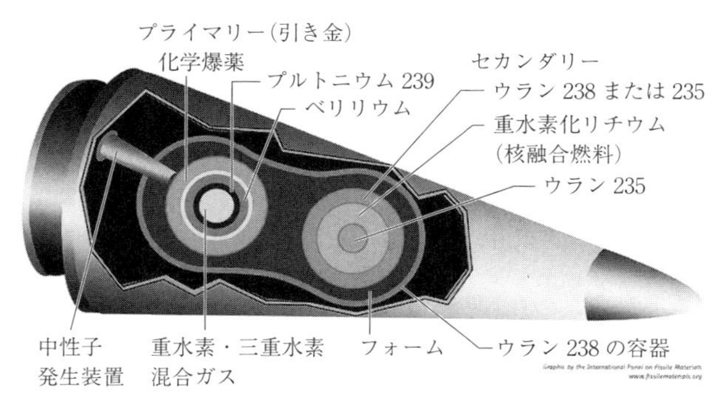

図Ⅴ-2-2　2段階式水爆の構造。出典：http://blogs.yahoo.co.jp/mitokosei/33637102.html

図V-2-3　若き日のアンドレイ・サハロフ。出典：ロシア人権擁護団体のサイト（http://protivpytok.org/dissidenty-sssr/saxarov-a-d）

図V-2-4　アンドレイ・チーホノフ。出典：モスクワ国立大学物理学部数学教室のサイト（http://matematika.phys.msu.ru/kaf/18）

1949年3月3日付でなされている）[18]。

その後，水爆の開発はふたつの代替的な方向，すなわち，「チューブ」と「スロイカ」，別名，RDS-6tとRDS-6sの方向に沿って進んだ。前者はゼリドヴィチ（化学物理学研。その後，第11設計ビューロー）のグループが責任を持ち，後者はタム（物理学研究所。その後，第11設計ビューロー）のグループが責任を持った。

計算作業は，ソ連邦科学アカデミーの物理問題研究所（ランダウのグループ），数学研究所（イヴァン・ペトロフスキー，イズラエリ・ゲリファンド，セメンジャーエフ），および，当時，アンドレイ・チーホノフのグループが集中していた地球物理学研究所で実施することが計画されていた。トリウム，重リチウム6の入手方法，およびRDS-6（tとs双方）に関するその他の実験的・工学的研究は科学アカデミーの研究所，すなわち，物理問題研，レニングラード物理工学研，ウクライナ物理工学研，化学物理学研，地球化学=分析化学研究所，測定機器研究所（この当時，第2研究所はこのように改名していた）

が取り組むことになっていた[19]。

3. 水爆に関する政府決定と「科学アカデミーの計算機」

最初のソ連製原爆実験の成功はハリー・トルーマンに水爆開発の国家的決定を行うことを促した(1950年12月31日)[20]。

ソヴィエト原子力計画の指導部は瞬く間にこれに対抗した。1950年2月初めには水爆に関する政府決定採択に必要な資料がすべて準備され，2月26日にはラブレンチー・ベリヤが対応する計画を提案し，その日のうちにスターリンがソ連邦閣僚会議布告「RDS-6開発に関する活動について」に署名した。RDS-6t(「チューブ」)とRDS-6s(「スロイカ」)のふたつの方向性に沿った活動が命じられた。ふたつの方向性は共に第11設計ビューローで実施されることになっており，そこには物理学研のグループ(タムの指導下の)が移され，「スロイカ」型に責任を持つことになり，ニコライ・ボゴリューボフとその教え子何名か(数学研)，そしてポメランチュク(測定機器研。科学アカデミー・熱学研究室)が補充された。計算作業は数学研と地球物理学研究所(RDS-6sについて)，および物理問題研(RDS-6tについて)に委ねられた[21]。ついでに言えば，公式には，第11設計ビューローは1950年6月まで測定機器研究所の支部であったので，科学アカデミーの機関というステータスを保持していたのであるが，のちに第1総管理部に移管された。

「スロイカ」に関する研究はその原理的な実現可能性が問題視されていた「チューブ」のそれより首尾よく進んだ。しかし，「チューブ」は，クラウス・フックスからもたらされた諜報活動による資料が有望と見なしていたこともあって，計画指導部はRDS-6tの開発を続行することが必要だと考えていた。1951年5月9日，ソ連邦閣僚会議布告「RDS-6tに関する活動について」が採択され，この時まで物理問題研でランダウのグループが行っていた，「チューブ」に関する計算作業を抜本的に強化することが計画された。この目的で，数学研(ムスチスラフ・ケルドゥィッシュ指導下)に計算グループ，さらに数学研究所レニングラード支部(レオニード・カントロヴィチ指導下)にも計算グループが設置された。こうしたグループは，アカデミー外の機関であった，ドミートリー・ブロヒンツェフを長とする「《B》研究所」にも置かれた。これに関して，数学研究所は73名にまで定員を増員し，応用数学部(ケルドゥィシュを長とする)を定員30名で発足させることが許可された。さらに，第1総管理部科学技術協議会の電子計算機の開発と利用に関する活動(やはり，ケルドゥィシュを長とする)を加速することに責任を持つ，数学セクションの開設が決定された[22]。

1951年12月29日付のソ連邦閣僚会議布告「1952年次における第11設計ビューローの活動計画について」[23]では，最終的に，RDS-6sが水爆の基本的なヴァリアントであることが公式に確認された。そのため，RDS-6tに従事していた計算・理論グループはRDS-6sに関する活動に移管されることとなった。対象となったのは，ランダウのグループ(物理問題研)，ケルドゥィシュのグループ(数学研)，そして，当時は科学アカデミーの外にあったゼリドヴィチ(第11設計ビューロー)とブロヒンツェフのグループ(《B》研究所)であった。アンドレイ・コルモゴロフ(数学研，モスクワ国立大学)もこの仕事に動員されることになった。この布告の附則第2項で科学アカデミーの研究所と，RDS-6sに関連して諸研究所(物理学研，ウクライナ物理工学研，水利工学研究所―ラボラトーリヤ―，計測機器研，化学物理学研，ラジウム研など)で得られた各物理学的計測結果をはじめとする具体的な課題が再度リスト・アップされた。

このようにして，RDS-6s開発に関する国家的な決定のおかげで，この事業に極めて重要な意義が与えられることになり，それを基礎として，科学アカデミーの機構を事業に追加的に動員することが確定した。数学者の側からの学術的な支援がとくに抜本的に強化された。彼らは最初の熱核爆弾の計算的・理論的基礎づけに多大の貢献を果たした。

4.「スロイカ」実験への道――“科学アカデミーの切り取り”

1952年初頭までは，RDS-6sに関する仕事の基本的で，かつ先端的な部分は第11設計ビューローで展開されていたが，科学アカデミーの力を動員してその活動を維持していたのである。気体力学計算にはセメンジャーエフ(数学研)のグループの数学者が活発に参加し，「スロイカ」の計算的・理論的基礎づけでは物理学研究所のベレニキー，エフィム・フラッドキンの仕事が重要な役割を果たした。RDS-6sのエネルギー拡散に関する仕事は，チーホノフ（地球物理学研究所）のグループが続行していたが，そのグループにはアレクサンドル・サマルスキー，ヴラジーミル・ゴリジン，ボリス・ロジェストヴェンスキー，ニコライ・ヤネンコがいた。1951年末の，ランダウ，ゼリドヴィチ，ケルドゥィッシュ，ブロヒンツェフ，およびコルモゴロフを「スロイカ」の開発に動員すべしとの勧告によって，RDS-6sの計算的・理論的基礎づけの現状を評価する委員会が創設されたが，委員会には上記の5名の他，タムとサハロフも加わった。1952年2月，この専門委員会は「スロイカ」のエネルギー散乱に関する事前計算の根拠づけの正しさを確認したが，それにもかかわらず，チーホノフ（地球物理学研）のグループ，そして，RDS-6tの研究から解放される予定だったランダウ（物理問題研）のグループに補充的に並行して計算に当たらせるように勧告した[24]。

1952年の半ばから政府の追加的な決定によって，核物理学定数の実験的確定と熱核爆発の一連の諸係数計測の準備に関する科学アカデミー諸研究所（測定機器研，化学物理学研，ラジウム研，物理学研，物理問題研，水利工学研究所—ラボラトーリヤ—，熱工学研究所—ラボラトーリヤ—，ウクライナ物理工学研）の活動が強化された。

RDS-6sに関する緊迫した仕事には，何であれ，原子力計画の「アカデミーの側」に関連した，いくつかの矛盾した状況を含めて，一定の困難をともなうものであった。1952年5月，推測出来るところでは，ランダウを水爆開発から解任するという脅しがあった[25]。9月にはソヴィエト原子力計画の「主任数学者」であったケルドゥィッシュをソ連邦科学アカデミー・工学部の書記役アカデミー会員にして科学組織活動に移動させようとする試みが進められた。この優れた科学者はふたりとも，ベリヤの介入のおかげで原子力計画のために確保された[26]。

もうひとつ，矛盾した状況であったのは，RDS-6の「スロイカ」型と「チューブ」型の両ヴァリアント間の激しい競争の反映であるが，それについては第11設計ビューローにおける政府の全権委員であったヴァシーリー・

デトネフがベリヤに書き送っている[27]。その結果，第11設計ビューローの所長だったアレクサンドロフとクルチャートフはこの状況を打開し，「スロイカ」開発を強化する追加的な方策を採らなければならなかった[28]。

「スロイカ」開発は仕上げの，結果に直結した段階に入った。1953年1月，専門委員会(ブロヒンツェフを長として，ボゴリューボフ，ゼリドヴィチ，ケルドゥィッシュ，サハロフ，タム。それに，ランダウとチーホノフが加わった)は，何より，ランダウとチーホノフのグループが到達した「スロイカ」の計算的・理論的基礎づけの水準を高く評価した[29]。それにもかかわらず，計算作業はランダウとチーホノフのグループだけでなく，ケルドゥィッシュが(電子計算機による計算を含め)総括的に指導する数学研究所のグループ，数学研究所レニングラード支部のカントロヴィチのグループ，熱工学研究所のポメランチュークとアレクサンドル・クロンロードのグループ，そして，物理学研究所のギンズブルグ，ベレニキー，フラッドキンといった理論家によっても継続されることが決められた[30]。

1953年8月12日，セミパラチンスクの試験場でRDS-6sの実験が成功裏に行われた(爆発はトリニトロトルエン400キロトンに相当し，計算上の数値の最上限に当たるものであった)。こうして，国産熱核兵器開発のもっとも重要な段階が完了したのであるが，そこでは，われわれが見てきたように，科学アカデミーが最初のソ連製水爆の開発に極めて重要な貢献をしていたのである。

5. 2段式熱核兵器RDS-37 ――科学アカデミーの側で

核抑止力を保障し，熱核兵器の潜在力の基礎を築いた熱核弾頭の最初のものとなったのは原爆による爆縮装置(Атомное обжатие：AO装置)，すなわち放射線爆縮装置を装備した水素爆弾であり，それこそ，1955年11月に成功裏に実験が行われた2段式熱核爆弾RDS-37であった[31]。それは2年足らずで開発されたことになる。第11設計ビューローに宛てたAO装置の仕組みに関する最初の報告は1954年のもので，その年の夏の間，AO装置の問題はそれぞれ，ゼリドヴィチとサハロフに率いられたふたつの理論セクターでインテンシヴに取り組まれた。新しい装置は比較的速やかに開発されたにもかかわらず，参加者のひとり，ゴンチャロフが記しているように，それに至る道は困難の多いものであった[32]。この途上，基本的な困難は第11設計ビューローの理論家たちの緊張漲る努力によって克服されたが，そのことは文献に詳細に書かれている[33]。

1954年には，科学アカデミーがどのような経路を通じてRDS-37開発をサポートしたかを物語る一連の重要な文書が出されている。本質的な意義を持っているのは，科学アカデミー・数学研究所応用数学部に電子計算機「ストレラー(Стрела)」(1954年6月)を使った仕事のために数学者=計算専門家を養成する課程が設けられたことである。核爆発にともなう物理現象の研究のために，数学研究所応用数学部や精密機械=計算機器研究所の数学者の他，化学物理学研，地球物理学研，ラジウム研，力学研の専門家も動員された。こうした仕事を監督する権限は化学物理学研，セミョーノフとサドフスキーに与えられた[34]。その結果，RDS-37の実験の時に，こうした研究所，なかんずく，化学物理学研とラジウム研(および国立光学研究所)の集団が熱核爆発の諸パラメーター計測に主要な役割を果たしたのである。

最終的に，1954年12月，RDS-6t開発を停止し，第11設計ビューローの努力を「より展望を持つものとしての，AO装置(原爆による爆縮装置)の問題に関する活動」に振り向ける決定が採択された。これにともない，ゲリファンド(数学研応用数学部)とクロンロード(熱工学研究所)の数学者グループは「チューブ」開発からAO装置開発に移ることが予定された。ベリヤの逮捕後，第1総管理部と特別委員会のかわりに設立された中型機械製作省の指導部と科学アカデミー幹部会は，1955年2月，水素爆弾の新しい計画を承認し，第11設計ビューローの指導部に「1週間の期間内に新しい型の水素爆弾開発に関連した計算・理論活動の遂行にたいするソ連邦科学アカデミー・数学研究所応用数学部(ケルドゥィッシュ同志)の課題を明らかにすること」を提案した[35]。

1953年7月，サハロフ，ゼリドヴィチの他，タム(委員長)，ミハイル・レオントーヴィチ，ケルドゥィッシュ，ギンズブルグとイサーク・ハラトニコフが加わった専門委員会(その実は科学アカデミーの委員会)は2段式装置の仕組みが物理学的な根拠を持ち，展望があることを認め[36]，RDS-37の計算的・理論的基礎づけに関する最終報告が出された。その中では，とくに次のように述べられていた。「これほど複雑な開発においては，数学計算の役割はとくに大きく，部分導関数方程式の計算によって，場合によっては，基本的な点で，あれこれの環での活動，あるいはあれこれのシステム変更に関するわれわれの理解が修正されることもある。こうした計算は，基本的には，ソ連邦科学アカデミー・数学研究所応用数学部において，ケルドゥィッシュとチーホノフの全般的指導の下で行われている」[37]。そして，具体的な重要計算課題と担当する計算グループの名前が挙げられたリストが続き，多くの計算が電子計算機「ストレラー」で行われていることが記されている。1955年11月22日，2段式熱核爆弾(原爆による爆縮装置を装備したRDS-37装置)の実験が成功裏に実施されたが，それは(トリニトロトルエン換算で)1.67〜1.76メガトンのエネルギー発散をともない，「ソヴィエト物理科学の成熟」を物語るものとなった[38]。核弾頭の実験においては初めて，数学研応用数学部のたくさんの数学者グループ(ケルドゥィッシュ，チーホノフ，ゲリファンド，サマルスキー，セルゲイ・ゴドゥノフ，オレグ・ロクツィエフスキー，ヴラジーミル・ジャチェンコ)が立ち会った[39]。このことは，RDS-37の開発における科学アカデミーの数学者たちの貢献の特別の重要性を強調するものとなっている。

最後に，熱核兵器開発における科学アカデミーの貢献のいくつかの特徴について述べておこう。

(1) 1950年まで第11設計ビューローはほとんどまったく，初期の原子爆弾の開発と実験に手一杯で，水素爆弾は「空を飛ぶ鶴[日本語では“画餅”か？：訳者]」であり，それゆえ，それを探求する研究は，最初は，基本的に，科学アカデミーの諸研究所(化学物理学研，物理問題研，物理学研など)で行われていた。1950年になってようやく，第11設計ビューローは，化学物理学研，物理学研，数学研などの主導的な理論家，いく人かの数学者(ゼリドヴィチ，タム，サハロフ，ボゴリューボフ，ポメランチュクなど)が集中する，熱核兵器開発の主要なセンターとなった。

(2) しかし，1950年以降も，科学アカデミーの諸研究所の水爆開発事業への参加はかなりなものであり続けた。計算的・理論的作業は物理学研，物理問題研，数学研，数学研レニングラード支部で行われ，トリチウム，重水素化リチウム-6を入手する研究には物理問題研，レニングラード物理工学研が，熱核爆発にともなう物理現象の研究には，化学物理学研，ラジウム研などの研究員が動員された。

(3) 熱核兵器開発計画はふたつの方向性，すなわち，「チューブ」と「スロイカ」の間の激しい競争の中で進められた。ふたつの競争しあう方向性を同時に理論的に探ることは，ソ連邦科学アカデミーの諸研究所から質の高い理論家と数学者を追加的に動員することを要求した。

(4) 2段式装置RDS-37の図式という熱核兵器の基本的なヴァリアントを開発するに当たっては，電子計算機を使ってこの核弾頭の計算的・理論的に基礎づけた数学研応用数学部のケルドゥィッシュとチーホノフをリーダーとする数学者たちの役割はとくに大きかった。

1 *Визгин В.П.*, “Ядерно-академический союз: роль Академии наук в советском атомном проекте (по материалам АРАН и других архивов)”, «Атомная эра: вклад Академии наук». Коорд. Н.М. Осипова. М.: Техинпресс, 2009. 80с.

2 Под общ. ред. *Л.Д. Рябева*, «Атомный проект СССР. Документы и материалы в трех томах». Т. III. “Водородная бомба.” 1945-1956. Кн. 1 (Отв. сост. Г.А. Гончаров). М.- Саров, РФЯЦ-ВНИИЭФ-ФИЗМАТЛИТ, 2008. 736с.

3 Под общ. ред. *Л.Д.Рябева*, «Атомный проект СССР. Документы и материалы». Т.Ш. “Водородная бомба.” 1945-1956. Кн. 2 (Отв. исп. Г.А. Гончаров). М.-Саров: РФЯЦ-ВНИИЭФ-ФИЗМАТЛИТ. 2009. 600с.

4 *Гончаров Г.А.*, “Термоядерный проект СССР: предыстория и десять лет пути к водородной бомбе”, Под ответ. ред. и сост. *В.П. Визгина*, «История советского атомного проекта: документы, воспоминания, исследования». СПб. 2002, Вып. 2. С. 49-146.

5 *Андрюшин И.А., Илькаев Р.И., Чернышев А.К.*, «Решающий шаг к миру. Водородная бомба с атомным обжатием РДС-37». Саров: РФЯЦ-ВНИИЭФ, 2010. 132с.

6 *Горелик Г.Е.*, «Андрей Сахаров: Наука и Свобода». Ижевск: НИЦ “Регулярная и хаотическая динамика.” 2000. 512с.

7 *Горелик Г.Е.*, «Советская жизнь Льва Ландау». М.: Вагриус, 2008. 464с.

8 *Харитон Ю.Б., Адамский В.Б., Смирнов Ю.Н.*, “О создании советской водородной бомбы”, «Успехи физических наук». 1996, Т. 166. С. 201-215.

9 *Визгин В.П.*, “Взаимодействие физиков и математиков в советском атомном

проекте", «Историко-математические исследования, 2011. Вторая серия». Вып. 14 (49). С. 53-76.

10 «Атомный проект СССР...». Т. III. Кн. 1. Указ. в примечании (2). С. 9.

11 *Гончаров*, Указ. соч., в примечании (4). С. 9.

12 *Визгин*, Указ. соч., в примечании (1). С. 46-47.

13 «Атомный проект СССР...». Т. III. Кн. 1. Указ. в примечании (2). С. 41-43.

14 *Гончаров*, Указ. соч., в примечании (4). С. 72-73.

15 «Атомный проект СССР...». Т. III. Кн. 1. Указ. в примечании (2). С. 65-67.

16 Там же, С. 121-123.

17 Там же, С. 154-169.

18 Там же, С. 177-180.

19 Там же, С. 218-222.

20 *Гончаров*, Указ. соч., в примечании (4). С. 96.

21 «Атомный проект СССР...». Т. III. Кн. 1. Указ. в примечании (2). С. 283-289.

22 Там же, С. 397-403.

23 Там же, С. 442-447.

24 Там же, С. 455-457.

25 Там же, С. 486-492; *Гончаров*, Указ. соч., в примечании (4). С. 561.

26 «Атомный проект СССР...». Т. III. Кн. 1. Указ. в примечании (2). С. 530-531.

27 Там же, С. 513.

28 Там же, С. 520-536.

29 Там же, С. 593-594.

30 Там же, С. 601-604.

31 См. *Гончаров*, Указ. соч., в примечании (4); *Андрюшин и др.*, Указ. соч., в примечании (5).

32 *Гончаров*, Указ. соч., в примечании (4). С. 114.

33 См. *Гончаров*, Указ. соч., в примечании (4); *Андрюшин и др.*, Указ. соч., в примечании 5; *Горелик*, Указ. соч., в примечании (6); *Харитон и др.*, Указ. соч., в примечании (8).

34 Атомный проект СССР... Т. III. Кн. 2. Указ., в примечании (3). С. 233-239.

35 Там же, С. 312.

36 Там же, С. 371-373.

37 Там же, С. 378.

38 Там же, С. 424-425.

39 *Андрюшин и др.*, Указ. соч., в примечании (5). С. 79.

第3章
ソ連版“平和のための原子”の科学アカデミーにおける出発

ヴラジーミル・パーヴロヴィチ・ヴィズギン（市川　浩訳）

「原子力をまず何よりも人類絶滅の手段と見なすことは，電力の主たる意義を電気椅子を製作する可能性に看るのと同様，つまらない，ばかげたことになる時代が，今，やって来ようとしています。原子力応用の主たる意義は平和的・文化的目的にあるのであって，そこでは原子力はエネルギーと一連の主要な技術の分野を革命的に変化させるでありましょう。」（「ピョートル・カピッツァのヴィヤチェスラフ・モロトフ宛書簡」1945年12月18日付 / «К истории мирного использозания атомной энергии в СССР. 1944–1951 годы. Документы и материалы». Отв. ред. В.А. Сидоренко. Обнинск: ГНЦ «ФЭИ». 1994. С. 14–15）

1. “平和のための原子”と科学者，科学アカデミー

ソ連における平和目的の原子力利用問題の解決に向けた組織的な第1歩が踏み出されたのは1946年のことで，冷戦の始まりと軌を一にしている。あと何年か続くに違いなかった軍事目的の核という点での米国の絶対的優位は，ソ連とスターリンをして核兵器の禁止と“平和のための原子”という軌道への転換を要求することを余儀なくさせた。

最初のソヴィエト製原子爆弾実験のおよそ2カ月後(1949年11月10日)，アンドレイ・ヴィシンスキーは第4回国連総会でこう発言した。「われわれがソ連邦で原子力を利用するのは，原子爆弾の蓄えを増やすためではない。…(中略)…われわれは，われわれの経済運営計画に沿って，われわれの経済・経済運営上の利害において原子力を利用しているのである。われわれは原子力を，平和的建設の重要課題実現に役立てることにしており，われわれは，山を砕き，河川の流れを変え，荒野を灌漑し，人間がめったに足を踏み入れたことのない場所でさらにさらに新しい生活の路線を切り開くために原子力を役立てるのである」[1]。かくのごとく，“平和のための原子”の政治的・プロパガンダ的側面は充分に明らかである。それとともに，“平和のための原子”というのは，ヒロシマ，ナガサキ，ビキニのあとでは怪物じみて，忌まわしく見えた原子力のイメージの改善を狙ったものであった。原子力を技術や国民経済，基礎科学研究に利用することは，才能ある若者を核の分野の研究に動員し，核がもたらす科学=技術革命の燦然たる展望を切り開くものであった。

しかしながら，“平和のための原子”への転換にはもうひとつの側面があった。原子力開発計画は，科学アカデミーやその他の科学機関，あるいはその枠外にいた，さまざまな科学と技術の分野の専門家を引き入れることを必要としていた。もちろん，1946年，まだ最初の原子炉も稼働していない段階では，綱領的計画，条件，および，基礎科学や放射性元素などに関する初めての応用や研究についてのみ語ることが出来た。原子力エネルギー，原子力艦隊や原子核そのものについての科学にかかわる，“平和のための原子”の巨大な達成は1950年代になって初めて現実味をおびてくるのである。ソ連邦

原子力開発計画と科学アカデミーの物理学のリーダーたち，誰よりもイーゴリ・クルチャートフ，ピョートル・カピッツァ，セルゲイ・ヴァヴィーロフ，アブラム・アリハーノフらは計画の最初の段階から核兵器計画の資源を基礎科学の発展にも活かそうと考えていた。彼らは過度の秘密性が有害であることを理解していた。“平和のための原子”は，核科学のいくつかの重要な分野の，そして，宇宙線物理学，荷電粒子加速器，そしてやや後になって，管理された熱核融合に関連したそれらの応用を秘密扱いから解除させることを可能にするものであった。

1945年末から1946年にかけて，“平和のための原子”に関連した出来事を年代順に手短に見てみよう。

(1)1945年10月26日

第１総管理部技術協議会においてカピッツァが提起した“平和のための原子”に関する提案の検討についての「特別委員会」の決定とこの分野における諸方策の計画策定。

(2)1945年11月13日

「平和目的の，原子核内部のエネルギーの利用に関する研究活動組織化に関する提案」作成についての技術協議会の布告：１カ月の期限でカピッツァ，クルチャートフ，ミハイル・ペルヴーヒンが準備しなければならなかった。

(3)1945年12月18日

原子力利用問題についての項目テーゼを付したカピッツァのヴィヤチェスラフ・モロトフ宛書簡：特別な注意が「エネルギーの革命化」と“平和のための原子”の分野における秘密化の拒否に振り向けられていた。1945年12月21日，カピッツァはラヴレンチー・ベリヤとの確執により，「特別委員会」と技術協議会の職務を解かれた。

(4)1946年１月25日

クルチャートフとスターリンの会談：とくに，原子力開発計画に引き入れるべき科学者のリストの拡大，宇宙線とサイクロトロン，つまり“平和のための原子”にかかわる基礎研究が話題となった。そのあとで，スターリンはセルゲイ・ヴァヴィーロフを召して，科学アカデミーにおける研究の拡大の必要性について語った。

(5)2月12日

西側では冷戦の始まりと評価されている，モスクワ市内のスターリン選挙区における投票日前選挙人集会でのスターリンの演説：資本主義世界体制との競争における科学者の特別の役割について言及があった。

(6)2月12日

クルチャートフのスターリンにたいする原子力研究の活動経過報告：その中で，初めて"平和のための原子"に関する研究組織化の原則が定式化されたが，クルチャートフの意見では，それは科学アカデミーが差配しなければならないものであった。

(7)3月2日

原子核，放射能，宇宙線に関する研究の秘密のレベルについてのヴァヴィーロフのスターリン宛覚書：核兵器に関するテーマからは距離のあるこうした分野における完全な秘密性を否定する必然性について言及されていた。

(8)3月2日

宇宙線に関する論文発表についての，アリハーノフとアルチョム・アリハニヤンのベリヤ宛書簡：書簡の筆者たちは西側の実践を引き合いに出して，宇宙線の研究秘密化を否定した。

(9)3月4日

ソ連邦人民委員会議布告「宇宙線発展の手段について」：この中で，この研究の指導と高山の観測所その他の方策の組織化についての義務は科学アカデミー(物理学研究所と第3研究所―ラボラトーリヤ―)の担当となった。

(10)3月5日

ソ連で冷戦の宣言と捉えられたウィンストン・チャーチルのフルトン(米国)演説：原子兵器はその中で冷戦の切り札と見なされていた。そして，「鉄のカーテン」の向う側から西側世界を脅かす，戦争と圧政というふたつの危険性について触れられていた。

(11)4月22日

原子核のエネルギー利用問題(ヴァヴィーロフはП.И.Э.А.Я(ペー・イー・エ・アー・ヤー)という略語を作った)に関連した研究の組織化と原子核利用の問題に関連した研究の組織化についての，セルゲイ・ヴァヴィーロフのベリヤ宛覚書：覚書の中で科学アカデミーと核兵器分野の他の研究所のお互いに有益な相互作用について述べられていた。

(12)4月23日

第1総管理部科学技術協議会のメンバーであったニコライ・セミョーノフのヴァヴィーロフ「覚書」についての意見書：ヴァヴィーロフの提案を全面的に支持しながら，秘密研究と公開研究との境界線とそれらにたいする研究指導，および，これらの研究のコーディネーションに関する問題の検討を追加することを勧めていた。

(13)9月13日

“平和のための原子”に関する追加的な提案を述べたセルゲイ・ヴァヴィーロフのベリヤ宛書簡。

(14)11月21日

ヴァヴィーロフ提案の検討結果に関する科学アカデミーと第1総管理部科学技術協議会のベリヤ宛書簡：その中では，第1総管理部科学技術協議会でヴァヴィーロフ提案に追加すべきことが検討され，それが採択されたことが述べられていた。

(15)11月26日

11月21日付ベリヤ宛書簡にたいする参考資料：その中では，とくに“平和のための原子”に関する研究の指導はセルゲイ・ヴァヴィーロフに任せ，「彼に，5-7名からなる，第1総管理部科学技術協議会と連絡を取り合いながら活動する学術会議を組織する権限を与える」べきであるとされていた。

(16)12月7日

科学アカデミーと第1総管理部科学技術協議会連名の，彼らが準備したソ連邦閣僚会議布告についてのベリヤ宛書簡：この中では，この書簡についていたふたつの付録にリスト・アップされていた“平和のための原子”に関する諸研究(ひとつ目の付録には14件の公開テーマ群，ふたつ目には30件の秘密テーマ群が載せられていた）の指導・統制を担当する科学アカデミー総裁附属学術会議について述べられていた。

(17)12月16日

ソ連邦閣僚会議布告「原子核研究と核エネルギーの技術，化学，医学，および生物学への利用に関する科学研究活動の発展について」：布告はスターリンが署名し，“平和のための原子”問題の基本的な文書となった。その中で初めて科学アカデミー総裁附属学術会議（“ヴァヴィーロフ学術会議”）の構成が定められた。物理学のセルゲイ・ヴァヴィーロフ（議長），ドミートリー・スコベリツィン，イサーク・キコイン，物理化学のアレクサンドル・フルームキン，化学のアレクサンドル・ネスメヤーノフ，生物学のレオン・オルベリとニコライ・マクシーモフ，そして生物物理学のグレブ・フランクである。計8名のメンバーのうち，6名がアカデミー正会員，1名（キコイン）が通信会員であったが，ひとりだけ（フランク）はまだアカデミーに地位を築いてはいなかった。付録のテーマ・リストには17の秘密テーマ，13の公開テーマが掲げられていた。これらの研究は，科学アカデミーの諸研究所，つまり，物理学研究所，エネルギー学研究所，国立光学研究所，レニングラード物理工学研究所，ラジウム研究所，有機化学研究所，理論生物化学研究所，生理学研究所，そして医科学アカデミーなどに担当させることになっていた。

(18)12月25日

クルチャートフの指導により第2研究所（ラボラトーリヤ）において開発されたヨーロッパ初の原子炉（Φ（エフ）-1）稼働。この炉は兵器用のプルトニウム生産用の実用炉を設計・装備する前提と共に，平和目的での核エネルギー利用のための発電，その他用の炉の設計・装備の前提をも作り出した。

2. カピッツァ，クルチャートフ，ヴァヴィーロフ

こうした年譜から，カピッツァが“平和のための原子”という概念の案出におけるキー・パーソンのひとりであったことがわかる。彼の1945年12月18日付のモロトフ宛書簡は以下のような綱領的テーゼを内容としている。「2. 原子プロセスの技術的利用の主要な意義，それは人類が新しい強力なエ

ネルギー源を手に入れたことにある。…(中略)…9. 原子力の応用の主要な意義は平和的で文化的な目標のうちに存在しているが，そこではエネルギーやその他の主要な技術の分野を革命的に発展させることになろう」[2]。

最後の3つのテーゼは，カピッツァの意見では科学進歩の重大な阻害因であった核研究の秘密性に反対するものであった。

ソ連邦における“平和のための原子”の基本的なプログラムは，クルチャートフ(2月12日付)とセルゲイ・ヴァヴィーロフ(4月22日付)の手でスターリンとベリヤのために準備された資料の中に示されていた。ソ連の原子力開発と科学アカデミーの指導者たちは1946年1月25日にスターリンと面会したが，そのことはこのプログラムの作成の重要で促進的な刺激となった。クルチャートフは自らの報告の中で，「原子力の研究により一層多くの科学者を動員する問題」について検討し，近い将来，それは技術，化学，生物学，医学において応用されるであろうこと，および，こうした方向に向かって「適切に今すぐ仕事を始める」ことを強調した。彼は「これにともなって，ソ連邦科学アカデミーに，第一義的な意義を持つ課題として，原子力と放射性物質の技術，化学，生物学，医学における応用に関する研究を組織し，まだ原子力に取り組んでいない科学者や研究所を引き入れる権限を与える必要がある(強調はクルチャートフ自身)。科学アカデミーでは，次のような科学アカデミー会員のグループがこうした研究を指導することが出来る。ヴァヴィーロフ，セミョーノフ，ネスメヤーノフ，ヴヴェジェンスキー，オルベリらがそうである。提案されている研究の組織化によって，より広範な科学者集団が[原子力利用計画に：筆者]動員できるようになろう。同時に，基本的な研究[原子力兵器開発に関する研究：筆者]は厳格な秘密性のもとに置かれ，目的の明確さを保持するであろう」と続けている[3]。

以上，科学アカデミーがその指導の権限を受け持つこととなった“平和のための原子”に関する大規模な研究の始まりを見てきた。クルチャートフはこのテーマ群の中に，彼の意見では多くの他の“平和のための原子”に関するテーマと同様，公開された場で行うことが出来る荷電粒子加速器と宇宙線物理学の分野における基礎研究も加えることが合理的であると考えていた。

1946年の最初の何カ月かにアリハーノフ(実の弟のアリハニヤンと一緒に)とセルゲイ・ヴァヴィーロフは，予想以上に宇宙線にたいする興味を高めていたスターリンに宛てて，こうした方向性の科学的重要性とそれを公開することの著しい望ましさについて書き送った[4]。政府は2年ほどの間，秘密性の問題を脇に置きつつ，この研究を支援した[5]。

「日記(1月25日記入)」の中でヴァヴィーロフは，スターリンが彼との会談で「科学の強化，そのための重要な基盤の拡大に関する重大な指示を与えた」，スターリンは「物理学的・化学的」方向性「を支持し」たが，この会話は「科学アカデミーにとってとても重要」であったと書いている[6]。同じ日に行われた，スターリンとクルチャートフとの会談，そしてスターリンとヴァヴィーロフとの会談はまったく同じく内容のものとなった。一部に，スターリンが指示した「物理学的・化学的方向性」が核開発の内情を示しているかどうか，辛うじて疑問の余地があった程度である。3カ月も経たないうちに，セルゲイ・ヴァヴィーロフは，上述のクルチャートフ提案と並んで，平和目的での原子力利用のための研究を組織化する基礎となっている自分の“平和のための原子”に関する意見をプロジェクトの指導部に提案した。4月8日の日付を持つヴァヴィーロフ「日記」ではたった1行，「……ウランに関連したさまざまな科学の動員に関する検討」と書かれていたが，それは，彼がこの時，“平和のための原子”の問題に没頭していたことを示している[7]。1946年4月22日，彼は「原子核エネルギー研究の諸問題に関連した科学と技術のさまざまな分野における研究の組織化についての覚書」を，ベリヤに(外見の上では，彼に「特別委員会」から権限を移譲した，ベリヤの副官ヴァシーリー・マフニョフを通じて)送った[8]。この「覚書」はクルチャートフの2月12日付スターリン宛報告(正確に言えば，その報告の第3部)と共に，“平和のための原子”問題に関するソ連におけるプログラムの基礎をかたち作ったものである。このプログラムはヴァヴィーロフの下でより詳しく検討され，原子力開発計画の主要プログラムと密接に結びつけられた。この「覚書」の中でП.И.Э.А.Я(ペー・イー・エ・アー・ヤー)という略称で示された原子核エネルギー利用問題解決の一般的プログラムの中には，このふたつのプログラムは統合されている。一方では，ほとんどすべての自然科学，医学，農学，技術が原子力開発計画に関連した研究から自らの発展のための新しい刺激を，つまり，独特な科学=技術の「核エネルギー的物理学化」という発展を得ることが出来たし，そうならなければならなかった。他方では，核エネルギーの領域に他の諸科学を引き入れること，つまり，原子力開発計画に見る集約的な科学全般・技術全般にわたる政策は開発計画そのものにとって都合のよいことに，主要な核兵器開発の諸課題にも役立てることが出来るのである。その中でヴァヴィーロフが数学，物理学のすべて，化学，天文学，地球物理学，地球化学，生物学，医学，農学，そして技術さえ包含することを手短に検討した「覚書」の全般的な考え方はこのようなものであった。ヴァヴィーロフはこのことについて，「原子核エネルギーの利用問題(П.И.Э.А.Я（ペー・イー・エ・アー・ヤー）)は，その正しく，かつ急速な発展のためには，孤立して研究をしているわけにはゆかないのである。そのためには，自然科学と技術の多くの分科を引き入れる必要がある」と書いている[9]。

つまり，「原子核エネルギーの利用問題」はまず原子力開発計画の実現に振り向けられなければならない。そして，さらに「まず何よりも，焦眉の課題として，数学を動員し，再編するべきである。…(中略)…米国における原子核エネルギー利用の成功はかなりの程度『数学機械』に負っているという証拠もある」[10]。数学との関連では，ヴァヴィーロフが100％正しかったことが証明された。ソ連邦原子力開発計画にタイミングよく数学者を動員したことで，最初の原爆実験までの半年で核爆発のエネルギー発生と有効な反応の計算が望ましいかたちで行われたのである。そして，もちろん，原子力開発計画の諸課題は電子計算機に関する研究を刺激し，それは1954年から(原子力開発計画の枠内だけでなく)集中的に利用され始めることになったのである。事情は他の科学=技術の諸方面についても同様であって，それらを原子力開発計画にあれこれの段階で引き入れたことは，計画にとっても，そうした諸分野自身にとっても有益であった。このような研究には追加的に約15カ所の科学アカデミーの諸研究所といくつかの工業諸部門所属の科学研究所(有機化学研究所，エネルギー学研究所，生物学関係の諸研究所，中央空気流体力学研究所，国立光学研究所，全連邦電気工学研究所など)を動員することが前提されていた。

3. “平和のための原子”，国家計画となる

秘密性とコーディネーションの問題に関する合意がなされたあと，12月16日になって，最終的に，ソ連邦政府布告「原子核研究と核エネルギーの技術，医学，および生物学における利用に関する科学研究活動の発展について」が採択され，スターリンが署名した[11]。その中では，セルゲイ・ヴァヴィーロフが提案した“平和のための原子”に関する，科学アカデミー諸機関と（それよりは少ないが）省庁のための研究計画が確認されていた。テーマ・リストはふたつの付録に分けられていて，ひとつ目には秘密裏に行われるテーマ（17件）が，ふたつ目には公開テーマ（13件）が載せられていた。ここで述べておくと，秘密テーマの３分の２は生物学と医学に関するもので，公開テーマの３分の２が物理学，工学のテーマであった。

この布告に沿って，（公開のものも，秘密のものも含めて）“平和のための原子”に関する研究を指導することになっていたソ連邦科学アカデミー総裁附属学

図Ⅴ-3-1　世界初の原子力発電所（オブニンスク原発）の外観。
出典：http://www.calend.ru/ event/3977/

術会議の設立が予定されていた。アカデミー会員セルゲイ・ヴァヴィーロフ（議長），物理学者でアカデミー会員のスコベリツィン，物理化学者でアカデミー会員のフルームキン，化学者でアカデミー会員のネスメヤーノフ，生理学者でアカデミー会員のオルベリ，生物学者（植物生理学分野の専門家）マクシーモフ，物理学者でアカデミー通信会員のキコイン（第1総管理部科学技術協議会メンバー），生物物理学者・教授のグレブ・フランクをメンバーとするその構成も提案されていた。この布告はクルチャートフとヴァヴィーロフによる"平和のための原子"プログラムの組織的な形成を確実にし，最初の国産原爆の実験に至るまでの2年半よりも長い間にわたる活動を開始したのである。

1　*Вовуленко В.*, "Вступительная статья", к кн.: *Дж. Аллен*, «Атомная энергия и общество». М., 1950. С. 16–17.

2　«К истории мирного использования атомной энергии в СССР. 1944–1951 (Документы и материалы)». Отв. ред. *В.И. Сидоренко*, Сост. *Л.И. Кудинова, А.В. Щегельский*. Обнинск: ГНУ «ФЭИ». 1994, С. 13–16.

3　Под ред. *Л.Д. Рябева*, «Атомный проект СССР: документы и материалы». в 3-х т. Т. II. Кн. 2. (Отв. сост. Г.А. Гончаров). М.- Саров: Наука-ВНИИЭФ. 2000, С. 434.

4　Там же, С. 409–415, 450–452.

5　Там же, С. 136–138.

6　*Вавилов С.И.*, «Дневники». Т. 2. М.: Наука. 2011 (в печати).

7　Там же.

8　«Атомный проект СССР...». Т. II. Кн. 2. Указ. в примечании (3). С. 491–495.

9　Там же, С. 491.

10　Там же, С. 492.

11　Под ред. *Л.Д. Рябева*, «Атомный проект СССР: документы и материалы». В 3-х т. Т. II, кн. 3. (Отв. сост. Г.А. Гончаров). М.- Саров: Наука–ВНИИЭФ. 2002, С. 93–97.

第Ⅵ部

戦後ソ連社会主義と科学アカデミー

第1章
ソヴィエト科学の“脱スターリン化”と科学アカデミー
1953-1956年のソ連邦科学アカデミー幹部会議事録・速記録から

市川　浩

「この原子爆弾は唯物論的だが，あれは観念論的だ，とか，この粒子加速器は観念論的だが，あれは唯物論的だ，などと言えるわけがない。」（セルゲイ・ソボレフ／Под ред. П.Н. Федосеева и др., «Философские проблемы современного естествознания: Труды Всесоюзного совещания по вопросам естествознания». Изд-во АН СССР. 1959. С. 573.）

独裁者ヨシフ・スターリンは，ソ連最初期の核開発計画の掉尾を飾る水素(熱核)爆弾実験成功も，1947年に始まる大規模なイデオロギー・キャンペーンであった“学問分野別討論”の最終的帰趨も目にすることなく，1953年3月5日，“学問分野別討論”の一環をなす言語学論争への介入の際に示した「批判の自由，真理の独占反対」支持と他方における農業科学，生物学分野における“真理の独占者”ルィセンコへの支持という，相反する行動の“謎”を科学史の世界に残して突然死去した[1]。

言うまでもなく，ソ連社会全体の“脱スターリン化”が進むのは，1956年2月に開催されたソ連邦共産党第20回大会におけるニキータ・フルシチョフのいわゆる「スターリン批判」以降のことである。

しかしながら，スターリンの死，続くラブレンチー・ベリヤの逮捕はその直後から当時のソ連市民，とくに知識人に独特の解放感をもたらした。旧ソ連における代表的な文芸誌『新世界』1953年12月号に作家ヴラジーミル・ポメランツェフの論文「文学における誠実さについて」[2]が掲載され，文学的描写における過剰な類型化を批判し，よりリアルな創造が呼びかけられた。1954年には党の理論誌『コムニスト』にも，公式主義を排し，人文・社会科学者に「創造的議論」を呼びかけた無署名論文「科学と実践」が掲載され[3]，旧ソ連の知識層の間に“雪解け”の機運が広がっていく。

ジョレス・メドヴェージェフの衝撃的な著作『ルィセンコ学説の興亡』(1969)[4]以来，すっかり定着してしまったかのように思えたソヴィエト科学観，すなわち，ソヴィエト科学を全体主義国家の下における党・国家統制の犠牲者として描く見方は，ソ連解体後の資料公開の中で再検討され，それにかわる解釈がさまざまに提起されてきた。しかし，その多くが，権力の側からの科学への介入が激しくなった一方で，科学の側も多数のノーベル賞受賞に結果するような成果を旺盛に挙げていたが故に，科学と権力との関係というテーマにとってもっとも関心を惹く，まさにクライマックスとも言うべき時期に当たるスターリン後期(1945-1953)を対象としており，意外に“脱スターリン化”過程を扱ったものは少ない[5]。

その中で，スラヴァ・ゲローヴィッチは例外となっている。彼はイデオロギー活動に特有のジャーゴンに彩られた党イデオローグが使用する言語(パロール)を，ジョージ・オーウェルの小説『1984年』からの借用で，Newspeakと定義し，ノーバート・ウィーナーによって“人と機械の共通言語”として提唱されたサイバネティクスの論理言語をCyberspeakと呼び，スターリン死後の“雪解け”の時期，Cyberspeakは公然とNewspeakに挑戦し，科学における非スターリン化の牽引車となったとしている。サイバネティクスは，1949年中には旧ソ連に伝わり，哲学者からの猛烈な攻撃を受けながらも，数学者セルゲイ・ソボレフ，アレクセイ・リャプーノフらの勇気ある擁護によって科学者の間で支持を広げてゆく。ソボレフらは，マルクス，レーニンからの引用がふんだんにちりばめられたかたちでの，Newspeakによるサイバネティクスの包摂を拒否することで，哲学者の科学にたいする“番犬”としての役割を否定し，サイバネティクスによる科学全般の再編を企図する中で，生物学にまで影響を広め，悪名高いルィセンコによる生物学における“真理の独占”にも挑戦した。1955年前後には彼らの挑戦は報いられ，ソ連邦共産党はその1961年党綱領，いわゆる「第3綱領」でサイバネティクスを高く位置づけ，やがてブレジネフ時代になるとそれを“社会の科学的管理”手法と規定するまでになった[6]。

しかし，科学史研究の多くが踏襲している方法として，ゲローヴィッチの著作においても，特定の分野，この場合は数学・数理科学の分野，特定の科学者，この場合は数学者リャプーノフや無線工学分野で活躍した軍人技術者アクセリ・ベルグなど一連の科学者の行動に沿った記述が貫かれている。ソ連邦におけるサイバネティクス受容は数学・数理科学の分野が震源地であることには間違いはないし，ゲローヴィッチの著作では他分野の科学者を巻き込んでいった点も正当に目配りされているとはいえ，さまざまな分野で活動する科学者を，利害の多様性・分岐を前提としつつも，ひとつの社会層・社会集団として全体的に捉える点でいささか不充分さを感じないわけにはゆかない。

ニコライ・クレメンツォフは，第2次世界大戦の結果として，一方では科学者をはじめとする専門家の権威が上昇し，他方では戦時入党キャンペーンの結果，ソ連邦共産党員が大幅に“大衆化”したというソ連社会のドラスティックな変質の中で，権力者が科学者をより尊重するようになった，としている[7]。核開発は言うまでもなく権力の物理学にたいする態度をかえ，そのリーダーであったイーゴリ・クルチャートフに“原子力のツアーリ”とも呼ばれる高い権威と政治的発言力を与えた。ロケット開発におけるセルゲイ・コロリョフもまた然りである。権力に果実を与える具体的・物的成果ということでは，さらにコンピュータ開発が想定されるが，数学者ミハイル・ラヴレンチェフはフルシチョフとの“ウクライナ・コネクション”を活かしながら，アナログ計算機に固執した勢力を向こうに回して局面打開を主導した[8]。

こうした科学者たちは，ひとつの集権的な自治組織に自己を組織し，それを通じて行動していた。この組織こそ，ソ連邦科学アカデミーであり，他の国には見られない，独自の権威・権力を持ってソ連社会で科学研究に携わる科学者の上に君臨していた[9]。ソ連の科学者の全体としての動向を探るためには，まず科学アカデミーにおける議論とその方向性を吟味する必要があろう。本章では，この科学アカデミーの最高議決機関である総会の常設機関として活動の基本的な方向性を決めていた幹部会(Президиум)の議事録・速記録から，当時第一級の科学者として相当の権威を持ち，科学研究全般に大きな影響を持つ決定に携わった，科学者の中の権威・権力者とも言える幹部会員が，“脱スターリン化”期の最初期，すなわち，スターリンの死の直後から，おおむね1956年の末までの時期(スターリン批判で知られるソ連邦共産党第20回党大会は1956年2月に開催されたが，ソ連市民にニキータ・フルシチョフの報告全文が示されるのは1959年のことである。ただし，大会出席者などの口を通じてしだいに情報は広まっていったようであるので，ここでは，とりあえず，1956年末までを検討の対象としている)に集団としてどのように行動したかを明らかにすることによって，数学・数理科学分野を中心に“脱スターリン化”過程を追究したゲローヴィッチの研究を多面化・豊富化してゆきたい。

ソ連邦科学アカデミー幹部会はほぼ毎週1回開催されていたが，その業務の中心は，傘下各研究所・研究機関から承認を求められた人事，上級研究員の資格審査，学位の授与などの追認といったルーチン・ワークにあり，科学

図Ⅵ-1-1　ソ連邦科学アカデミー・旧本館。出典：**Википедия**（ロシア語版ウィキペディア：https://ru.wikipedia.org/wiki/%D0%90%D0%BA%D0%B0%D0%B4%D0%B5%D0%BC%D0%B8%D1%8F_%D0%BD%D0%B0%D1%83%D0%BA_%D0%A1%D0%A1%D0%A1%D0%A）

図Ⅵ-1-2　ネスメヤーノフ時代の科学アカデミー幹部会風景。出典：ロシア科学アカデミーのサイト（https://www.ras.ru/presidents/b786bee2-d902-45ee-ba98-ca06ac3e92a7.aspx）

史，あるいは政治史上重要な出来事に関する討議・方針策定に携わることは，じつはそれほど多くない。また，幹部会には幹部会員だけでなく，各議題に関連した科学アカデミー会員，同通信会員，および傘下研究機関の研究員などが陪席しており，場合によっては会議参加者数が100名を超えることもあった。

ロシア科学アカデミー文書館に所蔵されている幹部会の議事録・速記録をつぶさに見ると，この時期，“脱スターリン化”に関連した事項で幹部会において繰返し討議されているテーマが，①哲学者を“封じ込め”る動き，②生物学・遺伝学の“正常化”に向けた動き，③科学アカデミーの機構改革についての議論，の3つに整理出来ることがわかる[10]。

以下，この順番に幹部会における議論の展開を見てみよう。

1. 哲学者の“封じ込め”

1.1 “学問分野別討論”と哲学者たち

1947年に始まる“哲学討論”を皮切りとして1950年代初めまで，かなり大がかりな規模で行われた“学問分野別討論”は，発動者の側にあっては冷戦激化に際して必要なイデオロギー的引き締め以上の政策意図はなかったにもかかわらず，それまでの，とくに戦時期における科学研究体制の歪みを背景とした科学者たちの不満を“イデオロギー的言説”をまとった，ねじれたかたちで爆発させることとなり，いくつかの分野で深刻な影響を与えることとなった。とりわけ，独裁者スターリンが直接介入した言語学と生物学・遺伝学の両分野において事態は発動者の思惑を遥かに超えた地点まで進展してゆくことになった[11]。

この“学問分野別討論”のもうひとつの帰結が，ゲローヴィッチの言うNewspeakの担い手としての哲学者・党イデオローグの権威と役割の著しい増大であった。この過程で彼らはさまざまな学問分野におけるイデオロギー的“番犬”として畏怖されるようになった。冷戦期プロパガンダ言説の“永久機関”的自己拡張[12]のひとつの帰結として，彼らの注意は西側諸国における現代諸思潮の“反動的・ブルジョワ的本質”に向けられ，諸思潮の解説とその批判が仕事の大きな部分を占めるようになっていった。1951年，哲学者・党イデオローグの拠点であった科学アカデミー・哲学研究所ではこの課題に関する包括的な著作を出版した。『哲学者ぶった米英帝国主義追従者に抗して ― 現代米英ブルジョワ哲学・社会学批判要綱』と題されたこの共同労作では，現象主義，プラグマティズムなど，一連の西側思潮が取り上げられていた[13]。さらに，哲学研究所（の現代ブルジョワ哲学・社会学批判セクション）は1953年，新カント派哲学を先頭としてサイバネティクスに至るまで，批判と超克の対象となる17の現代ブルジョワ思潮を列挙した[14]。スターリンの死は，冷戦の激化を背景として，哲学者が科学研究と科学者に対して西側の諸思潮の影響が表われないよう，思想監視活動を著しく強化していたその最中の出来事であった。

1.2　科学アカデミーの“哲学離れ”とユーリー・ジダーノフ失脚

しかし，スターリンの死去から僅か8日後の時点から，早くも科学アカデミーの“哲学離れ”を示す出来事が起こる。この日開催された科学アカデミー幹部会は，1952年11月21日付で科学アカデミーの編集のもと出版が決められていた共同の著作『弁証法的唯物論と現代自然科学』の編纂作業をあっさりと棚上げすることにしたのである。理由は，①まだ見解の一致を見ていない問題が多く，広範な事前検討が必要であること，②編集に携わる者の多くが本来の研究活動などで多忙であること，③とくに科学アカデミー・化学部，生物科学部所属の書き手が当該著作の執筆に着手出来ていないこと，とされ，この著作にかわって，新たに『マルクス=レーニン主義自然科学論の古典』と題する著作の編纂を哲学研究所に委ねることとされた。もちろん，1953–1954年にも物理=数学部，化学部，生物科学部，地学=地理学部，工学部で引き続き自然科学の哲学に関連した論文・著作の刊行に努めること，1954年には『弁証法的唯物論と現代自然科学』の編纂に取りかかるよう付言されてはいた[15]が，管見の限り，この著作編纂の議題が1956年末までに再度提起されることはなかった。

こうした変化の背景には，一連の“学問分野別討論”を主導した党幹部の

図Ⅵ-1-3　ユーリー・ジダーノフとその妻（当時）スヴェトラーナ（スターリンの娘）。出典：http://www.e-reading.club/chapter.php/149466/175/Rybas_-_Stalin.html

ユーリー・ジダーノフ[16]がスターリンの死後まもなくして失脚するという経過があったものと考えられる。スターリンの死からほぼ1カ月後の1953年4月6日付で，高名な画家イーゴリ・グラバーリ，それに，既に高齢ではあったが，地学者・古生物学者，作家として広範な人気を保っていたヴラジーミル・オーブルチェフと，若いが既に高い名声を得ていたソボレフの2名が科学アカデミーとモスクワ国立大学に勤務する科学者を“代表して”，計3名連名の書簡を党中央委員会書記ニキータ・フルシチョフ宛に送った。その中で，彼らは党中央の自然科学=工学=高等教育機関課長ユーリー・ジダーノフの自然科学にとってたいへん有害な所業を精査するよう訴えた。このためもあって，当時党中央で進められていた機構改革の中で，ユーリー・ジダーノフの課は新しく科学=文化課に統合されることになり，彼は課長のポストを失うことになった[17]。

1.3　哲学研究所批判

科学研究の自由化を求め，その前提として哲学者たちのイデオロギー的管理を排そうとする科学者の思いはイデオロギー的“番犬”とも呼べる哲学者たちへの憎悪にまで発展していた。1955年，文化大臣を務めていた哲学研究所前所長ゲオルギー・アレクサンドロフの文化大臣解任[18]を契機に科学者の哲学者にたいする憎悪が噴出することとなる。6月3日開催された科学アカデミー幹部会の席上，哲学研究所はその仕事の遅れ，長年1編の論文も書かないような怠慢な研究員の放置，前所長アレクサンドロフの指導力欠如などの他，その自然科学にたいする有害な役割のゆえをもって，激しく批判されることになる。決議は「哲学的科学としての唯物弁証法の全面的研究，哲学者と自然科学実験家との同盟強化の必要性，哲学者の活動と実生活の差し迫った要求との不可分性の関係に関するレーニンとスターリンの教えはこの研究所の指導原理とはまだなっていない。…(中略)…哲学研究所のいく人かの働き手[原文はработники：引用者]は現代自然科学の哲学的問題に関して誤った立場をとっている。たとえば，ソ連邦科学アカデミー通信会員のアレクサンドル・マクシーモフ[かつての哲学研究所自然科学哲学セクターの指導者：引用者]は相対性理論にたいしてニヒリスティックなアプローチを取り，まるでそれが弁証法的唯物論に反するかのようにして，その価値ある物理学的帰結を投げ捨てた。…(中略)…多くの研究員はソヴィエト科学の個々の研究者の発言に“弁証法的唯物論”のレッテルを機械的に貼り付けることだけを自らの課題としている」[19]と述べている。討論では，この時期，哲学者・党イデオローグの主流から外されていたボニファチー・ケドロフ(1949年，『哲学の諸問題』誌編集長を解任され，あわせて哲学研究所からも解職されていた)が哲学研究所の活動を詳細に吟味し，批判する発言をした[20]。また，物理学者

図Ⅵ-1-4 ゲオルギー・アレクサンドロフ。出典：Википедия(ロシア語版ウィキペディア https://ru.wikipedia.org/wiki/%D0%90%D0%BB%D0%B5%D0%BA%D1%81%D0%B0%D0%BD%D0%B4%D1%80%D0%BE%D0%B2,_%D0%93%D0%B5%D0%BE%D1%80%D0%B3%D0%B8%D0%B9_%D0%A4%D1%91%D0%B4%D0%BE%D1%80%D0%BE%D0%B2%D0%B8%D1%87)

ヴラジーミル・フォークは「自然科学の諸問題を哲学の方面から説明した論稿を刊行しようとすると妨害につきあたり，いつも党中央委員会の介入を仰いで[刊行に：引用者]こぎつけていた」と苦々しく哲学者の阻害的な役割を告発[21]し，最後に心理学者のセルゲイ・ルービンシュテイン(1949年，コスモポリタニズムの廉で，モスクワ国立大学の教室主任，哲学研究所のセクター主任の地位を追われていた)が激しく哲学研究所を批判して[22]，討論を締めくくっている。

その後，6月17日にも，決議の文案を練り，仕上げるために，もう一度この問題での討議が行われている。この討議では，若手幹部会員ムスチスラフ・ケルドゥィッシュが発言に立ち，決議の文面が哲学研究所前所長アレクサンドロフひとりに問題を負わせている表現になっていることを危ぶみ，修正を要求した[23]。

もちろん，哲学研究所は西側の“ブルジョワ観念論”にたいするイデオロギー闘争を止めることはなかった。1955年の12月になっても，彼らは『帝国主義時代のブルジョワ哲学と社会学』と題する参考書の編纂を企画している[24]。しかし，それ以前の8月には彼らが編集・刊行していた雑誌『哲学の諸問題』誌に歴史的な論文「サイバネティクスの基本的特徴」が掲載され，“アンチ啓蒙家の科学”とされていたサイバネティクスの思想史的“解禁”が明らかにされたのである[25]。

科学アカデミー総裁アレクサンドル・ネスメヤーノフは，1956年，「世界の科学の中で第一位の地位を目指して」と題する自身の論文の中で，ある偉大な物理学者の話として，「……まさに今開花しようとしている花のそばを通るひとの動きは，何百万分の1秒以下の単位でその開花の速度を変える[と，その物理学者は真剣に信じている：引用者]。『哲学の諸問題』誌の編集委員会の誰ひとりとして，自分は，大人の周りで跳躍したり，踊ったりすると病気の経過に影響するなどというシャーマンの信念と何らかわらない観念論的なたわごとを宣伝普及しているのだ，と科学者の前に明らかにすることに思いが至っていない」との発言を伝えている[26]。過剰なイデオロギー的言説が跳梁跋扈した時代は急速に終息に向かおうとしていた。

2. 生物学・遺伝学“正常化”に向けて

2.1　セヴェルツォフ再評価と『ニコライ・ヴァヴィーロフ選集』

クレメンツォフによれば，ルィセンコ学説の覇権確立のあとも，伝統的な遺伝学は，いくつかの研究拠点でほそぼそと研究が継続されていた[27]。そのひとつ，細胞学=組織学=発生学研究所(旧称，実験生物学研究所)の所長であった(1949年には解任されている)グリゴリー・フルシチョフは，有名な農業科学アカデミー8月総会のあと，ルィセンコ派によるニコライ・ドゥビーニン(ソ連において正統な遺伝学を守ろうとした)批判の声が高くなると，それに便乗して自らの研究所の一員であったドゥビーニンをある論評の中で激しくこき下ろし，自らの保身を図った人物である[28]が，スターリンが亡くなると，その死の直後から，トロフィム・ルィセンコを頭目とするルィセンコ派によって否定された科学者の復権を目指した行動を起こす。1953年3月27日の科学アカデミー幹部会で，その数年前，その世界観に“観念論的形而上学”が見られるとして批判されたアレクセイ・セヴェルツォフを再評価するよう，極めて慎重な言い回しで問題を提起したのである。いわく，「共産党第19回大会がソヴィエト科学に提起した偉大な課題は世界の科学の中に第一位の地位を占める，ということですが，この課題はソヴィエト科学が歩んだ道の注意深い評価，学問の各分野における直近の，そして将来の課題の明確な定義を要求しています。…(中略)…動物形態学の分野におけるものの見方と理論的一般化のこうした体系には，アカデミー会員A.N. セヴェルツォフの諸著作の中で発展された方向性，“セヴェルツォフ進化形態学”という呼称を持つにいたった方向性が属しています。今日，A.N. セヴェルツォフの見方は極めて広く普及し，宣伝され，その著作にたいする関心はかなりの程度蘇生しました。…(中略)…彼の理論がすべて公式主義的なのは

図Ⅵ-1-5　グリゴリー・フルシチョフ。出典：http://persons-info.com/persons/KHRUSHCHOV_Grigorii_Konstantinovich

図Ⅵ-1-6　セヴェルツォフ。
出典：Википедия（ロシア語版ウィキペディア：https://ru.wikipedia.org/wiki/%D0%A1%D0%B5%D0%B2%D0%B5%D1%80%D1%86%D0%BE%D0%B2,_%D0%90%D0%BB%D0%B5%D0%BA%D1%81%D0%B5%D0%B9_%D0%9D%D0%B8%D0%BA%D0%BE%D0%BB%D0%B0%D0%B5%D0%B2%D0%B8%D1%87#/media/File:Severtsov.jpg）

理論の中に形式が存在し，内容と関わりなく，勝手に変化しているからなのです」[29]。

セヴェルツォフは，帝政時代に活躍した生物学者，ロシアにおけるダーウィン学説紹介者のひとりで，進化形態学の創始者のひとりと目されていた。1948年8月の段階では，「ワイスマン・モルガン流の西欧観念論生物学の側からの反動的非難からダーウィン主義を守り，発展させた」，「傑出した科学者」のひとりとされていた[30]が，その後のルィセンコ派によるイヴァン・シュマリガウゼン（自他ともに認めるセヴェルツォフの後継者で，1949年まで，その名も科学アカデミー・A.N. セヴェルツォフ名称進化形態学研究所所長であった）批判の都合で，その世界観に“観念論的形而上学”が見られるとされていた。3月27日の幹部会の議場にいたルィセンコ派のひとり（と思われる）V.P. ガガーリンという人物のグリゴリー・フルシチョフにたいする反論によると，既に高等教育大臣の下で特別の学術会議が15名の生物学者と15名の哲学者の参加で，500人の聴衆を集めてモスクワ国立大学の講義室を会場に開催され，この問題は決着していたはずであった[31]。セヴェルツォフの評価問題は，このため，ロシア科学史上の大きな問題となり，科学アカデミー幹部会の呼びかけで「A.N. セヴェルツォフ著『進化形態学』の批判的評価と動物形態学の課題に関する会議」の招集が図られていた。グリゴリー・フルシチョフはその組織委員会の副委員長としての資格で提案したのであった[32]。

この「会議」は4月24，25両日に開催された。それを受けて開催された5月22日の幹部会で採択された決議では，「自然発生的な弁証法的唯物論者としてのセヴェルツォフ理解の始まりとなった，A.N.セヴェルツォフのものの見方に関する最初の哲学的評価はA.M.デボーリンによって，マルクス主義の立場からではなく，メンシェビキ的観念論という誤った立場からなされたものである」[33]とされ，哲学者アブラム・デボーリンひとりに責任を負わせることで決着がつけられ，セヴェルツォフの名誉は回復された。これは，スターリン死後におけるルィセンコ派への，科学アカデミー幹部会を舞台とした最初の反撃となった。

1955年1月13日，グリゴリー・フルシチョフは幹部会にニコライ・ヴァヴィーロフの著作選集の編纂を決定した科学アカデミー・生物科学部の審議を追認するよう提案した[34]。ソ連邦最高裁判所軍事参事会による名誉回復は1955年8月20日であるが，この段階で既にニコライ・ヴァヴィーロフ復権の機運が高まっていたのであろう。不思議なことに，この提案について誰も意見を述べる者はいなかった。この提案は，ちょうど1年後の1956年1月13日の幹部会で本採択となっている[35]。

2.2 「300人の手紙」と物理学者の異議申し立て

ドゥビーニン，ヨシフ・ラポポルト，アントン・ジェブラックをはじめとする70名の生物学者とイーゴリ・タム，ピョートル・カピッツァ，レフ・アルツィモーヴィッチ，レフ・ランダウ，アンドレイ・サハロフ，ヤーコヴ・ゼリドヴィチ，ヴィタリー・ギンズブルグなど高名な物理学者を中心とした他分野の科学者24名，計94名連名の1955年10月11日付書簡がソ連邦共産党中央委員会幹部会宛に発送された。この書簡には翌年2月に，生物学者を中心に203名の追加署名が届けられ，計297名連名の書簡ということになった。第2次署名者には，ラヴレンチェフ，ケルドゥィッシュといった高名な数学者，ソボレフ，リャプーノフといった数学者・数理科学者にして，サイバネティクス運動の担い手を多く含んでいた。これが名高い「300人の手紙」である[36]。「300人の手紙」はルィセンコ，およびその同調者による粗暴な振る舞いを明らかにし，状況の改善，生物科学の正常化を訴えたものであったが，正常化を願う生物科学の研究者たちが，1949年8月29日のソ連

初の原子爆弾 РДС(エル・デー・エス)-1 の爆破実験成功から，1953年8月12日，初の水素(熱核)爆弾 РДС-6 の実験成功まで，極めて僅かな期間における核兵器開発の成功に貢献したことでソヴィエト社会におけるその権威を著しく高めた物理学者，数学者を多数巻き込んだところに，新しい科学者の社会運動の形態があった。しかし，結局，この「300人の手紙」は，さしたる効果も発揮せず，1987年に党機関紙『プラウダ』に記事が掲載される[37]まで，このようなことがあったことも公開されなかった。

いわゆるスターリン批判として知られるニキータ・フルシチョフの「秘密報告」が行われたソ連邦共産党第20回大会のあとのことではあるが，1956年秋，科学アカデミー総裁選挙が実施された。候補は現職のネスメヤーノフひとりで，結果的には彼が再選された。その選挙への候補者推薦のために，科学アカデミーの各部で部総会があいついで開催されていた時期，10月12日に開催された幹部会の席上，科学アカデミー主任学術書記アレクサンドル・トプチエフは10月10日に開催された物理=数学部の総会で起こった出来事について報告をした[38]。この部総会の途中，5名の高名な物理学者から，総裁選挙を翌年2月の科学アカデミー・年次総会まで延期するよう提案があったのである。提案したのは，タム，ミハイル・レオントーヴィチ，アルツィモーヴィッチ，グリゴリー・ランズベルグ，それにカピッツァという錚々たる顔ぶれであった。彼らは，ドゥビーニンを長とする新しい遺伝学研究所[39]が未だに創設されていないこと，ネスメヤーノフが生物科学の状況に根本的な変化をもたらしていないこと，などを理由に，翌年2月の年次総会で，ネスメヤーノフから年次報告と綱領的な方向性を示した演説を聴いたのちに総裁選挙を実施すべきだとした。討議の結果，ネスメヤーノフを物理=数学部として総裁候補に推薦する件と総会にたいして総裁選挙の延期を要請する件とは別個に議決が行われ，前者は18対16で，後者は22対12でそれぞれ採択された。つまり，ネスメヤーノフ再選に異議はないが，再選の前に生物科学の現状を改善する姿勢を見せろ，という要求であった。「300人の手紙」の件で接触・交流した生物学者たちとの連帯を示す出来事であると共に，戦後飛躍的に高まった物理学者の権威と自負がなせるわざでもあった。

12日の幹部会では，トプチエフの報告の直後，物理化学者のミハイル・ドゥビーニン(ニコライ・ドゥビーニンとはまったく別人)が5名の物理学者を支持する旨，意見表明をした。生物科学部を代表してヴラジーミル・エンゲリガルドがネスメヤーノフを支持する発言をしたあと，若手の幹部会員ケルドゥィッシュが発言を求めた。「われわれは[ネスメヤーノフの：引用者]年次報告を聴かなければなりません。しかし，われわれはみな，科学アカデミーの一員です。科学アカデミーの状況を知っておく義務があります」[40]。彼は言外にルィセンコ派がまだ実権を持っている科学アカデミーの現状を思い起こさせ，冷静な対応を幹部会員に求めたのである。こうして5名の物理学者による提案は採択されることはなかった。

3. 科学アカデミーの機構改革について

科学アカデミー内に置かれていた学問分野別の「部」の規則を整備するために，1953年11月6日の幹部会ではケルドゥィッシュの提案が討議され，規則案作成のために，主任学術書記トプチエフを長とする委員会が置かれることとなった。残念ながら，ケルドゥィッシュの提案についてその詳細を知ることは出来なかったが，幹部会に出席していたコンスタンチン・オストロヴィチャーノフのまとめによれば，それは「現在のシステムが官僚主義的な秩序の欠陥を病んでいるので，学術指導を非集中化(Decentralization)し，各部のビューロー[常設の指導機関：引用者]や研究所により大きな独立性を与えようという点に課題が置かれている」[41]ものであったらしい。アレクサンドル・オパーリンはすぐに賛意を示したが，セルゲイ・フリスチャノヴィチはケルドゥィッシュの提案が，各部の書記役アカデミー会員(Академик- секретарь：各部の事実上の責任者)をまるで，「コサックのアタマン[頭領：引用者]」のように描いていることに反発した。トプチエフは集権的なコントロールが幹部会に集中していて，各部はかなり名目的な存在となっている現状を説明した[42]。

この時設けられた委員会の結論は1954年12月3日の幹部会で審議され，12月14日に招集される幹部会総会で採択に附されることになった[43]。トプチエフは報告の中で，科学アカデミーの諸機構の人員が増え続けており，そ

図Ⅵ-1-7　ムスチスラフ・ケルドゥィッシュ（1946年11月29日幹部会員選出）。出典：Под ответ. ред., *А.В. Забродина*, «М.В. Келдыш: Творческий портрет по воспоминаниям современников» Москва; Наука, 2002. с. 94

れにともなって管理の多段階化（複雑化），新しい管理の環の形成が続いていること，行政・管理機構は4,000人近く，つまり研究員7名に1名の割合で事務職がいるというレベルにまで膨れあがっており，幹部会だけで763名が約200の部課に分かれて働いている，と述べ，科学アカデミーの深刻な官僚主義的膨張に警鐘を鳴らした[44]。次いで，この委員会のメンバーでもあったアレクサンドル・ヴィノグラードフが「われわれには，いわゆる米国的な事務能力などないものだから，……」と付け加えた[45]。

こうして，非集中化＝分権化と肥大化した事務部門の整理という科学アカデミーの機構改革は，この“脱スターリン化”期に深刻な課題として認識されるようになり，その解決のための努力も開始されたが，本章が対象とする1956年中までには進展を見ることがなかった。

こうした機構改革と同時に，この時期における科学アカデミーの機構に関してとくに注意を惹くのは，研究情報の流通拡大を目指す動きがあったことであろう。ひとつは，1954年5月28日の幹部会で科学研究の秘密性の基準に関する提案を作る委員会が，ニコライ・ドブローチン（当時，幹部会学術書記を兼務）を長に組織されていることである[46]。残念ながら，この件についても後続の資料がなく，その後の経過をうかがい知ることは出来ないが，ともかく秘密解除に向けた動きがあったこと自体記憶に値する。

もうひとつは，1955年12月23日の幹部会で，科学アカデミー・科学情報研究所を改組・大幅拡充し，新たにソ連邦閣僚会議附属新技術国家委員会と共同の機関である全連邦科学技術情報研究所に再編することが承認されたことである[47]。この措置は，西側諸国駐在の大使館への技術アタッシェの任命・配置や1955年9月2日付閣僚会議布告に始まる専門家の海外訪問緩和措置[48]と並んで，スターリン死後の国際情勢の変化，すなわち冷戦の一定の緩和を背景に，海外の科学情報の積極的受け入れ・流通拡大を目指す措置の一環となった。

図Ⅵ-1-8　セルゲイ・ソボレフ。出典：Web版 Большая Советская энциклопедия（http://bse.sci-lib.com/particle025977.html）

4. “脱スターリン化”，光と影

“脱スターリン化”がさらに進んだ1958年10月，「自然科学の哲学的問題に関する全連邦会議」と称する学術集会が開催され[49]，そこで報告を行ったものは全員，「閉会に当たっての報告者の言葉」を述べるように求められた。ソボレフは，自らの閉会発言の中で，「物理学を唯物論的物理学と観念論的物理学に分けることなど出来ない。この原子爆弾は唯物論的だが，あれは観念論的だ，とか，この粒子加速器は観念論的だが，あれは唯物論的だ，などと言えるわけがない」と自然科学とその成果にたいする哲学者からのいかなるレッテル貼りも拒否することを堂々と宣言した[50]。哲学者・党イデオローグの科学研究活動への容喙という，科学者の頭上に垂れ込めていた暗雲を払い除けようとする企ては，本章で確認出来たように，スターリンの死の直後から始まり，党イデオローグの代表的人物であったゲオルギー・アレクサンドロフの政治的失脚という偶然に加速されるかたちで大きく進展した。

ソ連の科学者が歩んだ道には，西側の観察者の目から見て“突飛な出来事（bizarre events—クレメンツォフ）”が多いが，その最たるものがルィセンコ学説の興亡であることに異論を持つ人は少ないであろう。本章が対象とする時期を通じてルィセンコ派はスターリンの死去にもかかわらず，その実権を維持し続けていた。したがって，ルィセンコ派支配の現状打破のためにはたいへん慎重な対応が必要であったが，科学アカデミー幹部会が，この時代多数いたであろう“二心者”のひとりであったグリゴリー・フルシチョフの提案に沿って，ルィセンコ派が貶めた科学者の再評価・復権を進めたことは“脱スターリン化”最初期における生物科学分野の正常化を目指す科学者の努力として記憶されなければならない。また，生物科学の正常化のために生物科学研究に従事する多くの科学者が物理学や数学分野の科学者を巻き込むかたちで「300人の手紙」への署名運動を組織したことも，科学者の社会層・社会集団としての主体性と分野を超えた連帯の向上を物語るものと言えよう。

総じて，“脱スターリン化”が明確となるソ連邦共産党第20回大会以降の時期にかなり先行して，科学アカデミー幹部会における審議は，問題ごとにテンポは違っていたものの，慎重に，おずおずとしながらではあるが，着実に“脱スターリン化”に向かっていた。

しかしながら，早くもこの時期に明らかとなった別種の問題にも注意しなければならない。ルィセンコ学説の優越に見られるような，しばしば不合理な介入・容喙を行う権力にたいして自らと自らの科学研究の利害を擁護するためにも，科学者は自らの自治的組織であり，権力との交渉の媒介環でもあった科学アカデミーを強化しなければならなかった。第2次世界大戦，そして冷戦初期を通じて科学者は，したがって科学アカデミーはソヴィエト社会の中で揺るがぬ信頼と権威を固め，さらに“脱スターリン化”の中でその自治的性格を強めてゆく。すると，今度は科学者(の代表)による科学研究への統制が問題となり始めた。科学アカデミーの組織的強化にともなって肥大化しつつあった行政・事務機構が，科学研究の現場の要求から科学研究の方向性に関する意志決定を遊離させようとしていた。ケルドゥィッシュなど，この時代に既にこの問題に気づき，是正を提起した指導的な科学者もいたが，事態は改善されず，現代ロシアの科学史家ボリス・イヴァノーフの表現を借りれば，科学アカデミーは1960年代には“管理不能なスーパー・システム”[51]に転化していったのである。

1　スターリンの生物科学，言語額両分野における論争への介入の経過については，拙著『冷戦と科学技術―旧ソ連邦 1945～1955 年』(ミネルヴァ書房，2007)の 142-143 頁の注(71)に紹介しておいた。ご参照を乞う。

2　*В. Померанцев*, “Об искренности в литературе”, «Новый мир». № 12, 1953. сс. 218-245.

3　“Наука и жизнь”, «Коммунист» № 3, 1954. сс. 3-13.

4　Zhores A. Medvedev, *The Rise and Fall of T.D. Lysenko*, Colombia University Press, 1969；邦訳がある(メドヴェジェフ著，金光不二夫訳『ルイセンコ学説の興亡』河出書房新社，1971)。

5　ソヴィエト社会とそこにおける科学のあり方を，資料公開の今日的水準に照応した新しい視点から論じた論者の中で，イデオロギーの茂みに隠れていた科学者を取り巻く「制度的構造，競争するグループ・個人の相互作用，職業的カルチャー」を明らかにしようとしたクレメンツォフ(Nikolai Krementsov, *Stalinist Science*, Princeton University Press, 1997：引用した文章は 287 頁)，物理学分野を対象に，科学者の行動の枠組みとなった，複雑な権力関係やイデオロギー装置を剔抉したアレクセイ・コジェフニコフ(Alexei Kojevnikov, *Stalin's Great Science*, Imperial College Press, 2004)も，“脱スターリン化”過程は扱っていない。先に挙げたメドヴェージェフなど，時期的には“脱スターリン化”期を扱っていても，関心の対象が 1965 年にようやく終結するルィセンコの生物学，農業科学支配であるため，“脱スターリン化”過程を本格的な分析対象とはしていないものも多い。

6　Slava Gerovitch, *From Newspeark to Cyberspeark: A History of Soviet Cybernetics*. The MIT Press, 2002.：サイバネティクス支持者たちの“挑戦”成功の理由をゲローヴィッチは権力と科学者との“同床異夢”に原因を求めている。彼は，科学者はサイバネティクスの意味を拡張し，ソヴィエト科学全般の脱イデオロギー化を図ろうとしたが，他方，ニキータ・フルシチョフからレオニード・ブレジネフへと続く政権の側は広い範囲におけるイノヴェーションと権力掌握を助ける情報・技術的手段の確保を求め，サイバネティクス化を肯定した，としている(*Ibid.*, p. 292)。

7　Krementsov, *Op. cit.*, in the note (5). pp. 96-99.

8　See, Hiroshi Ichikawa, “Strela-1, the First Computer: Political Success and Technological Failure.” *IEEE Annals of the History of Computing*. Vol. 28, No. 3, 2006. pp. 18-31.(前掲拙著―注(1)に第 7 章 277-312 頁―として収録されている)。

9　ロシア／旧ソ連邦／ロシア科学アカデミーの歴史的特質とその研究の課題については，本書「はじめに」を参照のこと。

10　さらに，「国民経済における『生産の自動化』への貢献」を第 4 の論点として挙げることも出来よう。この問題は旧ソ連邦におけるコンピュータ開発，ひいてはサイバネティクスの導入・普及という極めて重要な論点に繋がってゆく問題でもあるが，本稿が対象としている時期の最終期に，ソ連邦共産党第 20 回党大会決議に触発されて論議されるようになった，という点で，ここに掲げた 3 つの領域における討論が持つ意味とはかなり性格が異なっているものと考え，取り上げなかった。

11　前掲拙著―注(1)，112-153 頁を参照のこと。

12　Gerovich, *Op. cit.*, in the note (6), p. 7.：たとえば，「サイバネティクス」は哲学研究所編『哲学者ぶった米英帝国主義追従者に抗して―現代米英ブルジョワ哲学・社会学批判要綱』の中にミハイル・ヤロシェフスキー(もともとは心理学者。のち科学史に取り組む)が執筆した「意味論的観念論―帝国主義的反動の哲学」と題する章の末尾近くで,「思考とは記号の操作に他ならず，しかもこうした操作の理想的な形態として数値計算が現れてくる，という意味論的アンチ啓蒙家お得意の信念を基礎」に「置く」サイバネティクスを意味論の延長上にある最新の思潮として紹介している[*М.Г. Ярошевский*, "Семантический идеализм – философия империалистической реакции", Институт философии АН СССР, «Против философствующих оруженосцев американо-английского империализма: Очерки критики современной американо-английской бружуазной философии и социологии». Изд-во Академии наук СССР, 1951. сс. 88–101.：彼は1952年4月5日付『文学新聞』に同趣旨の論文「サイバネティクス―アンチ啓蒙家の科学」を発表している―*М.Г. Ярошевский*, "Кибернетика – 'Наука' мракобесов", «Литературная газета», 5 апреля 952. стр. 4.―]。ゲローヴィッチによれば，ヤロシェフスキーは非党員で，1938年には逮捕されており，この段階では新たに"コスモポリタニズム"のゆえを持って，タジクスタンに左遷されていた。彼にとってこの論文は起死回生の一打となるはずであった(*Ibid.*, pp.122, 123)。しかし，スターリンの一時娘婿であったユーリー・ジダーノフの回想(*Ю.А. Жданов*, "Во мгле противоречий", «Вопросы философии». № 4, 1993. стр. 89)によれば，スターリン自身はサイバネティクスに反対などころか，ロケット開発などを支える数理科学に必須のものと考えていた。このため，ヤロシェフスキーら哲学者・党イデオローグのサイバネティクス批判は，とくに権力上層部からの指示／支持があって行われたものではなかったことになる。ゲローヴィッチが"永久機関的(self-perpetuating)"と評価したのはこうした事情を指している。

13　Институт философии АН СССР, Указ. соч. в примечании (12).

14　Архив РАН, Ф. 1922, Оп. 1, Д. 726, лл. 110–115.

15　Архив РАН, Ф. 2, Оп. 6, Д. 148, лл. 78, 79.

16　この時代のユーリー・ジダーノフについては，さしあたり，前掲拙著，122，126，141–145頁を参照されたい。

17　*И.Р. Гринина, С.С. Илизаров*, "Отдел науки ЦК КПСС в период политического кризиса 50-х годов", Институт истории естествознания и техники, «Годичная научная конференция. 1996г.». сс. 79–87.：なお，ユーリー・ジダーノフはロストフに左遷され，当地の国立大学の助手，そして准教授(Доцентを仮にこのように訳しておいた)として勤務するようになった。そこで，彼はもともとの専門であった化学の研究に立ち返り，1960年に学位を取り，翌年教授に昇進した。その間，まだ准教授であった1957年から1988年に至るまで31年間の長きにわたりロストフ国立大学の学長職を務めている。

18　解任は3月10日で，その理由は指導力不足とされたが，ニキータ・フルシチョフの覇権確立にともなう事象であろう。その後，彼はミンスクにあった白ロシア科学アカデミー・哲学=法学研究所のセクター主任に左遷されている(*К.А. Залесский*, «Империя Сталина: Биографический энциклопедический словарь». Москва, Вече, 2000г. стр. 19)。1961年6月21日，脳内出血で亡くなった。

19　Архив РАН Ф. 2, Оп. 6, Д. 194, лл. 24–27.

20　Там же, лл. 135–146.

21　Там же, л. 147.：科学者(のグループ)が相互に利害を対立させた場合，その対立はしばしばイデオロギー闘争のかたちをとった。そして，権力はその仲介者として立ち現れることで対立する両グループから"忠誠"を得ることが出来た(たとえば，前掲拙著99–153頁を参照のこと)。このフォークの発言はそれを裏書きしているようで興味深い。

22 Там же, лл. 148-151.

23 Архив РАН, Ф. 2, Оп. 6, Д. 195, лл. 219-224.

24 Архив РАН, Ф. 1922, Оп. 1, Д. 726, лл. 110-113.

25 *С.Л. Соболев, А.И. Китов, А.А. Ляпунов*, “Основные черты кибернетики”, «Вопросы философии». № 4 1955. сс. 136-159.：この論文掲載の画期的な意義については，ゲローヴィッチ，*Op. cit.*, pp. 173-181.

26 Архив РАН, Ф. 1647, Оп. 1, №№ 104, л. 6.

27 Krementsov, *Op. cit.*, in the note (5), pp. 105, 106.

28 *В.Н. Сойфер*, «Власть и наука: Разгром коммунистами генетики в СССР». Изд-во. “ЧеРо”, 2002. сс. 607, 607.

29 Архив РАН, Ф. 2, Оп. 6, Д. 149, лл. 192-204.

30 Архив РАН, Ф. 2, Оп. 6, Д. 92, л. 156.

31 Архив РАН, Ф. 2, Оп. 6, Д. 149, л. 311.

32 Там же, л. 189.

33 Архив РАН, Ф. 2, Оп. 6, Д. 152, л. 12.

34 Архив РАН, Ф. 2, Оп. 6, Д. 192, л. 254.

35 Архив РАН, Ф. 2, Оп. 6, Д. 210, л. 26.

36 “Письмо трёхсот”, Под ред. *А.Ф. Киселёва и Э.М. Щагина*, «Хрестоматия по отечественной истории (1946-1995)». Изд-во “Владос”, 1996. сс. 458-460.

37 «Правда». 27 января 1989.

38 1954年10月29日の幹部会では，いったん生物科学部から提案された「細胞学研究所(Лаборатория цитологии：この場合の研究所は通常のインスチトゥートではなく，ラボラトーリヤであり，小規模なものが想定されている)」設置案が取り下げられている。ドゥビーニンの名前は出ていないが，5名の物理学者の不満とはこのことを指しているのではないかと考えられる(Архив РАН, Ф. 2, Оп. 6, Д. 230, лл. 160, 161.)。ちなみに，ドゥビーニンは1957年新設された科学アカデミー・シベリア支部の細胞学=遺伝学研究所の所長となっている。

39 Архив РАН, Ф. 2, Оп. 6, Д. 178, л. 44.

40 Архив РАН, Ф. 2, Оп. 6, Д. 230, лл. 163-172. ケルドゥィッシュの発言は，л. 172に見られる。

41 Архив РАН, Ф. 2, Оп. 6, Д. 162, л. 32.

42 Там же, лл. 25, 30, 39.

43 Архив РАН, Ф. 2, Оп. 6, Д. 180, л. 112.

44 Там же, л. 140.

45 Там же, л. 176.

46 Архив РАН, Ф. 2, Оп. 6, Д. 170, л. 197.

47 Архив РАН, Ф. 2, Оп. 6, Д. 207, л. 32.

48 Zhores Medvedev, *Soviet Science*. W.W. Norton & Company, 1978. pp. 60-67.

49 Под ред. *П.Н. Федосеева и др.*, «Философские проблемы современного естествознания: Труды Всесоюзного совещания по вопросам естествознания». Изд-во АН СССР. 1959. сс. 3, 4.

50 Там же, стр. 573.

51 ボリス・イリイチ・イヴァノーフ，本書Ⅵ-2章，449頁。

第2章
ソ連邦科学アカデミー・工学部(1935-1963年)

ボリス・イリイチ・イヴァノーフ(市川　浩訳)

「生物進化におけるどんな進歩もすべて同時に退歩でもある。進歩は一方向的な進化を固定化し，それ以外のたくさんの方向への進化の可能性を排除してしまうからである。」(「自然の弁証法」[『マルクス・エンゲルス全集』第20巻]フリードリッヒ・エンゲルス著，菅原　仰訳(1968)，大月書店，608-609頁より)

1. ソ連邦科学アカデミー・工学部の成立と展開

まさに，ソ連邦における国民経済の社会主義的再建の時期が終る時期，および社会主義建設(1933-1941)の始まりの時期には，科学アカデミーの学術活動の体系の中に工学諸科を取り入れることが要請されていた。

1932年，第2次5カ年計画が始まる直前，科学アカデミーの正会員に11名の，技術思潮の先頭を歩んでいた科学者，有能な技術者，巨大な建設事業の指導者が選ばれた。

この年，数学=自然科学部の中に，科学アカデミーの理論的な仕事とその成果の国民経済への応用とを結びつける課題を担当する「技術グループ」が組織された。1933-1934年，「技術グループ」によって，さまざまな技術の諸分野に関する委員会が設置され，1934年末には「技術グループ」の提案で科学アカデミーに，科学理論と科学実験・観察結果の社会主義建設の実践への応用方法の検討，科学・技術問題に関する科学活動の組織，国家機関，経済機関にたいするこれらの問題での助言を課題とする「技術協議会」[1]が組織され，幹部会が「技術協議会」を指導した。協議会には一連のセクションが設けられた[2]。

ソ連邦科学アカデミーの活動と社会主義建設の実践との，および諸人民委員部，国家計画委員会との計画的で，密接な協力の確立の実践との，より完全な結びつきを達成するために，1933年12月14日，ソ連邦中央執行委員会は「ソ連邦科学アカデミーの人民委員会議の管理下への移管について」という布告を採択した[3](それまで科学アカデミーは中央執行委員会の科学者・科学機関管理委員会に従属していた)。

1934年4月25日付ソ連邦人民委員会議布告で科学アカデミーはモスクワに移転することになった(モスクワ移転は1934年10月に完了する)。新しい条件下では，科学アカデミーは理論研究のみならず，工学にも集中するようになった。科学アカデミーのこうした状況は，1935年11月に科学アカデミー総会で採択され，人民委員会議で確認された新しい規則によって固定された。

新しい規則は科学アカデミーを3つの部に分割することを前提としていた。その中には(数学=自然科学部と社会科学部と並んで)，工学部も新しく創設されたが，これは単に科学アカデミーの内部のみならず，全国家的な規模でも大きな歴史的意義を持った出来事であった。新しく組織された工学部の初期(1939年までの)の活動は協議会によって方向づけられていた。工学部組織化の基礎に位置づけられたのは主要な技術科学分野ごとの諸グループへの分割であった。

工学部の組織的活動の出発と最初期は，第2次5カ年計画(1933-1937)が既に実践段階に入り，もう実際には終ろうとしている時期であり，このため，社会主義工業の実際の必要から生じた諸問題，第3次5カ年計画(1938-1942)の国民経済計画策定の過程で明らかとなった諸問題が工学部の活動の基礎に据えられることとなった。第3次5カ年計画の準備の過程には，工学部は1937年の後半だけで89件に及ぶ，策定中の5カ年計画の基本的な技術的諸問題に関する覚書をゴスプランに送るなど，極めて活発に関与した。

その結果，工学部が結節点となって進められた科学的な努力が1937年から効果を見せ始めた主要な技術的な諸問題に関する計画においては，国民経済の諸課題と結びついた実践的な諸問題が場を占めることになった。

工学部初期の活動成果をまとめてみると，工学部が自らの組織的ななりたちの諸原則と定式を定め，自らの活動を始めるために必要な研究要員，および科学の組織力に必要な要員を集め，自らの科学的な技術研究の計画策定の経験を積み，諸人民委員部[省：訳者]，総管理部[諸省庁の局：訳者]，工場や諸部門の研究所・研究室に働く科学研究集団との協議や連絡を通じて国の科学・技術関係の学協会を統一に向かわせたことが確認出来る。

こうした積極的な成果と共に，工学部の形成と発展を抑制するような消極的な要素も現われた。すなわち，工学部の中にあった諸グループ間の適切な統合・複合が不充分にしか実現出来なかったこと，科学アカデミーの他の諸部との連絡が密ではなかったこと，そして，もっとも重大であったのは，独自の実験・実験室という基盤を欠いていたことであり，これがため，常勤の科学要員を養成することが困難となり，定員化された研究員が行う研究にたいして契約上の仕事による望ましくない歪みが生じた。

工学部の活動の次なる段階は，1938年から1942年までのソ連邦国民経済発展第3次5カ年計画に関する決議の中で，ソ連の経済的課題をヨーロッパのもっとも発達した資本主義国と米国に経済の面で追いつき，追い越すということに定めた全連邦共産党(ボリシェヴィキ)第18回大会の諸決定と関連している。

これら諸決定に導かれて，1939年，科学アカデミーはこれら諸決定を反映させた科学研究活動計画を策定した。

同時にソ連邦人民委員会議は，この計画を基本的に支持しつつ，科学アカデミーにたいして，計画の最終的な策定に当たって工学部の活動効率向上の不可欠性を含む一連の所見を組み込むよう提案した[4]。このようにして，工学部の活動が拡大されるにつれて，必然的に政府サイドからも，科学・技術学諸協会の側からも工学部にたいする要求が増大していったことが確認出来る。

当時展開されていた社会主義建設の実践は，工学部の研究テーマの拡大，実践上の要求にこたえられる水準にまで研究を高める目的で得られた研究成果の諸問題とその実験的確証の理論的検討の深化を要請するものであった。この過程で工学部は活動のより一層の再編が必要となり，1938年末から1939年初めにかけて再編が実施された。その時，科学アカデミーに工学諸分野から，いずれも技術関連分野における偉大な科学者である16名の新しい正会員，30名の通信会員が加わった。

政府の決定に応じて工学部の構造が改善された[5]。その前から存在していたふたつの研究所，エネルギー学研究所と鉱物性燃料研究所に加えて，5つの新しい研究所と3つのセクションが組織された。のちに科学アカデミー総会で確認された幹部会決定に従って，工学部協議会は解体され，工学部の活動指導はビューローに託されることとなった。第3次5カ年計画最初の数年における工学部所属諸機関の科学的活動の基本的な仕事は，全連邦共産党(ボ)第18回大会が示したとくに意義深い諸課題に規定されていた。

もっとも重要な研究上の仕事は，ソ連の国民経済工業化，運輸，および国防の主導的な諸分野の技術的な再装備を一層進めることを保障する，新しい技術進歩の科学的基礎を作り上げることに振り向けられていた。これらの活動はソ連がかかえる基本的な経済的課題の解決の，すなわち，ヨーロッパの先進国と米国に追いつき，追い越すための助力とならなければならなかった。

基本的な注意が，国民経済的な意義が大きい基本的な科学上の諸問題にたいするテーマ設定の明確さ，および計画の主導的な諸問題に関する科学研究を遂行する複合的な方策に振り向けられた。

工学分野における科学アカデミーの活動は1941年6月22日に始まった大祖国戦争で中断する。科学アカデミー幹部会は研究活動のテーマと方法を見直し，再編し，科学要員の創造的なイニシャティヴとエネルギーをすべてわが国防衛力を強化する課題の実現に振り向ける決定を採択した[6]。この決定はたぶんに科学アカデミーの工学系諸研究所に関連するものであった。1941年7月最後の10日間，科学アカデミー諸機関の疎開が実施されたが，工学部の諸研究所も，あるいはカザンに，あるいはスヴェルドロフスクに疎開していった。

工学部に属するものも含めて多くの科学研究所が一時期東部地域に置かれたこと，多くの研究員が前線に赴いたこと，生活条件と科学研究の慣れ親しんだリズムが崩れてしまったことは工学分野における科学アカデミーの科学研究のなりゆきに反映されざるをえなかった。本質的な変化は，テーマ選定の方向性，研究の実施方法などにおけるソ連邦科学アカデミー科学・技術組織の活動内容にも影響を与えた。

1941年の第4四半期から，工学部の科学諸機関の活動はソ連邦の軍事力，経済力の強化，あるいは前線にたいする直接的な支援にとって重要な意義を持つ，一連の問題の解決に振り向けられるようになった。軍事技術の開発に結びついた課題を解決する目的を持った研究は特別の位置を占めるようになった。

こうした方向性を持った活動は，新しい兵器の開発や既存の兵器の改良といった分野，軍事に応用される機構や機械の個々の部品の質と効率の向上といった分野，自動兵器の長寿命化，航空エンジンの質，軍用機の飛行特性の向上といった分野，新しい種類の弾薬，およびその材料の探求といった分野，軍用装置操縦の改良といった分野などを対象としていた。

戦時における科学アカデミーの技術科学分野の諸技術研究所の活動では，

前線と国防工業の必要と結びついた活動の他に，新しい生産性の高い技術工程の開発や既存の生産過程の集約化を目的とする研究にも大きな位置づけが与えられた。

工学部所属諸機関は単にテーマの点で活動の再編をしただけでなく，工業企業を基礎として，その従業員と協力してこれらの活動を実施したことに反映されているような，新しい科学研究の方法を成功裏に獲得した。

工学部所属のすべての科学諸機関は，その注意をソヴィエト軍，海軍，工業と運輸にたいする科学・技術面での援助供与に大きく振り向けた。

戦時には，質の高い，タイムリーな科学・技術面での援助，コンサルタント的な援助が，ソヴィエト軍燃料供給管理部軍事コントロール研究室，白海艦隊海図管理部，ウラル機械製作工場，一連の番号つき工場，石炭鉱業人民委員部の一連のトラストなどに与えられた。企業や官庁が発した，戦時期のさまざまな文書が，ソヴィエト工業の数多くの分野への援助というかたちで実現された工学部所属科学諸機関の活動に高い評価を与えている。

1942 年 11 月のスターリングラードにおけるファシスト軍隊の壊滅，それに続くすべての戦線におけるソヴィエト軍の勝利に向けた攻勢によって，1943 年春には，科学アカデミーが，工学部所属のすべての工学系研究所を含むモスクワにあった研究所の本来の場所への帰還について問題を提起する環境が出来た。そして，それは政府が認めるところとなった。工学系研究所のモスクワへの帰還，少し遅れてレニングラードへの帰還はその結果として，研究所とその他の部局の研究室の技術的基礎の早急でエネルギッシュな復興，中心となる研究要員のかなりの程度の回復，および，活動の戦前以上の規模での急速な展開をもたらした。

工学部の次なる段階は大祖国戦争終結後のソ連邦国民経済の復興と発展の時期(1946-1958)に展開された。

この段階は第 4 次(1946-1950)，第 5 次(1951-1955)，第 6 次(1956-1960)と相次ぐ 5 カ年計画の諸課題に規定されたものであった。この時期を通じてソ連邦の科学・技術発展の課題はそれぞれの 5 カ年計画において精緻化され，具体化された。しかし，それら，そして，戦前の 5 カ年計画にも共通しているのは，あいかわらず量的拡大を追求した工業経済，国の科学研究の状況を反映し，工業と工学の基本的な成果をすべて集中しての軍事技術ポテンシャル増強優先であった。この意味で，今検討している時期はロシアの戦前からの工業化の直接的な継続であった。

第1の段階(1946-1950)においては，国の基本問題は社会的生産と科学の戦時に破壊された物質的・技術的基盤の復興，国防工業企業の一部の業種転換と軍事技術複合体の根本的な刷新であった。

これらの課題すべては，人口の基本的多数による農業・工業産品消費が極度に低い水準にあった戦時，人民の力を衰弱させることを条件として解決が可能となるものであった。

ソ連邦科学アカデミーは，経済の戦前水準到達[7]と工業製品生産の一層の拡大を目的とした，戦後初の国民経済復興=発展五カ年計画の実現に積極的に関与した。

1946年7月，科学アカデミー総会はこの計画の諸課題の遂行を保障する，それに照応した1946-1950年のアカデミーの科学研究活動計画を確定し，アカデミー工学部の諸機関によって実現される科学的な技術研究の基本的課題を決定した。

こうした課題のすべてが，複合的な理論研究，応用研究の定立と発展の基礎の上でのみ解決可能であった。こうした研究なしでは，巨大な規模の実験や建設事業の遂行も現代技術の生産テクノロジーの実践的な修得も不可能であったであろう。しかし，応用研究が，この時までに作り上げられた部門ごとの科学研究，設計・建設機関，技術的機関の強力なシステムに任されていれば，自然科学的，科学・技術的知識の基礎となるエンジニアリング上の課題の解決を保障する基礎を手に入れるために，ソ連邦科学アカデミーの科学研究，科学組織化活動の一層の発展が必要であった。

こうした諸課題の解決のために，それにふさわしい科学組織の基礎が作られた。ソ連邦加盟共和国の科学アカデミー，科学アカデミーの支部に工学に対応した新しい，一連の施設が組織された。

そして，対応する科学施設の官庁別所属(科学アカデミー，部門，教育機関，あるいは，設計・建設組織）とは別に，ふさわしい科学的な方向性を持つ活動のコーディネーションが，照応する科学アカデミーの研究所に委託された。このようにして，1946-1958年の間に，科学アカデミーの科学的な技術研究と，多くのソ連経済の工業諸部門における科学アカデミーのコーディネーターとしての活動の役割が決められていった。

1946-1958年におけるロシアの工業と経済の前に立ちはだかった大規模な問題と，この時期，ソ連邦共産党中央委員会，ソ連邦閣僚会議，ソ連邦科学アカデミーの指導を受けたアカデミーの基礎研究，科学的な技術研究の組織化のさらなる発展に関する具体的な解決を見てみると，その連関は容易に明らかとなる。科学アカデミーの諸機関，科学者集団，科学者が実践の中で生起した技術上，テクノロジー上の問題の解決に直接関与した場合に示される高い効率は，この時代の国家指導者層に，どのようにそのことがソヴィエト科学の全般的構造に影響し，基礎科学の状態に反映し，どの程度国の経済的発展，科学技術進歩の理論的に基礎づけられたモデルに照応しているかを無視して，科学アカデミー諸機関の組織化の推進を支持させることとなった。

1946-1958年の期間，科学アカデミーが効率的に関与することで，原子力工業，電子=無線技術，ロケット=航空機製作，タービン製作，化学機械製作，その他多くの部門別工業の発展の可能性を保障する，大きな成果が達成された。このことは，本質的に，一連の最重要の科学・技術の方向性といった点で，1960年代，1970年代，ソ連邦が世界の科学と技術の最前線に躍り出ることを可能にした。

しかしながら，科学と技術の発展において戦後科学アカデミーによって達成された目に見える成功にもかかわらず，その活動において危機的なモメントがかなりの程度表われていたのである。

ソ連における科学的な技術研究のシステムはかなり発達した。その組織化の一般的な原則（厳格な計画と官僚的管理，アカデミー，高等教育機関，部門への科学の分割，それら諸環すべてにわたる党の恒常的な統制，など）を守ると，科学・技術進歩を可能とする専門化された機関とその働き手の数は本質的に増加した。科学者，科学者集団の活動組織化の新しい形態が生まれた。こうしたもののすべてが，この時代までは，国の科学と技術の前にその指導者によって提起された科学・技術の課題すべてにうまく解決を与えることを可能にしていた。しかし，科学的な技術研究の組織化が複雑になってゆくにつれて，その効率的な管理の問題が登場してきた。1950年代後半，科学アカデミーの諸機関で生まれたシステムは，工業と実体経済部門の諸機関と科学者集団との広く，密接な相互関係を考慮せず，“古典的な”アカデミーの活動の特質と形態に照応するものでもなかった。

他方，科学アカデミーの技術科学諸機関形成のその最初から，アカデミーの最終的な成果にたいする応用的な科学・技術知識の比重の著しい増大は支持も得たが，アカデミー会員，科学の基礎的な問題の解決と世界の認識をアカデミーの特性と考える伝統的な科学アカデミーの課題の解釈を支持する者たちから一定の反対も受けていた。エンジニアのやり方と工学の方法の発達と増加する工業部門の日常的な活動を科学・技術面で直接に支える具体的な課題は，彼らの意見では，伝統的な科学アカデミーの活動の枠外のものであった。しかし，科学アカデミーにおける応用的技術科学研究の加速的な発達，科学アカデミーの研究員の生産上の問題の解決への直接的な関与は全面的に権力が支持するところであった。既に1930年代において作成された指示方針は1946-1958年においても，科学アカデミー・工学部の科学組織化活動の指針であった。

しかしながら，彼らが考えたように，アカデミーを基礎科学だけの発達という「まことの道」に返そうとする願いは，一部の科学アカデミー会員だけのものではなかった。ソヴィエトの社会科学で生まれた，本質においてスコラ的で，形態において抽象的な，科学実践の構造における基礎研究と応用研究との間の関係に関する解釈がそれを助長した。こうしたものの一切により，ここでの検討対象時期の終り頃になると，国の権力構造とアカデミー共同体の行く手に，この時期までに科学機関と補助機関の管理が困難なスーパー・システムにかわっていた科学アカデミーにおける科学的な技術研究の組織化のさらなる発展という問題が滞り，立ちはだかるようになった。

2. ソ連邦科学アカデミー・工学部の黄昏

科学アカデミー・工学部の活動の最後の段階はそれが廃止される1963年までであるが，ニキータ・フルシチョフの発案で，それに先行する時期の最後の段階から始まっていた国家管理の改革の時期に当たる。その改革のひとつが，国民経済発展の5カ年計画から7カ年計画への転換である。国民経済発展7カ年計画は1959-1965年の間，取り組まれた。これがここで問題とする時期を規定している。

われわれが分析しているこの時期の段階は科学アカデミーにおける科学的な技術研究組織化の改革と結びついている。

この段階，中央行政=管理機構の一定の役割にもかかわらず，否，あるいはそのために，こうした機構は国の科学的な技術研究の最終的成果にたいする影響をますます失うようになった。世界の文明発達の工業化段階からポスト工業化段階への移行という，力を得つつあった傾向と結びついた新しい歴史的段階は，当時は国の指導者層にも，科学アカデミーそのものにも思い浮かぶものではなかった。課題と科学活動の管理構造の時宜に適した修正のかわりに，党・国家機構とそれに厳格にコントロールされた科学アカデミー幹部会は慣性の力に従ってしまった。アカデミーの科学者と集団の前には(1920年代，1930年代に路線が始まった)国の工業化の一層の発展に向けた，新しい科学・技術の課題が提起された。それらの解決のために追加的な国家資源が割り当てられ，新しい研究所，部局，研究室が設立された。しかし，1950年代末から1960年代初めにかけて，科学アカデミーの外延的成長政策は袋小路に陥っていた。一方では，原理的には効率的なはずの科学アカデミーの科学というものは，自らの中に，科学研究にたいする集権的な国家管理の有機的な欠陥をますます感じるようになっていた。他方，科学アカデミー自身はこの時期に至るまでに既に，科学機関と行政=経営機関の管理困難なスーパー・システムに転換していた。結局，これらの一切が組織的な危機をもたらし，そして1933-1958年に生み出された科学アカデミーの科学・技術研究のシステムの根本的な刷新を喚起したのであるが，その中には科学アカデミー・工学部の廃止も含まれていた。

1959-1963年の科学アカデミーにおける科学・技術研究組織化の改革プロセスはどのようなものであったのだろうか？　この改革プロセスに関係した基本的な出来事を簡潔に特徴づけてみよう。

1959年5月，3月26-28日に開催された科学アカデミー総会の決定に基づいて，アカデミーはソ連邦共産党中央委員会に，国の科学研究の現状とそのコーディネーションの改善に関する問題を最高のレベルで審議するよう提案した。2カ月後，中央委員会幹部会の会議でフルシチョフ，続いてアレクセイ・コスィギンとレオニード・ブレジネフが，科学アカデミーが"実践との繋がり"を弱め，"管理困難"になっており，その中に，現状より大きな利益をもたらし，大きな責任を持って活動することが出来たであろう，工業の中に本来は場を占めるはずの一連の研究所をも科学アカデミーが傘下に収めていることにたいして，厳しい批判を加えた。

この批判に関連して，科学アカデミー幹部会はアカデミーの再編に関する方策を目標とする。この年，ソ連邦共産党中央委員会幹部会はその書記局に10月16日までに科学アカデミーの，工学部の変容を含む，活動改善に関する方策を策定する委員会の編成を指示した。

工学部の研究を基本的には自動機械，無線技術と電子工学に集中し，自動機械=無線技術=電子工学部に改称することが提案された。このような，変容を加えつつも工学部を縮小したかたちで維持しようという試みは失敗に終った。このことは1963年に至るまでにしだいに明らかになった。公式には，アカデミー総会で確認され，1959年3月31日に施行された1959年規約で前提された構造を保持しつつも，1960年6月29日，科学アカデミー総会は党と政府の科学に関する決定を視野に入れた，新しい規程草案作りのための委員会を選出した。党・政府の決定の中には，まず1961年4月3日，党中央委員会とソ連邦閣僚会議で採択された布告「国の科学研究のコーディネーションとソ連邦科学アカデミーの活動の改善に関する諸方策について」を挙げなければならない[8]。この布告は，文字通り，この時期までに出来上がっていた科学アカデミーの科学・技術研究組織を解体し，ロシアにおける技術発展の科学による裏づけの領域を，長く続くことになる，実り少ない再編の過程に陥れることとなった。検討された深部に至るアカデミーの活動の再編という構想は，アカデミーの努力を基礎科学の先を見越した問題の解決に集中し，そのために，科学的な技術研究から自らを解き放ち，その指導を国家委員会その他の官庁に引き継ぐということにあった。

1961年から1963年にかけて，科学アカデミーから，92カ所の巨大な効率よく活動していた機関，つまり，29,500人の研究員（科学アカデミー構成員の3分の1）が働いていた科学機関の総数の半分（51カ所の科学研究所と7カ所の支部）が引き離された。科学アカデミーは，官庁から引き渡された一部の研究機関にたいする科学的・方法論的指導を担当することとなった。1961年の数カ月の間に，工学部の次の諸研究所が部門別の委員会や官庁の管轄に移された。

国家経済会議（Госэкономсовет）の管轄にA.V. スコチンスキ名称鉱山学研究所（Институт горного дела им. А.В. Скочинского）と鉱物性燃料研究所（Институт горючих ископаемых）が委ねられ，続いて，A.A. バイコフ名称冶金学研究所（Институт металлургии им. А.А. Байкова）が燃料工業国家委員会（Государственный комитет по топливной промышленности）に管轄されるようになり，他にはG.M. クルジジャノフスキ名称エネルギー学研究所（Энергетический институт им. Г.М. Кржижановского）と電子制御機器研究所（Институт электронных управляемых машин）も国家経済会議に委ねられることとなり，ソ連邦閣僚会議附属無線電子工学国家委員会（Госкомитет СМ СССР по радиоэлектронике）には精密機械=計算機器研究所（Институт точной механики и вычислительной техники）が移管され，機械学研究所（Институт машиноведения）や自動化機器=遠隔制御機器研究所（Институт автоматики и телемеханики）や電気工学研究所（Институт электромеханики），そして電気加工研究所（ラボラトーリヤ：Лаборатория электической обработки материалов）がソ連邦閣僚会議附属自動化=機械製作工業国家委員会に委ねられた。

国家経済会議や部門別委員会への上述した科学諸機関を移管した後，1962年の時点では科学アカデミー・工学部の管轄下にあった研究所としては，力学研究所（Институт механики），無線電子工学=電子工学研究所（Институт радио-электроники и электроники），電波工学研究所（Радио-технический институт), 情報伝達問題研究所(以前はラボラトーリヤ)(Институт — ранее Лаборатория — проблем передачи информации), 技術用語委員会(Комитет технической терминологии)が残っていた。

他に, 科学アカデミー・工学部に附属していた水利経済問題会議(Совет по проблемам водного хозяйства), 全連邦無線物理学=無線工学学術会議(Всесоюзный научный совет по радиофизике и радиотехнике)があり, 他にも全国規模の会議, すなわち, 自動制御会議(Совет по автоматическому управлению：アカデミー会員ヴァジム・トラペズニコフ議長), 溶接会議(Совет сварки：通信会員ニコライ・ルィカリン議長), 理論=応用力学会議(Совет по теоретической и прикладной механике：アカデミー会員 N.I. ムスヘシヴィリ議長), 耐久性・柔軟性の科学的基礎に関する会議(Совет по научным основам прочности и пластичности：通信会員アレクセイ・イリューシン議長)が存在していた。

1961 年に行われた措置の結果, 科学アカデミー・工学部の業務内容が根本的に変更され, 限定されて, ソ連邦科学アカデミーの工学に関連した課題と活動は大幅に縮小した。それと同時に, 今や部門別の国家委員会に移管された研究所で働いていたアカデミー会員や通信会員の課題と役割も科学アカデミーの枠内ではかなりの程度不明確になった。

新しい組織的形態を求め, 1962 年, 工学部は内部に以下の 4 つのセクションを設置した。①エネルギー学=燃料=交通セクション(энергетики, топлива и транспорта), ②自動化=遠隔制御=無線工学=電子工学セクション(автоматики, телемеханики, радиотехники и электроники), ③力学=機械工学=航空宇宙工学セクション(механики, машиностроения, авиационной и космической техники), ④冶金学=金属学=鉱山学=有用鉱物精鉱化セクション(металлургии, металловедения, горного дела и обогащения полезных ископаемых)である[9]。

工学の専門に従ってセクションをグループ化する原則も, 工学部の諸セクションの権限と業務内容も, 根拠や念入りな計画性に欠けた性格, 組織的な軽率さや不明確さといった性格を有していた。それにもかかわらず, これらのセクションは工学発展の現状と主要な課題について記録の編纂を行ったことに代表されるような, それなりの肯定的な結果も残した。

科学アカデミー・工学部の書記役アカデミー会員アナトリー・ブラゴンラヴォフは1962年2月4,5日付の報告書の中で，1961年の研究結果について，科学アカデミーの他の部門の研究所が主導的な役割を果たしているような一連の問題(固体物理，人口衛星または宇宙ロケットによる宇宙空間観測，または上層大気調査，半導体機器製造など)が工学部の諸課題の中でも大きな位置を占めていたと述べていた。

工学部の研究所が直接関与していた問題の研究課題は以下の通りだった[10]。

①無線電子工学の新分野の研究，とくに固体物性の利用，干渉波の発生と改変のためのプラズマの利用，熱核融合研究のための計装機器を含む新しいタイプの電子機器の開発に関する研究。

②高速・高温の気体力学，熱力学的・化学的な非平衡過程，固体と固体システムの弾性，可塑性，硬度の理論といった分野における最重要の技術の理論的諸問題の発展。

③情報の伝達・分配・加工に関する諸問題，とくに視覚認知作業に関する諸問題の研究。

④自動化研究分野においては，最適，かつ自動的に調節する管理システム理論の発展，信頼性の向上と自動化手段の小型化，生産過程と運動する客体を管理する新しいシステムの開発を目指した自動制御理論(技術的サイバネティクス)に関する研究。

書記役アカデミー会員の報告では工学部の状況とその第一義的課題を新しい条件の下で正確なものにしてゆく努力は当然で共通のものと見なされていた。専門ごとにセクションにまとめられたメンバーを通して，工学部は国の技術発展全体に影響を与え，工学の理論的諸問題，とりわけ党綱領で最重要の科学的課題とされた方面に関する研究のコーディネーションを実現することが出来た。

1962年2月6,7日の科学アカデミー総会ではムスチスラフ・ケルドゥイッシュ総裁は，工学部は，全般的，かつ，部門の枠を超えた意義を持つ新技術の最重要問題を研究する使命を持った少数の基礎となる研究所を設立しなければならない，こうした基礎となる研究所を設立する仕事については既に諸方策が採択されていて，無線工学=電子工学研究所(Институт радиотехники и электроники)，情報伝達問題研究所の基礎が強化されつつある，と述べた。科学アカデミーは，力学における研究水準を向上させ，熱物理学の現代的諸問題の分野における研究のための基盤を強化しなければならない。自動化機器とサイバネティクスの分野における研究基盤の発展に充分な注意が振り向けられなければならない，と述べた[11]。

1962年6月29,30日の総会では総裁ケルドゥィッシュは，工学部の研究所は技術の発達にとって広い意義を持つ問題に取り組み，広範に技術に応用される科学の諸分野での研究を進めなければならない，と述べた。そうしたものの中には，自動化研究，無線電子工学，熱物理学，力学が挙げられていた[12]。

そのためには高温熱物理学研究所(Институт высокотемпературной теплофизики)を設立し，力学研究所をかなりの程度強化し，情報伝達問題研究所の実験基盤を発展させ，サイバネティクス数学問題研究所(Институт математических проблем кибернетики)を設立し，無線工学=電子工学研究所建設を促進する必要があると認められた。こうした研究所は科学アカデミーが科学技術面での指導を管轄していた自動化機器=遠隔制御機器研究所と強い関連性があり，その後のサイバネティクスの分野における研究発展の堅固な基礎となるようなものにならなければならない，と述べた[13]。

総裁は，既に始まった工学部の再編がすぐには進まないにしても，それは国の技術進歩における工学部の役割を高め，われわれの科学的権威の一層の強化にも繋がるものとなるであろうとの確信を明らかにした[14]。

工学部の発展と国の技術進歩へのその影響の強化を援助するため，1962年6月29,30日に科学アカデミー総会は新しいアカデミー会員と通信会員選挙を行い，その結果として工学部にはあらゆる世代からなる新しい会員が加わった。

1962年における活動の結果がまとめられ，工学部が，新しい条件下で活動し，セクションを構成しながら，ソ連邦科学アカデミーやソ連邦構成諸共和国科学アカデミーで働く者も，他の官庁や高等教育機関で働く者も，同じ科学的関心で結びついた，さまざまな専門を持つ科学者をその活動に引き入れる可能性を持っている，と指摘された[15]。

工学部が管轄した諸機関では，とくに，天然エネルギー資源・鉱物資源のより完全な利用，技術的工程の改善，新技術の要求に照応した機械や素材の開発を目指した理論的な研究などの研究が行われた。この時点で，無線電子工学，力学，自動化機器とサイバネティクスの分野での研究において顕著な成果が表れていた。こうした科学研究の成果の多くが部門別研究所，設計ビューロー，および工業企業で応用されていった。

1962年の時点では既に科学アカデミー・工学部の会員の多くが工学諸部門で働いていたことも念頭に入れなければならない。それゆえ，ただ科学アカデミーの諸機関の成果だけをもって，科学アカデミーの中でもっとも多くの人員を数える工学部所属の科学者の大きな創造的な活動を代表させることは出来ない。

工学部は，国家委員会や他の官庁に移管された科学・技術研究から科学アカデミーが解放されたことによって生まれた新しい条件で自らの位置を見出したかのように思われる。

しかし，事実はすべてがもっと複雑であった。一方では，ソ連邦科学アカデミーのおかげで科学的，実践的な著しい成果が生まれた。この時期のソ連は，人材の質的向上，科学・技術の主要な方向性のすべてにおける進歩といった点で，着実にポスト工業化社会の段階に近づいていた。その意味において戦後ロシアの工業化は，かなりの程度，世界に見られたようなポスト工業化社会の傾向を体現するものであった。しかしながら，それは，効率，テンポ，最終成果の点において否定的に語られている政治的・経済的条件の下で経過していったのである。中央行政=国家機関は国の科学・技術研究の最終成果にたいする影響力をますます失っていた。科学研究の課題とそれにたいする管理構造の差し迫った修正をすることなしに，党・国家機関とそれに厳格に規制された科学アカデミー幹部会も惰性のように行動しただけであった。科学アカデミーの科学者と集団の前には，（1920年代，1930年代に始まった路線の）工業化の一層の進展を目指した科学・技術研究の課題が立っていた。その解決のために，追加的な資源が割り振られ，新しい研究所，部局，研究室が設置されていった。しかし，1950年代末，1960年代初めになると，外延的な発展政策は行き詰まってしまった。一方では，効率的な科学アカデミーの科学は，自らのうちに，科学研究にたいする集権的な国家管理という組織的な欠陥を，原理的に感得するようになった。他方では，ソ連邦科学アカデミー自体が科学機関，行政=経営機関の管理が難しいスーパー・システムに転化していたのである。スーパー・システムという言葉は，合理的な規模を超えて拡大し，そのために効果的に管理することが実際には不可能になった，複雑で，図体の嵩張るシステムのことを意味する。

このようなことが，最終的に組織の危機に導き，そして1933年から1958年まで存続してきた科学・技術研究システムの，工学部の廃止を含む，根本的再組織化を導いたのであった。

工学部の廃止は次のように展開していった。1963年1月11日，ソ連邦科学アカデミー総会は各部門の再編と部門の管理のために3つのセクション，すなわち，物理=技術=数理科学セクション(Секция по физико-техническим и математическим наукам)，化学=工学=生物科学セクション(Секция по химико-технологическим и биологическим наукам)，社会科学セクション(Секция по общественным наукам)を設ける決定を行った。この提案はソ連邦共産党中央委員会とソ連邦閣僚会議の諸会議で議論を重ねたのち，両者は1963年4月11日付で「ソ連邦科学アカデミー，連邦構成共和国科学アカデミーにおける活動改善に関する方策について」を布告し，それによりソ連邦科学アカデミーは，国の自然科学と社会科学の諸分野における研究にたいする一般的な学術指導を委任され，ソ連邦科学アカデミーの主要な課題がリスト・アップされた。その際，工学に関する言及はなかった[16]。このようにして，工学はソ連邦科学アカデミーの責任範囲外，管轄外とされた。幹部会に新しく設立する3つのセクションに関する提案が可決され，ソ連邦閣僚会議の確認に基づく科学アカデミーの構成変更に関する提案を実施に移す権限が幹部会に与えられた。

1963年5月14,15日，ソ連邦科学アカデミー総会はこの布告を実施する前提となる諸方策を審議したが，その主要なものはソ連邦科学アカデミーの構成変更であった。1963年7月1日，ソ連邦科学アカデミー総会は，1962年6月29日には制定に向けた作業が始まっていた新しい規程を制定した。それが想定していた科学アカデミーの構成では，16の部門が置かれていたが，その中に工学部はなかった。しかし，力学=管理工程部（Отделение механики и процессов управления），エネルギーの物理=技術的諸問題部（Отделение физико-технических проблем энергетики），一般化学=工業化学部（Отделение общей и технической химии）という，科学・技術の問題群のうちただその一部を負った部は置かれていた。

以前の工学部の諸機関と問題群は，主要には物理=技術=数理科学セクションの専門に近く，また，少しは，化学=工学=生物科学セクションの専門にも近かった。

物理=技術=数理科学セクション内の中では6つの専門部がその下位区分をなしていた。

①数学部
②核物理学部
③一般=応用物理学部
④エネルギーの物理=技術諸問題部
⑤地球科学（наук о Земле）部
⑥力学=管理工程部

以前の工学部の中に入っていた科学研究機関の多くが工業部門に移管され，その他は新しい部門に配置されることとなった。

同様に工学部に附属していた諸委員会，セクション，学術会議なども新しい部門に配置し直されることとなった。工学部から分野別の国家委員会に以前に移管された研究所のうちいくつかは，組織的に科学アカデミーと密接に結びついており，科学的，方法論的指導の面ではソ連邦科学アカデミーの下に置かれるという，二重の管轄下に置かれることとなった。

3. ソ連邦科学アカデミー・工学部の廃止ののち

一見，科学アカデミーの再編問題は成功裏に解決されたように見えた。多くの研究所が科学アカデミーのもとを離れ，分野別国家委員会や諸官庁などに移管され，以前の工学部の研究所のうち，科学アカデミーに残ったものもさまざまな自然科学部門に配置され，こうして以前は管理が難しかった科学アカデミーというスーパー・システムの管理が容易になった。

しかしながら，工学部の廃止の必要性などなかった。一般に，工学部は国内の科学・技術研究活動の実施，複合的な部門を超えた研究の組織と実施に関するコーディネーターとしての機能を保ち続ける必要があった。文明の工業化段階からポスト工業化段階への移行過程においてはこのような研究の役割は何倍にも大きくなったからである。

現在，1960年代初めの工学部廃止も，科学アカデミーの中では自然科学と社会科学だけを発展させるとした政府の路線を形式上受け入れたことも，根拠が充分ではなかったことがますます認識されるようになってきている。

1961年10月，ソ連邦共産党第22回大会は第3綱領，つまり共産党の綱領の中でもたぶんもっともユートピア的な，「世界初の共産主義社会を建設する具体的な計画」と書かれたような内容を持つ綱領を採択した[17]。ソ連の科学者には，「ソヴィエト科学にたいして，知識の重要な分野においてすでに獲得した先進的な地位を固め，基本的な方向のすべてにわたって世界の科学のなかで主導的な位置を占める」べきだとする課題が提起された[18]。

これを工学の分野で実践することは困難であった。

1957-1965年の改革期にフルシチョフに指導された党中央委員会が導入した国民経済会議(Советы народного хозяйства)やその他の一連の組織刷新はすぐに廃止された。ソ連邦科学アカデミーは1963年規程で変更された構造に戻ることはなかった。

現在では，1960年代初めの工学部廃止と科学アカデミーでは自然科学と社会科学だけを発展させようという政府の路線の公式的な理解は，実際，根拠薄弱であったことになる。

こうした決定の帰結は間違って予測され，結局，ソ連の科学・技術ポテンシャルのさらなる発展にたいして否定的であったと言われているのであった。

1 АРАН, Ф. 395, Оп. 1, Ед. хр. 29 а, л. 1.
2 АРАН, Ф. 395, Оп. 1, Ед. хр. 9, л. 26.
3 Постановление ЦИК СССР, "О передаче Академии наук СССР в ведение СНК СССР", СЗ СССР, 1933. № 49, С. 287
4 "Материалы к истории Академии наук СССР за советские годы", «Известия АН СССР». 1950 г. С. 211.
5 *Комков Г.Д., Карпенко О.М., Левшин Б.В., Семенов П.К.*, «Академия наук СССР - штаб советской науки». М., Наука, 1988, С. 75.
6 Там же.
7 1946 年 3 月のソ連邦最高会議で確認された。
8 1959. Устав. «Уставы АН СССР. 1724-1974». М; Наука, 1975, С. 150-164; АРАН, Ф. 2, Оп. 7, Д 123, лл. 50-63.
9 АРАН, Ф. 395, Оп. 1, Ед. хр. 467.
10 «Вестник Академии наук СССР». 1962, номер 4. "В Отделении технических наук", С. 68-71.
11 *М.В. Келдыш,* "Вступительное слово", «Вестник АН СССР». 1962, номер 3, с. 3-7.
12 "Общее собрание Академии наук СССР. Речь Келдыша", «Вестник АН СССР». 1962, номер 8, С. 7-10.
13 Там же.
14 Там же.
15 «Вестник Академии наук СССР». 1963, номер 3. С. 54-58.
16 «Решения партии и правительства по хозяйственным вопросам». М., 1968, Т. 5, С. 304.
17 «Программа КПСС». М., 1961.
18 Там же. С. 129.

第3章
パラレル・ワールド
戦後ソヴィエト数学の公式の構造と非公式のメカニズム

スラヴァ・ゲローヴィッチ（市川　浩訳）

「問題解決のためのゲーム理論によって，われわれは公式の手段では完全に解くことができないことをすることが可能となります。」（イズラエリ・ゲリファンド／“Протокол заседания Учёного совета ОПМ МИАН.”, 28 июня 1960г; Архив Российской Академии наук (А РАН), Ф. 1939, Оп. 1, Д. 20, l. 38.）

1950年代から1980年代初頭にかけての時代は，“ソヴィエト数学の黄金時代”としてロシアの数学者に記憶されている[1]。“黄金時代”という言葉は通常，過去の実際の業績とはあまり関係はなく，むしろ，過去に投影されたフラストレーション，現在の挫折した希望から過去を見た時のフラストレーションに関係しているものである。この時期を理想視することなく，集団の記憶の中に“黄金時代”としてのイメージを作り上げることを可能にしたものについて，何がそれほど際立っていたのかを検討することは意義あることであろう。

科学史家たちは伝統的に，ソ連の数学が非常に活発になった理由を，自分自身の努力にのみ依拠してこの分野で成功を収めることが出来る若い人たちを数学が惹きつけたことにあったと説明している。数学は社会科学や生物科学の研究に特徴的だったイデオロギー的圧迫からは自由な学問と見なされていた。たとえば，ローレン・グレーアムは，「帝政ロシアとソ連の政治的・経済的障壁にかかわらずに成果を上げることが可能だった分野に魅了された才能ある若い人々」を論じている[2]。いわゆる“黒板の原則”も，黒板とチョークのような最低限の資源があれば充分で，それゆえ，政府からの援助にそれほど依存していない分野でロシアの学者が卓越していた理由として，しばしば引き合いに出されている。“黒板の原則”という言葉はセイン・グスタフソンが作り出したものだが，彼は「ソヴィエトの純粋科学は，物質的な援助にほとんど依拠しない諸分野」，もっとも顕著に数学で，「最強であった」と論じている[3]。このような説明には，しかし，才能の集中，研究のツールの簡素さがあれば，良好な学問的業績を挙げるに充分であるのだろうか，という疑問がわいてくる。数学が，個人による追究というより，数学の共同体の活動であるとすれば，その決定的な構成要素となるのは，研究を支える社会的なインフラストラクチュア，すなわち，研究成果を普及するために印刷物を刊行しつつ，学者が集ったり，研究について話したりすることの出来る社会的な場と革新的な発想が出来る自由，であろう。

この時期にソヴィエト数学が実践された実際の状況を検討すれば，ある逆説的な状況が明らかとなるであろう。ソヴィエト数学は，公式の場においては社会的インフラストラクチュアの3つの面すべてにおいて深刻な障害があった。数学の諸機関と広範に及ぶ規範は，生産的な研究のなんら助けにはならないものであった。本章では，とくに，戦後に典型的に現れた諸問題とこうした障壁の抜け道を探そうとしたソヴィエト数学者のいくつかの戦略に焦点を当てたい。

1. **旅行の制約**——国際交流を制限する

一般に，戦後のソヴィエト数学は，制限された空間に閉じ込められていたと見なすことが出来る。制約はいくつかの側面に及び，地理的，概念的，行政的，肉体的にすら制約を受けていた。当然ながら，この状況は40年に及ぶ過程で変化していったので，こうした図式化は，さけられないとはいえ，単純化の誹りを免れないであろう。

第一に，ソヴィエトの数学者は国際的な学界と相対的に弱い繋がりしか持っていなかった。海外旅行は厳格に制限されていた。スターリン期末期，“コスモポリタニズム”に反対するイデオロギー的キャンペーンの高まりの中で，ソヴィエトの科学界は西側にたいして“拝跪している”との告発を回避するために外国人との学術的交流をさけざるをえなかった。1950年，ソ連邦科学アカデミーはケンブリッジでの国際数学会議の招待を断ったが，その口実として「ソヴィエトの数学者はルーチン・ワークに忙しく，会議に出席することが出来ない」ことを挙げていた[4]。1954年以降，ソヴィエトの代表団は会議に出席し始めたが，代表団メンバーはソヴィエト当局によって厳格に統制されていた。若い数学者，政治的逸脱を犯した者はまったく旅行が出来なかったし，国際会議で報告するように個人的に招待された指導的な数学者でさえ出席を妨げられることしばしばであった。たとえば，科学アカデミー通信会員であったイズラエリ・ゲリファンドは1954年のアムステルダム会議への出張を許されず，誰かが彼にかわってその論文を発表した。この時，ソヴィエトの代表団には別の数学者が含まれていたが，彼は何の発表もしなかった[5]。国際会議に何度も招かれたにもかかわらず，ゲリファンドは1980年代になるまで，海外で開催されたいかなる会議にも出席しなかった。数学者で，1961年から1975年まで科学アカデミー総裁を務めたムスチスラフ・

ケルドゥィシュは報告の中で，「ゲリファンドを海外に行かせなかったことによる損害は，彼を行かせた際の政治的損害をすでに上回っている」と述べた[6]。

外国の本や雑誌へのアクセスも制限されていた。翻訳されたものは少数部数だけ印刷され，すぐに売り切れになった。古本屋でそれらを見つけられれば幸運であった。外国の著者のものを引用すればソヴィエト数学者の貢献を減じていると見なされることもあった。海外の雑誌に発表するには特別の許可が必要で，政治的忠誠心の欠如の兆候として疑われることもしばしばであった。国際会議で海外の研究者と面と面をあわせて交流するというまれな例に接した時，ゲリファンドは「言うまでもなく，私たちは牢獄にいるのです」と述べた[7]。

2. 概念的制約——厳格なカリキュラムを押しつける

西欧の基準によって練り上げられてはいたが，主要なソ連の大学における数学カリキュラムはたいへん厳格なもので，概念的な深みよりも技能的なスキルを強調するものであった。ソヴィエトの教育モデルの下では，学生は，しばしば時代遅れとなっていた教育課程だけをあいかわらず義務づけた版を強制された。学部内で繰り広げられた政治的・民族的パージと全体としての教育システムの厳格さ，保守主義故に，数学教育の質には“ドラマティックな衰退”が起きていた[8]。大学では，代数位相幾何学のような新しい，さかんになっている分野で課程が設けられることは，皆無ではなかったとしてもじつにまれであった。

新しい課程を導入しようとした努力はしばしば抵抗に遭遇した。モスクワ国立大学に講師として勤めていたある人物は，「教え方の点で改められなければならないことが多かったにもかかわらず，大学ではあなたがたはほとんど何もかえられませんでした。大学は一種の自動機械でした。ヴラジーミル・チホミーロフ教授は，メフマットとして知られているモスクワ国立大学の力学=数学部で20年間にわたって解析幾何学の教育課程を改訂しようと努めました。みんな同意しましたが，改訂はなされませんでした。というのは，

図Ⅵ-3-1　モスクワ国立大学本構。出典：http://www.physcareer.ru/news/2828.html

彼らの説明では，規則通りの仕事からある歯車を外してそれを違ったサイズの歯車と取り替えることができない人物がひとりいたからです」と述べている[9]。

1970年代，大学の外から僅かな報酬，もしくは無報酬でオープン・セミナーや特別の教育課程を開いてくれる指導的な数学者を招いてカリキュラムを拡張しようとした努力は，力学=数学部の官僚たちの系統的な反対に直面した。フェリクス・ベレージン教授は大学本部に，「たとえ学部の正規メンバーでなくとも，実際にここで働いている数学者が，無報酬，または時間給で特別のセミナーや特別のコースを開くことが出来るという，長く続いてきた伝統を復活させるように」訴えた。彼は，「わが学部の伝統の中でも，学部の正規メンバーでない数学者が積極的に参加し，セミナーや特別のコースを開くことが可能であるという，とても自由な雰囲気があった。……現在の執行部は，その規則とプログラムの学術的価値やこうした特別コースやセミナーに出席している学生の間における人気との折り合いをいささかもつけずに，こうした実践を規制しようとしている初めての執行部である」[10]と論じた。

3. 政治的制約——“望ましからざる人物”を排除する

そのカリキュラムの制約にもかかわらず，主要な大学はまだ教育を得るのには最良の場所であった。というのは，他の教育機関はその与えうるものという点でもっと制限されていたからである。メフマットの基本的に低いレベルの教育課程の，念入りに整えられた制度にアクセス出来なければ，「職業数学者への道は，まったく閉ざされるわけではないにしても，少なくともかなりの程度阻まれることになった」[11]。

しかしながら，1970年代初め，主要大学の新入生受け入れ方針はドラスティックに再検討され，極度にバイアスがかかったものとなった。モスクワ国立大学，レニングラード国立大学その他の主要な高等教育機関への入学は，“望ましからざる者”，つまり，ユダヤ人，政治的異論派であることが疑われる学生，皮肉なことに，しばしば進んだ数学の訓練を施す学校の卒業生を含んだグループには厳しく制限されるようになった[12]。ユダヤ人の入学志望者は，通常，他の志望者から隔離され，一部屋に集められ，へとへとに疲れさせるような制度的排除の手続きに従わされた。彼らには，“人殺し”，あるいは“殺人的”問題として知られる，他の受験生に与えられる問題より難易度の点で遙かに難しい問題が与えられた。多くの報告によると，「問題のなかのひとつでも失敗して，落第点をつけられるようになるまで，学生たちは次から次へと問題を与えられた」のである[13]。

“人殺し”問題は全連邦数学オリンピックに提供される問題のうち，もっとも難解なものに匹敵していたし，時にはオリンピックの問題をそのまま借りてくることもあった[14]。1999年，傑出した数学者で，その当時はフランス，ビュール=シュリヴェットの高等科学研究所客員教授であったイラン・ヴァーディが“人殺し”問題25問を解こうとした。この25問を解くために，連続して取り組んでも，6週間かかった。つまり，1問につき1.5日必要だったことになる[15]。この厳しい試練を生き延びたユダヤ人はごくまれであった。

数学者にして人権活動家，ボリス・カネフスキーとヴァレリー・センデーロフは，メフマットの入学試験におけるユダヤ人排除に関する統計を集めた。モスクワの数学教育を行う学校のユダヤ人卒業生と非ユダヤ人卒業生からの入学者数における不一致は次のことを物語っている。1979年，ユダヤ人志望者40名のうち，26名が数学オリンピックの勝者であったが，入学を許されたのはたった6名であった。非ユダヤ人志望者47名のうち，オリンピックの勝者は14名であったが，40名が入学を許されている[16]。カネフスキーとセンデーロフはこうした方針を“知的ジェノサイド”と命名した[17]。

結果として，“望ましからざる者”は，しばしば，二流の教育機関に委ねられ，大学院から効率よく排除された。彼らにとって，自習だけが，最先端の数学を学ぶ方法であった。

4. 行政的制約——諸機関をコントロールする

ソヴィエトの教育・研究行政に一般的だったパターンであるが，ソヴィエト数学は厳格なヒエラルキッシュな組織を持っていた。研究機関の長，大学学科の長たちは雇用と解雇，海外旅行の許可と保留，そして昇進に巨大な行政権力を行使していた。何カ所かの最重要機関がすべてをコントロールしていた。約100名のフル=タイム研究者を雇用していた科学アカデミー・数学研究所，国際会議や国際機関へのソヴィエト側の参加を監督していたソヴィエト数学者全国委員会，公的に学位を認証していた全連邦学位認証委員会，そして主要な学術雑誌や出版所の編集委員会がそれである。こうした諸機関の主導権は，“望ましからざる者”の歩む道に障害物を置きつつ，自分たちを支持する者を強力にプロモートする党には忠誠を尽くす者たちの，選ばれたグループの掌中にあった。行政家の中には，上からのヒントや“シグナル”に従って行動する者もいたし，個人的な憎悪や反ユダヤ的見解に動機づけられる者もいた。数学共同体は，このようにして“われわれ”と“彼ら”，つまり，支配的な党派を支持する者とそれに反対する者に分かれた。この党派は系統的にその反対派を差別した。こうした方針に同意しなかった者は，指導的な数学者であっても海外に旅行したり，大学院生を採用したり，“望ましからざる者”の範疇に入ってはいたが，輝かしい才能を持つ若い研究者を雇用することは許されなかった[18]。

差別的な雇用政策は効果的に“望ましからざる者”を数学の研究組織から締め出した。指導的な数学者の中には，純粋数学を趣味として追究しつつ，非学術的な機関で働かなければならなかった者もいた。時間と金銭の負担の他に，このことは彼らがその研究成果を公表することを難しくした。ソ連における学術雑誌のほとんどが，投稿される論文に機密情報が含まれていないという証明を要求した。投稿者はその職場で情報利用許可認証を手に入れなければならなかったが，「当該地域で研究を実施するように公式に制度設計されている機関に雇われていないものにとって，こうした“認証”を得ることはたいへん難しいことであった」[19]。

教授と学生のインフォーマルな関係は推奨されなかった。1956年，指導的な数学者，パーヴェル・アレクサンドロフは郷愁を込めて戦前のことを回想している。「学生たちはセミナーに，ルージン[ニコライ：訳者注]のセミナーのように集まっていた。……セミナーのリーダーに率いられた多数の学生はひとつの集団を形成している。……教授たちは寮で学生と生活を共にしている。のち，このようなことは差し止めになった。教授と学生の社会的交わりは推奨されなくなった。ドミートリー・イェゴーロフ教授の紹介で学生が教授の家を訪問することも勧められなくなった。そのかわり，学生たちはふたつのグループに分けられた」[20]。この同じ年，モスクワ国立大学教授で応用数学研究所の研究員であったアレクセイ・リャプーノフは家庭学習のグループ(生物学における数学的方法に関する)を組織した廉で，同僚の共産党員によって非難された。「同志リャプーノフの誤りは自分の家庭，つまり，政治組織のコントロールの及ばないところで若者の学習グループの集まりを持つことで党の倫理を破壊したことにあります」[21]。

5. 物理的制約――フェンスを設ける

数学共同体におけるアイデアの交換は指導的な機関の物理的な隔離によって妨害された。研究機関や大学への物理的なアクセスは当該機関のメンバーに限られていた。領域は，しばしば，フェンスで囲われ，守られていた。外部のものは，臨時の通行証を手に入れなければならなかったが，それは不可能でなくとも，しばしば困難であった。たとえば，モスクワ国立大学はぞっとするようなフェンスに囲まれていた。入口の警備員はIDをチェックし，モスクワ国立大学に属さないものは誰でも追い返していた。

機知に富んだ訪問者は警備員を迂回する創造力豊かな方法を多数発明した。効果的な戦略には，図々しさ(無頓着な様子で，忙しく歩き回る)，代用(他の機関が発行した，よく似たIDカードをちらっと見せる)，および，野蛮な強行(素直にフェンスをよじ登る)があった。外国からの訪問者でさえ，警備員の目をくぐり抜け

図Ⅵ-3-2　モスクワ国立大学(雀丘)のフェンス。
出典：http://mosday.ru/photos/?2036

るために，モスクワ国立大学に“密輸され”た[22]。数学の集まりにやってくる聴衆は，こうして創意工夫によって自ずから選ばれた者たちであった。

こうした要素は，すべて，完全に機能的な数学共同体の創造を阻害するものであった。言い換えると，1950年代から1980年代にかけてソヴィエト数学が発展した状況は，“黄金時代”の要因などではなく，災難の原因のように見える。

6. パラレル・ソーシャル・インフラストラクチュア

ソヴィエトの高等教育に聳える砦であったモスクワ国立大学はこのような制約の一切を縮図のように示していた。雀が丘にスターリン期に建設された36階建てのバロック/ゴシック様式の摩天楼はその尖塔部の高さ240 mで，1990年代までヨーロッパでもっとも高い建物であった。それは，明らかに，ソヴィエトの学生たちの飽くことなき知識を求める闘いを象徴するものであったが，ソ連でもっとも大きく，もっとも崇められた数学の学科であったその力学=数学部は，上に述べた制約すべてを効果的に課していた。

しかしながら，ソヴィエトの数学者たちがこうした政策の土台を掘り崩しソヴィエト数学を世界の羨望の的にしたのも，まさにモスクワ国立大学においてであった。

ソヴィエトの数学者たちは，数学共同体が直面していた制約を克服する戦略を数多く開発した。彼らは，研究グループ(数学サークル)のネットワーク，通信制課程を組織し，モスクワ，その他の主要都市に，才能ある高等学校生徒を集め，彼らに最高度のレベルの訓練を与える特別数学学校を組織した。数学オリンピック，その他のコンテストは“望ましからざる者”が主要な大学にアクセスする機会を著しく増加させた。コンピュータ・センターや応用数学施設への雇用が，数学研究者としては雇われえなかった“望ましからざる者”に提供された。最後に，公開研究セミナーの大規模なシステムは，多くの世代からなる研究者の諸グループをまとめあげ，協力と新しいアイデアの普及を助けた。

図Ⅵ-3-3　1969年の数学オリンピック・メダル。
出典：https://goo.gl/KpZszG

7. 数学学校

アカデミズムの世界にいた数学者の努力の結果として，1960年代，特別数学学校のネットワークがソヴィエトの主要な都市に現われた。核兵器開発計画に動員された，幾人かの数学者はこの優先度の高い事業で得られた権威を，選ばれた学校で数学教育を改善するという自身のアジェンダを発展させるために利用した。ソヴィエト軍部のコンピュータ・プログラマーにたいする需要の増大を引用しつつ，彼らは進行中のフルシチョフ期の学校教育改革の機会を利用した。質の高い労働力の不足に立ち向かうため，1958年末，ソヴィエトの学校教育システムは再編された。さまざまな産業における職業にたいする義務的な訓練が高等学校に導入されたのである。数学者と物理学者はすばやく，自分たちがこの改革を自分たち自身の必要に役立てることが出来ることを悟った。指導的な核物理学者，アンドレイ・サハロフとヤーコヴ・ゼリドヴィチは党の代弁機関であった『プラウダ』紙上で特別数学=物理学校の設立を呼びかけた[23]。傑出した数学者，アンドレイ・コルモゴロフとミハイル・ラヴレンチェフもこれに声をあわせた[24]。

著名な科学者が政府にたいしロビー活動を展開していた間，なみの数学者，物理学者は地域で指導性を発揮していた。コンピュータ・プログラマーを養成するとの旗印の下，上からの命令を待つことなく，彼らは数学と物理学で先進的な訓練を施す特別の高等学校を組織し始めた。1958年，モスクワ第2学校は，通りを隔てて立つ精密機械=計算機器研究所の支援を得て，コンピュータ・プログラミング・コースを設けた[25]。1959年には，数学教育の指導的な専門家であったセミョーン・シュヴァルツブルドがコンピュータ・プログラミングを第444学校に導入し，その他の多くの学校でも応用される進んだ数学カリキュラムを開発した[26]。1961年には，理論=実験物理学研究所の数学者，アレクサンドル・クロンロードがモスクワ第7学校で数学とコンピュータ・プログラミングの特別クラスを組織し，自身，そこで教え始めた[27]。彼のもとにいた大学院生，ニコライ・コンスタンチノフもこの学校で教え，後日，モスクワ第57学校，第179学校で数学クラスを組織した。第7学校にたくさんのユダヤ系の生徒が登録されたことで，地域の党組織は警戒し，学校の指導部はユダヤ人の受け入れを制限するように強制された。他の生徒と一緒に，彼らはイズラエリ・ゲリファンドの息子も追放した。ゲリファンドは，応用数学研究所で水爆開発に決定的に重要な計算に責任を持っていたので，すばやく解決策を見出した。彼は息子を第2学校に入れ，彼自身が教えることと交換に，そこで数学クラスを設立するように根回しを行ったのである[28]。

そのような時期，1962年9月，ステクロフ名称数学研究所レニングラード支部長のゲオルギー・ペトラシェニと数学者ヴィクトル・ザルガレルのイニシャティヴで，レニングラード第239学校は高度な数学・物理学教育を施す学校に生まれかわった[29]。同時に，もう2カ所，数学=物理学校，すなわち，第30学校と第38学校がレニングラード国立大学の周辺で開校した。指導的なアカデミズムの数学者，物理学者がカリキュラムを開発し，通常の教師がそのような高度な課程を教える訓練を受けていないために，しばしば自らこれらの学校で教えた。1963年春，大学はレニングラード第7寄宿制学校と，120人の生徒を選び，4つの数学の特別クラスに編成するよう，協定を提案した。この取り扱いはレニングラード市の教育当局には秘密にされた。彼らは学校の活動に大学が介入してくるのを好まなかったからである[30]。同様の構想がモスクワ，ノヴォシビルスク，そしてキエフの大学にも現われた[31]。

結局，ソヴィエト政府はアカデミーの科学者たちのロビー活動を受け入れた。1963年8月，政府は，モスクワ，レニングラード，ノヴォシビルスク，キエフの4つの主要大学に附属して，物理学・数学，あるいは化学・生物学の進んだ教育を施す，4カ所の寄宿制学校を公式に設置する布告を採択した[32]。大学教授たち，アカデミーの研究員たちはカリキュラム作りとこれらの学校での教育に密接にかかわった。まもなく，こうした寄宿制学校は，アルメニア，グルジア，リトアニアの諸ソヴィエト共和国，およびロシアの他の地域にも設置された[33]。モスクワでも，レニングラードでも，数学学校のネットワークも広がり続けてはいたが，寄宿制学校は主要な大学のセンターの外側で生活している生徒たちにだけ役に立った。

生徒たちは，数学コンテストのネットワークと厳格な口頭，ないし筆記による入学試験を通じて選抜された。この選抜は，ただ数学，物理学の知識と将来性だけを考慮に入れ，応募者の以前の学校の記録は完全に無視され，数学学校が他のソヴィエトの教育システムと違った基準を使っていることが強調された[34]。高等学校の最後の2年間，数学学校の生徒は事実上，大学レベルの授業を受け，上級の課程用によく整備されたモスクワ国立大学に来たのである[35]。

寄宿制学校が大学管理部の管理の下にあったのにたいして，市立の数学学校はよりフレキシブルで，そのいくつかはかなり制約の強いソヴィエトの学校システムの中で自由な精神のオアシスとなった。このような学校は知識の実力主義の明確なエートスとドグマや権威にたいする抵抗を是認した。彼らの教師はしばしばアカデミーの研究員であったが，知識の事前にパックされた塊を生徒に与えるかわりに，彼らにすべてを自分で発見させ，何ごとも鵜呑みにせず，公開の討論を励まして，学術的な探究の精神を彼らと共有した。このような教育は知識の価値はそれがもたらす自由の中にあるという原理に基づいていた[36]。数学学校における数学的訓練のレベルを問われたある教師は，「われわれは人々に数学者になるように教育をしているわけではありません。われわれは彼らに自由になるように教えているのです」とこたえている[37]。

大学の学部生もよく数学学校で上級の課題を教えたが，彼らは教師と生徒との間の年齢差，力関係の差をラディカルに減じ，生徒のイニシャティヴと自尊心を助長することで重要な役割を果たした。数学学校の卒業生はよく自分の出た学校に教師として戻ってきたが，数学知識の伝達と倫理的原理の伝達双方における継続性を確立し，密接に結びついた共同体の形成を促進した。こうした学校の卒業生はその他の者と相当に違っていたので，大学の人混みの中でもすぐに見分けがついた。思考の独立性と知的自由のために努力する姿勢は，彼らを，ソヴィエトの学校教育の中で服従を早期から刷り込まれた人々とは明確に違った者にした。

独立した思考の精神に直面して，保守的な大学当局は数学学校卒業生をトラブル・メーカー，および“仕立て済みのライヴァル・グループ”と見なし，彼らの力学=数学部への入学を妨害し始めた[38]。あるモスクワ国立大学の教授は，当局の方針に反対することが出来ず，「ユダヤ人を雑草のように引き抜くためにつくられた機械があらゆる優秀な人々を排除するのに使われている」と苦々しく記している[39]。

数学学校で教えた大学の教授と学部生たちは，通常，なにも報酬を得ないボランティアであり，このことが彼らにカリキュラム作りにおける大きな自由度をもたらすことになった。こうした教師のひとりはこうしたボランティアによる教育運動を“影の教育学”と呼んだが，それは“影の経済”と同様，公の統制の枠外で機能した[40]。特別学校の相対的な自治は，これらの学校を非正統派の人々やリベラルな思考を持つ人々にとって魅力的なものとした。ルィセンコ派による迫害を蒙ったある遺伝学者はアカデミーの中では就職口を得られず，生物学の教師としてレニングラード寄宿制学校に避難先を見つけた[41]。高名な異論派で，シンガー=ソングライターだったユーリー・キムはモスクワ寄宿制学校で文学と歴史学の教師として働いていた。もうひとりの異論派，アナトーリー・ヤコブソンは，地下出版の『クロニクル』誌の寄稿者であったが，第2学校で文学と歴史学を教えていた。

ソヴィエトの異論派が1968年8月のチェコスロヴァキアへのソヴィエト軍の侵攻に公然と抗議するようになったあと，権力は異論派運動の撲滅を始

図VI-3-4　第57特別数学学校の生徒たち(スラヴァ・ゲローヴィッチ提供)

めた。いくつかの特別数学学校からは“望ましからざる”教師団が追放された。キムとヤコブソンは退去を余儀なくされ，第2学校とモスクワ寄宿制学校の校長は職を失い，他の教師の中には抗議して辞職した者もいた。レニングラードでは第38学校と第30学校は合併され，市の郊外に移された。第121学校は閉鎖された[42]。解雇されたか，抗議して辞職した教師たちは，それでも，しばしば他の学校に職を得て，さらにソヴィエト数学のパラレル・ソーシャル・インフラストラクチュアのエートスを広げていった。

8. “ユダヤ人民の大学”

1978年，カネフスキー，センデーロフとベラ・スボトフスカヤは数学部の差別政策に憤慨して，モスクワ国立大学から排除された“望ましからざる者”のために，力学=数学部のカリキュラムに基づいた非公式の公開コースを開設した。週1-2回，学生たちは，個人のアパートや空っぽの大学の部屋に集まった。そこで，大学の教授やその他の指導的な数学者が，無報酬で講義を行い，セミナーを開き，試験を実施した。多くの学生は既に力学=数学部の基礎的な課程に慣れ親しんでいたが，講師たちはより上級のトピックに言及した[43]。これは非公式に“人民の大学”，あるいは多くの学生がユダヤ人だったので，“ユダヤ人民の大学”とあだ名されて知られることになった。集会は，たとえば，「夜間数学学校における講師の質の改善講座」などという，権力筋の疑惑をそらす，罪のないラベルを着せて行われた。1978年，グループにはたった14名の学生がいただけだが，のちには毎年100名近くの学生が講義に出席するようになった[44]。ここの教育の質と学生のレベルは，力学=数学部のそれらに対抗するものであったので，皮肉なことに，力学=数学部の学生も“人民の大学”にやってきた。

1982年，国家保安委員会(KGB)は，“ユダヤ人民の大学”を組織したばかりでなく，恐らく数学の講義ノートや大学用のプリントをコピーするためにも使ったのと同じ地下のフォトコピー機を使って反ソヴィエト・パンフレットを作り，配布していたカネフスキーとセンデーロフの異論派活動に最終的に終止符を打つ決心をした。彼らは逮捕され，反ソヴィエト活動のゆえを持って訴追された。大学の背後にいた勢力を動かしていた首領であったベラ・スボトフスカヤは，KGBによって彼らに不利な証言をするように圧力をかけられたが拒否した。2-3日後，もっとも疑わしい状況で，彼女はトラックにひき殺された。“ユダヤ人民の大学”が結果的に閉鎖されるまでに，350名以上の学生がそのカリキュラムを経て育っていた[45]。

モスクワ国立大学，モスクワ物理=工科専門学校，モスクワ工業=物理専門学校など主要な大学はユダヤ人にたいしては門を閉ざしていたが，それより劣るいくつかの学校は“望ましからざる者”にとって安全な天国と呼ばれていた。それらはほとんど工業系の学校で，モスクワ運輸技術専門学校，モスクワ鉄鋼専門学校，モスクワ石油化学=ガス工業専門学校などであった[46]。結果として，これらの学校は優れて強力な学生たちのグループを獲得した。運輸技術専門学校の数学チームはたいへん優れていたので，1976年の数学コンテストで部門優勝を遂げ，上級のモスクワ国立大学のチームと競い合う部門に移ることを要請された。しかし，コンテストの組織者はこの動きを止めた。運輸技術専門学校のチームは，その時，上級の部門の問題１組を手に入れ，自分たちの能力を示すべくそれに取り組み始めた。モスクワ国立大学のチームの結果との明確な比較を食い止めるために，彼らは失格とされた[47]。

9. 研究と発表の代替的な場

“望ましからざる者”がアカデミーの中にポストを得ることなど，ほとんど不可能であったので，その他の場所でたいへん多くの数学的才能を持つ人を雇用することが可能となった。数多くの数学を応用する研究施設やコンピュータ・センターがとても優秀な研究者を獲得した。いくつかの研究施設では大きな理論数学のセンターを設置することさえした。たとえば，モスクワの情報伝達問題研究所は“複雑情報システム”研究室を設置したが，そこでは事実上，基礎数学研究を行っていた。この研究室には多くの優れた数学者が雇用されたが，そのうち３名，グリゴリー・マルグリス，マクシム・コンツェヴィチ，アンドレイ・オクンコフは，後日，たいへん権威あるフィールズ賞を受賞する[48]。

幾人かの指導的な数学者はその影響力とコネクションを才能ある“望ましからざる者”たちの雇用を確保するために駆使した。たとえば，イズラエリ・ゲリファンドは，軍事研究への貢献の故にアカデミズムのなかに地位を占めた人物であったが，数学共同体の公式の指導者たちのコントロールが及ばないところに研究インフラストラクチュアの新しい要素を創り上げるためにそのコネクションを活かした。とくに，彼はモスクワ国立大学，およびその他の施設で生物学において数学的手法を使う研究室のネットワークをセットし，そうすることで，多くの彼の学生や教え子たちのためにポストを生み出した。この現象は，奇妙なことに，ルィセンコ支持者がコントロールする生物学研究施設のネットワークの外部で自分たちの研究のための隙間を探そうとしたソヴィエト遺伝学者の初期の努力とも重なるものであった。遺伝学者たちは物理学や化学の研究施設の中に自分たちの安全な天国を見出したのである[49]。

ゲリファンドはまた，通常の学術誌には公表できない“望ましからざる者”の研究論文を，自分が編集長を務める『関数解析とその応用』誌で公表すべく，その地位を利用した。自分の雑誌という傘の下に，広範なトピックを収容すべく，ゲリファンドは，しきりに多くの数学の分野を関数解析の“応用”として扱った。ある論文が雑誌の主題に適合しているか，と聞かれると，彼は常に，「よい論文なら，いつでも主題に適合します」とこたえた[50]。雑誌1冊の凝縮されたスペースに多数の研究報告を詰め込む必要から，彼は著者たちに尋常ならざる簡潔さを要求せざるをえなかった。このようにして，短い数学のノートという“ロシアン・スタイル”は生まれた。1-2頁にすぎない短い論文はただ主要な結果だけを含んでいて，証明を欠いていたので，読者は多いに不満であった。

ゲリファンドの重要な影響力とその影響力を自分の協力のネットワークを維持し，拡大するために行使する能力は数学のもうひとつの世界を強化した

図Ⅵ-3-5　数学オリンピック参加生徒を前に講義するイズラエリ・ゲリファンド。
出典：http://elementy.ru/lib/432230

が，同時に，主流となっているインフラストラクチュアにそれを緊密に結びつけることにもなった。ゲリファンドの教え子は，あまりにしばしば，自分たちの教師に，行政面でも（彼は彼らに職を与えていた），知的な面でも（彼は強力に彼らの考え方をかたち作った）依存していた。彼の学生のうち，何人かはその依存を克服することが出来て，自ら傑出した数学者になったが，ゲリファンドのリーダーシップに頼り切ったままだった者もいた。この意味で，ゲリファンドはもうひとつの社会環境を創造したが，彼の学生との関係は，いくつかの意味で，ソヴィエト・アカデミズムのヒエラルキーに典型的だった庇護者パターンを再現したものであった。同時に，常に共著者と一緒に研究をしていたゲリファンドは，自分の教え子に依存していたのである。彼は教え子たちの関心と強みを，自分の研究プログラムの範囲を拡張するために引き寄せたのである。ゲリファンドをパラレル・ワールドの創造者とした，その同じ資質が，皮肉なことに，それを，反対物であるソヴィエト数学の公式のヒエラルキッシュな世界に似させていたのである。しかしながら，もっとも重要な違いは，パラレル・ワールドがほとんど何も物質的な報酬を提供しなかったことである。真に数学に身を捧げた者たちだけが，このパラレルな世界に入る動機を持っていたのである。

10. オープン・セミナー

力学=数学部の通常のカリキュラムは固定的であったが，モスクワ国立大学に属する指導的な数学者，ヴラジーミル・アルノリド，イズラエリ・ゲリファンド，アレクサンドル・キリーロフ，ユーリー・マーニン，セルゲイ・ノヴィコフ，エルネスト・ヴィンベルグらは，学部生のために特別セミナーを提供していた。これらのセミナーは厳格な力学=数学部のカリキュラムを超えて，広い範囲のトピックをカバーしていた。数学の最新，かつにぎわっている分野での訓練を与えるオープン・セミナーのシステムはパラレル・ソーシャル・インフラストラクチュアの重要な構成要素となった。これらのセミナーは通常のカリキュラムの外で開かれていたので，それらに出席しても学生たちは単位をもらえなかった。事実，多くの参加者がまったく大学生などではなく，大学の外から，比喩的にも，文字通りにも，塀を乗り越えてきた者たちであった。

セミナーの中には，学生の他，中程度の経歴を持った研究者，上級の研究者が来ていたこともあった。また，学部生向けの“小セミナー”とより高度な研究に携わる者用の“大セミナー”の二様に機能するセミナーもあった。差別政策によって大学教育や専門家としての雇用から排除された“望ましからざる者”にとって，このようなセミナーは数学共同体における最新のトレンドへの生きたアクセスを提供してくれるものであったし，他の数学者に出会い，教師や共同研究者を見つける機会を提供してくれるものであった。大学の数学者と大学以外の数学者との境界を無視し，ソヴィエト数学の公式の制度的枠組みの外に社会的なスペースを創り上げることによって，セミナーは非公式の社会的なサークルとネットワークを拡張する条件を助長した。

これらのうち，もっとも有名で影響力のあったものは，イズラエリ・ゲリファンドがモスクワ国立大学で1943年から1990年まで45年間以上にわたって率いていたセミナーであろう[51]。最初は関数解析のセミナーとして開設されたが，早期に数学の諸分野の幅広い範囲を包摂するようになった。何人かの参加者は，そのカバーする範囲を「数学の全部」と表現している[52]。海外からの訪問者や海外旅行から帰ったソヴィエトの数学者は直ちにセミナーに出席して，最新の研究トレンドについて報告するように要請された。ある定期的に通っていた参加者は，「数学を全体として理解することがゲリファンドの目論見だった。数学の問題で彼のセミナーに関係のないことなどなかった」[53]と回顧している。セミナーがカバーする範囲とその数学共同体における驚くべき役割は，その指導者の人柄，彼自身の研究上の関心の広さ，基礎的な諸問題にたいする深い関心，異なった分野相互間の繋がりを探究する志向，新しい研究上の問題を提起する傑出した能力，新しい協力者にたいしてオープンな態度のおかげであった[54]。

セミナーはモスクワ中の，あるいはしばしば他の都市の数学者を魅了し，定期的な集い，ある種の数学クラブとなった。そこでは，メインの報告の前後に最新の結果と新しいアイディアが非公式に議論された。「人々は黒板の

図 VI-3-6　ユーリー・マーニン。出典：https://www.flickr.com/photos/sanadakojiro/5874048436

図VI-3-7　ヴラジーミル・アルノリド。出典：http://elementy.ru/lib/430178/430281

ところに集まって，公式を書き，ホールの中を歩いて行き来して語り合っていた」とは，ある参加者の回想である[55]。「典型的なロシアのフォーメーション — 数学の議論をしながら，二人の人物が廊下をゆっくり歩いて振り返り，ゆっくりと戻ってゆく」とは，ある米国からの訪問者の回想である[56]。

ゲリファンドによって極めて風がわりなやり方で営まれたこのセミナーは尋常ならざる，半ば公的で，半ば私的な空間をかたち作っていた。ゲリファンドは，報告者を途中で遮ったり，参加者を黒板に呼んだり，すばやく嘲りの言葉を投げかけたりして，学術的な議論の伝統的な規則を，繰り返し破った。彼は，しばしば，数学的な言及に，彩りとして，ユダヤのアネクドートや危ういジョークを加え，一層，学術的な言葉と非学術的な言葉の間の境界を掘り崩していった。この意味で，彼のセミナーは，おふざけと知的な自由が支配する，半ば私的な空間であり，そこでは公式のソヴィエト流の学術的

図Ⅵ-3-8　ゲリファンドのセミナー風景。出典：Ed. by Sergei Gelfand and Simon Gindikin, *Advances in Soviet Mathematics*. Vol. 16 Part 1. American mathematical Society, 1993

議論のルールは適用されなかった。

自分より上位の者も含めて，多くの報告者を情け容赦ない圧迫と，時として嘲笑の対象とすることで，ゲリファンドは効果的に社会のヒエラルキーを壊し，自身のセミナーをただ知的な熟練だけが重要となる場にしたのである。ある参加者によると，ゲリファンドは「報告の初めのほうで遮ることで，聴衆に報告者の方法は基本的に間違っていると告げて，たいへん自信ありげにその理由を説明し，セミナーは残りの報告を聴くことで時間を浪費できないと結論して，次の報告者に報告を始めるように呼びかけることで，ある高名な専門家の報告を破壊することも出来た」[57]。セミナー参加者は，報告者の権威にだけ基づくいかなる資格も受け入れることのないように学び，ロバート・マートンの科学者共同体の理想化された規範に比べても度を超したくらいの，よく組織された懐疑主義を洗練させていった[58]。このラディカルな動きは，指導的な数学者が強大な行政上の権力を握り，同僚というより従僕と見なされていた若手研究者から挑戦を受けることなどめったになかった高度にヒエラルキッシュな，ソヴィエト的研究組織システムを拒否するものであった。ゲリファンドのセミナーでは，しかし，異なった社会的地位にある数学者が同じ土台で問題を討議していた。セミナーは，ソヴィエトの制度的なヒエラルキーとは独立した科学者としての評価を築く，内的なメカニズムを持った，密接に結びついた共同体に参加出来るようになる場であり，その故に，若い才能を魅了していた。

ゲリファンド・セミナーは時間通りに終らず，午後11時，あるいはそれより遅くまで続いた。通常，セミナーの長さを制限する，主要な要因となったのは，セミナー室を掃除したがる清掃員が登場することであった[59]。ゲリファンドの教え子のひとりは，ゲリファンド・セミナーのこの特徴を，たとえ議論の途中で進行を遮ることになっても，時間通りに終る西側の数学セミナーの厳格なルールと対照している[60]。ゲリファンドの世界では，行政上のルールも，家庭の義務も，何ものも数学に勝る優先権を持つものはなかった。メインとなる話しはセミナー室からその後の非公式の会話まで継ぎ目なしに続き，しばしば午前1時の地下鉄が閉まる時間まで続いた。このことは，セミナーの公的なスペースと，日常会話の用語と感情に訴える言辞を使った非公式のコミュニケーションの私的な世界との境界を曖昧にした。社会現象としてのセミナーは学術活動としての数学を個人的な，スピリチュアルな経験にさえ転化したのである。

ゲリファンド・セミナーの周囲には公式の学習上，あるいは研究上の義務を遙かに超えて数学に打ち込んだ共同体が現出した。彼の学生や教え子にとって，数学は，それほど気持ちがよいものではなく，どこか不安で，しかし，エキサイティングで達成感の大きい，公式の栄誉や制度上のキャリアといった通常の意味においてではなく，苦労の末に同僚に，あるいはゲリファンドその人に認められるということによって，ある種の生き方そのものになった。

ゲリファンドのセミナーの他にも，モスクワとレニングラードには大きなセミナーがいくつかあり，パラレル・ソーシャル・インフラストラクチュアの中で重要な役割を果たしていた。それぞれはその指導者である傑出した数学者を中心に，その教え子からなる取り巻きを従えていた。これらのセミナーのいくつかの特徴はゲリファンド・セミナーのそれと極めて似ている。最先端の研究への集中，学生や大学外の研究者にたいする公開性，そしてセミナーという社会的な拠点を中心とする研究学派の形成である。しかしながら，セミナーの指導者たちのパーソナリティーが彼らのセミナーの性格や役割に決定的な影響を与えていた。セミナーの多くはその指導者の研究上の関心の領域に限定されていて，ゲリファンド・セミナーに見られるような広い範囲に意欲を持つものはなかった。

他のセミナーはその指導者の研究学派の大きな集まりであったが，ゲリファンドのセミナーはより広範な聴衆を得ていた。ゲリファンドは，部分的には，自分のセミナーを自分の学派のためのリクルートの道具と見なしていたかもしれないが，彼が創造したソーシャル・インフラストラクチュアはそれ自身の目的や意義を獲得した。彼のセミナーは彼の学派の境界を動かした。モスクワの数学者の主要な集まりとしてのセミナーの位置づけを守るために，ゲリファンドは自分の教え子たちの範囲を超えてより広い数学の聴衆にアピールしなければならなかった。

11. パラレル・ソーシャル・インフラストラクチュアの果実

主要なソヴィエトの大学とソヴィエト数学のアカデミックな研究機関はあまりに多くの“望ましからざる者”を排除したので，数学の才能ある者が数学研究機関の外側で，限界まで数を膨らませていた。体制の内部における自らの地位を利用することで，ゲリファンド，アルノリド，マーニン，ノヴィコフ，ヴラジーミル・ロフリンなどの指導的な数学者たちはパラレル・ソーシャル・インフラストラクチュア，つまり，“公式の”学生も非公式の教え子も学び，意見を交換し，研究で協同が出来る非公式の“見えざるカレッジ”を創造した。この“見えざるカレッジ”のサイズは，基金や行政的制約に制限を受けることがないので，モスクワとレニングラードに拠点を置く，ほぼ間違いなく世界最大の数学共同体にまで成長した。国家が課した地理的移動の制限はこの共同体を固定化させ，何十年も同じセミナーに通うセミナー参加者のコアが生まれ，その精神を維持し，継続性を提供していった。

ソヴィエト数学の成功と国際的な評価はたぶんにこのパラレル・ソーシャル・インフラストラクチュアのおかげである。のちにフィールズ賞を受賞した3名のソヴィエト期数学者の職業的伝記を調べることは教訓的である。フィールズ賞は，しばしば，数学部門におけるノーベル賞に匹敵するものと見なされているが，国際数学会議の場で4年に一度，最大4名の40歳未満の傑出した数学者に授与されるものである。この賞は個人の数学者に大きな栄誉を与えるものであると同時に，もっとも重要な数学上のブレーク・スルーが起こっている分野を指し示すものでもある。ソヴィエト期に受賞した3名のソヴィエトのフィールズ賞受賞者はパラレル・ソーシャル・インフラストラクチュアの熱心な参加者であった。

セルゲイ・ノヴィコフは1970年にフィールズ賞を受賞した。ふたりの有名な数学者の息子で，早期に傑出した成果を挙げた。まだ学部生だった頃に，より若い学生のために，代数位相幾何学に関する研究セミナーを組織した。この新しい分野では規程上の課程は利用不可能であったからである。彼はゲリファンド・セミナーにも出席していた。当初，ノヴィコフはソヴィエト権力から賞と昇進を惜しみなく与えられ，科学アカデミーの通信会員にもなっている。しかしながら，情実と反ユダヤ主義に反発した彼は，数学研究所の副所長にする申し出を断り，しだいに数学の体制から遠ざかるようになった。1968年3月，その他の優秀な数学者と共に，人権活動家で数学者のアレクサンドル・エセーニン=ヴォリピンの精神病院への強制収容に抗議する書簡に署名した[61]。他の署名者と同様，彼は迫害を受けた。それは彼のキャリアーに影響を与え，海外訪問の計画は取り消されることになった。とくに，ソヴィエト権力は，彼が受賞するはずだった，ニースでの国際数学会議に彼が出席することを止めた[62]。たいへんな圧力を受けたあと，ノヴィコフは1年後にモスクワでのある国際会議で，国際数学連合の指導者たちからこの賞を受賞した[63]。

グリゴリー・マルグリス(1946年生まれ)は1978年にフィールズ賞を授与された。ソヴィエト権力は同様に，メダルが授与されるはずのヘルシンキでの国際会議に出席する許可を与えなかった。学部生だった頃，彼は，ゲリファンド・セミナーを含む，いくつかのオープン・セミナーに出席していた[64]。卒業すると，そのユダヤ系の出自の故に，マルグリスは，モスクワ国立大学や科学アカデミー・数学研究所でポストを得ることが出来なかった。ゲリファンドの助けで，彼は，応用数学の研究施設である情報伝達問題研究所に雇い口を確保することが出来た[65]。フィールズ賞委員会が1978年度の賞をマルグリスに贈ることを決めたとき，国際数学連合の執行委員であったレフ・ポントリャーギンはマルグリスの仕事を二流のそれだとレッテルを貼って，激しく反発した。ポントリャーギンは，数学連合からソヴィエト国民を退会させるという脅しのあと，退席した。それにもかかわらず，マルグリスは，恐らくはソヴィエト数学の体制側の策謀のために，メダルを受け取りにヘルシンキに行くことを許可されなかった[66]。

ヴラジーミル・ドリンフェリド(1954年生まれ)は1990年にフィールズ賞を受賞した。1969年，高校生だった頃に国際数学オリンピックに優勝した彼は，入学試験免除でモスクワ国立大学に入学し，ユダヤ系の生まれである故にありえた差別を潜り抜けてきた。ゲリファンド・セミナーにも出席したことはあるが，ユーリー・マーニンの教え子として，彼はマーニンのセミナーで数学者として成長した。卒業後，ユダヤ系の出自とモスクワに居住許可を持っていなかったために，モスクワでの就職先を見つけられなかった[67]。ドリンフェリドはウーファ市まで行かなければならなかった。そこで，彼は地方の教育機関であるバシキール国立大学で教えた。1978年彼はヘルシンキにおける国際数学会議の招待講演者となった。24歳の数学者にはまれにしかない栄誉であったが，ソヴィエト権力は彼を行かせはしなかった。ポントリャーギンは，「招待講演者の選択を批判し」，招待を受けた28名のソヴィエト数学者のうち，14名だけが出国を認められた[68]。1981年，ドリンフェルドはウクライナのハリコフに移り，そこの物理学研究所で働き始めた。1986年，また彼はバークリーでの国際数学会議に講演者として招待されたが，今回もその機会は阻まれた[69]。1990年，ゴルバチョフの「ペレストロイカ」期に起こった政治的変化によって，ドリンフェリドはついに京都での国際数学会議に出かけることを許され，そこでメダルを受け取った。1998年，彼は米国に移住し，シカゴ大学で「傑出した特任教授」となることを受け入れた。シカゴで彼はオープン・セミナーを指導したが，それは「たぶん，有名なモスクワのゲリファンド・セミナーの伝統を受け継ぎ，……規則的に毎週月曜日の4：30から始まり，講演者と参加者双方がへとへとに疲れるまで続いた」[70]。ゲリファンド・セミナーで成熟したパラレル・ソーシャル・インフラストラクチュアのエートスが海を越えたのである。

ソヴィエト後の時代でも，ふたつの並行した世界の間の文化的な裂け目はまだ続いている。力学=数学部を改革するかわりに，数学共同体はソヴィエト時代のパラレル・ソーシャル・インフラストラクチュアを，パラレル・ワールドの代替的精神と伝統を保持した新しい制度，すなわち，モスクワ独立大学(1991年)，モスクワ継続数学教育センター(1997年)，経済高等学校数学部(2008年)に転換したのである[71]。

ソヴィエトの数学は政治的・行政的圧力から保護されていたわけではない。

それは，他の学問と同様，それら圧力に従属していた。その抽象的な主題となった事柄は，保守的な制度的ヒエラルキーによってしばしば強制された差別やさまざまな制約から数学を救ったわけではない。しかしながら，数学者たちは，協同に舞台を提供し，最新の成果を普及させ，革新的なアイデアを歓迎するパラレル・ソーシャル・インフラストラクチュアの創造に成功した。

公的なスペースのかわりに，数学は，私的な，あるいは半ば私的なスペース，つまり，キッチンで，夏のダーチャ(別荘)で，自然の中の散策の間，ボランティアの教師との個人的な面談で，あるいは，ゲリファンド・セミナーなど，公式の教育システムの一部ではなかったセミナーでしばしば実践された。セミナーは公的なものであったが，ゲリファンドの特異なスタイルはセミナーを本質的に半ば私的な事柄，社会的ヒエラルキーとアカデミックな議論の厳格なルールを破壊し，同時に知的自治の空間を開く非公式の集まりにした。

1970 年代の米国のフェミニストのモットーが「個人は政治的だ」というものであるなら，ソヴィエトの数学者は数学的人格を作った。彼らの多くが数学研究で生計を得ていたわけではなかった。彼らはしばしば他の仕事につかなければならなかった。自由な時間を数学に捧げることで，彼らは同じような考えを持つ共同体の一員であることを実感し，自己の価値に目覚めた。ソ連をしばしば訪れたロバート・マクファーソンは，「それは数学の天国でした。よい数学者は数学を趣味として行っていました。数学をすることでお金を得ていたからではないのです」と言っている[72]。

社会学者は長い間，科学における公式の官僚的な構造(研究所，アカデミー，編集委員会など)と非公式な協同(学派，研究グループ，社会サークル，職業上の派閥)との間の複雑な相互作用を強調してきた[73]。厳格なヒエラルキー，大きくて柔軟性に欠けた制度，あふれる複雑な規則を持ったソヴィエト科学において，非公式のメカニズムは現存する行政システムの行き詰りと慣性を克服する主要な道具となった[74]。学派の指導者たちは政府の支援を求めてロビー活動を展開し，彼らの教え子のために地位と昇進を確保した。研究グループは，ソヴィエトの研究マネージメントの中央計画化，堅固な保守的システムにはなじまない学際的なプロジェクトをマネージメントするために形成された。社会サークルに参加することは，科学者が新しい同僚に出会い，信頼を築き，協力関係を打ち立てることを助けた。職業上の派閥は，そのメンバーがライヴァル・グループの参入から自分たちの研究分野を守るのを助けた。行政ヒエラルキーのトップにいる上級研究員たちも，アカデミックな共同体の境界にいる初級研究員たちも，自分たちのアジェンダを発展させるために，さまざまな非公式のメカニズムを積極的に利用した。上級研究員たちは影響力のネットワークを通じて自らの権力を強化したが，初級研究員たちはコネクションを作り，視界を広げ，自分たちの評価を作ることで成長した[75]。

ソヴィエト科学の公式の構造と非公式のメカニズムは完全に分離しているわけではなかった。公式の官僚的な行動を活性化させるために非公式の戦略が用いられることも，その逆もしばしばであった。たとえば，博士論文の公式の場での審査は，しばしば，強力なパトロンや同盟者の支持を確保する，かなりの数の非公式な努力を要求した。ソヴィエト科学における公式のメカニズムと非公式のメカニズムとの相互作用はソ連における“第一”経済と“第二”経済との相互依存関係にたいへん似ている[76]。

同様に，ソヴィエト数学のパラレル・ソーシャル・インフラストラクチュアは体制化された諸制度と完全に切り離すことは出来ない。研究セミナーはモスクワ国立大学の建物で実施され，成果は公式の学術誌に掲載され，数学者は，たとえ非学術的なものであっても，政府がコントロールする施設に雇用されていた。彼らの勤務条件は，彼らが充分な自由時間を，規則上の職業的義務とは別に，セミナーに出かけ，研究を行い，数学学校で教えることを可能にしていた。パラレル・ソーシャル・インフラストラクチュアは，それ故，公式のインフラストラクチュアに依存していたし，部分的には，反対物として創造されたはずのシステムのいくつかの特徴とよく似ていたのである。

しかしながら，ある意味，ソヴィエト数学における公式の体制ともうひとつの社会構造との間の境界は明確であった。後者は，数学者がよい数学を研究するだけでなく，公式に宣言されたソヴィエト的価値とは区別された，集団としてアイデンティティーをも発達させる代替的な価値体系，文化環境を支持した。多分，このために彼らは優れた数学研究をすることが出来たのであろう。

1　Smilka Zdravkovska and Peter L. Duren, eds., *Golden Years of Moscow Mathematics*. Providence, RI: The American Mathematical Society, 1993.

2　Loren R. Graham, *Science in Russia and the Soviet Union: A Short History*. Cambridge, UK: Cambridge University Press, 1993, p. 201：興味深いことに，19世紀ロシアの革新的な若者は，数学を，社会統計を基礎とする高慢な学問という紋切り型のそのイメージ故に見下していた。アレクサンダー・ヴチニッチによると，「数学は冷たい，論理が入り組んだ，イデオロギー的に中立であるが故に，増加しつつあったロシアの熱心な科学愛好家にとってとくに魅力的なものではなかった」と述べている（Alexander Vucinich, *Science in Russian Culture: 1861–1917*. Stanford, Calif.: Stanford University Press, 1970, p. 166）。

3　Thane Gustafson, "Why Doesn't Soviet Science Do Better Than It Does?", in Linda L. Lubrano and Susan Gross Solomon, eds., *The Social Context of Soviet Science*. Boulder, Co.: Westview Press, 1980. p. 32：ヴチニッチも「現代生理学が費用を要する研究室なしではありえなかったのにたいして，数学はそのようなものを要しなかった」が故に，19世紀ロシアにおいて生理学は数学に比べてゆっくりとしか発達しなかったと論じている（Alexander Vucinich, *Science in Russian Culture: A History to 1860*. Stanford, Calif.: Stanford University Press, 1963, p. 338）。なお，Graham, *Op. cit.*, in note (2). p. 207. も参照のこと。

4　Michael Monastyrsky, *Modern Mathematics in the Light of the Fields Medals*. Wellesley, MA: A.K. Peters, 1998. p. 13.

5　П.С. Александров, "Очёт делегации АН СССР на Международном математическом конгрессе 1954г." январь 1955（АРАН, Ф. 471, Оп. 1, Д. 97а, ll. 18–37）.

6　*Вдадимир Успенский*, "Лермонтов, Колмогоров, женская логика и политкорректность", в «Труды по NE математике». Том 2（Москва: ОГИ, 2002, стр. 1223）に引用されている。

7　Anatoly Vershik in Vladimir Retakh, ed., "Israel Moiseevich Gelfand, Part I", *Notices of the AMS*, vol. 60, no. 1 (January 2013): 15 に引用されている。

8　Andrei Zelevinsky, "Remembering Bella Abramovna", in *You Failed Your Math Test, Comrade Einstein*. Ed. Mikhail A. Shifman. Singapore: World Scientific, 2005, p. 192.

9　Nikolai Konstantinov, interview by Aleksandr Kostinskii. 2 June 2004, Radio Liberty (http://www.svoboda.org/content/transcript/24197560.html).

10　Felix Berezin, "Letter to Academician R.V. Khokhlov, the Rector of the Moscow State University" (1977), in Ed. by M. Shifman, *Felix Berezin: The Life and Death of the Mastermind of Supermathematics*. Singapore: World Scientific, 2007, p. 240, 238.

11　Zelevinsky, "Remembering Bella Abramovna", *Op. cit.*, in note (8). p. 192.

12　*Михаил Цфасман*, "Судьбы математики в России": Лекция в Билингуа-Кафе, Москва, 28 июня 2008г. (http://polit.ru/article/2009/01/30/matematika/).

13 Tanya Khovanova and Alexey Radul, "Jewish Problems", October 18, 2011 (http://arxiv.org/abs/1110.1556), p. 2：この手続きを踏んだ学生による詳細な説明については，Edward Frenkel, "The Fifth Problem: Math & anti-Semitism in the Soviet Union", *The New Criterion* 31 (October 2012): 4 (http://www.newcriterion.com/articles.cfm/The-Fifth-problem--math---anti-Semitism-in-the-Soviet-Union-7446).

14 A. Shen, "Entrance Examinations to the Mekh-mat", *The Mathematical Intelligencer.* vol. 16, no. 4 (1994): 7.

15 Ilan Vardi, "My Role as an Outsider", in *You Failed Your Math Test. Op. cit.*, in note (8). p. 105. 1975年，ヴァレリー・センデーロフは，国際数学オリンピックでソ連代表になるため，夏季キャンプにいた国の中でもっとも優秀な数学専攻学生8名にこの"殺人的"問題群を解くように頼んだ。1カ月後，8名の学生はようやく半分を解いただけであった(Khovanova and Radul, "Jewish Problems", *Op. cit.*, in note (13). p. 2)。

16 Shen, "Entrance Examinations to the Mekh-mat". *Op. cit.*, in note (14). p. 8.

17 B. Kanevsky and V. Senderov, "Intellectual Genocide", in *You Failed Your Math Test. Op. cit.*, in note (8). pp. 110–133

18 たとえば，ヴラジーミル・アルノリドは1983年にワルシャワで開催された国際会議の招待講演者となっていたが，旅行に出ることを許されなかった。ヴラジーミル・ロフリンは20年間レニングラード国立大学で多数の傑出した学生にアドヴァイスを与えてきたが，そのうちひとりとして雇用することを許されなかった(A. Vershik, "Science and Totalitarianism", in *You Failed Your Math Test. Op. cit.*, in note (8). pp. 145–147参照のこと)。

19 *Ibid.*, p. 148.

20 "Стенограмма общего собрания профессоров МГУ." 26 октября 1956г. (Центральный муниципальный архив Москвы, Ф. 1609, Оп. 2, Д. 415, л. 19)：モスクワ学派の指導的な数学者，ドミートリー・イェゴーロフ，ニコライ・ルージンとパーヴェル・アレクサンドロフを含む学生たちとの非公式の相互関係の豊かな伝統については，Loren Graham and Jean-Michel Kantor, *Naming Infinity: A True Story of Religious Mysticism and Mathematical Creativity* (Cambridge, MA: Belknap Press of Harvard University Press, 2009)参照のこと。

21 Мстислав Келдыш, в "Протокол № 7 заседания партийного бюро Отделения прикладной математики, 27 сентября 1956г." (Цетральный архив общественно-политической истории Москвы, Ф. 8033, Оп. 1, Д. 3, л. 63).

22 Pierre Deligne, interview by Robert MacPherson, May 14, 2011 (http://simonsfoundation.org/science_lives_video/pierre-deligne/), part 17.

23 *Я. Зельдович* и *А. Сахаров*, "Нужны естественно-математические школы", «Правда». 19 ноября 1958 (*А.М. Абрамов*, «Кикоин, Колмогоров, ФМШ МГУ (2-е издание)». Москва: Фазис, 2008, сс. 111–113に復刻されている)。

24 *Абрамов*, Указ. соч., в примечании (23). сс. 115–131.

25 *Георгий Ефремов* и *Александр Ковальдж*, «Записки о Второй школе (2-е издание)». Москва, Новость, 2006 (http://ilib.mccme.ru/2/).

26 *Е.Е. Дынкин и др.*, (сост.), «Математическая школа: лекции и задачи». Вып. VI (Москва: МГУ, 1965), сс. 63–68.

27 *В.М. Тихомиров*, "А.С. Кронрод (1921–1986)." в «Математическое просвещение». Серия 3, № 2 (2006): 49–54.

28 Nikolai Konstantinov, interview by Liubov' Borusiak, September 29, 2010 (http://www.polit.ru/article/2010/09/29/matheducation/)：ソヴィエトの職業数学者の学校教育への関与については，Alexey Sossinsky, "Mathematicians and Mathematics Education: A Tradition of Involvement", Chapter 5 in Ed. by Alexander Karp and Bruce R. Vogeli, *Russian Mathematics Education: History and World Significance*. Singapore: World Scientific, 2010, pp. 187-222. 参照のこと。

29 *Лев Лурье*, в "Физико-математические школы."：2008年10月18日放映のテレビ番組(ロシア5チャンネル：http://www.5-tv.ru/video/502760/)。

30 *Т.В. Буркова*, «ФМШ № 45 - Академическая гимназия: очерки истории». Санкт-Петербург,1993 (http://www.agym.spbu.ru/lib/BurkovaTV.doc).

31 ふたりの影響力を持った科学者，数学者のアンドレイ・コルモゴロフと物理学者のイサーク・キコインはモスクワ国立大学附属物理学=数学寄宿制学校の設立に主要な役割を果たした(*Абрамов*, Указ. соч., в примечании (23) を参照のこと)。数学者ミハイル・ラヴレンチェフとアレクセイ・リャプーノフは，ノヴォシビルスクにおける物理学=数学寄宿制学校の設立に尽力した(Сост. *Н.А. Ляпуновой* и *Я.И. Фетом*, «Алексей Андреевич Ляпунов». Новосибирск, ГЕО, 2001, сс. 154-233 参照)。

32 Постановление № 905 Совета министеров СССР, "Об организации специализированных школ-интернатов физико-математического и химико-биологического профиля", 23 августа 1963(Абрамов, Указ. соч., в примечании (23), сс. 159-160 に復刻されている).

33 *В. Вавилов, А. Колмогоров*, и *И. Тропин*, "ФМШ при МГУ - 15лет", «Квант». № 1 (1979): 55-57.

34 Alexandre Borovik, "'Free Maths Schools': Some International Parallels", *The De Morgan Journal*. vol. 2, no. 2 (2012): 23-35.

35 *Александр Крауз*, в «Записки о Второй школе» (http://ilib.mccme.ru/2/07-krauz.htm).

36 *Лев Лурье*, в "Физико-математические школы." in note (29); See also Borovik, *Op. cit.*, in note (34). p. 28.

37 Yu.S. Ilyashenko and A.B. Sossinsky, "The Independent University of Moscow", *EMS Newsletter* (March 2010): 38.

38 Konstantinov, interview. in note (28).

39 Yulii Ilyashenko, interview by Nataliya Demina, July 28, 2009 (http://polit.ru/article/2009/07/28/ilyashenko2/).

40 *Сергей Смирнов*, в «Записки о Второй школе» (http://ilib.mccme.ru/2/29-smirnov.htm).

41 A.N. Veselkov, quoted in Burkova, *FMSh #45*.

42 Sossinsky, *Op. cit.*, in note (28). pp. 204-206; *Г.И. Катаев*, "Об А.Н. Колмогорове", в Под ред. *А.Н. Ширяева*, «Колмогоров в воспоминаниях». Москва.: Наука, 1993. С. 466.

43 Zelevinsky, "Remembering Bella Abramovna", p. 194.

44 *А. Белов-Канель* и *А. Резников*, "Об истории Народного Университета", «Математическое просвещение». Серия 3, № 9 (2005): 30-31.

45 Dmitry B. Fuchs, "Jewish University", in *You Failed Your Math Test. Op. cit.*, in note (8). pp. 187-189.

[46] Mark Saul, "Kerosinka: An Episode in the History of Soviet Mathematics", *Notices of the AMS*, vol. 46, no. 10 (November 1999): 1217-1220.
[47] Berezin, *Op. cit.*, in note (10)." p. 233.
[48] *Цфасман*, Указ., в примечании (12).
[49] See Mark B. Adams, "Biology After Stalin", *Survey*, vol. 23, no. 1 (Winter 1977-78): 53-80.
[50] *Александр Кирилов*, в «Мы - математики с Ленинских гор». Под ред. *А. Ярцева (Белова)*, Москва, Фортуна, 2003, стр. 294.
[51] このセミナーの初期の様子については，*М.И. Вишик и Г.Е. Шилов*, "О семинаре И.М. Гельфанда по функциональному анализу и математической физике в МГУ", «Успехи математических наук». Том XIII, Вып. 2 (80) (март-апрель 1958): 253-263.
[52] В.М. Тихомиров, в «Мехматяне вспоминают». (Ред. *В.Б. Демидовичом*) Москва, МГУ, 2008. С. 10.
[53] Ilya Piatetski-Shapiro, "Étude on Life and Automorphic Forms in the Soviet Union", in, Eds. Zdravkovska and Duren, *Op. cit.*, in note (1). p. 209.
[54] ゲリファンドは数学の多くの分野で数多くの共著者と共に560もの研究論文や著書を公刊した。1978-1979には，引用件数748件で，世界で2番目によく引用された数学者となった（"The 200 'Pure' Mathematicians Most Cited in 1978 and 1979", *Essays of an Information Scientist*, vol. 5 -1981-82-: 666-675）。ゲリファンドについての想い出を集めたものに，F. Retakh, ed., *Op. cit.*, in note (7). 24-49.
[55] Alexey Sossinsky, interview by Nataliya Demina, October 20, 2009 (http://www.polit.ru:8021/article/2009/10/20/absossinsky_about_imgelfand/): ソシンスキーはセミナーを"メフマット・クラブ"と呼んでいたが，セミナー参加者の多くは大学の外からやって来た者たちであった。
[56] Robert D. MacPherson, interview by Robert L. Bryant, May 12, 2011 (https://simonsfoundation.org/science_lives_video/robert-d-macpherson/). part 17.
[57] Sossinsky, "Mathematicians and Mathematics Education", *Op. cit.*, in note (28). p. 198.
[58] 1942年，ロバート・マートンは"近代科学のエートスを包み込む4組の制度的定言"の中に，"組織化された懐疑主義"を挙げた（Robert Merton, "The Normative Structure of Science", [1942] in *The Sociology of Science: Theoretical and Empirical Investigations*. Chicago, Ill.: University of Chicago Press, 1979, p. 270）。
[59] Simon Gindikin, "Foreword", in *I.M. Gelfand Seminar* (Advances in Soviet Mathematics, vol. 16, part 1) (Providence, RI: AMS, 1993), p. xiii.
[60] Ilya Zakharevich, interview by the author, Cambridge, Mass., May 19, 2012.
[61] エセーニン=ヴォリピンについては，Benjamin Nathans, "The Dictatorship of Reason: Aleksandr Vol'pin and the Idea of Rights under 'Developed Socialism'", *Slavic Review*, vol. 66, no. 4 (Winter 2007): 630-663：この手紙のテキストは，*Александр Есенин-Вольпин*, «Философия, логика, поэзия. Защита прав человека»（Москва, РГГУ, 1999, cc. 328-330）参照。
[62] "Sergei Novikov," in *Fields Medallists' Lectures*. eds. Sir Michael Atiyah and Daniel Iagolnitzer (Singapore: World Scientific, 2003). p. 207.
[63] Olli Lehto, *Mathematics Without Borders: A History of the International Mathematical Union*. New York: Springer, 1998, pp. 175, 352.
[64] Grigory Margulis, interview by Evgenii Dynkin, Moscow, September 12, 1989; Cornell

University Library, the Eugene B. Dynkin Collection of Mathematics Interviews (http://dynkincollection.library.cornell.edu/sites/default/files/Margulis%20Eng.-Final.pdf).

65 *И.А. Овсеевич*, "Воспоминания к 40-летию деятельности ИППИ РАН" (http://www.ippi.ru/ru/about/ovseevich_40).

66 Lehto, *Op. cit.*, in note (63). pp. 205-206.

67 ソヴィエト法によれば，居住許可のない者は雇用されることなく，その地域で職を持たない者は居住許可を得ることが出来なかった。このことは効果的に地理的移動を最小限に減じていた。とくに，このことは，モスクワっ子でないものが，モスクワで仕事を得ることをひどく難しくしていた。

68 Lehto, *Op. cit.*, in note (63). pp. 205-206.

69 高名なフランスの数学者ピエール・カルチエ(Pierre Cartier)は後日，次のように回想している。「わたしはたいへん幸運なことに，ヴラジーミル・ドリンフェリドのために，1986年バークレーで開催される国際数学会議でその講演を手配するように頼まれたことがあった(ドリンフェリドは政治的理由のために来演を妨げられたが)。私にとって大きな挑戦であり，大きな名誉であったが，彼の論文はこの会議のプロシーディングの中でもっとも重要なもののひとつとなった。一夜のうちに，それは私の数学人生をかえた。私は『これこそ自分がしなければならないことだ』と言った(Marjorie Senechal, "The Continuing Silence of Bourbaki - An Interview with Pierre Cartier, June 18, 1997", *Mathematical Intelligencer*. Vol. 20, no. 1 -1998-: 28.)」。

70 Victor Ginzburg, "Preface", *Transformation Groups*. vol. 10, nos. 3-4 (Special issue on the occasion of Vladimir Drinfeld's 50th birthday) (2005): 277.

71 See Ilyashenko and Sossinsky, *Op. cit.*, in note (37); Sossinsky, *Op. cit.*, in note (28). pp. 215-218; Sergei Lando, interview by Nataliya Demina, *Troitskii variant*, no. 17N (851) (25 November 2008): 4 (http://www.scientific.ru/trv/17N.pdf).

72 MacPherson, interview, part 17. in note (56).

73 See Charles Kadushin, "Networks and Circles in the Production of Culture", in *The Production of Culture*. Ed. R. Peterson (Beverly Hills, Calif.: Sage, 1976), pp. 107-122; Под ред. *С.Р. Микулинского*, «Школы в науке». Москва, Наука, 1977; M.J. Mulkay, "Sociology of the Scientific Research Community", in *Science, Technology, and Society*, Eds. I. Spiegel-Rosing and D. de Solla Price (London: Sage, 1977), pp. 93-148.

74 See Linda Lubrano, "The Hidden Structure of Soviet Science", *Science, Technology, and Human Values*. vol. 1, no. 2 (Spring 1993): 147-175.

75 物理学におけるランダウ学校と生理学におけるパヴロフ学校は典型例である(See, Alexei B. Kojevnikov, *Stalin's Great Science: The Times and Adventures of Soviet Physicists*. London: Imperial College Press, 2004, chap. 10; Nikolai Krementsov, *Stalinist Science*. Princeton, N.J.: Princeton University Press, 1997, chap. 99)。

76 See, G. Grossman, "The 'Second Economy' of the USSR", *Problems of Communism*. vol. 26, no. 2 (September-October 1977): 5-40; G. Grossman, "The Second Economy: Boon or Bane for the Reform of the First Economy?", in *Economic Reforms in the Socialist World*. Edited by S. Gomulka, Y.C. Ha, and C.O. Kim. New York: Macmillan, 1989, pp. 79-95; Alena Ledeneva, *Russia's Economy of Favours: Blat, Networking and Informal Exchange*. Cambridge, UK: Cambridge University Press, 1998.

あとがき

2009年の暮れ，今日のロシア社会で一定の影響力を持つ週刊誌，『エクスペルト(エクスパート；«Эксперт»)』誌に，「科学アカデミーの6つの神話(“Шесть мифов Академии наук”)」と題する署名記事が掲載された(12月14日付)。著者は若い経済学者のセルゲイ・グリーエフ(Сергей Маратович Гуриев, 1971-)，アメリカ在住の若い分子生物学者コンスタンチン・セヴェリーノフ(Константин Викторович Северинов, 1967-)，そして，物理学の学位を持つ政治家，与党「統一ロシア」幹部のドミートリー・リヴァーノフ(Дмитрий Викторович Ливанов, 1967-)の3名である。彼らは，科学アカデミーがピョートル大帝によって設立されたという“神話”を虚偽と断じる(つまり，科学アカデミーは，“清算されるべき時代＝ソ連時代の産物”，ということになる)ことを皮切りに，ロシア近現代史における科学アカデミーの功績を，禅問答の簡潔さで，しかしその深みはなく，ほとんど論証らしい論証なしに，全否定した。すなわち，科学アカデミーはその保守性と惰性のために効率性を失い，世界の“トップ・ジャーナル(誰がどの雑誌をそう選定したのかは不明)”におけるアカデミー系研究者の論文被引用点数は極めて低く，最近(僅か2～3年前！)その予算が大幅に増額されたにもかかわらず改善が見られない。そもそも，市場経済下における科学研究組織の運営は分散化・多様化されるべきであり，資金源も多様化され，かつ競争的でなければならないし，競争力のある分野へ投資を集中するメカニズムも必要である。そして，研究者となる人材は競争的な環境で養成されなければならないし，その身分や雇用の流動性は高くなければならない，というのが彼らの主張である。世界に蔓延する，こうした“新自由主義”的科学観のもと，ロシアでは(そして，他の国々，さらにわが国でも，おそらく，ロシア独自の「世代交代促進のための年金大幅充実策」を除いて，)急ピッチに科学研究機関や高等教育の“改革”が進められている。当該論説の著者のひとり，リヴァーノフは

2012年に教育科学相に就任した。彼のもとで進められている，ロシア科学アカデミーの解体に近い“改革”については「はじめに」の注6で言及しておいた。ノーベル賞受賞者，ジョレス・アルフョーロフ（Жорес Иванович Алфёров, 1930-：物理学者。2000年ノーベル物理学賞受賞）をはじめとする科学者の猛烈な反対もロシア国民の支持を集めることにはならなかった。ロシア連邦大統領ヴラジーミル・プーチン（Владимир Владимирович Путин, 1952-: 2000-2008, 2012-，ロシア連邦大統領）は，20世紀最高の権力者のひとり，スターリンですら踏み込めなかった領域に足を踏み入れたことになる。

本書はロシア科学アカデミーの挽歌となるのであろうか。あるいは，その再生への賛歌となるであろうか。ソ連時代の科学者のしたたかさは相当なものであった。甘く見てはいけない。これも本書の示すところである。

本書のタイトル，『科学の参謀本部』は，ソ連時代末期に科学アカデミーを擁護・称賛する目的で編まれた冊子，『ソ連邦科学アカデミー ― ソヴィエト科学の参謀部 ―』（*Комков, Г. Д., Карпенко, О. М., Лёвшин, Б. В. и Семёнов, П. К.,* «Академия наук СССР: штаб советской науки». М.: Наука, 1988）のタイトルからヒントを得たものである。

本書の多くの章はこの出版企画のために新たに書かれた，いわゆる書き下ろし論文である。しかし，一部，学術雑誌に既に発表された論文を加筆・修正（・翻訳）して収録したものもある。こうしたものを列挙すると以下のようになる（[　]内は対応する章の番号である）。

・Alexei KOJEVNIKOV, “Science as Co-Producer of Soviet Polity”, *Historia Scientiarum* (The International Journal of the History of Science Society of Japan). Vol. 22-No. 3 (2013.3), pp. 161-180.［第Ⅲ部第1章］
・エドゥアルド・イズライレヴィッチ・コルチンスキー（市川浩訳），「ソ連邦における文化革命（1929-1932年）とイサイ・I・プレゼントとトロフィム・D・ルィセンコとの“同盟”の起源」，日本科学史学会生物学史分科会『生物学史研究』No. 88（2013年），23-35ページ．［第Ⅳ部第1章］
・キリル・オレゴヴィチ・ロシヤーノフ（齋藤宏文訳），「1948年全連邦農業科学アカデミー8月総会におけるルィセンコ派の勝利 ― 歴史解釈の問題 ―」，『生物学史研究』No. 88（2013年），37-48ページ．［第Ⅳ部第4章］
・市川　浩，「ルィセンコ覇権に抗して ― ソ連邦科学アカデミー・シベリア支部細胞学=遺伝学研究所の設立をめぐって ―」，広島大学大学院総合科学研究科紀要Ⅲ『文明科学研究』Vol. 7（2012.12），pp. 1-13．［第Ⅳ部第5章］
・Hiroshi ICHIKAWA, "Soviet Physicists during the War: Jealousy, Discord and the Ideological Dispute", *Historia Scientiarum*. Vol. 22-No. 3 (2013.3), pp. 215-226［第Ⅴ部第1章］.
・市川　浩，「ソヴィエト科学の"脱スターリン化"と科学アカデミー ― 1953～1956年のソ連邦科学アカデミー幹部会議事録・速記録から ―」，『文明科学研究』Vol. 6．（2011.12），pp. 1-12．［第Ⅵ部第1章］
・Slava GEROVITCH, "Parallel Worlds: Formal Structures and Informal Mechanisms of Postwar Soviet Mathematics", *Historia Scientiarum*. Vol. 22-No. 3 (2013.3), pp. 181-200.［第Ⅵ部第3章］

また，以下の諸稿は，本書のいくつかの章にその一部を利用したものである。

・Hirofumi SAITO, "The Institute of Genetics from 1939 to 1940: Reconsidering Lysenko's Intervention in Soviet Genetics", *Historia Scientiarum*. Vol. 22-No. 3 (2013.3), pp. 227-236.
・Koji KANAYAMA, "Between Ideology and Science: Dialectics of Dispute on Physics in 1920s-1930s Soviet Russia", *Historia Scientiarum*. Vol. 22-No. 3 (2013.3), pp. 201-214.

「はじめに」に記したように，本書は2010～2012（平成22～24）年度日本学術振興会科学研究費補助金［基盤研究B：「"科学の参謀本部" ― ロシア／ソ連邦／ロシア科学アカデミーの総合的研究 ―」【課題番号：22500858】］による研究プロジェクトの成果であるが，その3年の間に日本科学史学会生物学史分科会，およびロシア史研究会と共催（ないし後援）でシンポジウム（パネル）を開催した。両団体にはたいへんお世話になった。また，日本科学史学会の年会や西日本研究大会，東京工業大学で定期的に開かれている科学史セミナー（火ゼミ）などでは折に触れて本書のテーマに関する研究成果を発表させていただいた。2012年6月にウィーンで開催されたThe 2nd International Workshop on Lysenkoismやロシア科学アカデミー・S. I. ヴァヴィロフ名称自然科学史=技術史研究所（Институт истории естествознания и техники им. С. И. Вавилова Российской Академии наук）が毎年開催している年次学術集会（Годичная научная конференция）の場でも執筆者のうち何人かが研究発表をした。関係者，熱心に討論に参加していただいた方々に篤く感謝申し上げたい。また，翻訳の一部を広島大学の大学院生，ナターリヤ・ロジナさんに手伝ってもらった。感謝したい。

長きにわたる出版不況のなかで本書の刊行を快くお引き受けいただいた北海道大学出版会の関係者各位，なかんずく，成田和男氏には深甚な感謝を捧げたい。成田氏の懇切，かつ粘り強い編集指導なしに本書は生まれなかったであろう。

日本人執筆者6名のうち，隠岐さや香，金山浩司のふたりは，本書の刊行後間もなくして新しい道に進むことになっている。本書刊行が彼らによい餞になれば幸いである。

なお，本書の刊行にあたっては独立行政法人日本学術振興会より「平成27年度科学研究費助成事業（科学研究費補助金）：研究成果公開促進費（学術図書）」の助成を受けた（【課題番号：15HP5090】）。

最後に，本書を準備する過程で，ロシアの多くの友人たちから惜しみない協力を得ることができた。ここで，彼らの言葉で謝意を伝えることをお赦しいただきたい。

Авторы благодарят за научную помощь следующих лиц: Юрий Михайлович Батурин (Институт истории естествознания и техники им. С.

И. Вавилова Российской Академии наук: далее — ИИЕТ), Лариса Петровна Белозерова (ИИЕТ), Оксана Даниловна Симоненко (ИИЕТ), Татьяна Ивановна Юсупова (Санкт-Петербургский филиал ИИЕТ), Виталий Юрьевич Афиани (Архив Российской Академии наук: далее — АРАН), Надежда Михайловна Осипова (АРАН), Ирина Георгиевна Тараканова (АРАН), Наталья Сегеевна Прохоренко (Санкт-Петербургский филиал АРАН), Наталья Павловна Склярова (Научный архив Уральского отделения Российской Академии наук), Михаил Владимирович Страхов (Российский государственный архив социально-политической истории), Стелла Владимировна Писарева (Музей истории Казанского федерального университета), Дмитрий Юрьевич Гузевич (в Париже), Ирина Давидовна Гузевич (в Париже), другие коллеги и друзья наши.

2015年12月
70年目の原爆忌を迎えた年の暮れ，広島にて
編者　市川　浩

事 項 索 引

【タ行】

【ナ行】

【ハ行】

【マ行】

【ヤ行】

【ラ行】

【記号】

【B】

人名索引

【ア行】

【カ行】

【サ行】

【タ行】

【ナ行】

【ハ行】

【マ行】

【ヤ行】

【ラ行】

【ワ行】

執筆者紹介(アルファベット順)

Gennadii P. Aksyonov
ロシア科学アカデミー・S. I. Vavilov 名称自然科学史=技術史研究所主任研究員

Ekaterina Yu. Basargina
ロシア科学アカデミー文書館サンクト=ペテルブルク支部出版展示課長

藤岡　毅
同志社大学嘱託講師　博士(比較文化学)

Slava Gerovitch
マサチューセッツ工科大学講師

市川　浩
広島大学大学院総合科学研究科教授
博士(商学)

Boris I. Ivanov
ロシア科学アカデミー・S. I. Vavilov 自然科学史=技術史研究所サンクト=ペテルブルク支部主任研究員

梶　雅範
東京工業大学大学院社会理工学研究科教授　学術博士

金山　浩司
北海道大学スラブ・ユーラシア研究センター非常勤研究員　博士(学術)

Alexei Kojevnikov
ブリティシュ=コロンビア大学准教授

Eduard I. Kolchinskii
ロシア科学アカデミー・S. I. Vavilov 自然科学史=技術史研究所サンクト=ペテルブルク支部・前支部長，サンクト=ペテルブルク国立大学教授

Yurii I. Krivonosov
ロシア科学アカデミー・S. I. Vavilov 名称自然科学史=技術史研究所科学政策史問題グループ指導者

隠岐さや香
広島大学大学院総合科学研究科准教授
博士(学術)

Kirill O. Rossianov
ロシア科学アカデミー・S. I. Vavilov 名称自然科学史=技術史研究所上級研究員

齋藤　宏文
東京工業大学国際教育研究協働機構教員
博士(学術)

Galina I. Smagina
ロシア科学アカデミー・S. I. Vavilov 名称自然科学史=技術史研究所サンクト=ペテルブルク支部主任研究員

Konstantin A. Tomilin
ロシア科学アカデミー・S. I. Vavilov 名称自然科学史=技術史研究所上級研究員

Vladimir P. Vizgin
ロシア科学アカデミー・S. I. Vavilov 名称自然科学史=技術史研究所主任研究員，教授

市川　浩（いちかわ　ひろし）
1957年京都市に生れる
1982年　大阪外国語大学外国語学部卒業
1989年　大阪市立大学大学院経営学研究科博士後期課程修了
現　在　広島大学大学院総合科学研究科教授　博士(商学)
主　著　「ソ連版『平和のための原子』の展開と『東側』諸国，そして中国」(分担執筆)，『原子力と冷戦——日本とアジアの原発導入』(加藤哲郎・井川充雄編)，pp.143-165．花伝社．2013年．『冷戦と科学技術—旧ソ連邦 1945-1955年』(単著)．345pp．ミネルヴァ書房．2007年．『“戦争と科学”の諸相——原爆と科学者をめぐる2つのシンポジウムの記録』(市川浩・山崎正勝責任編集)．193pp．丸善出版事業部．2006年．『科学技術大国ソ連の興亡——環境破壊・経済停滞と技術展開』(単著)．208pp．勁草書房．1996年．

科学の参謀本部
ロシア／ソ連邦科学アカデミーに関する国際共同研究

2016年2月29日　第1刷発行

編著者　市川　浩
発行者　櫻井義秀

発行所　北海道大学出版会
札幌市北区北9条西8丁目　北海道大学構内(〒060-0809)
Tel. 011(747)2308・Fax. 011(736)8605・http://www.hup.gr.jp/

㈱アイワード・石田製本㈱

ISBN978-4-8329-8224-6